Agnetha & Jan Sällström

Fladdermusstyre i vägpolitiken

En bok om tjänstemannabeslut, skendemokrati, korruption och ett politiskt äventyr för gräsrötter.

Förlag: BoD – Books on Demand, Stockholm, Sverige
Tryck: BoD – Books on Demand, Norderstedt, Tyskland
ISBN: 9789178511891

Innehåll

Förord av Per Helge	7
Introduktion	9
Ringledsplaner	11
Vandring i Gamla Uppsala	17
Olika vägalternativ	23
Tabell 1. Förespråkare för östligt E4-alternativ	30
Kommunens vägval	33
Ko- eller fladdermusvändningen	41
Fusk i beslutsunderlaget	51
Ett nytt parti i uppsalapolitiken	59
Första mandatperioden 1994-1998	75
Årike Fyris Norr	89
Arbetsplan för E4 ÅrstaVäst	99
Vändpunkt	109
Nytt val med tilläggsnamnet Kulturpartiet	115
Ny mandatperiod 1998-2002	123
Djupdykning	137
Regeringen vill utreda östliga alternativ	163
JÖB undvek skyddsvärda naturområden	173
Det var inte fladdermössen	183
Den juridiska vägen	187
Särintresse eller samhällsintresse	195
Tredje valet till fullmäktige	205
Byggtiden - Rapporterade händelser	209
Problem med den färdiga vägen	216
Besök hos drabbade markägare	223
Staden på slätten	232
Vi gräver upp 'hunden'— Facit	238
Demokratins dilemma — Gräsrotspolitik	257
Konstaterande slutsatser	269
Dedikation och Tack	278
Bildregister, skrivelseförteckning	279
Referenser och noter	291

Förord

Om samhällskunskap och medborgarskap

Den bok du just nu håller i handen är inte en science fiction-historia. Inte heller är den ett utslag av författarnas blomstrande inbillningskraft, i form av en fantasy-berättelse. Saken är, sorgligt att behöva säga, betydligt värre än så. Den här nästan osannolikt hårresande rysaren är varken mer eller mindre än en alldeles sann historia ur självvaste verkligheten.

Här beskrivs, skede för skede, både översiktligt och detaljrikt, tillkomsten av ett stycke motorväg från Uppsala norrut till Mehedeby, genom delar av Uppland som jämfört med andra alternativ visade sig vara det utan jämförelse mest olämpliga, inte sällan rent skadliga. Delar av landskapets allra bästa åkerjordar, ett av Sveriges allra viktigaste fornminnesområden, nämligen Gamla Uppsala, det ena offrades, såväl som det andra, på bilismens altare.

Parlamentariska församlingar pressades till att ändra de beslut om skydd som från början varit de självklara, olika myndigheter påverkades till att anpassa sig till och acceptera de planer som nitiska vägverkstjänstemän en gång för alla utarbetat. Obligatoriska lagprövningar, inklusive miljökonsekvensbeskrivningar, undveks eller förhindrades, eller om nödvändigt nonchalerades, till dess att vägen låg fri för vägverkets planer.

Under läsningen kan man inte annat än imponeras av den envishet och uthållighet som visats av de personer som steg för steg drev igenom sin vilja. Än mer imponerande är det dock att följa den viljekraft och den envisa energi som präglar bokens författare. Under hela processen drev de, tillsammans med likasinnade, en alldeles oförtröttlig kamp för att en förnuftigare ordning skulle dra det längsta strået. Som ofta sker i mer normala thrillers, ledde dem deras ovilja att ge upp till att de dessutom upptäckte dolda rottrådar, under ytan för det omedelbart synliga men av avgörande vikt för hur ärendet manövrerades. Läsaren kan själv följa hur ekonomiska intressen och personliga bevekelsegrunder, oupplösligt förenade med varandra, drev på, utifrån beslut som i praktiken och i det fördolda fattats för flera decennier sedan.

När saken till sist var avgjord, och marken bröts för den här vägsträckningen, bordlade författarna i någon mening saken, men de övergav den inte. Tålmodigt betraktade de processens gång, och när motorvägen väl invigts och tagits i bruk, följde och noterade de uppmärksamt hur varningar och farhågor den ena efter den andra visade sig välgrundade och riktiga.

Nu, ett decennium senare, kan den intresserade läsaren följa förloppet i hela dess utsträckning. Den här boken är, sorgligt nog, en mönstergill handbok i samhällskunskap, i form av ett enda sammanhängande och varnande exempel på hur gemensamma angelägenheter *inte* ska hanteras. Men, mer positivt, visar den också vad *aktivt medborgarskap* kan vara: här ges ett efterföljansvärt exempel på hur enskilda människor, i olika grad berörda och/eller drabbade, skaffar sig de kunskaper som krävs för att förstå det som pågår, och för att se vilka möjligheter som står till buds för att vrida skeendet åt ett håll som tillgodoser andra och flera intressen än krasst och kortsiktigt och personligt ekonomiska.

Den på sin tid välkände brittiske litteraturkritikern I. A. Richards formulerade någon gång på 1960-talet en devis som har visat sig långsiktigt hållbar: *En bok är en maskin att tänka med*. Den här boken är sannerligen ett exempel på den saken.

Tag och läs!

Per Helge

Introduktion

Då Drottning Kristina på 1640-talet ville bygga Kungsvägen genom Uppsala, den stad där hon residerade på slottet, drog hon ett praktiskt taget rakt pennstreck på kartan från Flottsund i söder och över borggården vid Uppsala slott, vidare norrut upp till Björklinge. Med enväldig beslutsrätt fastställde hon alltså en väg som norr om Uppsala kom att utgöra huvudförbindelsen mot norra Sverige i mer än tre och ett halvt sekel, ända till 2007. Det sägs också att hon gav kompensation till de markägare eller nyttjare vars mark togs i anspråk av vägen. Detta var ju en enkel och snabb beslutsgång av en envåldshärskarinna.

När en ny E4-passage skulle bli till drygt 300 år senare var beslutsgången en annan, eftersom den skulle följa demokratiska principer och förhandlas fram för att inte göra mer skada än nöden krävde. Det finns en väglag, som stadfäster just detta och vissa skyddade områden med starkt lagskydd hade tillkommit.

Bakgrund

Uppsala kommun med sina 14 geografiska kommundelar är Sveriges fjärde största stad med totalt invånarantal runt 230.000. Belägen 7 mil norr om nuvarande huvudstaden, var Uppsala centrum i Sveariket långt innan Stockholm etablerades som centralort. Huvudstråket för kommunikation från Stockholm upp mot Norrland går igenom Uppsala kommun. I samband med att en motorväg mellan Uppsala och Stockholm skapades, färdigställdes i Uppsala Tycho Hedéns väg, under 1967 till 1972, som en ny nord-sydlig genomfartsled. Denna kunde ersätta Kungsgatan som E4-passage genom staden. Vid denna tidpunkt var Tycho Hedéns väg en ganska perifer gata i östra Uppsala, men den blev med tiden kringbyggd av bl.a. bostäder under senare delen av 1900-talet, då Uppsala utökades med c:a 1.200 invånare om året. Med den tilltagande bilismen i den växande stadens trafik uppstod vid vissa tidpunkter kraftiga trafikstockningar på denna viktiga pulsåder från huvudstaden till Norrland, eftersom lokaltrafiken var blandad med den fjärrgående trafiken. Särskilt i samband med storhelger upplevdes Tycho Hedéns väg som en flaskhals. Trots att vägen norrut efter passagen av Uppsala gick nästan snörrätt, inträffade ett antal allvarliga olyckor varje år bl.a. till följd av att gamla E4 gick igenom flera mindre samhällen.

Trafikstockningarna som uppstod i Uppsala inför långhelger och semesterstart var ett typiskt transittrafik-problem, som absolut skulle lösas, bäst i form av en effektiv trafikled på behörigt avstånd från boendemiljöerna - så som det uttrycks i Agenda 21-deklarationen 1992 om hållbar utveckling.[8] Som är fallet med alla större städer ville man ha en ringled för att avlasta innerstaden från passerande fjärrtrafik och det fanns, förutom behovet att förlägga den norrgående trafiken utanför staden, behov att lösa Uppsalas funktion som nav för trafikflödena i såväl nord-sydlig riktning som östvästlig.

Hela tiden pågår i kommunen oförtrutet planering av bebyggelse för bostäder, handel, industri och rekreation samt den för dessas behov nödvändiga infrastrukturen. Vägar och andra kommunikationsleder ska anpassas till bebyggelsen på ett välfungerande sätt, varvid flera olika miljökrav bör uppfyllas. Stadsplanekontor, Gatukontor, Stadsbyggnadskontor, Miljökontor med flera kommunala organ arbetar tillsammans för att utarbeta lämpliga översiktsplaner och visioner baserade på prognoser om framtida utveckling. I den här boken presenteras och granskas det planeringsunderlag och den process som ledde fram till byggandet av en ny E4 i Uppsala, som en del av det transeuropeiska vägnätet.

Syftet med den här boken är att dokumentera delar av den stundtals infekterade politiska beslutsprocessen som vi som politiker i Uppsala deltog i vid projektering och anläggning av en ny motorväg E4 i Uppsala åren 1960-2002-2007 till dags datum. Beslutsfattarnas agerande ur demokratisynpunkt belyses och skildras mot bakgrund av nutida miljötänkande, presenterat i Agenda 21-deklarationen om hållbar utveckling[8] och andra miljödokument och lagar. Bakom det vi skrivit ligger åtta hyllmeter pärmar, böcker och mappar med dokument som vi har samlat under vår politiska verksamhet och nu gått igenom för att få det sakliga faktaunderlaget att referera till i det vi rapporterar. I den omfattande referenslistan finns även många belysande citat ur olika skrivelser, som vi vill uppmuntra läsarna att också ta del av.

- Politik skulle kunna liknas vid en segelkryssning med tvära vindkast, grynnor och dybottnar. Välkommen att följa med på vår dramatiska politiska seglats med väl genomtänkt mål, säker kompassriktning, men utan sjökort med markeringar av alla möjliga bottenkänningar och djupvatten!

Ringledsplaner

Vid Bärbyledens bygge i Tunabergskolonin våren 1994

Agnetha: »Nu står det åter igen en massa om Bärbyleden i tidningen och dessa stackare i Tunabergskolonin som får sina ögonstenar, sina koloniträdgårdar bortsopade. Det hänger ihop med den senaste tidens diskussioner om nya E4:an och dess anslutning till vägar i öst-västlig riktning. Nu när vi blivit engagerade i E4-frågan behöver vi komplettera våra kunskaper med information om Bärbyleden som ska ansluta till nya E4 och ingå i planerna för Uppsalas trafiksystem. Kan inte du på väg till jobbet cykla förbi kolonin och se vad det hela handlar om?«

- ***Jan****:* »Jo, om jag hinner. Det vore faktiskt intressant att se vad som pågår. Eftersom vi har följt den hetsiga debatten om E4 och börjat sätta oss in i frågan om trafikplaneringen, vore det ju bra att vi informerar oss om Bärbyleden också. Jag vet knappt hur det ser ut där leden ska gå. Jag sticker direkt, så kan jag göra en snabb visit där« ....

- ***Grävskopekillen****:* »Hej! Ja, här håller vi på med skopan att riva de små stugorna.«

- ***Jan****:* »Så synd, det är ju väldigt mysigt här. De här är ju riktiga små hus. I en del koloniområden brukar det bara vara redskapsbodar med myshörna att vila i

- »De här stugorna är upp till 24 kvadratmeter. Vi har flyttat flera av de hus som gick att flytta bort till ett nyskapat angränsande område vid Bärby Hage, men de hus som har skorstenar går ju inte att flytta, så de måste rivas.«

- »Vad ledsamt för ägarna! Man kan förstå att det varit mycket protester mot Bärbyleden!«

- »Jo, det vill jag lova, tiderna förändras. Trafiken tar över och förändrar allting. Men det behövs ju en ringled runt stan och den nya E4:n som den här leden ska ansluta till blir en del av den. Det är på tiden! Vi är glada att få bygga. Alla här har fått en tomt på det nya området och en ekonomisk kompensation från kommunen för själva huset, ifall det måste väck. Sedan har vi övertagit alltihop för rivning, som du ser.«- - -

- »Hmm.... Skulle man kunna få köpa ett av de här husen som ni ska riva? Jag har en obebyggd fritidstomt sedan länge, där man skulle kunna placera det. Det måste ju gå att flytta, även om skorstenen är ett problem!«

- »Jaha! Tror du det? Du kan få ett, vilket du vill. Du behöver inte betala nåt, jag slipper ju jobbet med det, i så fall. Men du har bara drygt en vecka på dej, sedan måste det vara borta, annars ryker det.«

- »Oj! Nu måste jag sno mej på, jag har en tid att passa. Det där huset vill jag ta hand om, det ser väldigt välbyggt ut. En del andra ser ut att snarare bestå av återanvänt träemballage.«

- »Kör till!« -

- »Det blir heltids helgjobb att förbereda transporten härifrån. Skorstenen måste ju rivas, tegelpannorna ska ner och huset stadgas invärtes för att kunna lyftas. Lovar du att spara det till efter helgen?«

- »OK!«

Senare:

- **Agnetha:** »Hur gick det i morse, hann du cykla förbi Tunaberg?«

- »Javisst! Här ska du få höra något spännande. De håller på att riva en del av husen i kolonin, där vägen ska gå fram. Jag frågade om jag fick ta ett av dem och det var helt OK enligt entreprenören. I morgon måste vi ringa till stadsbyggnadskontoret och kontrollera att allt är korrekt, som han sa till mig, så att vi får bekräftat att vår uppgörelse om att vi får ta ett av husen är helt i sin ordning. - Sedan blir det mycket slit i helgen med det här projektet.« - »Glöm inte att vi ska på ett femtioårskalas i helgen också!« - - - »Vi måste få in flytten före vecka 21 sedan är det kört - se här i almanackan, det är heltjockt:«

17/5 50-årskalas
21/5 Konfirmationsfest i Österledskyrkan för Björn
22/5 Österledskyrkan, konfirmationsakten
23/5 Reser till London
24 -27/5 Till Italien för att hålla föredrag på universiteten i Florens, Sienna, Ferrara och Rom — »tänk att få föreläsa på dess urgamla universitet från 1300- och 1400-talet om modern DNA-analys!«
28/5 Program på Vårstavi: J & A om Anna Halling
29/5 Stocksundstorp, Williams kl 16, program om AG Sällström
2/6 Möte i Gamla Uppsala skola om dess nedläggning för tunnelbygget
3/6 Gunnels födelsedag

- »Om det kunde gå den 18 maj.«

Tolv dagar senare: Nylonlinorna blänker i majsolen. - Sandmans kranförare: »*Det väger 5,2 ton.*« - Där dinglar hela huset i luften!

Bärbyleden

En tid innan vi kom in i striden om ny E4 motorväg hade en het debatt om en annan trafikled rasat. Det gällde den sk Bärbyleden, en öst-västlig vägpassage i tre etapper förbi eller genom Uppsala, d.v.s. Enköpingsvägens, väg 55, förbindelse med Gysingevägen, väg 272 och med ny E4 samt med Östhammarsvägen, väg 288. Eftersom man planerade en ny E4-passage utanför Uppsala skulle denna öst-västliga förbindelseväg gå som en nordlig kringled i Uppsalas utkant. Ett viktigt önskemål var förstås att den på ett rationellt sätt skulle kunna anslutas till nya E4:an.

Första etappen gick mellan 55:an och Gysingevägen. Etapp 2 skulle gå vidare över Fyrisån i östlig riktning fram till gamla E4:an, d.v.s. Svartbäcksgatan/Tycho Hedéns väg, för att sedan fortsätta i en tredje etapp mellan stadsdelarna Nyby och Löten ut till nya E4:an, som Vägverket planerade skulle gå utefter östra stadsranden. Bärbyleden kunde sedan förlängas ut till väg 288 vid behov.

I tidigare långtidsplanering hade ett markreservat sparats för denna tänkta öst-väst led ända bort till Österleden vid östra stadsranden[9]. Bärbyledens första etapp gick över åkermarken mellan staden och Husbyborg och vållade inte så omfattande påverkan på bostads-, natur- eller friluftsområden att den var svår att fatta beslut om. Men, i vägkorridoren för etapp två hade kommunen arrenderat ut mark till koloniodlare och ett stort koloniområde med över 300 lotter hade etablerats sedan 1950-talet med riktiga små fritidshus och tomter på upp till 400 m^2.

När man nu efter så där uppemot fyrtio år ville ta i anspråk en del av detta område och splittra upp det i två delar väckte det våldsamma protester. Kolonin var ett litet paradis och rekreationsområde för människor, som kanske inte hade råd att kosta på sig resor eller hålla sig med sommarställen, husbilar eller segelbåtar och här producerades kärleksfullt odlad frukt, bär och grönsaker. För att gå sina väljare till mötes hade socialdemokraterna utfäst sig att rädda Tunabergskolonin, och förespråkade en dragning av etapp 2, som gick i en båge norr om kolonin och norr om villabebyggelsen i stadsdelen Bärby Hage, ett s.k. 'nordligt alternativ', som centern, vänstern och miljöpartiet också stödde. Då det var s-styre i Uppsala åren 1988-91 arbetade man för det nordliga alternativet, trots att Vägverket ansåg det kostsamt och ofunktionellt, genom att det skulle ge 1 km längre körsträcka och inte helt följa det tidigare uppgjorda vägreservatet.

Debattens vågor gick mycket höga och det var inte bara koloniodlare utan också boende i angränsande bostadsområden som tog till orda. Den 10 juni 1991 beslöt politikerna att skydda kolonin och fastställde en nordlig Bärbyled med stor majoritet i Uppsala kommunfullmäktige (KF). *»Därmed avgjordes troligen den största stridsfrågan i Uppsala kommun i modern tid,«* skrev Upsala Nya Tidning (UNT)[10]. Miljöminister Birgitta Dahl (s) besökte Uppsala och tog det första spadtaget för Bärbyled 2 i nordligt läge strax före valet 1991. Men efter valet kom de borgerliga till makten i Uppsala och under början av 1992 rev de upp kommunens beslut från juni 1991 om nordlig dragning, för att i stället offra en del av kolonin och godkänna Bärbyleden tvärs över den. Centern svek plötsligt sina tidigare utfästelser om att stödja det nordliga alternativet och *»aldrig gå med på det södra«* och gjorde tvärtemot en kompromissuppgörelse med de borgerliga om trafiklösningar för Uppsala den 17 juni 1992, i vilken den sydliga dragningen ingick tillsammans med ny E4 enligt ÅrstaVäst alternativet (E4ÅV)[11].

Nya protester blommade upp med arga och mycket upprörda insändare och en demonstration med mer än ett par hundra protesterande fackelbärare från bostadsrättsföreningar och hyresgästföreningar i området och förre KF-ordföranden s-kommunalrådet Lars Olof Lindell, som talare. Man påpekade att bostäder hade byggts på många platser intill det trettioåriga vägreservatet och att kommunen inte hade varit tillräckligt restriktiv i att begränsa bostädernas närhet till trafikleden[12,13].

Att de borgerliga ville gå genom Tunabergskolonin sades vara en hämnd mot socialdemokraterna som hade skapat en högtrafikerad led genom ett högborgerligt område av staden, Luthagsleden. Tro't den som vill. Likt tuppen på kyrkspiran som svänger i vinden, hade nu centern med sina åsiktskast svikit två tunga vallöften, varav det ena sveket (uppgörelse om E4 enligt Årsta-Väst förslaget) blev till mycken skada för en stor skara matproducenter - brukare av Uppsalaslättens jord. Koloniodlarna fick en kompensation i form av nya lotter och de fick väl tralla på Rune Walleboms *»Börja om från början, börja om på nytt, varför ska man sörja, tider som har flytt?«* som blev populär danslåt på 60-talet genom Sven-Ingvars.

Vägverket fick precis som det ville och det hade, vid sidan av tricken att få E4ÅV att framstå som bäst (som vi återkommer till), använt sina påtryckningsmedel av 'morot och piska'. Verket hade i en skrivelse till kommunen 26 mars 1992 hemställt att kommunen snarast utformar en detaljplan för en Bärbyled 2 i en sydlig dragning. Man säger i samma skrivelse att Vägverket inte är berett investera de medel som finns i gällande riksvägsplan i en nordlig sträckning av Bärbyleden. (Underförstått, att vill staden ha en nordlig led får den skjuta till de extra 100 miljoner som den beräknas kräva.) Inom gällande planperiod 1991-2000 fanns medel avsatta för Bärbyleden etapp 2 med byggstart 1993[15,49].

Vem gillar att få en stor transitled genom sitt trädgårdsområde?

Snart kom man till skott med bygget, som söder om kolonin skulle korsa Fyrisån. Det brobygget blev berömt, för på eftermiddagen den 21 februari 1995 rasade den halvfärdiga bron ner i ån mitt under gjutningsprocessen och c:a 60 ton obrunnen cement spolades ner i vattnet. Brandkåren fick hjälpa till att skölja bort den lösa betongmassan innan den stelnade till en jätteklump[7].

En lustighet var att en insändarskribent i Upsala Nya Tidning under den föregående debatten berättat att han i bön till Gud fått svar att sydlig Bärbyled var helt fel.. . Sedan kom raset... Det gav säkert skribenten vatten på dennes kvarn. Vägverket fick sitt straff! - Personligen tror inte vi på någon högre makts ingripande i denna futtiga mänskliga konflikt, men vem som helst får givetvis tro och uppleva det den vill. Kanske var det en klärvoajant upplevelse. Men oss gav händelsen signaler om att Vägverket i sina analyser av mark- och vattenförhållanden - alternativt analyserna av hur man skulle kunna spara pengar - gjorde grova felbedömningar, som visar på brist på antingen kunskap eller omdöme, kanske bådadera. Det bådade inte gott för deras bedömning av andra aktuella vägprojekt. Orsaken till raset var att man använt träpålning 18 m ner i leran som stöd för konstruktionen, vilket var för litet. Vid omgjutningen var man tvungen att använda betongpålar 30 m ner till fast berg och 460 kubikmeter betong åtgick[7].

Sedan kom nästa 'heta potatis', Bärbyled etapp tre, som skulle ansluta till den planerade nya E4:an. Bärbyledens passage genom den känsliga Uppsalaåsen, ett viktigt vattenmagasin för Uppsalas dricksvatten, var en farhåga. I vägskärningen genom åsen täcktes marken av ett dubbelt lager isolering plastmattor[72] så att inget förorenat vatten ska kunna tränga ner i åsens vattenmagasin. Hoppas mattorna har tillräckligt lång livslängd!

I ärendet ingick också *»restaureringen av Röboåsen«,* vilket kan sägas vara en felaktig benämning - profil-återskapande av åsintrycket vore ett bättre ordval. Man byggde upp runt vägen så att den går genom en nyskapad trädbevuxen tunnel med promenadstig ovanpå. (För att restaurera åsen skulle behövas en ny istid!) I samband med de politiska turerna kring nya E4:an, diskuterades intensivt också Bärbyledens tredje etapps vara eller icke vara. Dess anslutning till det befintliga och projekterade vägnätet blev föremål för olika politiska turer[16,141].

Vandring i Gamla Uppsala

Forntida centrum

Vi vandrar ute på slätten vid Gamla Uppsala och blickar ut över det öppna landskapet, där vad som kan ha varit 'Sveriges vagga' legat på 500-talet. Lärkorna sjunger intensivt på sina fladdrande vingar i solen - än bär de uppåt, än sjunker de igen mot sina tilltänkta boplatser. Samma lärksång kan ha berusat våra förfäder med vårkänslor på den här platsen för sådär en 2.500 år sedan när slätten fötts ur havet. - Han berättar, den gamle arkeologen, Jans far, om vad som timat på just denna plats under seklernas gång och får oss att känna det hisnande perspektivet att befinna oss i en bygd, där stora historiska händelser av betydelse för Sveriges tillblivelse ägt rum.

Här möttes farlederna Samnan och Fyrisån, man kan riktigt se för sitt inre öga hur de öppna skeppen roddes fram. Genom att Samnan haft förbindelse via å-system och sjöar österut ända ner till Östersjön, tänker man sig att denna s.k. Långhundraleden utgjorde en båttransportled till havet[17]. Vattennivåerna nådde på den tiden avsevärt högre än idag innan den pågående landhöjningen nu gjort den tidens segelleder helt ofarbara.

Där borta gick en vandrings- och ryttarled, en tusenårig s.k. hålväg från byn. Den byn heter Hemringe - bara detta urgamla namn från hednatid berättar, får vi föreställa oss, om forntida bosättningar på en stenig backe som tidigt kommit upp ur havet. Man har hittat en runsten i Hemringe. Det fanns en stor sten i en av Carlssons åkrar och den var i vägen för jordbruket, men var för tung för att flytta. Då pappan och Hans Carlsson skulle spränga stenen upptäckte de att det verkade finnas en ristning på stenen och förstod då att det var en runsten de hade funnit. Sålunda räddades den för eftervärlden tack vare jordbrukarens uppmärksamhet och intresse. Borta vid Uppsala högar hölls ting och där samlades folket för att besöka hednatemplet[18].

Så fort den bördiga jorden kom i dagen vid landhöjningen kunde åkerbruk och kreatursskötsel komplettera jakt och fiske som försörjning. Den gården där ute på slätten vid ån Samnan heter Eriksberg. De rikliga fynd av boplatser och gravar som man hittills gjort här vittnar om förhistoriska bosättningar och byar av mycket stor omfattning på 500-talet f.Kr.[19, 249], norrut och västerut i dalgången och där borta är Bredåker, där det hittats spår efter ett bronsgjuteri redan på 900-talet f. Kr.

Och ser du den gamla gården där borta, det är Lövstaholm. En bit till höger om den stora ladan kan man skymta ett litet grönt hus som står där alldeles ensamt. Det ser ut som en liten sommarstuga. Det är en nykomling i fornminnesområdet och har hamnat där utan bygglov. Men det står där bara helt tillfälligt och väntar på vidare transport till vår sommarstugetomt. Häromdagen flygfotograferade man området här. Det där huset skulle kunna uppfattas som ett svartbygge i fornminnesområdet, eftersom det kom dit för en kort tid sedan. Vi har hämtat det från Tunabergskolonin när de rev en bit av ett koloniområde för att bygga Bärbyleden, som ingår i det större projektet med kringleder förbi Uppsalas centrala delar tillsammans med ny E4.

»Ni är verkligen experter på återanvändning.« - »Ja, i *'riv-och-släng-skiten-samhället'* kan man göra fantastiska fynd. Du såg ju de vackra trävalven till småpojkarnas sov-alkover som jag har monterat. De hittade jag i ett rivningshus nära vår tidigare fastighet på Sveavägen i Stockholm. Precis på baksidan av nästa kvarter. Det är troligt att farfarsfar byggde det huset också.« - »Ja, det är inte omöjligt, han byggde ju många hus i de kvarteren och runt om i Stockholm. Jag har märkt att pojkarna älskar sina små krypin.« - »De större barnens alkover är inramade av foder från ett vackert 1800-tals hus som revs här i Uppsala. Alla dessa detaljer är ju hantverk som idag kostar en förmögenhet att få till, om det ens går!«

Hotet mot fornminnesområdet — Vårt kulturintresse

»Jag får berätta mer om det lilla gröna huset senare, men nu måste jag berätta att anledningen till flygfotograferingen är att man vill bygga en motorväg här, just här i Samnans dalgång och upp över Vendelbygden. Då kommer landskapsrummet att delas och områdets serenitet skändas ännu mer än nu av allt jäkt och trafikbuller.« - Min far blir alldeles häpen: »Det är ju omöjligt! Det här området måste vara helt fredat från sådana barbariska ingrepp! Det har såvitt jag kan förstå högsta skyddsstatus med sitt fornminnesområde, som sammanhängande sträcker sig ända upp till Vendel!«

- »Du har alldeles rätt att det borde vara omöjligt. Det är både oacceptabelt för grundvattenskydd och intrång i fornminnesområdet och Länsstyrelsen har vid en första genomgång av vägalternativen sagt att det valda alternativet ej bör vara aktuellt.« Redan långt tidigare hade Riksantikvarien avfärdat det med orden: »*detta val av vägkorridor bör inte komma på fråga!*«

Och arkeologen Wladyslaw Duczko, docent i arkeologi vid Uppsala Universitet har uttalat att »*E4 Väst vore en kulturkatastrof utan like för hela Sverige och Europa. E4-bygget slår fullständigt sönder ett enhetligt och faktiskt väl bevarat kulturlandskap som har mycket få motsvarigheter i Skandinavien*«[18]. Så sent som i juni förra året fastställde Länsstyrelsen nya, utvidgade gränser för fornlämningsområdet i Gamla Uppsala[20].

Den äldsta bebyggelse man funnit där är från 200-talet. Det innebär att Gamla Uppsala som politiskt och religiöst, men även ekonomiskt maktcentrum troligen är äldre och ännu mer betydelsefullt än man tidigare trott. De fynd som gjorts pekar på att sveafolkets stora handelsplats låg här under en lång period, innan den av allt att döma flyttades till Birka. Sensationell är den inhägnad till Kungsgården som Wladyslaw Duczko upptäckt i en åker och som tillskrivs mytologisk betydelse. Här finns fantastiska möjligheter att få kontakt med historien. Och ett vackert landskap. Men vad hjälper det?

Riksantivarieämbetet har i maj 1993 förklarat att motorvägen inte kan få gå enligt Vägverkets förslag i och nära fornminnesområdet[21].

Landsantikvarie Stig Rydh avfärdar motorvägsförslaget ÅrstaVäst och yttrar bland annat att »*Vid Hemringe...dras den nya vägen rakt genom byn och bebyggelse av stort kulturhistoriskt värde...Med stor sannolikhet bryts genom vägdragningen på relativt kort sikt en nära 2000-årig bebyggelse- och odlingstradition och en del av Gamla Uppsala centralbygds historia försvinner*«[22].

- »Nej! Vad du berättar kan inte vara möjligt! Det är ju förfärligt! Finns det ingen respekt längre för vårt historiska arv. Utan kunskap om sina rötter blir människorna vilsekomna« - Den gamle professorn ser bekymrad ut. — »Alla mina kolleger och arkeologvänner är nu borta ur arbetslivet eller har gått ur tiden. Vad skulle Bengt Thordeman, Birger Nerman, Mårten Stenberger, Svante Svärdström, Gösta Selling, Run-Janne, Berit Wallenberg, själve kungen, Gustaf den VI Adolf ha sagt och ha försökt göra för att förhindra detta helgerån?«

- »Ja, flera av dem du nämner har jag ju träffat. Det var inte så länge sedan som jag hjälpte Run-Janne att transportera möbler han skulle ha från Erik Wellanders bostad på Observatoriegatan i Stockholm. Han var en trevlig prick!

Jag vill passa på att tacka dej och mamma för att ni lät oss ända sedan barnsben vara med och träffa alla de olika kulturpersoner som ni tog till vårt hem. Och ni litade på att vi skötte oss, som när jag fick uppdraget att göra champinjonsoppa som förrätt då musikradiochefen kom på middag. Det var lite nervöst. Den fick ju inte bli vidbränd. Ni ville att vi så mycket som möjligt skulle få vara med och lyssna och i mån av förmåga även delta i olika intressanta samtal. Jag glömmer aldrig när vi tre bröder fick i uppgift att hålla var sitt litet anförande på en middag med Erik Wellander bland gästerna, nestorn inom svensk språkvård, som 1939 gav ut boken *Riktig svenska* - en klassiker. Det var nervöst! Jag pratade i linje med mitt stora naturintresse, om ett symbiotiskt förhållande mellan en växt och en insekt. Han var artig nog att inte på något sätt antyda kritik, utan höll med de andra gästerna att det var intressant.

Och de många fantastiska konst- och musikaftnar som vi fick vara med om att ordna i vårt hem, har gett mig och säkerligen många av gästerna omistliga minnen och kulturupplevelser. Jag förstår att det var en tradition från morföräldrarnas hem. På Hummersberg samlades konstnärer, musiker och politiker, författare och folkbildare, fredskämpar och nykterhetsvänner och ventilerade sina tankar och åsikter. Ibland gick tydligen diskussionerna på högvarv har det berättats mig, som när Z Höglund utbrast: "*Vi ses på barrikaderna!*" Varpå morfar replikerade "*Det ska bli mig ett nöje!*" En spillra av den kretsen hade ju även jag glädjen att få träffa vid några tillfällen i tonåren. Bokförlaget Natur och Kulturs grundare Jenny Hansson fanns med i kretsen, borgmästarinnan Jenny Lindhagen och den åldrade Ture Nerman som prövat på sovjetkommunismen och totalt genomskådat dess falskhet, samt mammas kusin, den eldfängde debattören Bertil Stålhane som kämpade mot all folkförföljelse och extremism i de politiska ytterkanterna, som han liknade vid barbari[23].

Det är både på gott och ont att jag lärt mig värdesätta kultur och historiska platser. Eftersom vi lever i ett 'riv-skiten-samhälle', så blir man ju lättare upprörd över all förstörelse man ser, än om man aldrig blivit uppfostrad att vårda och värdesätta. Det goda är ju att man ser rikedomen i tillvarons mångfald och inte bara går som en zombie genom tillvaron. Jag och Agnetha var nyligen uppe i Arvidsjaur och hade sångprogram. När vi besökte den pittoreska kyrkstaden fick vi höra att denna gamla kyrkstad, som är en så otroligt fin sevärdhet, hade kommungubbarna velat bränna ner.«

- »Det låter ju förfärligt, vilken brist på förståelse för historiska kulturvärden! Vi härstammar ju från en prästfamilj i Uppsala och jag har alltid haft ett gott hjärta till den här staden av den anledningen och naturligtvis för att platsen är så intressant för en historiker och arkeolog att forska i allt som timat här. Min mors farmor ägde en fastighet mitt i centrum på Dragarbrunnsgatan nära Stora torget och min morfars morfar var rådman i Uppsala och satt i stadens Fullmäktige. Han var dessutom medlem av Ståndsriksdagen.«

- »Ja, det är märkligt att tänka på. Jag har läst något brev där min farmors far som ung student skriver om hur koleran härjar i Uppsala och bekanta och släktingar en efter en går bort som flugor. - Ofattbart hårda tider! - Andra brev som finns bevarade är bland annat ett i vilket morfar klagar på att Stockholms stad vid expropriation av släktens mark mitt i centrum av Stockholm betalat så ynkligt; och brev där morfars mor beskriver sista åkturen med hästspårvagn och första med eldriven spårvagn. Som med allt nytt tvivlade många på den elektrifierade spårvagnen, bland annat ansåg man att den aldrig skulle kunna orka upp på Söders höjder, trots morfars fars betygande, som ledamot av stadsfullmäktige, att det skulle gå alldeles utmärkt. Tänk att dessa gamla brev på papper finns kvar att läsa flera generationer efteråt. Det kommer inte det vi lagrar digitalt att göra. Det är jag hundra procent säker på. Det som skapas digitalt är en dagslända. Om något av det ska bli kvar måste man skriva ut på papper - pappersförbrukningen skulle ju minska genom digitaliseringen, men det går verkligen inte att tro på«[24].

- »Ja, det har du nog rätt i Jan, men runstenarna finns kvar och går faktiskt fortfarande att läsa. ....Men jag vill höra mer om nya E4:an. Det måste ju helt enkelt finnas alternativa platser att förlägga denna trafikled till!«

- »Ja, absolut! Vi går hem och tar en kopp kaffe. Det behöver du efter en sådan här omskakande promenad. Då kan jag visa kartor över vägförslaget och de olika alternativa vägkorridorerna som varit aktuella i diskussionen, minst åtta stycken. Jag och Agnetha har blivit engagerade i motorvägsfrågan, så vi har väldigt mycket informationsmaterial hemma.«

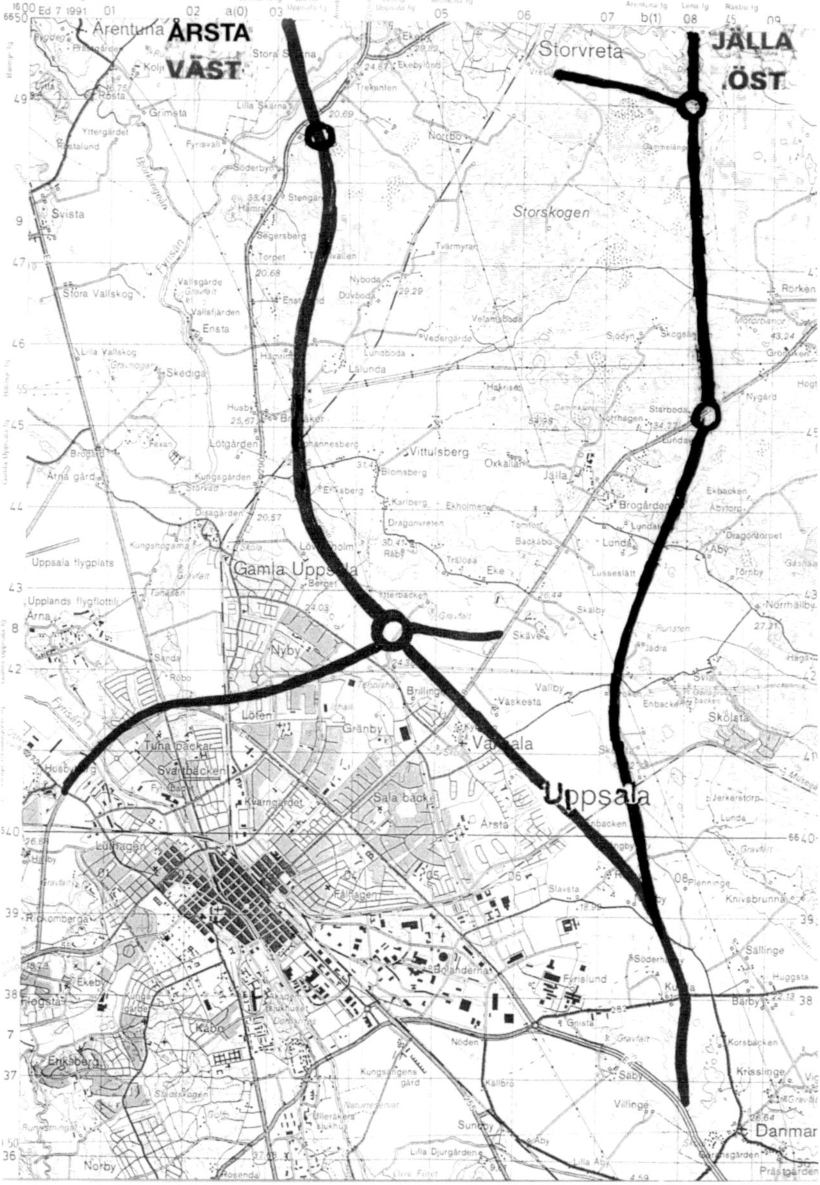

Huvudalternativens passage av Uppsala

Olika vägalternativ

- »Det här är en tjock bunt papper som vi samlat på oss om detta vägprojekt. Jag ska försöka inviga dig i ärendet som fått en märklig hantering. Vi kan börja med den här skriften: *Kulturminneslagen. Räkna med fornlämningar,* utgiven av *Riksantikvarieämbetet 1989.*«
På sidan 7 står: »Storhögarna i Gamla Uppsala är ett nationalmonument. De symboliserar bl.a. centralmaktens uppkomst och svearikets grundande.« Vidare står på sidan 25: ...»Till varje fornlämning hör ett område på marken. Det är till för att skydda fornlämningen och för att den ska kunna bevaras i en miljö som påminner om dess ursprungliga. Fornlämningsområdets storlek bestäms bl.a. av hur betydelsefull fornlämningen är och hur den ligger i landskapet. Ett fornminnesområde kring ett gravfält kan vara tio gånger så stort som de synliga anläggningarna[25]. Kulturminneslagens bestämmelser gäller både fornlämningen och det område som hör till den.«

- »Ja, det innebär ju i klarskrift att det inte bara är de s.k. Kungshögarna som är det bevarandevärda utan förstås **hela landskapsrummet kring denna del av Fyrisån** som skapade grunden till det svenska rikets uppkomst.«

- »Här har vi Uppsalas översiktsplan för 90-talet, ÖP90[26]: Ända sedan Tycho Hedéns väg byggdes rätt igenom östra Uppsala för att ersätta Dag Hammarskjölds väg som pulsåder till Norrland, ingick i stadsplanerna att förlägga en E4-förbifart ännu längre ut från Uppsalas centrum och skapa en ringled runt staden. I planen har ett brett reservat ritats in på behörigt avstånd från stadsbebyggelsen, d.v.s. på utsidan om den här breda slätten, som omger stadens östra sida. Där har man tänkt att E4 skulle gå och vidare norrut i skogen till bruksorterna norr om Uppsala. Motorvägen ska vara en del av det europeiska motorvägsnätet TEN (Trans-European Net) och vara en transitväg till Norrland.«

- »Det är ju perfekt att en sådan väg går på ordentligt avstånd från stadens bostadsbebyggelse.«

- »Det vägförslaget benämner Vägverket JällaÖst. Vägverkets utredare hävdar att man har undersökt ett antal tänkbara vägkorridorer förbi Uppsala som visas i den här gula, stora, kartbemängda skriften *'Ny E4 genom Uppsala län, Lokaliseringsplan för delen Uppsala-Mehedeby'* från augusti 1992[27]. Den presenterar 8 olika förslag. Utgångspunkten har varit att det

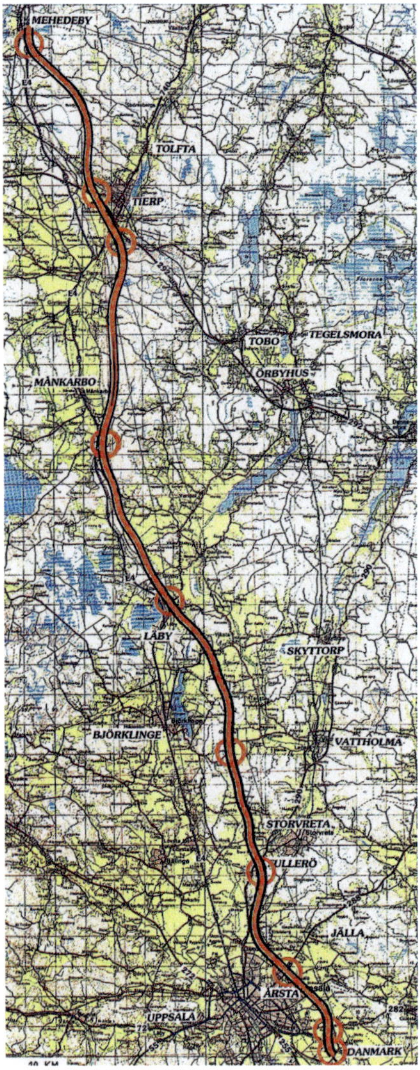

E4Årsta Väst (ÅV).

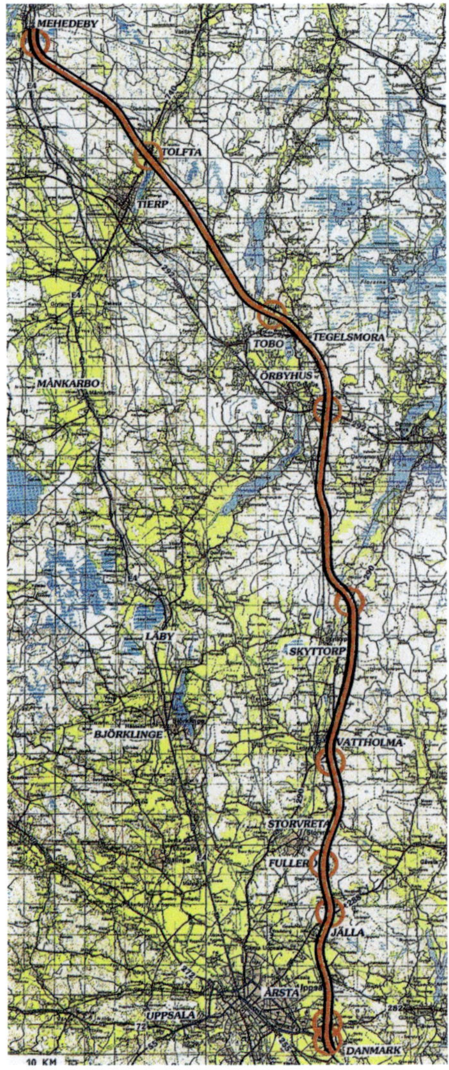

E4 Jälla Öst (JÖ)

Alternativa E4 korridorer Uppsala-Mehedeby

ska vara motorväg hela sträckan, vilket enligt vad man påstår är Regeringens önskemål. Vägverkets egen målsättning är dessutom att vägen skall gå att bygga i två etapper, först södra delen Uppsala till Läby c:a 3,5 mil norrut och därefter norra delen Läby till Mehedeby c:a 4,3 mil. Vägverkets önskemål att kunna bygga i två etapper används som ett av de främsta argumenten vid bedömning av vilket alternativ som Vägverket anser vara bäst.«

- »Varför det?«

- »Jo, om statens investeringsmedel för nya vägar inte skulle räcka till hela motorvägsprojektet, skulle norra etappen kunna vänta och 'gamla E4' fortsatt utnyttjas i stället. Den södra delen, Uppsala till Läby, är den som går förbi Uppsala och påverkar själva staden. Den norra delen kan tyckas vara ointressant för Uppsalas vidkommande, eftersom den startar så långt norrut, som 3 mil, från staden. De alternativa vägkorridorerna är ÅrstaVäst (ÅV) och Jälla Öst (JÖ) för ny E4 genom Uppland, mellan Uppsala och Mehedeby enligt Vägverkets Lokaliseringsplan[14]. Men det är bara det att **den norra delen styr placeringen av den södra delen.** Det är ju en konsekvens av att de möts i Läby, där nuvarande 'gamla' E4 också går.

Av de åtta alternativen i Lokaliseringsplanen presenteras tre s.k. Årstaalternativ, bl.a. ÅrstaVäst. Alla dessa tre går nära stadsdelarna Årsta och Vaksala, dessutom in i fornminnesområdet i Gamla Uppsala. De fem ytterligare förslagen passerar mellan en till fem kilometer förbi på landsbygden öster om staden vid Jälla och kallas därför Jälla-alternativ, exempelvis JällaÖst (JÖ) och JällaÖstMitt (JÖM) och JällaVäst (JV). Dessa vägförslag jämförs mer eller mindre noggrant i utredningen ur olika aspekter, alltifrån miljö till ekonomi och trafiknytta. Men det är bara två alternativ som går till kontaktpunkten Läby och det är ÅV och JV, så de övriga förslagen utreddes med 'hartassen'.«

- »Ja, där ser man!«

- »Vägverkets önskemål är nu ÅV och Jälla-alternativen sorterar man bort, eftersom Vägverket vid en systemanalys fastslagit: '*De största trafikekonomiska effekterna ger E4-alternativen via Årsta.'* Vägverket inser att trafikmängden av transittrafiken inte är tillräckligt stor för att motivera kostnaderna av en motorväg hela sträckan från Uppsala till Mehedeby. Om man däremot lägger vägen invid stadsranden, så att den också kan fungera som en transportled för lokaltrafiken i Uppsala, blir antalet fordon tillräckligt för att få lönsamhet av en motorvägsinvestering, när man kalkylerar på båda delsträckorna tillsammans. Så resonerar Vägverket.«

- »Det betyder ju att Vägverket har ett annat önskemål än Kommunen.«

- »Ja, precis, men det var tidigare. Sedan svängde kommunens uppfattning beroende på ny politisk majoritet. Du ska få höra vad som hände sen, men först vill jag framhålla att Agnetha och jag inte köper argumentet om lönsamhet! Motorvägar upp till och genom Norrland har svårt att bli lönsamma, om man endast ser till antalet fordon. De kan trots detta vara nödvändiga att bygga för att åstadkomma snabba och samtidigt säkra transportleder för att nationellt binda ihop vårt land. Lönsamheten för en sådan väg kan inte endast beräknas utifrån biltäthet, utan transportleden *'livsnerv till Norrland'* i sig har ett stort värde, även om inte tillräckligt många fordon går där för att moderna samhällsekonomiska kalkyler skall visa på lönsamhet (eller som det uttrycks i regeringens proposition 1996/97:53 Infrastrukturinriktning för framtida transporter, i beskrivningen av järnvägssatsningar: 'Vissa investeringar…nödvändiga ur systemperspektiv trots att de inte uppvisar samhällsekonomisk lönsamhet som enskilda projekt.' Samma resonemang kan också gälla vissa vägsatsningar.) För övrigt kunde man för det olönsamma vägpartiet ha kostnadsberäknat en 2+1 väg i stället, som också ger god trafiksäkerhet.

Vägverket skulle med detta synsätt inte ha behövt kalkylera med den lokala trafiken i Uppsala för att få motorvägen genom Uppland samhällsekonomiskt lönsam. Det är ett **systemfel** att i onödan blanda ihop tung transittrafik med lokaltrafik och det ökar olycksriskerna. När man gör ett sådant missgrepp tyder det på att helt andra intressen ligger bakom att avfärda Jälla-alternativen. I ÖP90 påpekas just detta angående Årsta-alternativ där det sägs: '***E4 i detta läge torde medföra ökad blandning av lokal och regional trafik vilket är olämpligt med hänsyn till olika trafikrytmer.***'[26]

Vägverkets viktigaste aspekter vid val av alternativ har, baserat på deras resonemang ovan, varit förutom vägens funktion som transitled förbi Uppsala: Hur stor avlastning vägen gör för den nuvarande innerstadstrafiken, de olika alternativens påverkan på bostadsmiljöer - inklusive bulleraspekter - på kulturmiljöer, friluftsliv, viktiga biotoper, naturresurser som vatten och jordbruksmark. Trafiknytta för passerande norrgående trafik och kommunikationsfördelar för brukssamhällena i Norduppland är viktiga. Så har vi anläggningskostnaderna för vägen, inkluderande markens bärighet och eventuell vattensjuka, vägbredd, beläggningsmaterial, viltstängsel, och vägens påfarter och vägpassager med broar eller underfarter. Men drivande vid valet har, som sagt, varit nämnda knutpunkt i Läby som därför kraftigt begränsat alternativen. Lägg därtill önskemålet att lokaltrafiken ska gå på denna motorväg, så är antalet förslag mycket begränsat, i praktiken nästan bara ett.«

- »Ja, jag förstår, även om det nästan blir väl rörigt mycket att hålla reda på!«

Länsstyrelsens uppfattning

- »Här är en skrivelse från Länsstyrelsen, som har en viktig beslutsfattande roll i ett sådant här ärende. Det är inte så många sidor, kanske du orkar skumma igenom den och se de understrykningar vi gjort. Den ger Länsstyrelsens uppfattning efter sammanvägning av alla olika aspekter och den skiljer sig också från Vägverkets val, som är E4 ÅV.«

Den 29 januari 1993 skriver Länsstyrelsen i Uppsala län till Vägverket, Region Mälardalen ett yttrande[14] om Lokaliseringsplanen för E4, delen Uppsala Mehedeby[27]. I det inledande avsnittet av skrivelsen citeras Länsstyrelseinstruktionen för att klargöra Länsstyrelsens tillsynsuppgifter och befogenheter. Därefter följer en genomgång av **olika aspekter som Länsstyrelsens fackkunniga tjänstemän utvärderat:**

Regional utveckling: »De östliga alternativen JÖM och JÖ medför de största utvecklingseffekterna för den norra länsdelen« (arbetsmarknad, utbildning, service, transporter från industri, turism.)... »JÖM/JÖ är klart att föredra i ett regionalpolitiskt perspektiv.«

Kulturmiljö: »För Årsta-alternativen bedömer länsstyrelsen att konflikten kommer att bli mycket stor och att den inte kan reduceras genom justeringar eller andra åtgärder inom korridoren. Enligt Länsstyrelsens uppfattning kommer därför Årsta-alternativen att innebära påtaglig skada på riksintresseområdena på ett sätt som inte är förenligt med NRL 2 kap 6§.« Kostnader för arkeologiska undersökningar blir störst med västligt alternativ. »Sammanfattningsvis.....det mest gynnsamma alternativet är därför JÖ.«

Naturvård: »JÖM ger de minsta skadorna på naturmiljön.« ÅV går genom skyddat område enligt 8§ miljöskyddslagen. (JÖ måste gå tillräckligt långt från naturreservatet Florarna för att inte störa, vilket är fullt möjligt,- jämför vår kommentar på sidan 179).

Landskapsbild: »En motorväg stör landskapsbilden där den går fram. Från landskapssynpunkt är det därför angeläget att vägen inte dras över öppna jordbruksmarker utan i stället lokaliseras så mycket som möjligt till skogsmark. I detta avseende är en östlig dragning att föredra..«

Vattenförsörjning: »Enligt NRL 2:8 ska mark- och vattenområden som är särskilt lämpliga för bl.a. vattenförsörjning så långt som möjligt skyddas mot åtgärder som försvårar utnyttjandet. Reglerna i NRL talar således starkt mot en E4 i detta /västligt/ område.« Östligt läge är att föredra. (Dessa synpunkter delas av Räddningstjänsten.)

Hushållning med naturgrus: ... »Det är vidare angeläget att inte åsgrus utan berg och moränmassor kommer att användas vid byggandet av en ny E4. Förutsättningarna för att göra detta är bäst i de östra alternativen.«

Friluftsliv: »Från friluftslivets synpunkt är påverkan från de västliga alternativen av mindre betydelse medan alternativen JÖM och JÖ berör vissa naturvårdsobjekt av lokal betydelse.« ... »gäller att man genom tunnlar eller på annat sätt bör minimera barriäreffekterna av en E4 i östlig sträckning.«

Jordbruk: ... »Många bärkraftiga jordbruksenheter kommer att drabbas kraftigt med ÅV-alternativet och deras möjligheter att fortleva kan allvarligt försvåras.«....»för jordbrukets vidkommande är alternativen JÖ och JÖM de bästa.«

Uppsala tätort: »Både ÅV och JÖ ger fullt tillfredsställande avlastning av förbifartstrafiken.« ...»Årsta-alternativet innebär att E4:an kommer att ligga nära befintlig bostadsbebyggelse i stadens östra kant. Området rymmer ett stort antal boende och dessa kommer att bli utsatta för ökat trafikbuller och ökade utsläpp av föroreningar från trafiken. Tung nattrafik kommer att passera nära bostadsbebyggelsen. Årsta-alternativet innebär således att en ny störningskälla skapas, samtidigt som störningen från Tycho Hedéns väg kommer att bestå i betydande omfattning.«

»Enligt Länsstyrelsens uppfattning medför Årsta-alternativet ingen garanti för att Uppsalas karaktär som 'Staden på slätten' skall kunna behållas genom att stadens vidare expansion österut förhindras. All erfarenhet visar i stället att nya verksamheter snabbt lokaliseras kring denna typ av närlokaliserade förbifarter. Det finns därmed risk för att Årsta-alternativet om 10-15 år visar sig vara en alltför kortsiktig lösning och att man återigen har en E4 genom bostads- och arbetsområden i stadens östra delar. I de östra stadsdelarna finns vidare ett underskott av park- och närströvområden, ett underskott som kommer att förstärkas av ett Årsta-alternativ som tar i anspråk rekreationsområden i stadsranden.«

»Enligt Vägverkets uppfattning fordras, oavsett motorvägsalternativ, en upprustning av Tycho Hedéns väg för lokaltrafiken. Dessutom krävs enligt Vägverket också, om Jälla-alternativet väljs, en Rörbyled utanför Gamla Uppsala och Årsta. Enligt Länsstyrelsens uppfattning bör man överväga möjligheten att i stället utnyttja en upprustad Tycho Hedéns väg som tillräcklig åtgärd och utesluta Rörbyleden.«

Farligt gods: »Jälla-alternativet avleder däremot den dominerande nord-sydliga trafiken av farligt gods långt utanför tätorten.«

Trafikekonomi: »...Enligt Länsstyrelsens uppfattning är emellertid skillnaden i investeringskostnad mellan ÅV och JÖM inte av den omfattningen att den kan ha någon avgörande betydelse vid val av alternativ.« (Enligt vår bedömning är JÖ billigare, eftersom den går på fast mark med mycket byggnadsmaterial tillgängligt på plats och mindre behov av markförstärkningar samt mindre behov av pumpstationer som kontinuerligt pumpar bort vatten med åtföljande onödiga driftkostnader. JÖ skulle bli c:a 1 km längre.)

Slutsatsen i Länsstyrelsens skrivelse: »En E4 med motorvägsstandard genom Uppsala län är en fråga som berör riket och hela länet. Vid valet av sträckning för den nya E4-an måste det alternativ väljas som ger största fördelarna för länets utveckling och som medför de minsta konflikterna med riksintressen. Länsstyrelsen förordar av dessa skäl alternativ JÖM.«[14] Denna skrivelse undertecknades av landshövding Jan-Erik Wikström (fp).

— »Av sammanställningen framgår att **JÖ hade varit lika bra som JÖM** och hade också kunnat komma till Tierp söderifrån, som det samhället hade som önskemål. Varför valde landshövdingen JÖM som skulle gå över Vendelsjön, när han sannolikt visste att det vid sjön fanns en nyckelbiotop för fladdermöss? Varför ignorerade han detta som visade sig vara ett missgrepp? Eller var det medvetet för att senare kunna köra över sina tjänstemän och manipulera över vägen till ÅV, som folkpartiet velat ha hela tiden?

Det fanns ju förslaget JÖ som var helt acceptabelt och ett alternativ som förordats av många. JÖM och JÖ var de förslag som en överväldigande majoritet av instanser som yttrade sig ansåg bäst. Vi har ställt upp en lista över de som ansett Jälla-förslag vara de bästa alternativen med en del av deras motiveringar.« (För läsaren har vi senare uppgraderat denna lista som presenteras här i sin kompletterade form efter 1994.)

Tabell 1. Förespråkare för östligt E4-alternativ

•Vägverkets tidigare generaldirektör P.A. Örtendahl ville helst ha haft ett Jälla-alternativ, vilket han framfört vid ett personligt möte med oss. Det bekräftade en andrahandsuppgift vi hade från Sveriges hembygdsförbunds ordförande Göran Furuland att, när Örtendahl besökte Uppsala på inbjudan av förre landshövdingen Hans Alsén för att titta på tänkbara vägkorridorer och såg Jälla-läget, deklarerade han: »*Här ska motorvägen gå!*« Det resulterade i att aktionsgrupp 'Rädda Vaksala' bildades för att motverka denna lokalisation, mer om detta senare. Sedan ändrade sig Örtendahl när vägverkstjänstemännen övertygat honom om att ÅV var bäst ur trafikarbetessynpunkt.

•Riksantikvarieämbetet (RAÄ) 1993-05-11 yttrande till Regeringen och Vägverket[21].

•RAÄ 1994-03-07 yttrande till Regeringen och Vägverket[28]. RAÄ hävdar i denna skrivelse till Miljö- och Naturresursdepartementet att sträckningen Jälla-Öst-Mitt är bäst och föredras om tunnelbygget för järnvägen kan åstadkommas **utan** koppling till E4.

•RAÄ 1998-01-26 Förslag till Nationell plan för vägtransportsystemet 1998-2007[29]: ...»vi föreslår därför fortsatta studier som grund för en ny lokaliseringsprövning,« Christina von Arbin och Ann Mari Westerlind.

•RAÄ 1999-01-12 Remissyttrande till kommunikationsdepartementet: *»... Det är därför RAÄ:s bestämda uppfattning att en dragning av ny väg E4 enligt den aktuella arbetsplanen **ej bör tillåtas**. RAÄ förordar en fortsatt utredning av en östlig dragning ..«*[30].

•RAÄ 2000-04-18 ÅV bedöms medföra »oacceptabla skador«[31].

•Länsstyrelsen Upplands län januari 1993,[14] E4 i fornminnesområdet i princip oacceptabel. Förordar östlig dragning. *Citerad ovan i detalj.*

•Beredskapsenheten Länsstyrelsen (931129) Ing-Britt Englund t.f. försvarsdirektör 120-7265-92[33].

•Länsstyrelsens Kulturmiljöenhet (93-12-01) Jan Helmer Gustafsson[34].

•Länsarkitekten Tord Fagerberg Planenheten 1993-11-24[35].

•Landstingsstyrelsen 921221 Ingvar Karlén, Lennart Moberg[36].

•Uppsala kommun ÖP 90 E4 planeras över Jälla när det var socialdemokratisk majoritet[26].

•Uppsala kommunledningskontor (921215) Jälla-alternativet JÖ/JÖM[37].

•Tierps kommun: »Vi motsätter oss en västlig dragning av E4:an som med största sannolikhet medför att grundvattennivåerna skulle på ett mycket negativt sätt påverka kommunala vattentäkter. Även regionala skäl talar emot en västlig dragning.« Kommunalrådet Bengt-Olov Eriksson 1995[40,41]. (1996 hade han ändrat sig med motivering att östlig inte gick att bygga! Hade Vägverket lurat i honom det?)

•Östhammars kommun: »med tanke på färjetrafiken från Hargshamn och trafiken i övrigt från kommunen är angeläget att anslutningen till länsväg 288 till E4 sker vid Jälla«[42].

•Uppsvenska Handelskammaren. Dess Trafikkommitté är enig om förslaget som norrut förordar östliga alternativet JÖM (Handelskammaren representerar MoDo skog, Mälarskog, Domän Skog, Uppsalabuss, Länsstyrelsen, Korsnäs, Lastbilcentralen, Konsumentföreningen, Karlit och Stora Cell.)[43]

•Ola Carlsson VD för Uppsvenska Handelskammaren: »Det blir mer mark över för ett industriområde utmed E4. Vi ser bara vad som är bäst för transporter och näringsliv« skrivet 92-12-23 till Vägverket Region Mälardalen. (Observera att detta brev är skrivet efter de borgerligas uppgörelse i Uppsala om att förorda ÅV-korridoren.) Handelskammaren varnade också för att projektet skulle komma att dra ut på tiden om man inte valde det östliga förslaget, eftersom man kunde förutse att det skulle bli ett starkt motstånd mot en förläggning i anslutning till riksintresseområdet för fornminnesvården[43].

•Lantbrukarnas Länsförbund

•Företagsföreningen i Örbyhus-Tobo-Vendel[44].

•Företagsföreningen i Tierp[44].

•Företagsföreningen i Gimo[44].

•Företagsföreningen i Skärplinge[44].

•Företagsföreningen i Österbybruk[44].

•Gamla Upsala Hembygdsförening (931129) Viola Uppsäll och dess E 4-grupp, E. & S. Wårdsäter (1995)[45].

•Sveriges Hembygdsförbund (1997-03-05) Göran Furuland 1:e vice ordf. och ordf. i Natur- Miljökommittén[48].

•G:a Uppsala Hem och Skola Sören Wiktorsson (1993-11-30)[46].

•Fyrisåns Vattenförbund, Dec. 1992[47].

•Miljöpartiet de Gröna (931213) Anders Ekström och Per Otto Sylwan[60]. (Mp:s val var annars planskilt 0-alternativ.)

•Moderaterna i Uppsala fram till juni 1992. Sedan ÅV för att kunna styra tillsammans med Fp och C.

•Socialdemokraterna i Uppsala[87].

•Centerpartiet var emot västlig E4 p.g.a. det stora ingreppet i jordbrukslandskapet och påverkan på partiets väljares egendomar och verksamhet. Centern hade sedan motorvägsfrågan kom upp på 1960-talet enträget förespråkat ett östligt Jälla-alternativ, men vid den borgerliga trafiköverenskommelsen juni 1992 var centerpartiet tvunget att acceptera ett västligt alternativ förbi Årsta. Centern var med andra ord splittrad i sitt ställningstagande. Men när så Länsstyrelsen i januari 1993 förordat ett Jälla-alternativ, ändrades centerns ställningstagande. Vid C-stämman i februari 1993 begärde Gerd Gustafsson votering om östlig eller västlig E4 och krävde sluten omröstning. Vid denna omröstning, där deltagarna fick vara anonyma, röstade de för en E4 dragning enligt östligt alternativ vid Jälla, så att den borgerliga uppgörelsen om Årsta Väst sprack. När de fick vara anonyma kom uppenbarligen centerpartisternas egentliga åsikt i frågan fram!

I Referenslistan finns ännu mer utförliga tabeller[50] över bästa vägval för olika aspekter, Tabell 2 och 3.

*

Jans far: »Det är inte svårt att direkt se på de här kartorna att ett riktigt östligt alternativ skulle lösa de problem som du har berättat om, då vi vandrade ute på slätten här vid Gamla Uppsala. Med den här sammanställningen har du gett mig en klar inblick i ärendet, även om det verkar vara många turer och svårt att hålla isär. Men jag förstår inte - du påstod ju att vägen ska gå i Gamla Uppsala när vi gick där ute och tittade. Hur kan det komma sig? Alla tunga instanser verkar ju vilja ha ett östligt alternativ.« - »Ja, men politik är ju politik och då kan vad som helst hända. Förutom de två aktörerna Vägverket med sin styrande roll och Länsstyrelsen som har en överordnad roll i beslutsgången, så var ju även Uppsala kommuns åsikter viktiga att ta hänsyn till.«

Kommunens vägval

»Jag ska förklara för dig om kommunens speciella intressen i frågan. Man vill ha en ringled för att underlätta för trafiken i innerstaden. Kan nya E4 bli en del av ringleden, som då bekostas av staten i stället för av staden, så är ju det mumma för en stad med stor skuldbörda.« - »Ja, tacka för det!« - »Om Vägverket dessutom lovar bekosta den norra delen av ringen, som kallas Bärbyleden, förutsatt att kommunen väljer *'rätt lokalisation'* (d.v.s. den *sydliga sträckning* som Vägverket vill ha, annars får staden stå för fiolerna själv), blir ju konceptet ännu mer lönsamt.«

- »Ja, det är givet. Det är ju alltid pengarna som styr till syvende och sist.«

- »Det är taktik av Vägverket: Morot och piska för att få det man vill! Liksom Länsstyrelsen, styrs Kommunen av en politiskt vald församling, d.v.s. kommunfullmäktige, eller KF, med representanter för de olika politiska partier, som i valet fått mandat, totalt 81 politiker. En kommunstyrelse, KS, bestående av kommunalråd från de största partierna och politiska specialnämnder för olika sektorer förbereder beslutsunderlaget som fullmäktige har att ta ställning till. Förslagen till kommunstyrelsens beslut kommer från politikerna själva eller de olika speciella nämnder som styr olika verksamheter. Dessa och tjänstemän får ta fram faktaunderlaget för kommunstyrelsens frågor.

Under perioden 1988-91 rådde S-majoritet. I översiktsplanen för Uppsala 1990, ÖP90, för nästa 10-årsperiod, antagen av kommunfullmäktige 1990-06-12, har man valt Jälla-alternativet för motorvägen och avsatt en bred korridor i östligt läge för denna. Tanken var att avlasta staden från all genomfartstrafik till och från orter norr och söder om Uppsala[26]. Efter valet 1991 svängde KF-majoriteten till borgerlig. I mars 1992 gav Kommunstyrelsen uppdrag åt Gatunämnden att se över kommunikationssystemets planer. Därefter fattade Kommunens Gatunämnd i maj 1992, utan föregående kommunomfattande samråd, beslut om ett övergripande vägsystem för Uppsala som inkluderade E4ÅrstaVäst[49] och det blev grunden till den borgerliga koalitionens exeptionella trafikavtal undertecknat av Gunnar Hedberg (m), Harald Nordlund (fpl) och Per-Axel Engblom (c) i juni 1992[11]. Observera att detta var sedan riksantikvarien begärt att få utvidga gränsen för fornminnesområdet[20], något de borgerliga tydligen struntade i med sin nya plan för uppsalatrafiken, som alltså inbegrep förordande av Årsta-alternativet i enlighet med Vägverkets önskemål. Centern blev tvungen att acceptera ett västligt E4-alternativ förbi Årsta och en sydlig Bärbyled etapp 2, trots att de lovat väljarna att stödja en nordlig Bärbyled. Men ännu värre var att moderaterna i valet 1991 utlovat en östlig E4-dragning. Sådan är politiken.....

När Vägverket i september samma år redovisade åtta studerade alternativ för motorvägen till Mehedeby uttalade Kommunfullmäktige i december 1992 att »Årsta-alternativet har klara fördelar framför Jälla-alternativet när det gäller intrång i mark för friluftslivet och barriäreffekter. Detta uppväger Årsta-alternativets större intrång i kulturmiljöer av riksintresse och påverkan på boendemiljöer.«[38] *Detta uttalande som saknar vett, sans och proportioner var en följd av borgarnas kompromissande* under sommaren 1992 för att kunna arbeta som en enhet under mandatperioden, då de i denna fråga alla kom att dansa efter liberalernas 'sälgpipa'.

Detta huvudlösa uttalande som skrevs under av folkpartisten Terry Carlbom var helt i strid med tjänstemännens uppfattning på Kommunledningskontoret. I en skrivelse från Kommunledningskontoret till Vägverket Region Mälardalen 1992-12-15, *Yttrande över remiss av lokaliseringsplan för ny E4, delen Uppsala-Mehedeby,* uttrycks tjänstemännens bedömning:[37] »Sammanfattningsvis har enligt Uppsala kommuns uppfattning ÅVM vissa fördelar framför Jälla-Öst när det gäller intrång i mark för friluftslivet. ÅVM gör dock mycket stort intrång i kulturmiljöer av riksintresse och påverkar i betydligt större utsträckning än Jälla-Öst boendemiljöerna. Jälla-Öst bedöms också ha en större avlastande effekt på stadens trafiknät och tillsammans med de fördelar för den regionala utvecklingen i Nord-Syd-axeln, överväger detta mer än väl de nackdelar som omnämnts för detta alternativ. Uppsala kommun förordar därför Jälla-alternativet, att kombineras med det östliga läget norr om Uppsala d.v.s. JÖ/JÖM. För Jälla-alternativet talar även tryggandet av Uppsalas vattenförsörjning.«

Kommunledningskontoret har också upptäckt felaktigheterna i remissmaterialet (de vi på goda grunder tror är medvetna förfalskningar) och kommenterar följande: »Slutligen kan noteras vissa fel och oklarheter, t ex på s 119 gula delen, där Vedyxaskogen, Örlösan, Storskogen och Edshammarskogen felaktigt markerats som riksintressen för friluftslivet.

Markerat intresse för friluftsliv är inte av riksintresse. Vidare har i redovisningen av plan och profil (blå delen) ss 3 och 71 Österleden inte anslutits till Bärbyled 3 vid Årsta-alternativet, under det att vid behandlingen av systemlösningar för staden i gula delen förutsätts en sådan anslutning.«[37]

Friluftsliv som kan idkas på ett otal platser runt om Uppsala sägs i Terry Carlboms dokument väga tyngre än boendemiljöer och ett av landets absolut viktigaste och unika riksintresseområden för kulturvården vägde lättare än ett östligt skogsområde som vid denna tidpunkt inte ens ägde nationell skyddsstatus[38]. Härigenom svek centern på det grövsta sina väljare, moderaterna och folkpartiet sina förmenta kulturintressen. Folkpartiet driver frågan om naturvärden och friluftsliv i den östliga korridoren som det mest betydelsefulla och den folkpartistiske landshövdingen Jan-Erik Wikström är väl av samma åsikt. Friluftslivet anses av vissa påverkas mest av östlig E4, men det bör vägas mot påverkan av E4 ÅV på det dagliga nära friluftsliv som pågår i Uppsala östra stadsrand, som ju kvantitativt är betydligt större än nyttjandet av den ganska ogästvänliga blockiga moränskogen i östlig dragning, som ligger för långt från Uppsalas boendeområden för att utgöra promenadmark för dagligt friluftsliv och för de flesta endast nås med bil.

Förespråkarna för ÅV hävdar att JÖ utgör en barriär för Storvreta, Vattholma och Skyttorp, men nämner inte den långa barriär mot det öppna landskapsrummet som en motorväg utefter hela östra stadsranden skapar. Man använder vilka argument som helst för att uppnå sina syften. Man undviker att nämna att ÅV-alternativet passerar den mycket känsliga och attraktiva landskapsmiljön vid Fullerö över Fyrisån och promenadmarken Framskogen.

Hela Uppsalas västra stadsrand är avsatt som natur- och friluftsområden, vilket hindrar stadens expansion åt det hållet. Likadant söderut. Vi är givetvis med vårt stora naturintresse inte emot detta, men de väldiga skyddade Nåsten och Lunsen-områdena borde kunna räcka för de skogsvandrare som vill tillryggalägga långa distanser i genuin skogsmark, när man ändå måste ta bilen. Och se här en karta över en del av Upplandsleden vid Uppsala på vilken man lätt kan se att det finns oändligt stora skogar runt om på litet längre avstånd, men fullt nåbara för friluftsliv (slättlandskapet i gult och skogarna i grönt med vandringsleden Upplandsleden markerat med svart heldragen linje.)

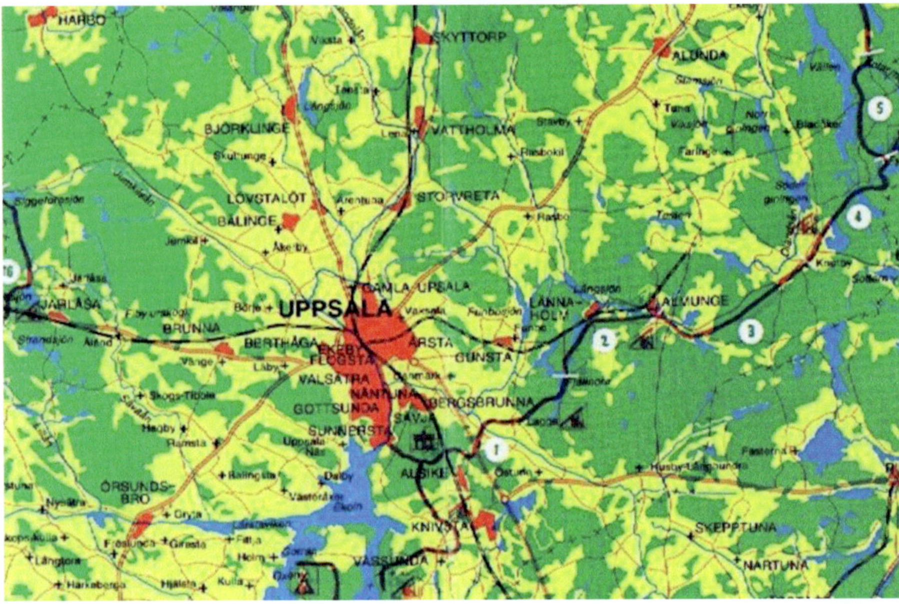

Man kunde ju tycka att vi som friluftsintresserade, icke bilburna på den tiden då barnen var små, skulle tycka att Storskogen är bra att den skyddas. Det har vi givetvis ingenting emot, det är bara det att fornminnesområdets storhet och originalitet anser vi så mycket mer skyddsvärt. Vi har brukat cykla med alla våra fyra barn hyfsat långa sträckor till exempelvis Framskogen, Vittulsberg, Funbosjön och Hammarby. Gissa om lille Pär var stolt när han som 6-åring hade lyckats cykla till Funbosjön från Gamla Uppsala och tillbaka på sin lilla cykel! Han minns utflykten ännu idag, 30 år senare.

Kommunfullmäktige beslutade därefter i januari 1993[52] grundat på det ovan nämnda ställningstagandet i december bland annat:

att inrikta trafikplaneringen på att realisera en stadsring med Bärbyled 1-2 (etapp 2 i en sydlig dragning), med Bärbyled etapp 3 som ansluts till E4 Årsta-alternativet, Österleden, Tycho Hedéns väg, Stålgatan, Kungsängsleden och Västerleden.

Kommunens svängning i frågan gick Vägverkets önskemål till mötes, eftersom Vägverket av någon anledning absolut inte ville ha någon östlig dragning, trots alla dessa redovisade fakta jag visat dig som demonstrerar en klar fördel med en östlig E4 *jämfört med det* västliga alternativet. Men när så Länsstyrelsen i slutet av januari 1993 efter noggrant övervagande förordat ett Jälla-alternativ, röstade Centerpartiet vid årsstämman i februari 1993, åter fram ett östligt E4-alternativ och bröt därigenom den borgerliga överenskommelsen, som jag nyss berättade för dig. I Upsala Nya tidning 13 februari 1993 lyder en fet rubrik **E4 över Jälla splittrar centern.** Under en stor bifogad bild står: »E4 vid Jälla en katastrof! Här rider Ingela Hedman-Karlsson, gruppen Rädda Vaksala, demonstrativt på tvärs mot en framtida Europavägsdragning bara 100 meter från Uppsala Ponnystall. Lennart Sandberg närmast framför hästen skulle själv drabbas på Svia gård. Han tillhör de centerpartister som säger nej. Splittringen inom uppsalacentern om trafikpolitiken är nu ett faktum. En beslutande årsstämma voterade mitt i natten igenom ett »JA« till att dra nya E4 vid Jälla i stället för partiets tidigare Årsta-alternativ. Lennart Sandberg, erfaren landstingspolitiker och ordförande vid stämman, använde hårda ord: 'Det är ett jävla svek!'....Före förra valet röstade man enhälligt igenom Årstadragningen av E4 i kommunprogrammet«[53].

Bevara Vaksala-bluffen

Den tidningsartikeln säger allt om varför vi har dagens situation med motorvägen ritad invid själva stadsranden. Ingela Hedman-Karlsson bildade i november 1994 föreningen *Bevara Vaksala*[53] (från den tidigare aktionsgruppen *Rädda Vaksala*) med sitt '*främsta syfte att verka för att beslutet om E4 Årsta Väst verkställs.'* Man åberopar Jälla Ponnystall[54] som ett hinder för E4 vid Jälla och vem driver dess verksamhet? Jo, en nyckelperson i Jälla Ponnyklubb är ingen mindre än projektledaren för E4-projektet Lars Pernler, som var med och tecknade avtal med Uppsala kommun 1986 om finansiering av ridanläggningen i Vaksala Lunda i Jälla. Han var tidigt ordförande och är ordförande ännu idag i ponnyklubben, som drivs som en ideell förening och hans döttrar är engagerade i verksamheten, som ridskolechef respektive ridinstruktör.

Självklart ville Lars Pernler inte ha motorvägen på anläggningens marker och han hade antagligen makten att trixa bort vägen därifrån, bl.a. genom att anlita konsulter med 'rätt uppfattning'. Ingela Hedman som bilden visar ridande är kusin till Vägverkets tjänsteman Tomas Hedman, uppväxt i Jälla, som var ensam samrådsansvarig för utredningen av E4 utanför Uppsala[153].

Det är alltså i Jälla som vägverksfolket har sina intressen och bostäder, både familjen Hedman och familjen Pernler och i Svia nära Skölsta även nämnde centerpartist, landstingspolitikern Lennart Sandberg.

Föreningen *Bevara Vaksala* som inkluderade många flera boende i den tänkta Jälla-sträckningen av E4, arbetade för att rädda sina marker. Vi har konstigt nog aldrig sett eller hört kommunalråden Hedberg (m) och Nordlund (fpl) eller andra ledande uppsalapolitiker tala om dessa personers »särintressen«. Däremot kallar de borgerliga i kör med Pernler vårt försvar för fornminnesområdet för »särintresse!«[56] Skrattretande - om det inte var så sorgligt med tanke på resultatet.

I blickfånget framför Vaksala kyrka i riksintresseområde för kulturen (C36) vill de ha motorvägen. Namnet på den opinionsgruppen får sägas vara grovt vilseledande. En insändarskribent boende i Vaksala kyrkby betonar, efter att ha beskrivit det skisserade E4ÅV-alternativets kraftiga störning av miljön vid just Vaksala och dess inverkan på den sammanhållna historiska miljön, att gruppen *Bevara Vaksala* seglar under falsk flagg: *»Byt namn till 'Sabba Vaksala - Bevara Svia'.«*[57]

Lennart Carlsson, tjänsteman vid Vägverket, ledde en projektgrupp som skulle utreda lämpligt val av ett vägstråk för nya E4, med utgångspunkt från ett antal önskemål om förbättrad trafikled. Till projektgruppen knöts olika organisationer, vars samråd man inhämtade. Där finns då '*Bevara Vaksala*' som en sådan. Redan i presentationen av projektgruppens arbete framgår att man ljuger och pratar strunt: »Den nya vägen ska planeras med största möjliga hänsynstagande till miljö, natur och kulturvärden,« skriver man - fastän största möjliga hänsynstagande till kulturvärden skulle direkt ha gjort att E4ÅV skulle utgått, eftersom den med sitt intrång i Gamla Uppsala fornminnesområde var lagstridig och Riksantikvarieämbetet på det bestämdaste förkastat den. Vi var inte tillfrågade.

Av kommentarerna från boende i östra Uppsala, bl.a. i Vaksala Kyrkby och i Årsta framgår att det finns en massiv opinion mot motorvägen i anslutning till boendemiljöerna där. Uttalanden som: »E4 ingenstans i Sverige planerats i omedelbar anslutning till tätbebyggda bostadsområden«; »anser att vägdragningen striden mot modern samhällssyn«; »kulturmiljön vid Vaksala kyrka har ett stort värde att bevara till eftervärlden«; »reagerar mot resonemanget att E4-dragningen ÅV på något sätt skulle vara skonsammare mot naturen än något annat alternativ«; »Vägen inträngd mellan Vaksala kyrkby och Vaskesta blir en katastrofal miljöförändring,« återfinns i tidningsinsändare och skrivelser. Ett av yttrandena från Vaksala Kyrkby hävdar »att man inte bör bygga en E4 intill ett bostadsområde när vägen kan dras genom skogsmark vid Jälla.« Vägverket svarar: »Även om E4 byggs enligt ett östligt alternativ förbi Jälla, kommer bostadsbebyggelse att beröras i stor utsträckning i Skölsta och Jälla.« I ett annat svar om att ÅV berör avsevärt fler människor och markägare svarar bara Vägverket lakoniskt: »Viktigare hur de berörs än antalet.« Vad som menas med det får man gissa sig till!

Ångvältsprincipen

Vägverkets tjänstemän arbetade oförtrutet vidare med sitt val av ÅV-alternativet och att påverka de politiska beslutsfattarna för sin åsikt. För att övertyga politiska beslutsfattare anlitade de således utvalda konsulter, som stödde deras uppfattning att östligt alternativ skulle ge jämförbar skada med ett västligt. De använde sig av underhandskontakter med landshövdingen och olika politiker i regionen. Vägverkets vägran att acceptera en motorväg över Jälla var orubblig. Man skulle ha motorvägens lokalisation till stadsranden för innerstads-trafikens avlastning, annars menade Vägverket, måste man bygga ytterligare en trafikled där för att få en stadsring den s.k. Rörbyleden. Det låg också i Vägverkets intresse i sig att åstadkomma detta machoprojekt i sin totala längd, 7,8 mil. 'Monumentbehovet' skulle därigenom bli tillfredsställt, gissar vi.

Vägverket föreslog vid kontakterna med landshövding Jan-Erik Wikström att järnvägen skulle läggas i tunnel i Gamla Uppsala och erbjöd sig att finansiera denna. Med en tunnel skulle den sammanlagda störningen av väg E4ÅrstaVäst plus tåg minska så mycket, att man inte överskred nuvarande störningsnivå enligt Vägverkets bedömning. Landshövdingen nappade på denna idé och utan att förankra det med sin styrelse förhandlade han med Vägverket själv fram nio villkor[58] för att godkänna ÅrstaVäst-alternativet, eftersom Länsstyrelsen har ett stort ansvar för länets kultur- och fornminnesvård. Bland dessa fanns krav på att flytta vägen 50 m längre åt öster ut ur det gränslinjebestämda fornminnesområdet, att gräva ner vägen i synfältet från högarna och att välja ett mittalternativ, 'Mitt' stod för en östligare dragning i den norra delen av sträckan i höjd med Björklinge och upp mitt över Vendelsjön, vilket hade ställts som ett krav för att industriorterna Örbyhus, Tobo, Österbybruk och Dannemora skulle kunna få ordentlig glädje av motorvägen, alltså för att tillgodose vägens regionala funktion. Landshövdingen har då valt E4ÅVM.

LANDSHÖVDINGEN
UPPSALA LÄN

1993-12-23

MILJÖ- OCH NATUR-
RESURSDEPARTEMENTET

Ink. 1993 -12- 28

Dnr. M93/4655/2/92

Statsrådet Görel Thurdin
Miljö-och naturresursdepartementet
103 33 STOCKHOLM

Kära Görel,

Som Du säkert känner till är lokaliseringen av en ny E4 en mycket stor och angelägen fråga för Uppsala län. En lokaliseringsplan har varit föremål för remissbehandling och E4-sträckningen finns upptagen i den nationella väghållningsplanen med planerad byggstart år 1996. Under drygt ett halvår har jag fört diskussioner med Vägverket och berörda kommuner för att finna en lösning, som alla parter kan acceptera. Vägverket har under denna tid gjort vissa kompletterande utredningar av bl a passagen förbi Gamla Uppsala och presenterat ett förslag till lösning av trafikfrågorna i området, som även innefattar järnvägstrafiken. I de underhandskontakter som länsstyrelsen har haft, har Riksantikvarieämbetet förklarat att man kan acceptera en sådan lösning. Vid länsstyrelsens sammanträde den 3 december 1993 tog styrelsen ställning till Vägverkets förslag och uttalade då att man kan acceptera en dragning förbi Gamla Uppsala under förutsättning att ett antal preciserade villkor kan uppfyllas. Länstyrelsens ställningstagande överensstämmer med den lösning som den borgerliga majoriteten i Uppsala kommun hela tiden förordat.

Miljöpartiet har nu i en framställan begärt att regeringen avgör frågan om lämpligaste lokalisering av en utbyggd E4 genom Uppsala län. Jag vill med detta brev framhålla att länsstyrelsens ställningtagande har föregåtts av noggranna överväganden om trafik-och miljösituationen i länet. Det är därför min bestämda uppfattning att den lösning, som länsstyrelsens styrelse, berörda kommuner och Vägverket nu har enats om, tillgodoser såväl kultur-och naturintressena i länet liksom behovet att snarast möjligt skapa en nationellt effektiv trafikled. Att återigen pröva andra alternativ kommer enligt min mening på ett allvarligt sätt att försena och försvåra möjligheterna att få en lösning av trafik-och miljöfrågorna genom Uppsala län till förfång inte enbart för oss i länet utan också för alla de som passerar oss söderut eller norrut.

Med de bästa hälsningar

Jan-Erik Wikström

Ko- eller fladdermusvändningen

I spelet om valet av E4-korridor överrumplade landshövding Jan-Erik Wikström sin egen styrelse, så att *Länsstyrelsen därigenom kom att svika Riksantikvarieämbetet och dess initiala önskemål, liksom Länsstyrelsens egen övergripande kulturskyddande funktion.* Folkpartiet liksom de övriga borgerliga partierna arbetade plötsligt för att få den västliga E4-korridoren. Landshövdingen som var gammal folkpartist gick partiet till mötes genom att driva igenom ett Länsstyrelsebeslut att förorda Årsta-alternativet.

Mindre än ett halvt år efter det välmotiverade beslutet om östlig E4, hade landshövdingen Jan-Erik Wikström, även kallad »fladdermusen« p.g.a. sitt sätt att byta åsikter, alltså ändrat sig om beslutet att välja ett östligt alternativ och genomdrev vid ett styrelsemöte i Länsstyrelsen i december 1993 med sin utslagsröst ett beslut om en ny E4 enligt Årsta-Väst-Mitt-alternativet, något han kallade »helhetslösning«[58,59].

Länsarkitekten Tord Fagerberg har i en särskild skrivelse till Länsstyrelsens Kommunikationsfunktion inför det mötet framfört Planenhetens kritiska synpunkter. Han säger: »Med tanke på de invändningarna mot Årstadragningen, både i utredningen och i länsstyrelsens yttrande, är det anmärkningsvärt att Vägverket inte skriftligen har bemött och redovisat samrådssynpunkterna, som motiv för sitt ställningstagande.« Han talar om att »oersättliga värden kan gå till spillo.«... »Lokala bedömningar och kortsiktiga ställningstaganden bör inte vara avgörande för en nationell fråga med oreparerbara effekter och konflikt med en rad riksintressen och allmänna intressen som följd. Sammanvägningen bör slutligen ske i organ med ett övergripande samhällsansvar som kommun, länsstyrelse samt i sista hand regeringen«[35].

Även politiska ledamöter av Länsstyrelsens styrelse kände sig naturligt nog överkörda och lurade. Länsstyrelsens socialdemokratiska representanter vidhöll att det av Länsstyrelsen tidigare förordade Jälla-Öst-Mitt-alternativet var det bästa, men ville inte sätta käppar i hjulet när beslutet om Årsta-Väst-Mitt väl var taget. På detta sätt banade de vägen för vägen. Detta påtagliga svek mot s-politikerna i Uppsala kommun har de förklarat med att de var rädda för att motorvägen skulle läggas på is, om man inte kom till skott och beslutade om ett alternativ. Denna »rädsla« tog sig t.o.m. uttryck i att de tre, Gunnar Hofring, Mats O. Karlsson och Bengt Olof Eriksson tillsammans senare uppvaktade näringsminister Björn Rosengren i Stockholm i syfte att få ett snabbt beslut för motorvägen och påtalade vikten av en västlig E4-dragning, men *pläderade inte* för en östlig dragning eller *framhöll att Uppsalas fullmäktige avslagit arbetsplanen* för E4ÅV[61].

Länsstyrelsens vänsterpartist framhöll att olika beslut om åtgärderna som rörde de nio kraven inte var tagna, så att risken var att de inte skulle komma att efterlevas. Han framhåller också att påverkan på kulturområdet fortfarande oavsett dessa åtgärder är oacceptabel. I sin reservation till beslutet säger han: För det tredje bygger E4-förslaget på en koppling till en utbyggd Bärbyled syd. För de boende i östra Uppsala betyder detta att de inringas av tre stora trafikleder: E4-an, Bärbyleden och Tycho Hedéns väg. 'För dem som lever och verkar i östra Uppsala har länsstyrelsen med sömngångaraktig säkerhet lyckats förorda det allra sämsta alternativet,' Stephen Pettersson (v)[60].

Miljöpartisternas skrivelser[60] i december 1993 belyser den odemokratiska hanteringen av det viktiga beslutet om E4. De förtjänar att ta en titt på: »*1993-12-03 tog styrelsen för Länsstyrelsen i Uppsala län sitt senaste beslut om hur man anser att dragningen av den till motorväg utbyggda E4 skall göras genom länet. Frågan avgjordes genom votering och landshövdingens röst kom att bli utslagsgivande. Det finns anledning till allvarlig formell kritik beträffande Länsstyrelsens senaste E4-beslut. Beslutet i fråga har tagits på ett synnerligen tunt underlag som inte sänts ut i förväg till ledamöterna. En så bristfällig hantering av en mycket viktig fråga är ett hot mot den demokratiska processen. ....Det nya ställningstagandet drevs igenom i strid med 4 av de viktigaste avdelningarna på länsstyrelsen, vilket framgår av separata yttranden från avdelningarnas chefstjänstemän. .... Vi känner inte som representanter för Miljöpartiet tillit till Landshövdingen och länsstyrelsens majoritet.*« I denna skrivelse begär miljöpartisterna att beslutet att välja ÅVM prövas av Regeringen[60]. Detta i sin tur föranleder landshövdingen att skriva ett fjäskbrev till statsrådet Thurdin[60] daterat 1993-12-23 där han titulerar statsrådet med »Kära Görel«, och undertecknar det officiella brevet med »tillgivna Jan-Erik-Wikström«. I brevet förklarar han att det inte är behövligt titta på några andra lösningar än den av Länsstyrelsen utarbetade för det skulle enbart sinka ett nödvändigt vägprojekt

Hur kan det vara möjligt att det tidigare välgrundade länsstyrelsebeslutet omvandlades till sin motsats??

Hur var det med Årstaborna? Var de inte längre viktiga? Riksintresseområdena för kulturen - inte så noga? 'Staden på slätten'-argumentet förstår vi nu är att Folkpartiet/liberalerna vill att staden skall byggas på slätten och skogen ska lämnas som grönbälte - åtminstone blir effekten av vägvalet det. Hänsynen till jordbruket, var väl inte heller viktig? (När detta nu skrivs torrsommaren 2018 kan man konstatera att det inte lär bli någon överproduktion av livsmedel och foder i torkan. Hur är det med Sveriges beredskap när det gäller livsmedelstillgång i kris? Jo, mycket dålig!! Kanske finns det anledning begrunda, om man har ett ponnystall, att när man inte bara behöver nödslakta kor p.g.a. brist på foder, utan även hästar måste sätta livet till, är det inte en så god idé att lägga stora vägar över goda åkermarker, som i detta fall uppemot tre kvadratkilometer.)

I Länsstyrelsens fall handlade inte det tidigare ställningstagandet i januari 1993 om något oseriöst munväder, utan tvärtom tjänstemännens sakliga bedömningar av E4-dragningens olika aspekter. Att sedan landshövdingen totalt desavouerar sina tjänstemän och på politiskt hoppjerke-sätt hittar på någon annan preferens, skadar förtroendet för Länsstyrelsen, något som flera skribenter i debatten betonade: »Hur ska allmänheten kunna få förtroende för Länsstyrelsen?«- »Resultatet kan lätt bli frustration bland de egna tjänstemännen och ett skamfilat rykte och lågt anseende bland medborgarna«[62,63]. - »Länsarkitektens ovan citerade välmotiverade kritik av Vägverkets ignorans[35] får tas som grund för vår liknelse av Vägverket som en 'ångvält'. Vägverket körde bara på med sitt projekt som de bestämt. Det måste ju vara roligt för vägdirektör Roland Forsberg att få utöva rollen som Drottning Kristina!

Så gick det till när Landshövdingen svek Länsstyrelsens kulturbevarande funktion. 'Fä dör, fränder dö, även själv skiljes du hädan, men ett vet jag som aldrig dör, domen över död man.' Den sentensen ur Havamal känner du säkert till som gammal historiker?«

- »Ja, det där är ett härligt citat! Alltihop är en egendomlig historia. Det är underligt att landshövdingen, som ju tidigare varit kulturminister inte i första hand tog kulturminnesskyddet i försvar. Hade han några ekonomiska intressen av just denna vägdragning?«

- »Inte vad vi känner till och det tror vi inte är orsaken - vi vill inte tro det helt enkelt. Kanske var det bara så att Vägverket pressade honom till detta. Det är egentligen vägdirektören som borde stå med skammen.

Då Vägverket fått grönt från Länsstyrelsen för den s.k. helhetslösningen började det ta fram en miljökonsekvensbeskrivning (MKB) för det västliga förslaget E4 Årsta-Väst-Mitt (ÅVM)[64]. Vägverket hävdade att denna MKB var korrekt. Men vi upptäckte flera felaktigheter. Det mycket anmärkningsvärda och värsta felet med denna MKB var att enbart 0-alternativet jämförts med det alternativ de valt, inte med några andra, alternativa dragningar av ny E4 eller inte heller ett modifierat nollalternativ med förbättringar och förbipassager av ett par mindre orter. Andra oriktiga uppgifter fanns när det gäller naturmiljöer (något som också har uppmärksammats och kritiserats av Ekologigruppen då de senare tittade på östliga alternativ[159]).

En månad senare 1994-01-16 trädde Europeiska Fladdermuskonventionen i kraft och ytterligare ett par veckor senare uppmärksammar naturvårdsbiologen, professor Ingemar Ahlén landshövdingen på detta. Landshövdingen hade redan tidigare en viss kännedom om fladdermusbiotopen, men hade nonchalerat den vid beslutet om ÅVM.

Sedan Fladdermuskonventionen omöjliggjort alternativet ÅVM som krävde bropassage över Vendelsjön, förklarade Vägverket att det också skulle vara omöjligt att gå norr om Vendelsjön p.g.a. dåliga markförhållanden där. Därigenom skulle det vara omöjligt att byta från ÅVM till JÖ som annars var det alternativ som bedömts som i stort sett lika bra som JÖM. (Vägverket använde sig då av vad man på ren svenska brukar kalla mygel, eftersom vägdirektör Roland Forsberg vid ett senare tillfälle under ett möte om väglokalisationen svarade på en direkt fråga, att det inte fanns några tekniska svårigheter att gå norr om Vendelsjön.)

Landshövdingen insåg nu att mittalternativet var omöjligt, även om närmast angränsande skog till den gamla skyddsvärda skogen, som var en del av fladdermusbiotopen hade huggits ned, vilket Vägverket också kände till: Vägprojekteraren Owe Ekman påpekar att fladdermössen försvunnit. Fladdermössen stoppade kompromissen, dragningen över Vendelsjön.- »Men fladdermössen är borta därifrån nu då skogen fällts där. Så kan det gå«[172]. Genom ett enkelt penndrag så undanröjde landshövdingen hotet om en prövning enligt NRL av vägprojektet, genom att ändra sitt val av ÅVM till ÅV. I ett nytt brev till miljöminister Görel Thurdin konstaterar han att, eftersom han ändrat vägkorridoren till rent västlig, föreligger ingen konflikt med naturvårdsintressena, så en prövning enligt Naturresurslagen (NRL) är onödig och Länsstyrelsen hemställer om att inte fördröja vägärendet genom en miljöprövning[65]. Och då, plötsligt hade landshövding Jan-Erik Wikström ändrat sig på alla punkter. Hux-flux gick allting bra som tidigare varit dåligt. Så går det till när man väljer sämsta alternativet, som man redan själv konstaterat är det sämsta.

Något äkta intresse av naturskydd eller friluftsliv har aldrig funnits hos projekterarna, eftersom 'naturvårdarna' systematiskt underlåtit att inventera markerna där de tyckt att västliga E4 ska gå, eller också har man utgått ifrån att det inte finns några boende med intresse av naturnära mark i östra Uppsala! Man har genomgående undvikit att nämna Fyrisåns strövområde och Framskogen som viktiga friluftsmarker och strövskog för boende i norra och nordöstra Uppsala eller andra viktiga bevarandevärda natur- och friluftsområden längre norrut, exempelvis marker i Vendel där det klassiska Ottarsloppet brukar gå. Det stora friluftsområdet hotas av E4 och motorvägen förstör delar av skidspåret. Framskogen ska bli industrimark enligt friluftsintendent Gösta Axelson[66]. I ÖP 90 nämns dock inte Framskogen som tänkt industriområde, men däremot ett område närmare Storvreta vid järnvägen söder om samhället[26].

Länsstyrelsens svek

Hur kan man förklara att Länsstyrelsen svek som tillsynsmyndighet? Jan - Erik Wikström svek de kulturvårdande institutionerna å det grövsta som den värsta förrädare. En närmare granskning är berättigad. Man måste förstå att Länsstyrelsens agerande kanske i själva verket endast var ett uppfyllande av funktionen som regeringens förlängda arm. Vägverket som lyder under regeringen via Näringsdepartementet hade redan bestämt var vägen skulle gå. Länsstyrelsen var då tvungen att ta kommunen i örat å regeringens vägnar och köra över kommunen som inte ville ha vägen för nära staden.

Allt kanske har sin förklaring i just detta att Länsstyrelsen skall se till att av statliga institutioner tagna beslut följs. Det skulle kunna förklara det att det påstås att landshövdingen sagt att om bara Vägverket går med på en östlig dragning så har Länsstyrelsen inte någonting emot det[67].

Alternativt kan man ju, för att inte kritisera för hårt, tänka sig att landshövding Jan-Erik Wikström, som ju var en erfaren politiker, ville få fram en kompromiss i en svårlöst fråga (*som objektivt sett inte var en svår fråga alls, om man helt enkelt följde lagen!*) och därför tänkte ut eller accepterade den s.k. 'helhetslösningen' med de nio kraven som skulle vara uppfyllda, för att vägen skulle kunna dras enligt Vägverkets önskemål. Det är mycket tänkbart. Men man behöver inte alltid kompromissa i det fall starka skäl talar emot ett beslutsunderlag och alternativ finns som av flertalet instanser på sakliga grunder - inte bara tyckande - anses bättre och inte minst när det fanns ett överordnat lagskyddat kulturintresse som skulle följas. I synnerhet behöver man ju inte ge med sig när man märker att de uppställda kraven inte följs enligt överenskommelsen.

Det är därför vi tycker att han svek kulturfrågan, något som förvånar oss, eftersom han som statsråd fungerat som kulturminister under de borgerliga regeringarna åren 1976-1982 (chef för Utbildningsdepartementet med ansvar för högskole- och kulturfrågor). Den troligaste förklaringen är att han helt enkelt följde ledande folkpartistiska politikers önskemål om att skydda friluftsmarker i Jälla Storskog plus kände sig pressad av Vägverket. Den trafikexploatering i Sveriges förnämsta fornminnesområde *som blir följden* är grotesk - att det inte har större rättsskydd i medvetandet än att en folkpartistisk landshövding kan sudda ut det för att tillfredsställa sina partibröder i kommunen och tillmötesgå vägverkstjänstemännens privatintressen. I själva verket var det lagstridigt.

Landshövdingen borde dock ha genomskådat Vägverket, som i *lokaliseringsplanen för olika vägkorridorer för E4*[27], på sin karta, sid 119 med östligt alternativ, felaktigt hade ritat in »riksintressen för friluftslivet«. Några områden med riksintressestatus eller annat jämförbart skydd fanns inte då 1992! (Ett område på nästan 3 km² avsattes som Natura 2000 område först 2014 och blev statligt naturreservat november 2014, men det området ligger precis utanför det av Vägverket inritade tänkta vägområdet för en Jälla Öst vägkorridor.)

I samma ögonblick som *vi* upptäckte de falska kartorna med tre stora klarröda områden i Storskogen, som benämndes *»riksintresse för friluftslivet«,* förstod vi vilket trixande och missinformerande Vägverket höll på med och tappade då allt förtroende för dess utredningar och argument.

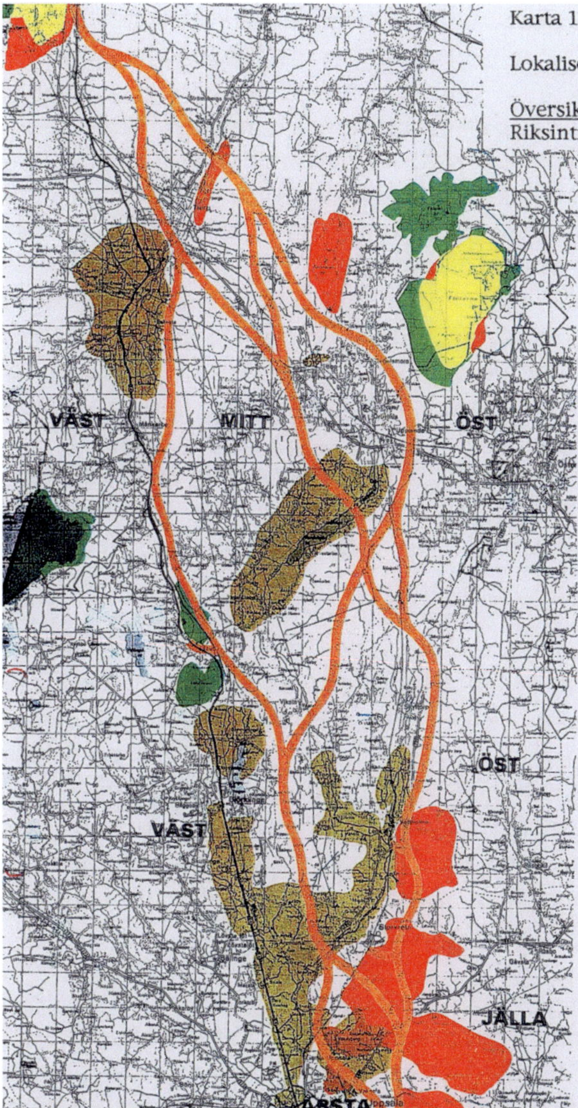

Karta 1

Lokaliseringsplanen 1992, sid 119

Översiktlig områdesbeskrivning
Riksintressen

Kommentar:

Glömda riksintresse-områden:

Björklinge-Långsjöns avrinningsområde

Gamla Uppsala gränslinjesbestämda fornminnesområde

Skyddszoner för dricksvatten

Felaktigt angivna:

Rödfärgade områden med beteckning "riksintresse för friluftsliv.

Områden felaktigt angivna som »Riksintresse för friluftsliv«

Urban Sjelin som kämpar mot ÅV i Vendel har konstaterat att denna felaktiga information har betytt mycket för beslutsgången vid vägvalet. Felaktigheten framgår på sid. 47 av bilden "Karta 1" från Vägverkets publicerade utredningsmaterial för nya E4[27], där Årsta-alternativet och Jälla-alternativet förbi Uppsala framgår och väst-, mitt- eller östlig sträckning längre norrut visas. Läsaren ges felaktigt uppfattningen att E4-alternativet Jälla Öst skulle gå över tre stora riksintresseområden, så att dessa riksintressen kunde ställas mot andra riksintresseområden, t. ex. fornminnesområdet i Gamla Uppsala, vid utvärderingen av vägens påverkan. Urban gav exempel på hur en tjänsteman på Kommunikationsdepartementet grundat sin syn på frågan utifrån denna felaktiga information. Urban har i skrivelser till både Vägverket och Justitieombudsmannen, JO, påtalat felaktigheten, men skadan var redan skedd[68].

I synnerhet som landshövdingen i olika diskussioner under beslutsprocessens gång, upplysts om Vägverkets bluffmarkerade områden, skulle också han ha reagerat och tänkt till.

(Senare konstaterande: I dessa områden har Vägverket dessutom markerat med ett kryss x »*speciella konfliktställen*« där vägen ritats. Det märkliga i kråksången är att på ett ställe där två x satts ut i ett område som på en av Vägverkets kartor kallas för »intresseområde för friluftslivet« bygger man nu bostäder, den nya stadsdelen Lindbacken. Är det brukligt att bygga stadsdelar i intresseområden för friluftslivet? Det kanske är en jättebra idé för då bor man ju i själva fria luften och behöver inte gå så långt. - Men man anar att sanningen nog är att intressemarkeringen och kryssen var ditsatta för att hindra vägen att gå på platser där man kunde tjäna storkovan på att sälja tomter?)

Vägverket har missuppfattat Naturresurslagen 2kap,6§ när det argumenterar att det område som behövs för utbyggnad av ny E4, delen Uppsala-Mehedeby är av riksintresse för kommunikation. **Detta riksintresses lokalisering är förhandlingsbar och flyttbar, till skillnad från riksintresset Gamla Uppsala fornminnesområde**, som har legat där i minst 1.500 år.

Genom att hävda att motorvägens område också är ett riksintresse, har Vägverket sedan kunnat hävda att »riksintresse står mot riksintresse« vilket har varit ett lagvidrigt tillvägagångssätt.

Detta felaktiga sätt att tänka har också Länsstyrelsen fastnat i. En juridisk expert i miljörätt och lärare för blivande jurister har i ett informativt brev, som utgör ett debattinlägg i Uppsala Nya tidning, förklarat att om hans studenter resonerade på det sättet, så hade de fått underkänt[69]. Gamla Uppsalas riksintresseområde har nationellt skydd som kulturområde, inte som intresseområde för motorvägar.

Folkpartiet liberalerna diskuterade även ett upprustat, planskilt 0-alternativ liksom Miljöpartiet och Vänsterpartiet. Eftersom Vägverket tidigt förkastat denna lösning och inte har med den i sin miljökonsekvens-beskrivning (MKB) över olika E4-förslag, lät fullmäktigeledamoten Sten Jonsson, som var Naturskyddsföreningens länsförbundsordförande, utföra en sådan utredning, *E4 Uppsala-Mehedeby enligt en miljöbedömning av utbyggnad som 'modifierat noll-alternativ'*, genom att anlita konsult-företaget Wittmark & Wilson AB. Sten Jonsson sände denna utredning till Miljö och Naturresursdepartementet 1994-01-29, där den fått dnr M93/4490/7.

Säga vad man vill, men frågan om nya E4 och dess påfarter har onekligen engagerat väldigt många. Aktionsgrupper bildas som försöker på-verka och motverka på olika sätt, men också komma med vettiga alternativa förslag.

Ett politiskt argument som bl.a. framhålls av Folkpartiet är att en Västlig E4 enligt ÅV alternativet skall bli gränsen för stadens expansion österut, så att intrycket av 'Staden på slätten' kan behållas och Folkpartiet anser de vara ett mycket tungt vägande argument. Vägförslaget i Uppsalas fastställda ÖP90, som är ett östligt förslag över Jälla, avlastar staden från all genomfartstrafik till och från Norrland, men hade inte funktionen av lokalgata för Uppsala. JÖ har stora fördelar ur de flesta andra aspekter, som vi sammanfattat ovan.

Agenda 21-direktivet

Enligt Agenda 21, det globala handlingsprogrammet för det 20:e seklet för en hållbar utveckling, som du ju har hört talas om, skall en transitled, som denna förbifart är, lokaliseras på ordentligt avstånd från den befintliga staden, så att marken kring förbifarten hålls fri från exploatering även på mycket lång sikt. Om transitleden ligger för nära staden sker förändringar i markanvändningen som innebär att förbifarten förr eller senare omgärdas av bebyggelse och övergår till att bli 'genomfart' igen«

- »Ja, det har man ju sett på många platser. Jag har förstått att begreppet 'hållbar utveckling' definieras som en utveckling som tillgodoser dagens behov utan att undergräva framtida generationers möjligheter att tillgodose sina behov. Vi hade behövt ha det tankesättet även under min generation!«

- »Den här transitleden är en del av TEN, det trans-europeiska nätet av motorvägar. I ett Agenda-21 perspektiv måste östlig E4 anses som mer i överensstämmelse med direktivet.«

(Exakt de slutsatser vi då talade om har senare visats i en studie som gjorts av forskare vid Chalmers Tekniska Högskola. De har tittat på nya förbifarter utanför sju städer och konstaterar att kringlederna är felplacerade. … Småhus och flerbostadshus visar sig vara den dominerande markanvändningen närmast förbifarterna[70].

De studerade kommunerna har ofta strävat efter att förlägga förbifarten närmare staden än vad Vägverket först fört fram. I Vägverkets bedömning av vägprojektets lönsamhet framgår dock att lönsamheten blir större ju mer trafik som förbifarten får. En förläggning av vägen längre ut från tätorten innebär mindre trafik och därmed lägre lönsamhet i projektet, varvid risken finns att vägen inte kommer till stånd. Resonemanget leder till en lokalisering närmare staden, så den kan nyttjas både för fjärrtrafik och för lokaltrafik. I Uppsalas fall var det tvärtom så att Vägverket självt tycktes inte vilja ha en förbifart lagom långt från stadsranden, trots att utmärkta vägförslag fanns för ett östligt alternativ.)

»Som vi berättat och visat dig för ett ögonblick sedan finns det ju alltså en stor mängd både kvalitativa och kvantitativa faktorer att överväga och ta hänsyn till vid val av vägkorridor. För att kunna göra detta har flera experter och konsulter anlitats, men vi har upptäckt att ytterst har det ändå varit Vägverkets egna tjänstemän och deras personliga intressen som haft en avgörande betydelse. De har exempelvis kunnat välja de konsulter och experter som de på förhand vet har samma uppfattning som Vägverkets önskemål i kontroversiella frågor och som stödde verkets uppfattning att ett östligt alternativ skulle ge jämförbar skada med ett västligt. Den kunde ju inte heller byggas i två etapper.«

Fusk i beslutsunderlaget

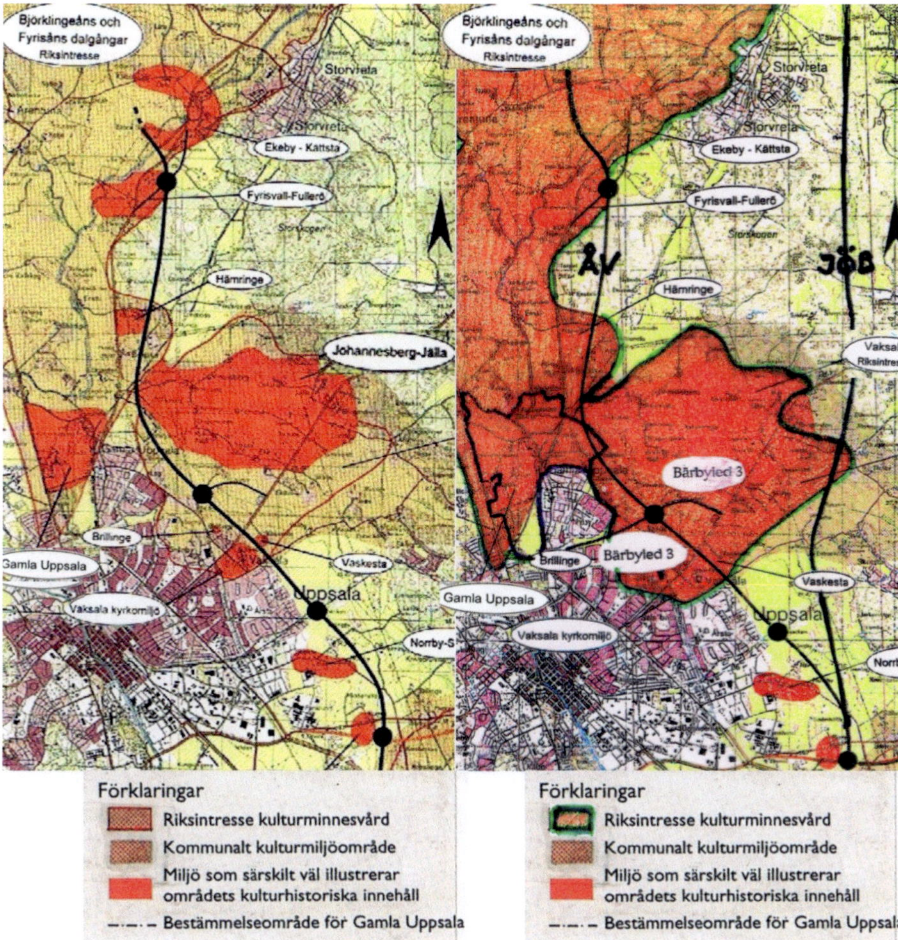

Vägverkets miljökonsekvensbeskrivning (MKB).

Översikt kultur-miljö, avsnitt Uppsala-Fullerö för E4ÅV
Till vänster kartan i MKB, till höger korrigerad karta med de tydligt! markerade riksintresseområdena i Vaksala och Gamla Uppsala. Jälla Öst Bruksvägen (JÖB) inlagd i den korrigerade kartan

- »Här ska du få se något otroligt! Jämför den här kartan som visar det gränslinjebestämda fornminnesområdet i Gamla Uppsala med den här kartan som Vägverket ritat i sin projektering av olika vägalternativ. Se här... De har använt en gammal gräns till fornminnesområdet, för att kunna rita vägen så att det ser ut som om den inte går in i skyddsområdet.

- »Det var som tusan! Det ser ju inte bra ut! Vilket makalöst fusk!«

- »Detta och ett försåtligt färgval är givetvis till för att lura beslutsfattarna att tro att vägen undviker de viktigaste kulturområdena Liknande missledande fakta har vi redan visat dig med de felaktigt angivna riksintresseområdena på Karta 1. Kvalificerat manipulerande med andra ord, enligt vår uppfattning om vad som inte bör få äga rum i ett rättssamhälle.«

Jävssituationen i besluten om lokaliseringen av ny E4:

»Men nu får Agnetha berätta om att hon och jag har förstått varför Jälla har blivit en sådan het potatis. Vi förstår att det handlar om Vägverkets tjänstemän och deras privata intressen.«

- »Vad säger du Agnetha?«

- »Ja, det finns mycket att säga! Att Vägverkets tjänsteman Lars Olof Pernler, som är projektledare för motorvägen har arbetat för att den inte skulle förläggas enligt Länsstyrelsens beslut i januari 1993 med östligt läge vid Jälla, där han som ordförande i Jälla Ponnyklubb vill skydda dess marker, är vi övertygade om. Även hans familj är engagerad i ponnyklubben. Vid försvaret av ponnyklubben har han inte velat skylta med att han är projektledare för E4-projektet, men det har ändå framkommit. Exempelvis, vid telefonförfrågan till Vägverket i Eskilstuna om E4-projektet i Uppland hänvisades till »projektledare Pernler.«

Han undertecknade själv med sitt namn och titeln *projektledare* ett insändarsvar på kritik mot Vägverkets informationsmaterial om E4. En annan tjänsteman vid Vägverket som Jan tidigare berättat för dig om är Thomas Hedman, som verkar att ha haft stor betydelse för vägvalet också. Han har vuxit upp i Jälla där hans föräldragård ligger och var boende där i Grindtorp när han började arbeta som praktikant på Vägverket 1963, har eller hade sin familj där, föräldrar, syskon och kusiner.«

Handplockade experter

»Vid Upplandsmuseet arbetade Bent Syse som antikvarie och han anlitades av Vägverket som expert i frågor som rörde fornminnesvården. Eftersom han bodde vid Ängeby var Vägverkets val av honom ett smart drag. Han förklarade nämligen att fornminnena utefter den alternativa östliga dragningen JÖB, som vi förordade, skulle ge lika stor skada som intrånget i Gamla Uppsala fornminnesområde. Syse fick göra Vägverkets utredning om riksintresse för kulturvården och kom fram till att det bästa trots Riksantikvariens absoluta nej till den västliga dragningen i Gamla Uppsala var att lägga vägen där och genom Vendelbygden, som vi till och med har en historisk tidsperiod uppkallad efter, hellre än att dra den vid Ängeby i Storvreta, där han lustigt nog bor. (Den tongivande folkpartisten, kommunalrådet Sten Jonsson, bodde också i Storvreta, granne med Storskogen som han månade om.)

Av Vägverkets miljökonsekvensbeskrivning och SGU:s rapporter framgår att hydrogeolog Anders Carlstedt vid SGU deltagit som hydrogeolog och står som ansvarig för en delsträcka norr om Läby[72].«

- »Va!! Det var det dj... Har de använt Carlstedt som vattenexpert?! Jag trodde han var ute ur leken sedan han på ett sätt - som jag personligen skulle vilja kalla kriminellt - vittnade falskt i Erstorp-målet som Björn Gillberg drev. Jag har läst om det i tidskriften Miljö och Framtid[73]. Även en gammal arkeolog kan vara intresserad av framtiden. Det är egentligen det vi håller på att tala om, att vi bekymrar oss för att människor i framtiden inte ska kunna få uppleva de här storslagna miljöerna i och kring Gamla Uppsala i oförstört tillstånd.«

- »Ja, Carlstedt finns med som konsult till avdelningen *Vägverket Konsult* men i det totala projektet som ju är ett jätteprojekt är de många ytterligare experter på vattenfrågor som medverkar. Anders Carlstedt vid SGU kan tyckas vara en 'ekvilibrist i förvanskning'. Han har som konsult till Vägverket kommit fram till att det är bättre ur dricksvattensynpunkt att lägga vägen i en mil av Uppsalas dricksvattenområde än 5 km utanför detta. Denne expert måste ha passat bra för Vägverkets syften, eftersom han vid ett tidigare tillfälle visat sig 'dansa efter uppdragsgivarens pipa'.

Gustav von Essen riksdags och kommunpolitiker, stora jaktmarker vid Salsta. Röstat för ÅV

Bror R Eriksson landstingspolitiker. Stora jaktmarker.

Torbjörn Fagerlind hydrolog SGU jaktledare.

Bent Syse, utredare åt vägverket i kulturmiljöfrågor.

Anders Eriksson jägmästare, utredare vägverket i frågor om friluftsmarker och närrekreation.

Sten Jonsson kommunpolitiker, länsordförande NSF. Tillsammans med förre projektledaren Sidklev ansvariga för fladdermusinlägget.

Leif Karlsson länsordförande Åkeriförbundet.

Ingela Hedman Karlsson aktiv i Bevara Vaksala. och Uppsala ponnyklubb.

Ulrika Pernler, dotter till Lars Pernler jobbar åt ponnyklubben. Boende Jälla 2

Lars Pernler projektledare för Åv, projektledare Ove Ekmans chef, ordförande för Uppsala ponnyklubb.

Tomas Hedman samrådsansvarig för MKB för Åv. Bor i Bälinge. Föräldrar och släkt i Jälla, Grindtorp, Backabo och Berghällarna.

Lennarth Sandberg ,Svia. Tung Centerpolitiker. Är förgrundsfigur i Bevara Vaksala.

Urban Sjelins karta över jäviga personer i beslutsprocessen

Vi får för att förklara detta påstående för läsaren gå tillbaka till 1978 och det stora och uppseendeväckande miljömålet i Linköpings kommun 1978-83 beträffande en kommunal soptipp som förgiftat djur och människor i den närliggande jordbrukarbyn Erstorp. Kommunen anlitade Anders Carlstedt vid SGU som expert för att undersöka om lakvatten från soptippen skulle ha kunnat komma fram till fastigheternas brunnar. Carlstedt kom i sin utredning fram till att vattnet rann åt annat håll, genom att ljuga och hävda att det underjordiska berget hindrade lakvattnet från tippen att rinna till brunnarna trots att hans egna borrningar visade att berget låg avsevärt lägre än vad han påstod. Ett sådant vattenavlänkande berg fanns inte, något som Björn Gillberg från *Miljöcentrum i Uppsala* kunde påvisa med hjälp av på SGU befintliga markkarteringar och egna provborrningar genom annan anlitad expertis. Dessutom lyckades Gillberg bevisa orsaken till förgiftningen. Kommunen hade dumpat råttgift innehållande det mycket giftiga grundämnet tallium på tippen och tallium påvisades mycket riktigt i fastigheternas brunnar.

När Anders Carlstedt i slutpläderingen i rätten pressades av åklagaren, som frågade honom hur det kom sig att han påstod att det fanns ett berg som hindrade lakvattnet att nå brunnarna - när detta inte fanns i verkligheten, svarade han: »Jamen annars rinner ju vattnet till brunnarna«, (underförstått: »Jag hade inte i uppdrag av kommunen att påtala att den förgiftade sina invånare.«) Erstorpsborna, som hade klassats av kommunen som inbillningssjuka (liksom deras kreatur??) fick rätt mot kommunen, tack vare Björn Gillberg som drev rättegången och Anders Carlstedt fick erkänna sitt fusk. Mer om detta står att läsa i tidskriften *Miljö och Framtid*[73].

»En sådan person som Carlstedt borde inte tilldelas några fler viktiga uppdrag. Men i stället anlitades han av Vägverket som hydrogeolog för att lämna viktiga grundvattendata. Fast det var väl inte heller hans uppgift från Vägverket att komma fram till att vägen inte skulle gå en mil igenom skyddsområdet för Uppsala dricksvattentäkt. Därför hamnade vägen just där i västlig dragning som Vägverket ville.«

- »Att en sådan sakkunnig får användas som konsult i så viktiga frågor som intrång i skyddsområden för en hel stads dricksvattentäkt är mycket anmärkningsvärt, men ganska typiskt för ett korrupt samhälle.«

- »Som du förstår blev de politiska turerna kring vägfrågan med tiden omfattande och stundtals dramatiska. December 1993 var situationen den att Länsstyrelsen i Upplands Län tagit beslut att mot vissa krav (villkor[58] som senare till en del trollades bort) tillmötesgå Vägverkets önskan att upprätta en miljökonsekvensbeskrivning till arbetsplan för ny E4 motorväg enligt s. k. ÅrstaVästMitt-alternativ[64] i det öppna landskapsrummet vid och delvis inom Gamla Uppsala fornminnesområde, i strid med Uppsala kommuns Översiktsplan (ÖP90)[26], där motorvägen beslutats gå längre utanför staden. - Och i högsta grad i strid med riksantikvarierna Erik Wegraeus (1993-2002) och Margareta Biörnstads (1987-1993) önskan.

Länsstyrelsens val var då E4 ÅVM där mitt stod för ett mer östlig dragning upp till Vendelsjön efter passagen av Uppsalas närområde och fornminnesområdet, därefter svängning västerut via en bro mitt över Vendelsjön på dess smalaste ställe. Detta alternativ ansåg landshövdingen skulle ge bättre förutsättningar för att tillgodose de norduppländska bruksbygdernas kommunikationsintresse **men det tog inte den krävda hänsynen till fornminnesområdet.**

ÅV, som man nu beslutat om, ger naturligtvis bäst fördel för Uppsalas lokaltrafik, eftersom den delvis kan betraktas som en ny lokalgata i Uppsala, som staden själv slipper betala, då staten står för kostnaderna. I övrigt är det alternativet ur de flesta aspekter sämst, något som professor Lennart Bäck vid Uppsala Universitets Kulturgeografiska Institution påpekat. Efter införandet 1987 av förändringar av 1971 års Väglag, hölls informationskurser om detta för bl. a. vägverksfolk varvid bl. a. Miljökonsekvensbeskrivning, (MKB) i praktiken.belystes.«

- »Varför ska man lägga ut kostnader för att Vägverkets utredare ska gå på kurs, när de ändå inte lyssnar?«

Det var inte fladdermössen

- »I januari 1994 trädde, som sagt, Europeiska Fladdermuskonventionen i kraft, som tidigare nämnts och det ledde till att man fick lämna ÅVM alternativet. I stället för att då gå över till JÖ- alternativet så valde landshövdingen ett rent ÅV-alternativ. Men **det ska poängteras att det var inte fladdermössen som hindrade valet av den önskade Jälla-dragningen utan det var Vägverket**.

Nästa steg är nu att Vägverket ska presentera en utförlig miljökonsekvensbeskrivning (MKB) för det valda alternativet. Sedan skall samråd om denna äga rum och en offentlig utställelse av den med inkomna samrådssynpunkter. Om denna MKB godkänns av berörda parter, inklusive Vägverket centralt ska den ligga till grund för en arbetsplan. Även arbetsplanen granskas av berörda parter och ska godkännas innan det slutgiltiga beslutet tas för vägens byggande. Det borde kunna finnas möjlighet att få en ändring till stånd under dessa processer.«

- »Alltihop låter förfärligt!«

*

»Nu har du fått ta del av hela det här eländet och vi har tröttat ut dig med tråkigheter. Men vi kan berätta att Agnetha och jag har överklagat Länsstyrelsens godkännande av vägen i högre instans[74] genom att begära en prövning enligt Naturresurslagens 4 kap av den planerade motorvägen mellan Uppsala och Tierp. Den kände miljökämpen Björn Gillberg, från *Miljöcentrum i Uppsala* brukar citera Svea Rikes grundlag, som stadgar att med lag och rätt ska ett samhälle byggas. Han har med hjälp av rättsapparaten framgångsrikt kommit åt miljöförstörande handlingar och verksamheter av olika slag och olika beslut som stred mot stipulerade lagar för att värna om miljön. Vi har samarbetat med honom i en annan miljöfråga och är väl insatta i ett sådant förfaringssätt.«

- »Det låter bra, bara ni orkar att stå på er. Ni är duktiga som engagerar er i en så svår fråga, som är principiellt viktig med framtida betydelse. Vi får hoppas att ni lyckas i er strävan!«

På kvällen verkar den gamle kulturpersonen, Jans far, mycket trött och vill gå tidigt till sängs. Nästa dag måste vi uppsöka läkare för att han känner sig dålig, bl. a. tycker han att synen påverkats. Det visar sig att han fått en liten TIA och behöver behandling och vila. - Var det besvikelsen och oron över vad han fick se och höra igår som ledde till detta slaganfall? Han repade sig, och levde några år till, så vi fick många tillfällen att informera honom igen och ta del av hans kloka och initierade synpunkter. Men han slapp se och höra vägen färdigbyggd. Då hade han redan på sitt nittionde år själv övergått till att bli ett arkeologiskt stoft i en specialdesignad urna, som kanske arkeologer i en avlägsen framtid kommer att hitta och spekulera över. Den var en symbol för hans stora omslutande kärlek till sin hustru, Jans mor.

Överklagande av Länsstyrelsens godkännande av 'olaglig' väg

Länsstyrelsens beslut, att välja ÅrstaVästMitt-alternativet som skulle leda till kränkning av det gränslinjebestämda fornminnesområdet i Gamla Uppsala, överklagades i mars 1994 till Miljö- och Naturresursdepartementet av Jan och Agnetha Sällström i Uppsala, med begäran om prövning enligt 4:e kapitlet NRL av den planerade vägsträckningen för E4 i Uppsala[74]. Detta intrång i ett nationellt skyddsområde av Gamla Uppsalas dignitet var principiellt viktigt för Vägverket, eftersom ett godkännande skulle öppna dörrarna för vägintrång i andra viktiga reservat i hela landet med högsta status, resonerade vi. För att motivera vår rätt att överklaga nämnde vi att vi var bosatta i Gamla Uppsala (annars brukar det för den svarande myndigheten vara enklast vid överklaganden av det här slaget att svara att man inte har klaganderätt, för man inte är berörd.) Men detta kunde ju samtidigt tolkas som att det var av egenintresse vi klagade, vilket är en feltolkning.

Vi sammanfattade vårt överklagande till en tidningsartikel som vi skrev tillsammans med 'familjens arkitekt' Pehr Mikael Sällström, *E4:ans nya dragning skadar miljön,* i vars slutsats vi hävdade att det östliga alternativet Jälla/Öst (JÖ) måste väljas för motorvägen. Det vi skrev togs glädjande nog in i sin helhet och publicerades på lördagen den 9 april 1994 som en debattartikel i Upsala Nya Tidning, UNT[75]. Just denna dag hade vi turen att ett exemplar av tidningen delades ut gratis till samtliga hushåll i Uppsala i reklamsyfte. Detta, för oss lyckosamma sammanträffande, ledde till att vårt budskap fick en omfattande spridning.

Redan samma dag började läsare ringa och tacka oss. De som hörde av sig kom med allehanda förslag på hur man skulle stoppa motorvägen - en del mindre demokratiska - men många tyckte att man skulle starta ett politiskt parti i det förestående kommunalvalet för att bevaka frågan. - Det var onekligen ett intressant förslag och Agnetha, som tidigare också kontaktat Kulturdepartementet, hade där fått just det rådet att försöka påverka kommunens politiker i frågan. - Vi ville tänka över saken. - En av de som ringde Agnetha erbjöd sig att ordna en lokal i Nyby, så att en grupp intresserade kunde träffas för att spåna vidare om idéer och tankar kring möjligheten att bilda ett nytt lokalparti i Uppsala. Artikeln om hotet mot kulturområdet hade tydligen blivit en väckarklocka och allt fler boende i kommunen hörde av sig och undrade vad man skulle kunna göra. Till dem som ringde sa då Agnetha, »vi ses i Nyby på måndag kväll.«

Ett nytt parti i Uppsalapolitiken

Jan och Agnetha Sällström informerar om motorvägsplanerna

Hur bildades då partiet?

Den 12 april 1994 på initiativ av Agnetha och Jan Sällström och Mats Malmqvist, som hade ordnat en möteslokal i Nyby, samlades 24 personer boende i Gamla Uppsala, Ärentuna, Tensta, Björklinge och Viksta och fattade beslut att bilda ett kommunalt enfrågeparti i Uppsala kommun inför höstens val för att försöka stoppa Bärbyledens etapp 3 i utblicken mot staden från Kungshögarna och motorväg E4 enligt det s.k. Årsta-Väst-Mitt-alternativet med sitt intrång i fornminnesområdets östra del och uppsalaslättens bördiga jordbruksmarker. Entusiasmen var stor och vi bildade en interimsstyrelse och bestämde att vi skulle bjuda in fler intresserade och ses igen efter fjorton dagar. Under tiden skulle interimsstyrelsen välja partinamn och färg, skapa ett partiprogram och arbeta på olika viktiga formella detaljer samt meddela möteslokal för en större sammankomst.

Samlingsplats blev Storgården i Gamla Uppsala, där sedan många möten kom att hållas. En rad träffar följde med interimsstyrelsen fram till den 25 april då partiet höll sin första partistämma i Storgården i Gamla Uppsala. På stämman valdes Agnetha Sällström till styrelseordförande och partiledare. Partiets stadgar, namn, symbol och slogan »*En kulturbygd kan inte flyttas-det kan dragningen av E4:an!*« fastställdes och partiprogrammet formulerades.

Det stadgades bl.a. att: »Partiets målsättning är att den omistliga kulturbygden i och omkring Gamla Uppsala, Vaksala, Samnans, Fyrisåns och Vendelåns dalgångar, vilka tillsammans utgör Skandinaviens största sammanhängande fornminnesområde och upprinningsområde för Uppsalas dricksvattentäkt samt tillhör Upplands högst klassade jordbruksmarker, skall skyddas mot föreslagen motorväg enligt det av Vägverket så kallade Årsta-Väst-alternativet. Partiet kommer att agera i frågor som direkt berör nämnda bygd vad gäller trafikfrågor, bevarande av kulturbygden, utvecklande av en nationalstadspark i och omkring Gamla Uppsala fornminnesområde. Partiet står oberoende av de politiska blocken.«

Som partifärg valde vi lila/violett som himlen över Uppsala högar och som backsippan som växer där och för att symbolisera att vi ville ha röster från såväl röda som blå, båda de politiska blocken.

På det första mötet kom 150 personer som ville bli medlemmar. När mötet var över tog Agnetha fram en brödkorg och bad om pengar till valsedlar, för det var bråttom att beställa dessa till det stundande valet i september 1994. När vi räknade ihop pengarna i korgen hade vi samlat 4.500 kronor i gåvor. Det skulle räcka bra till 100.000 valsedlar.

Politikernamn på valsedeln var inte svårt att få till - alla ville hjälpa till och vara med. Vi kunde fylla både fram- och baksidan på valsedeln. Nomineringslistan till 1994 års val till kommunfullmäktige omfattade därför 55 namn med Agnetha Sällström som första namn och Ewa Jönsson från Lövstaholm på andra plats. Det var fler kandidater än något annat parti i Uppsala hade på sina valsedlar. Frivilliga bidrag från enskilda och en donation från kulturföreningen 'Vita Fläcken'[76] och en från 'Uppsala Bys Jordägande Byamän' utgjorde grunden i finansieringen av valrörelsen.

VAL TILL KOMMUNFULLMÄKTIGE

Stoppa E4 Väst

1 Agneta Sällström, Valhalls väg 12
2 Ewa Jönsson, Lövstaholm Gamla Uppsala
3 Gunnel Jansson, Brages väg 5 A
4 Roine Jansson, Hurtigs gata 61
5 Stefan Persson, Norr-Vallby Viksta
6 Gerd Gustavsson, Hemringe Gamla Uppsala
7 Åke Erikson, Vitkålsgatan 89 C
8 Birgit Andersson, Östa Storvreta
9 Anders Alm, Travenberg Vattholma
10 Yvonne Edling, Kättsta Storvreta
11 Bengt Pettersson, Kavelbro Björklinge
12 Bo Hagberg, Munters gata 51
13 Jan Sällström, Valhalls väg 12
14 Mansour Alemi, Hurtigs gata 27
15 Ludvig af Ugglas, Fyrisvalls Gård Storvreta
16 Pia Larsson, Mogropen Viksta Björklinge
17 Helena Svensson, Ferlinsgatan 9 B
18 Louise Guézennec, Svanbergsgatan 5
19 Louise Treiberg-Berndtsson, Rosendal Vaksala
20 Fredrik Gustavsson, S:t Persgatan 19
21 Stefan Lindström, Gröndal Björklinge
22 Eira Casenberg, Henry Säldes väg 8
23 Jan Strand, Gryta Vattholma
24 Ingrid Wennerholm, Fantebo Björklinge
25 Mats Malmquist, Hurtigs gata 63
26 Cathelene Swärdh, Hurtigs gata 59
27 Dick Lindström, Gröndal Björklinge
28 Alf Öjdahl, Brages väg 10
29 Leif Aronsson, Eriksberg Gamla Uppsala
30 Inger Wennersten-Mattsson, Hurtigs gata 79
31 Ulla Juhlin, Brages väg 8
32 Fredrik Eriksson, Flotä Vattholma
33 Wyn Brown, Östa Storvreta
34 Ove Wennerholm, Mogropen Viksta Björklinge
35 Gun Mases, Hemringe Gamla Uppsala

Uppsala kommun

0249-04464

36 Björn Wilhelmsson, Brunna Vattholma
37 Hans Carlsson, Hemringe Gamla Uppsala
38 Bo Lindström, Liss-Sandbo Skyttorp
39 Björn Berglund, Brages väg 8
40 Leif Wennersten, Hurtigs gata 79
41 Louise Hallberg, Fantebo Björklinge
42 Sven Jansson, Brages väg 5 A
43 Kjell Wennerholm, Fantebo Björklinge
44 Ellinor Malmquist, Hurtigs gata 63
45 Elisabeth Uhnoo, Brages väg 5 B
46 Inga-Lill Örth, Östa Storvreta
47 Niklas Fjärstedt, Svartgrind Viksta Björklinge
48 Owe Liberg, Vittulsbergsvägen
49 Christina Aronsson, Solbacken Gamla Uppsala
50 Clas Edman, Viksta Prästgård Björklinge
51 Mats Ignérus, Skediga gård Bälinge
52 Torbjörn Örth, Östa Storvreta
53 Peter Galva, Kjettsta Storvreta
54 Lena Ignérus, Skediga gård Bälinge
55 Erik Skogh, Kjettsta Storvreta

0249-04464

Partiets namn enades vi om skulle vara Stoppa E4 Väst, SE4V. Så här i eftertankens klarhet hade namnet »Bygg-E4JÖ-nu« varit bättre, eftersom det hade haft ett klart positivt budskap. Stoppa E4 Väst-namnet kunde utnyttjas av motståndarna till att hävda att vi inte ville ha någon motorväg alls till Norrland, tvärtemot vårt budskap att vi ville att transitleden skulle ha motorvägsstandard förbi Uppsala, men välja den sträcka som var den ekonomiskt bästa, kortaste och minst skadliga ur alla riksintressens synpunkter och utan beroende av egenintressen.

Som en av bönderna sa om motorvägsdragningen: »Man kan finna sig i vägen om beslutet gått rätt till, men att få en väg över sina marker som hör till Upplands högst klassade åkermark, bara för att vägverksfolks och 'experters' ägor ska skyddas, har man svårt att acceptera. Hur kan man gå genom Riksintresset för kulturminnesvården, Skandinaviens största fornminnesområde med en motorväg, när vi i många generationer ålagts att skydda detta område och sagt nej till åtgärder vi velat göra för att förbättra lönsamheten i våra jordbruk?«

En skara medarbetare i partistyrelsen

Det filades också på vår slogan och en häftig T-shirt designades av partiets kassör Gunnel Jansson med texten *»Rädda kullarna«* och med denna på våra kvinnobarmar fick vi många skratt och uppmärksamhet. En annan tröja hade som slogan. *»En kulturbygd kan inte flyttas men det kan motorvägen«*. Vi lät också göra bildekaler med samma texter och *»Gör din röst hörd innan du blir överkörd!«*

Valkampanjen inleddes omgående med valupptaktsmöte i Storgården 8 juni och valrörelsen finansierades genom frivilligt arbete och gåvor från olika företag eller personer som tyckte att vi hade rätt. Vi arbetade med att skapa informationsmaterial, dekaler och valaffischer. Proffsiga sådana fick vi som gåvor av dem som sympatiserade med oss.

Vår lilla lila valstuga

En valstuga skulle ordnas. Vi hade ju upptäckt att i samband med den påbörjade byggnationen av Bärbyledens etapp 2, revs ett stort antal kolonistugor i det gamla koloniområdet i Tunaberg. Där kom vi nu över en veranda som vi hjälptes åt att reparera, måla lila med vita knutar och inreda med behövlig utrustning. Den monterades på en låg traktorvagn. På så sätt åstadkom vi en mobil liten valstuga, som kunde köras runt till alla de olika platser och torg där vi valtalade. En av partimedlemmarna var expert på högtalaranläggningar, så vi fick låna en oöverträffat bra utrustning till hjälp att presentera vårt budskap. Alltid fanns det någon som lånade ut el till oss, så vi kunde ansluta en kabel till valstugan. På Stora torget fick vi låna el från Centerpartiets valstuga, vilket vi tycker var generöst, eftersom C var ett av de partier som hade mest att förlora på vårt deltagande i valet.

Agnetha Sällström valtalar i Uppsala

Då vi skrev vår debattartikel i UNT var anledningen att vi var oerhört miljöintresserade och förstod direkt att om denna dragning av motorväg fick komma till stånd, skulle det sedan vara fritt fram för Vägverket att anlägga vägar över alla skyddade platser i Sverige, eftersom detta beslut skulle bli prejudicerande. Ja, vi fick faktiskt senare reda på att det verkligen var ett av syftena med lokaliseringen till detta skyddsområde att »vinna över fornminnesvårdens intressen«. Men Vägverket kom faktiskt dessutom att få hjälp till detta genom de instanser som ska värna om att den lag och rätt som samhället är byggt på efterföljs.

Miljöprövning - den stora skräcken - för exploatörerna

Hur gick det då med vår begäran om prövning enligt NRL kap.4 hos Miljö- och Naturresursdepartementet från mars 1994[74], den som blev själva upptakten till partiet SE4V:s bildande? Samma begäran hade ju framförts av Miljöpartiet i Uppsala genom Anders Ekström och Per Otto Sylwan i december 1993 samt av ett par andra protesterande. Jo, vi kan följa ärendets gång i olika skrivelser.

Miljö- och Naturresursdepartementet skickade en remissförfrågan till olika myndigheter om dessas åsikt rörande *behovet av en prövning enligt NRL*. Boverket och Statens Naturvårdsverk ansåg att regeringen bör pröva den planerade vägen enligt 4 kap NRL därför att de studerade alternativen berör områden med mycket höga miljövärden och kommer i konflikt med bl.a. flera riksintressen för kulturminnesvård och naturvård[74]. RAÄ anser att en prövning är angelägen[28]. Likaså förordar Koncessionsnämnden för miljöskydd en prövning av vägprojektet: »Fram till dess en ny miljöbalk träder i kraft anser nämnden att det finns starka motiv för att mer ingripande vägprojekt tillståndsprövas enligt Nuvarande NRL«[74].

I motsats till dessa miljöinriktade instanser med specialkunskaper på miljöområdet, så ansåg Länsstyrelsen, Banverket och Vägverket en prövning onödig[74]. Dessa tre instanser var ju i praktiken 'jäviga', eftersom de för själ och pina inte ville ha en ändring och därmed försening i sina planer. (Praktiskt förfaringssätt! Det kunde ju användas som praxis inom rättsväsendet, för då kunde ju brottslingarna själva få avgöra om det ska bli någon rättslig prövning eller ej och man skulle få en betydande avlastning i det hårt belastade rättssystemet!?)

Banverkets skrivelse[202] är intressant eftersom den direkt varnar för en sådan prövning: *»Det är olämpligt att från statlig synpunkt pröva ett projekt av denna angelägenhet från rikssynpunkt enligt en lagstiftning som innebär möjlighet till kommunalt veto,«* skriver Banverkets generaldirektör Jan Brandborn, som enligt 'svängdörrs-principen' ett år senare hade efterträtt Örtendahl som GD för Vägverket.

Landshövdingen hade ju agerat tidigare genom sitt fjäskbrev (sid. 40), men hade senare också fräckheten att ljuga grovt och påstå att projektet *var* prövat: »Hela frågan har varit föremål för prövning hos regeringen enligt Naturresurslagen,« säger han i ett 'Klarläggande om E4' i UNT 18 februari 1995[74]. Han kan väl rimligtvis inte ha varit hur okunnig som helst? Den prövningen bestod av att han vid sina underhandskontakter med Miljö- och Naturresursdepartementet, i ett nytt brev 1994-08-09 till statsrådet Görel Thurdin hemställt att regeringen lämnar ärendet utan åtgärd, d.v.s. låter bli att pröva enligt NRL![65]

Man skulle kunna frestas att travestera landshövdingens uttalande om Uppsala kommunfullmäktige, då han i ett reportage i UNT sa: »Välsignad vare han som inte har något att säga och som utan ett enda ord avstår från att bekräfta det[142]« — *'välsignad vare den som inte offentligt ljuger om sådant han uppenbarligen inte vill begripa.'* Landshövdingen tänkte förstås på ordspråket *»Tala är silver, tiga är guld«*. Under hela vår tid i Fullmäktige förordade vi i stället talesättet *»Tala är silver, lyssna är guld!«*

Landshövdingens avståndstagande berodde förstås på att det gick emot Länsstyrelsens intresse i saken, dels för att den ville undvika en fördröjning, dels för att den fruktade att eventuellt få reda på att dess val av vägkorridor var fel. Landshövdingen återkom alltså till Miljö- och Naturresursdepartementet[65]. Breven till kompisen Görel där han berättar att vägen inte ska gå över Vendelsjön och att en kompromisslösning träffats om Gamla Uppsala hade antagligen önskad effekt, för trots att flera tunga remissinstanser ansåg en prövning alltifrån »berättigad«, »angelägen« till att »det finns starka motiv« så lämnade Regeringen begäran om NRL prövning utan åtgärd. Konstigt nog reagerade departementet inte heller på påståendet att Vägverket skulle stå för Banverkets merkostnad, vilket ju var stridande mot budgeteringsprincipen.

Enda åtgärden från regeringen var att erinra Vägverket om att hushållningsbestämmelserna i 2 och 3 kap lagen om hushållning med naturresurser m.m. är tillämpliga vid prövning av projektet enligt bl.a. Väglagen[74], d.v.s.

en korrekt prövning enligt Väglagen som Vägverket förväntas göra, innebär i sig ett slags miljöprövning.

Det kändes som en *'bottenkänning i dy'* att den övergripande myndigheten tog så litet ansvar i frågan. Brevet från Landshövdingen 1994-08-09 till statsrådet Görel Thurdin innehåller intressanta detaljer. Han skriver till statsrådet och hemställer att någon regeringsprövning enligt NRL inte ska utföras av nya E4-dragningen, eftersom alternativet som hotar fladdermössen inte längre är aktuellt. Han finner det således omotiverat att pröva vägdragningen enligt Naturresurslagen (NRL), och därigenom fördröja vägbyggets start, så att tidsplanen inte skulle kunna hållas. Hans budskap är att det viktigaste är tidpunkten för byggstarten, sedan är allt annat av mindre betydelse. För 40 år sedan linjerade man upp vägen, och så, när man sedan börjar projekteringsarbetet med den, är det så bråttom att man inte hinner ta vederbörlig *hänsyn till dagens krav* på genomtänkt dragning, som Agenda 21 och Naturresurslagen påbjuder.

Vidare hävdar han i brevet: »De fortsatta studierna har visat att grundförhållandena norr om sjön är alltför dåliga för att en dragning intill väg 292 skall vara möjlig.«

I det aktuella området norr om Vendelsjön går väg 292. Eftersom önskemålet från Tierp var att E4 skulle angöra samhället söderifrån, inte norrifrån, skulle E4 behöva gå strax norr om Vendelsjön. Eftersom man i tidigare planeringar räknat med att göra en bro över Vendelsjön då ÅVM diskuterades borde det vara fullt möjligt att göra en liknande passage vid sjöns norra ände. Som tidigare nämnts hade ARV i kontakt augusti 1996 med vägdirektör Forsberg fått reda på att *»det inte fanns några tekniska svårigheter«* att gå norr om Vendelsjön, jfr sid. 29 och 44. Med tanke på att E4 enligt JÖB-alternativet skulle gått c:a 35 km över marker som skulle haft fast skogsmark med god tillgång till byggnadsmaterial i form av storblockig morän och inte hade behövt förstärkas med kalkcementpelare i samma utsträckning som med det västliga alternativet, blir det uppenbart att man mycket väl skulle ha kunnat kosta på sig de eventuella nödvändiga markförstärkningar som en passage norr om Vendelsjön skulle ha krävt enligt Vägverkets påstående. Jämför med att Vägverket redovisat att det för det västliga alternativet hade i markförstärkningssyfte varit tvunget att använda 913.000 m kalkcementpelare (alltså den siffra man får om man lägger ihop alla pelarnas höjd).

Landshövdingens brev innehåller ytterligare en intressant upplysning, förutom hans iver att undvika prövning enligt NRL. Då han diskuterar andra alternativ skriver han också: »*Däremot kan man undgå de problem med artesiskt vatten och dålig bärighet som är förknippade med ÅV-alternativet.*« - Han är alltså väl medveten om att E4ÅV är förknippat med problem med artesiskt grundvatten och dålig bärighet, d.v.s. det som vi börjat se resultatet av 10 år senare i och med att betongen spruckit på den nybyggda vägen och att många brunnar sinat liksom att det uppstått ett kontinuerligt behov att pumpa framsipprande vatten i olika viadukter[198, 208, 209]. Varför satte han inte stopp för den väg som han redan från början visste skulle ge problem och som bönderna hade varnat för?

Miljö- och Naturresursdepartementet svek

Då det negativa svaret på vårt första överklagande till Miljö- och Naturresursdepartementet[74] kom oss tillhanda i början på september hade vi redan kommit en god väg in i nästa fas av vårt arbete att försöka stoppa vägen i 'fel vägkorridor' - den politiska vägen. Bildandet av partiet uppmärksammades av media, eftersom det var det första enfrågepartiet i Uppsalas historia[77]. »*Motståndsrörelse vill stoppa E4 Väst*«; »*Protester födde nytt parti*«; »*Nytt Parti i Uppsala vill stoppa E4-dragning*« var rubriker i lokala dagstidningen Upsala Nya Tidning UNT[78].

Efter det första mötet i Storgården behövde bönderna som engagerat sig få sådden i marken och vårbruket igång, så de tog paus i partiarbetet, men vi andra arbetade på den fortsatta planeringen och förberedelserna inför valet. Alla var djupt engagerade och det var både skratt och tårar. Vi samlade fortlöpande medlemmar i partiet och vi blev bara fler och fler. En medlem från grannkommunen Tierp som bodde nära Uppsala kommungräns var mycket engagerad och initierad i E4-frågan i Tierp. Det var Urban Sjelin som kom att bli adjungerad till vår styrelse.

Partiets styrelsemöten brukade vi hålla i hemmiljö hos någon av styrelsemedlemmarna. Det blev ofta till mysiga samkväm. Vi fick då också tillfälle att på ort och ställe se ett par av de gårdar som skulle drabbas hårt av motorvägen, som skulle dras inpå knuten.

Det var inte bara slit, släp och tandagnisslan i partiet. Vi hade också mycket fin gemenskap i vårt intensiva arbete mot vägen och trivdes bra tillsammans. Vi träffades inte bara i samband med vår politiska verksamhet, utan också när det fanns anledning att fira. På Jans 50-årsdag vaknade vi klockan sex på morgonen vid buller på gatan framför bostaden, där ett gäng satte upp trafik-koner, och en guppvarningsskylt om vägarbete och texten »Här ska E4 gå«. Det var partivännerna som uppvaktade:

Opp å hoppa Jan! Nu på femitiårsdan
är det dans uppå Valhall i natt.
Uti eran sal står din högtidsbal
Det är dans uppå Valhall i natt.
Ta på hörselskydd, så du ej blir brydd
nu när vi klämmer i med HURRA!
Du är vår favorit uti bästa partiet,
Opp å hoppa på Valhall i natt!

Vår trubadur tar sig fram uppå hjul,
När han cyklar och letar i bråte och skjul.
Finns säkert nåt man kan återanvända
Myser han glatt när han sen hittar ut
Refräng: Opp å hoppa Jan!

Ännu ett hus ska ni nu till att slakta
Och sen till Åland så småningom frakta
Sen finns det ett som vi alla har del i
Som vi ska pynta med blommor och bin.
Refräng: Opp å hoppa Jan!

Sen i september, dagen före valet
Väntar vi alla och lider i kvalet.
Lugn, säger Neta, Jan kommer åtta
i sista minuten så rusar han in:
stoppa E4 Väst

Refräng: Opp å hoppa Jan!

Gunnel Jansson

3 juni firade vi partiets kassör Gunnels födelsedag. På vägen upp till Gunnel hittade Jan en livs levande padda som vi tog med som present, som hon skulle ha vid sin trädgårdsdamm. Jan utklädd till näcken spelade och sjöng vid Gunnels damm.

Det blev ytterligare födelsedagsfirande:

Styrelseledamoten Ewa Jönsson 50 år Hyllningssång från vännerna i Stoppa E4 Väst. (Melodi: Per Olsson han hade en bonnagård)

Ewa Jönsson har en gård -
Lian, lian, lej.
Ger den mycken ömsint vård
- Lian, lej
Å de ä' mu, mu här.
Å de ä' bä, bä där,
Här va de nöff.
Å här kuckeliku!
Ewa hon har en bonnagård -
Lian, lian, lej.

Den gården hotas av en väg
Lian, lian, lej
Över Ewas gröna teg
Lian, lej
Å det blir tut, tut här
Å det blir surr, surr där
Å här blir det brum
Å här blir det psssst
Lian, lian, lej

Men Ewa satt ej still och teg
Hon är inte den som är feg
Tog i stället kraftfullt steg
Stötta' SE4V med sitt kneg
Kampen den blev mycket seg
Lian, lian, lej
Värre än fastna i julbaksdeg
Lian, lej
Å de va slit, släp här
Å de va svett, svett där
Här var det blod
Å här va de gråt
Vår Ewa hon satt ej still och va feg
Lian, lian, lej

Ewa står där liten och nätt
Mångas vrede i ord hon klätt
På vägbeslutet kraftfullt hon trätt
Lian, lian, lej
Det var taget utan vett
Därtill ej på riktigt sätt
Till tokig dragning har det lett
Hur har något sådant skett?
Politikernas val gick snett
I skallen på dom bara fett?
Därför ska dom få det hett
Ewa biter som en frett
Ger dom månget hugg och bett
Hon sliter i sitt anlet's svett
Grillar dom på glödgat spett
Ännu är hon inte mätt
E4 ska gå hos Ewa helt tätt
Skövlar hennes åker brett
Smutsar hennes rena tvätt
Krossar Upplands hela slätt
Offrar mången dyrbar plätt
Lian, lian, lej
Vägverket ska ej få det lätt
Lian, lej
Å de va bluff, bluff här
Å de va mygel där
Här va det fusk
Å här va de kohandel
Stoppa E4 Väst ska få rätt
Stoppa E4 Väst ska få rätt
Sian, sian säj!

Ewa fyller femti år
Lian, lian, lej
Nu vår varma hyllning får
Från partiets hela kår.
I ditt sällskap gott vi mår.
Tack för alla frön du sår!
Å mycke' jobb idag och igår!
Vi säger skål och tar en tår
För en ny och grönskande vår
Utan E4 i dina snår!
Lian, lej
Å de är hurra här!
Å de är hurra där!
Å här var det grattis
Både här och där skål!
Ewa fyller femti år
Lian, lian **hej!**

Jan Sällström

Valrörelsen

Valdagen närmade sig med stormsteg. Under hela valrörelsen delades c:a 20.000 blad om partiets budskap ut i främst norra och östra Uppsalas kommundelar. 450 affischer i A3-format och 100 stycken i A1-format trycktes och sattes upp över hela staden. I Ärentuna målades ensilagesäckar med texten Stoppa E4 Väst och i Viksta fanns en flera meter stor skylt med samma budskap på den plats där E4 planerades. 300 lila tröjor med texten »Stoppa E4 Väst enfrågepartiet« och »Rädda kullarna« på damtröjorna eller partisymbolen på herrtröjorna samt 700 lila bildekaler med partiets symbol och texten »Rösta på Stoppa E4 Väst i kommunalvalet 18 september«, såldes till självkostnadspris.

Under 11 dagar från mitten av augusti fram till valet höll vi 21 offentliga valtal, oftast 1 timme långa med Agnetha och Ewa Jönsson på 11 olika samlingsplatser i Uppsala kommun, bl.a. Stora torget, Forumtorget, Celsiustorget, Gränby centrum, Årsta Centrum, Heidenstams torg, IKEA/B&W, Björklinge, Bälinge, Storvreta, och Torbjörns torg. Vi kände oss som 'franska bönder' när vår stora traktor kom tuffande med valstugan på släp. Mellan mötestiderna körde vi runt i staden med valstugan för att synas och dela ut vårt informationsmaterial. Dessutom hade vi ett antal informationsmöten på olika platser med personer som var oroliga för E4-projekteringen. *»Bondeuppror sprider sig längs nya E4-dragningen«* skrev UNT[78]. Nog för att bönderna ibland drömde om att få sprida några ton dynga framför stadshuset på 'franskt vis', men vi hade valt väg (inte bara motorvägsalternativ) d.v.s. vi hade valt tillvägagångssättet att helt och fullt hålla oss till de demokratiska spelreglerna, i tron att det skulle fungera och för att undvika varje form av kritik rörande vårt agerande.

Välbesökta politiska informationsmöten hölls i bl. a. Viksta, Vaksala, Nyby Gård och Löten vid Dagerman. Partiet hade vid valet drygt 600 medlemmar. 100.000 valsedlar hade beställts och delades ut i brevlådorna av trägna valarbetare. Partiets valsedlar fanns också på samtliga postkontor. På valdagen fanns SE4V representerat med valsedlar och minst en funktionär i hela kommunens samtliga 110 vallokaler hela valdagen.

Partiets jourbilar for runt och försåg valarbetarna med behövlig support i form av bl.a. kaffe och frukt plus glada tillrop.

Socialdemokraterna skanderade i valrörelsen: *»Rösta inte på stoppa E4 Väst, släng inte bort din röst, för vi socialdemokrater skall stoppa västlig*

E4 i Årsta« På utdelat propagandablad står det under den socialdemokratiska rosen: »Det är inte bara socialdemokraterna i Årsta och i gamla Uppsala som vill ha en dragning av E4 i Jälla, vilket E4-partiet försöker få Dig att tro. Låt Dig inte luras! Socialdemokraterna i kommunen har inte ändrat uppfattning. Vi har hela tiden hävdat att Jälla-alternativet är bäst både för miljö- och kulturintressen. Det är de borgerliga partierna i kommunen och i länsstyrelsen som bytt åsikt gång efter annan. Det är borgarna som med sitt agerande sviker de boende i de östra stadsdelarna. Det är borgarna som sätter bilen före kultur- och miljöintressen.... Vi socialdemokrater tänker fortsätta att driva frågan om en dragning av E4 enligt Jälla-alternativet. Vi hoppas på Ditt fortsatta stöd i valet på söndag. ....Ett enfrågeparti utan andra ambitioner än att driva vägfrågan kan bli dyrbart för Uppsalaborna, för välfärden för miljön och för kulturen. Kasta inte bort Din röst på E4 partiet!«

Vaksala-Årsta socialdemokratiska förening uppmanar sina medlemmar och sympatisörer samt övriga boende i Vaksala kommundel att återuppta kampen mot Vägverkets planer. De säger: »Tillsammans med 'Aktionsgruppen i Årsta mot E4 Väst' så samordnar vi våra ansträngningar i kampen mot den föreslagna E4-dragningen i Årsta«[79].

Kommunalvalet 1994

Den följande valvakan i Storgården var spännande och jublet stod högt i tak då det stod klart att det nya partiet SE4V erövrat en plats i Uppsala kommunfullmäktige (KF) för mandatperioden 1994-1998. Valresultatet var enastående och överraskande starkt, på så kort tid av verksamhet. Stoppa E4 Väst fick röster i kommunens samtliga 110 valdistrikt, totalt 3.326 röster. Detta motsvarande 2,9% av väljarna, vilka alltså tyckte att stoppa motorvägen genom fornminnesområdet var en så viktig fråga att de valde bort alla andra frågor och röstade på Stoppa E4Väst[81].

Väljarkåren bestod av 115.672 röstberättigade som deltog i valet, motsvarande ett valdeltagande på 85,9%. I Första valkretsen, som omfattar Gamla Uppsala, var partiet med 7,9% det tredje största efter Socialdemokraterna och Moderaterna och endast 180 röster saknades för ett andra mandat i fullmäktige. I Viksta i denna valkrets fick partiet 55% av rösterna. I Andra valkretsen, i vilken Vaksala ingår, hade vi 3,6 % av rösterna och det saknades endast 150 röster för en fullmäktigeplats[81]. Hade Uppsala kommun haft färre valkretsar, hade vi förmodligen fått 3 mandat.

Vi hade uppenbarligen seglat i medvind och hoppades det skulle hålla i sig! Allt detta uppnådde vi efter endast mellan tre och fyra månaders valarbete - en fantastisk prestation av alla som arbetat för partiet. Trots att socialdemokraterna i valet utlovat att stoppa en Västlig E4 och i valtal betonat att väljarna inte skulle kasta bort sina röster på ett enfrågeparti, hade vi fått en så stor framgång. Häftet Aktuell statistik utgiven av Uppsala kommun i mars 1995 om Kommunalvalet 1994 i Uppsala, Slutliga resultatet[81] innehåller en uppenbar felaktighet. Man skriver: *»Majoritetsblocket, Socialdemokraterna, Vänsterpartiet, Miljöpartiet och Stoppa E4 väst,«* men eftersom vi var ett enfrågeparti, hörde vi inte till något block, för vi tog inte ställning i andra frågor än de som kunde knytas till vägen eller fornminnesområdet.

Problemet med ett enfrågeparti är att det har begränsade möjligheter att utöva påtryckningar på de andra partierna även i sin enda fråga, eftersom man inte kan idka kohandel och pressa dem till att stödja ens fråga i utbyte mot stöttande av deras hjärtefrågor. Enda funktionen blir att på ett **välinitierat** sätt med fokus på sin enda fråga kunna **föra fram och stärka ett sakligt beslutsunderlag**. Det är endast vid själva valet som man kan utöva påtryckning genom att locka väljare. I det fall blockpolitik råder och det är jämnt mellan blocken, kan själva hotet att förlora väljare göra att enfrågepartiet får en betydelsefull roll.

I valet blev det mycket jämnt mellan blocken, med c:a 11% övervikt för de 'röd/gröna' som fick bilda majoritetsstyre[81]. Den borgerliga majoriteten i Uppsala under perioden 1991-94 var bruten. Den hade förlorat 12 mandat och de rödgröna gått fram 11 mandat och SE4V fick 1 mandat.

17/9 Småpartier kämpar för plats i Fullmäktige; 19/9 Stoppa E4 Väst tar plats i fullmäktige: C i Viksta skakades om ordentligt; 15/10 Fler kvinnor i politiken - Kvinnorna på frammarsch; 20/9 1994 Stoppa E4 Väst i fullmäktige - Håller tungan borta från vågen; In i maktens boning. Agnetha Sällström tar snart plats, var rubriker i lokalpressen[83].

Vi saknade dock i pressen en seriös diskussion och analys av vad vår eventuella roll varit för skiftet i KF och de andra partiernas valresultat, förutom en notis om centern: »C i Viksta skakades om ordentligt 227 röster fick SE4V och C bara 24 av förra valets 228 röster«[83]. I vilken grad problematiken kring E4-frågan bidragit till den kraftiga nedgången för de borgerliga partierna är svårt att veta, eftersom majoritetsförhållandena ändrades även på riksplanet. Det hade varit intressant om tidningarna hade presenterat en sådan analys.

Vi gjorde själva en enkel jämförelse mellan partiernas respektive siffror på riksplanet jämfört med kommunalvalet och fann stora negativa skillnader i det borgerliga blocket. Det skiljde ända upp till 30% för moderaterna och centern i vissa valkretsar. I en del valkretsar verkar SE4V också tagit röster från S. I Viksta var skillnaden mellan riks- och kommunala röstetalen för dem -33% och i Vaksalakretsar omkring -10%. Men givetvis kan det även vara andra frågor än E4:an som gjort att man röstat annorlunda i kommunalvalet.

Centern svek totalt upplandsbönderna som hörde till deras kärna av väljare. Det var ju så uppenbart att vägalternativet E4ÅV, som till sist stöddes av centerpolitikerna, skulle drabba flest jordbruksenheter och den bästa åkermarken samt vattentillgångar på ett sätt som stred mot intentionerna i Agenda 21 - och uppenbart även mot NRL 4 kap, enligt vår bedömning. Varför gjorde de på detta viset? - För att en högt uppsatt C-politiker skulle drabbas av JÖ, och för att kunna stärka den borgerliga koalitionen i fullmäktige.

Moderaterna svek sina värdekonservativa väljare och deras många väljare som drev jordbruksföretag, till förmån för partiets betong- och penningfraktion. De hade ju faktiskt gått till val på en E4 i östligt läge 1991! Men bara ett halvår efter gör de en uppgörelse med de övriga borgerliga om E4ÅV! Kan de ha haft ett finger med i planeringen av Uppsalas nya stadsdelar som utgör ekonomiska megaprojekt? Kanske ponnystallet spelade stor roll för dem också, eftersom hästen är en makt- och rikedomssymbol. Kultiverandet av hästen gjorde det möjligt för härskare att erövra världen, innan tanks och atombomber så finurligt konstruerats av *Homo sapiens* variant *destruens*. Om hästintresset var skälet och moderaterna hade haft sinne för kostnadsberäkningar, vilket moderater i allmänhet förmodas besitta, så hade de kunnat räkna ut att det var väldigt mycket billigare att flytta ponnystallet än att bygga på lösan lera enligt ÅV-alternativet. Ponnystallets tomt på 50.000 m² som kommunen äger där ridskolan står, skulle räcka till många Lindbacken-tomter och inbringa en säck guld åt kommunen, även om motorvägen JÖ hade passerat en halv kilometer därifrån. Man bygger ju nu bostäder på samma sätt vid den östra stadsrandens motorväg.

<u>Dessa funderingar får på intet sätt uppfattas som att vi skulle vara avoga mot ridsporten!</u> Tvärtom! Vi har båda tidigare ridit och njutit av att känna den obändiga naturkraften vid färd på hästryggen i det fria.

Liberalerna svek sitt påstådda kulturintresse till förmån för friluftsintresse - något som förmodligen hör ihop med liberalernas frihetsideologi [217]. Socialdemokraterna som i valet lovade att stoppa motorvägens dragning nära Uppsalas stadsrand, och som tog över stafettpinnen efter tre år av borgerlig majoritet, svek å det grövsta sina väljare när de faktiskt fick chansen att ändra vägdragningen till östligt alternativ, eftersom regeringen också fått s-majoritet. Det fanns ingen anledning att regeringen skulle dansa efter vare sig Vägverkets - eller landshövdingens pipa.

Det blev partiordförande Agnetha Sällström som skulle bli ledamot av kommunfullmäktige med Ewa Jönsson som ersättare. I och med att vi kom in i KF fick vi kostnaden för valsedlarna betald. På stadshuset blev man 'tagen på sängen'. Man hade aldrig räknat med att det skulle tillkomma ett parti, så det fanns inte plats för något rum med grundresurser som telefon åt gruppledaren för SE4V eller skrivrum åt den politiske sekreteraren, så som var brukligt. Vi fick i stället ordna den funktionen i hemmet. En deltidstjänst, på 0,35% som politisk sekreterare inrättades. Trots att vi blev utan vissa förmåner, så retade det upp vissa av de övriga partipolitikerna att ett parti med bara ett mandat fick hjälp av en sekreterare betald av kommunala medel. Mer om detta längre fram i boken.

Bemötandet från de andra politiska partiernas företrädare var mycket varierande. Ingen av oss hade tidigare i livet upplevt mobbing från barn, klasskamrater, lärare eller andra, men fick nu erfara en viss portion sådan under vår politiska bana. Vuxna är väl så goda mobbare som man brukar skylla barn för att vara. Det är lustigt att man som högutbildad från en kultiverad familj plötsligt blir ignorerad av omgivningen, som helst inte vill hälsa på en, utom av absolut nödvändighet, så att man ska känna sig som parias. Man tillhörde inte 'brödraskapet'. Fastän det kändes bara litet skrattretande, eftersom vi hade så mycket kött på benen. De borde i stället varit imponerade av oss på det sätt vi tagit oss in i KF på så kort tid.

Det är inte ovanligt att politiker mobbar varandra eller att de hotas. Forskare vid Örebro Universitet har gjort en enkätstudie som visar att 30% av tillfrågade politiker tycker att de utsatts för nedsättande behandling och att nästan 8% blivit hotade eller utsatts för våld som politiker, enligt referat i pressen[84]. Brottsförebyggande rådet gör också studier vid de senaste valen för att få en uppfattning om hotbilden för politiskt aktiva personer[84,211].

Första mandatperioden 1994-1998

Efter ett val i september sitter den rådande fullmäktigeförsamlingen kvar till nästa mandatperiods början första november. Majoritetspolitikerna har då under en månad möjlighet att sopa rent framför porten, men också ta vissa beslut som befäster den politik de fört och kanske kan försvåra för den nya majoriteten att kunna genomföra sin politik. I sista stund i oktober innan stafettpinnen efter valet 1994 skulle lämnas över från borgarna till s-majoritetsstyret, fattade således Kommunstyrelsens borgerliga majoritet beslut om att beställa detaljplaner för genomförandet av E4 förbi staden i enlighet med Vägverkets önskemål om Årsta-Väst[86].

Vid valet blev mandatfördelningen mellan partierna avgjord och vi hade fått ett mandat. Under tiden mellan valet och nästa mandatperiods början första november skall kommunstyrelsen utses och fullmäktigeförsamlingen formeras med ledamöter och ersättare. Då förhandlas också om vilka partier som ska ingå i ett majoritetsstyre. Man ska också utse och tillsätta ledamöter till de olika kommunala nämnderna, som är de organ i kommunen som förbereder de ärenden som sedan ska behandlas i Fullmäktige.

Valteknisk samverkan

För att få en nämndplats krävdes sju mandat, så det var i teorin omöjligt för oss. Det fanns emellertid ett tänkbart sätt, som *brukade praktiseras inom kommunalpolitiken* och det var s.k. *valtekniskt samarbete*, vid vilket flera partier kunde räkna ihop sina mandat för att få tillräckligt många för att få nämndplatser. I detta fall rör det sig inte om ett ideologiskt/politiskt samarbete utan endast ett fördelningstekniskt förfarande.

När de sista rösterna höll på att räknas rådde osäkerhet om hur majoritetskonstellationen skulle komma att se ut i fullmäktige och vilken roll vänstern skulle komma att få. Vi var på hugget då vi upptäckte att Vänsterpartiet fått sex mandat och föreslog gruppledaren Britt Löfgren (v) att vi skulle göra ett sådant valtekniskt samarbete, så att vi kunde få plats i någon nämnd som låg inom vårt intresseområde. Vänsterpartiet accepterade och till sist fick vi plats i några för oss viktiga nämnder.

Denna, vår start på den politiska arenan uppmärksammades och uppfattades förstås som att vi hade anknytning till vänsterblocket[85]. Det var som sagt inte någon överenskommelse om att vi skulle svara för Vänsterpartiets frågor och intressen i dessa nämnder, utan bara ett sätt för våra båda respektive partier att få nämndplatser. Vänsterpartiet fick resterande nämndplatser. Att det hela gick så smidigt berodde på att någon annan konstellation hade kunnat bildas, så att Vänsterpartiet blivit utan nämndrepresentation, om det ville sig illa för dem, och den risken ville de inte ta. Inte förrän 19 oktober hade den rödgröna koalitionen bildats genom vilken Vänsterpartiet annars kunnat få nämndplatser. De andra partierna blev litet överraskade av vårt smarta drag, vilket vi kunde ana genom en del kommentarer[85].

Att få en inblick i de nämnder som diskuterade vägfrågan var mycket värdefullt, eftersom frågor som rörde vägen behandlades i dessa nämnder ett bra tag innan de nådde KF. Likaså Miljö-hälsoskyddsnämnden, där frågor om vägens miljöpåverkan kunde komma upp till behandling. En ersättare hade rätt att närvara även då ordinarie ledamot var där. Vi hade aldrig någon insyn i Kommunstyrelsen som annars är det organ där viktiga ärenden behandlas innan de går vidare till KF.

Några av våra väljare reagerade på - som de upplevde det - att vi hjälpt Vänsterpartiet att få nämndplatser, men det gick lätt att räkna ut att vänstern skulle ha gjort detta opolitiska valtekniska samarbete med något av de andra partierna, om inte vi varit alerta och kommit först. Hur som helst, det var inte utifrån särskilda sympatier för vänstern som vi gjorde denna rockad. Men på vårt partiprogram stod ju att vi tar väljare från både höger och vänster på skalan, för att uppnå politisk tyngd i den viktiga motorvägsfrågan. För det stod vår lila partifärg. Därför bedömde vi det som korrekt att optimera vår inblick i de politiska nämnderna. I logikens namn kan man konstatera att om vi hade avhänt oss den utomordentliga möjligheten att få inblick i nämndernas KF-förberedande arbete genom att rynka på näsan åt vänstern, så hade det stridit mot vår deklaration att vi inte tog ställning i andra politiska frågor. Som enfrågeparti avstod vi dock att argumentera, besluta eller rösta i andra frågor än de som kunde hänföras till vägfrågan på något sätt, vilket det med Agnethas slutledningsförmåga gick i många fler ärenden än man först skulle trott vara möjligt.

Det tydligaste beviset på att vi inte förde något politiskt samarbete med vänstern är väl att i den fråga som var vår enda, hade Vänsterpartiet en helt annan uppfattning, nämligen att de inte ville ha en transitled av motorvägsstandard förbi Uppsala, medan vi **inte** motarbetade en motorväg, bara dess felaktiga placering. Vi hade ingen anledning motsäga Regeringens begäran om TEN motorväg till Norrland. En nyanlagd motorväg skulle också kunnat minimera risken för att eventuella utsläpp ska förorena grundvatten och ytvattentäkter, under förutsättning att den nya vägen förlades **utanför** skyddsområdena och försågs med olika typer av åtgärder på föreskrivet sätt för att förhindra utsläpp från vägen att rinna ner i marken eller till olika vattensystem. Genom vänsterpartiets enträgna fasthållande vid 0-alternativet i sina ageranden vid omröstningar i ärendet så blev resultatet som Vägverket ville - ÅV.

Moderaternas gruppledare, kommunalrådet Gunnar Hedberg ondgjorde sig särskilt över att - som han ser det - vi hjälpt Vänsterpartiet att få nämndplatser. Den här mandatperioden hade de fått det ändå sedan de bildat koalition med socialdemokraterna och miljöpartiet, men eftersom de inte kunde vänta med att försäkra sig om nämndplatser tills samarbetet med de båda andra 'rödgröna' var överenskommet, nappade de på vårt förslag.

Vid beslut i KF i november 1994 bildades en ny nämndorganisation, som då kom att omfatta Invandrarnämnd, Socialnämnd, Fritidsnämnd, Kulturnämnd och Teknisk Beställarnämnd. Då omförhandlade vi nämndplatsfördelningen med Vänsterpartiet och Agnetha fick ordinarie plats i Tekniska Beställarnämnden, Ewa i Gatunämnden plus ersättarplats i Valnämnden, Birgit (8:e på valsedeln) i Kulturnämnden och Jan i Naturskyddsnämnden (senare omorganiserad och omdöpt till Miljö- och Hälsoskyddsnämnden).

Agnetha: Jag gjorde nu min fullmäktigedebut och höll ett fösta anförande:

»Man ska lyssna på 'gräsrötterna' säger politikerna. Jag hoppas därför att ni ska lyssna på den gräsrot som nu står i talarstolen och representerar 3300 andra rötter. Det är roten som ger näring till plantan.

Alla partier vill framstå som ett miljöparti och många åtgärder som utförs inom partierna leder till miljöförbättringar. Men om man vill få ordentliga förbättringar av vår livsmiljö, kan man inte köpslå i miljöfrågor och det är vad vi gör idag. Det är ju självklart så, att när vi har så stora skulder både inom kommunen och i hela riket, är det lätt att man ser till vad en åtgärd kostar i stället för att se till effekterna i miljön på lång sikt.

I dag projekteras en motorväg E4 som ni kanske vet, och en arbetsplan ska tas fram. Denna arbetsplan innebär inte att det är klart att motorvägen ska gå i denna sträckning, utan alla krav som är ställda från olika remissinstanser - Uppsala, Tierp, RAÄ, Länsstyrelsen, markägarna m.fl. ska uppfyllas/beaktas. En miljökonsekvensbeskrivning, MKB, ska också upprättas.

Ändå är det främsta argumentet för vägen i denna västliga korridor, som jag får höra, att nu har ju Vägverket lagt ner c:a 75 miljoner kronor i utredningar. Den summan får inte styra beslutet att inte avslå en arbetsplan om arbetsplanen inte uppfyller alla miljökrav. Och en MKB måste visa miljökonsekvenserna i den projekterade dragningen, inte i förhållande till något annat.

Man kan inte prata om miljön utan att nämna Agenda 21, som startade sommaren 1992 i Rio. Samtidigt gjorde den borgerliga majoriteten den olyckliga trafikuppgörelsen som gör att den nya E4 projekteras i Upplands högst klassade jordbruksmarker; ska dras 1 mil genom yttre skyddszon för dricksvattentäkter; igenom Tierps båda vattentäkter plus reservtäkten för Tierps sjukhus och i ett regeringsskyddat avrinningsområde för Björklinge - Långsjön.

Enligt Agenda 21 ska vi vara självförsörjande vad gäller mat och vatten och, i den mån vi kan, även hjälpa där brist finns. Vi måste lämna över ren jordbruksmark och dricksvatten till våra barn. Vi får inte förlita oss på de tekniska lösningar som man anser sig ha, för de håller inte för all framtid och lagd väg ligger där den ligger.

För mig är Agenda 21 inte bara kompostering och källsortering, som jag gjort sen 1976. För mig är också arbete i koncessionsärenden av betydelse. Dit har mina pengar gått om jag haft några över, varje månad i flera år. Som exempel kan nämnas Cementa i Slite på Gotland. Vid full produktion släpper bolaget årligen till luften ut 4.800 ton kväveoxider och 6.000 ton svaveldioxider. Det svarar mot årsutsläppet av alla bilar i Stockholm. Det motsvarar också utsläppen från trafiken över, samt till och från en Öresundsbro i trettio år. (Detta var vid den tidpunkten 1994. Det ändrades en tid senare genom Björn Gillbergs agerande i koncessionsnämnden och förståelse från företagsledningens sida, så att rening av rökgaserna installerades.)

På samma sätt gäller för Uppsala energi AB att ska någonting förbättras är det vid utsläppskällan och vid koncession av bolagets verksamhet när bolaget vill använda kol under kalla vintrar.

För oss i SE4V är Agenda 21-fördraget lika med nej till motorväg igenom Upplands högst klassade jordbruksmarker och dricksvattentäkter. Och för er som inte vet vilka skäl ni ska åberopa för att säga nej till Vägverkets arbetsplan, går det bra att hänvisa till Agenda 21. Jag yrkar att mot bakgrund av Agenda 21, ni tänker om i E4-frågan.«

Ytterligare politiska poster

Agnetha fick plats i Demokratiberedningen och Yvonne (10:e på valsedeln) blev representant i Agenda 21-kommittén. Förslag till handlingsprogram för lokal Agenda 21 har tagits fram under 1996[8]. En stor samrådsgrupp med temat 'Trafik och transporter' ordnades också inom ramen för Agenda 21 och fyra från vårt parti deltog i den: tillsammans med Yvonne Edling, Gunnel Jansson, Franzi Wagenberg-Stam och Ewa Jönsson. Inom samrådsgruppen rådde inte enighet om tolkningen av Agenda 21 för valet av E4:s vägkorridor. Friluftsmarker och naturvärden i en östlig sträckning vägde för vissa andra deltagare tyngre än Agenda 21-deklarationens ställningstagande till jordbruksmarker och vattenskydd[66].

Gunnel Jansson hade också en plats som nämndeman i Tingsrätten, eftersom dessa utses bland kommunpolitikerna.

Socialdemokraternas lovade ändra vägdragningen

Försöket att stoppa ÅV kom igång efter lång tid, för man ville först avvakta regeringens inställning till vägprojektet, i stället för att aktivt påverka regeringen och förklara de utfästelser och vallöften som Socialdemokraterna hade gjort om att arbeta för en E4 i östligt läge. För att inte försena byggstarten, föreslog den nytillträdde KF-ordförande Lars-Olof Lindell dessutom att Vägverket skulle kunna börja bygga från Fullerö norrut[87] d.v.s. motsvarande ett JällaVäst-förslag, tills man löst den exakta dragningen utanför stadsranden förbi fornminnesområdet. Sedan gav han ändå E4ÅV ett lillfinger, genom att säga att om regeringen inte ville ändra Vägverkets val, skulle inte kommunen »*trilskas och obstruera planerna på E4 ÅV.*« Således var inte Socialdemokraternas första agerande visavi regeringen tillräckligt tydligt och kraftfullt för att kunna ändra på beslutet, vad vi känner till.

Vid ett möte i Stadshuset med ungdomsnätverket Q2000[251], som hade bildats inför Rio-mötet om Agenda 21, framkom att Socialdemokraterna ansåg att Vägverket agerade för självständigt. Socialdemokraterna drev till synes entydigt frågan att försöka stoppa E4 i västlig dragning, åberopande »*Avgörande förändringar har skett de senaste åren inom flera viktiga områden för stadens framtid. Dessa förändringar är så grundläggande att en omprövning av E4:ans lokalisering förbi Uppsala är nödvändig,*« ur skrivelsen: »Nya förutsättningar för lokalisering av en ny E4 förbi Uppsala« av L.O. Lindell (s), Kommunstyrelsens ordförande.

Socialdemokraterna, som i valet utlovat att ändra på Årsta-Väst dragningen som kraftigt skulle komma att påverka boende i bl.a. Årsta, arbetade alltså fortsatt genom KS-ordföranden Lars-Olof Lindell på att försöka svänga pendeln tillbaka till ett Jälla-alternativ[87]. I maj 1995 uppmanar han hela den socialdemokratiska gruppen att hänskjuta ärendet om nya förutsättningar för lokalisering av en ny E4 förbi Uppsala, till kommunfullmäktige för prövning av ett östligt alternativ. 1995-06-12 begärde kommunfullmäktiges S-grupp detta. Socialdemokraterna föreslår fullmäktige besluta:

Att mot bakgrund av redovisade nya förutsättningar för lokalisering av ny E4 förbi Uppsala (se bilaga) genom samråd med tidigare remissinstanser, pröva lokaliseringsalternativet Jälla för förnyat ställningstagande i kommunfullmäktige.

Att uppdra till kommunstyrelsen att svara för erforderligt beredningsarbete.

Ärendet kom upp i fullmäktige 1995-08-28 och avslogs med 1 rösts majoritet, bl.a. av Vänsterpartiet. *Återigen en 'grynna!'*

Centerns bikt

Centern framförde genom Roland Agius ett nytt förslag med en ÅrstaVäststräckning utanför Uppsala som böjde av österut över Storskogen efter att ha gjort sitt intrång i Gamla Uppsala kulturminnesområde. Detta hybridalternativ, som gjorde maximal skada i Uppsalas närmiljö, motiverades med dess goda regionala effekter, men stöddes inte av några andra partier. Det var centerns '**bikt'**, efter det att de låtit den borgerliga uppgörelsen och hänsynen till Sandberg tidigare vara det viktigaste och övergett partiets övriga väljare. Centern hade i valet gått mycket kraftigt tillbaka p.g.a. sitt ställningstagande för motorvägen i jordbrukslandskapet och sveket mot bönderna.

Annars biktade de sig också då de skulle ta ställning till Uppsalas kulturpolitik och skriver 2001[96]: »I Uppsala finns några av Sveriges mest värdefulla och vackra kulturmiljöer som bildar vackra rum i stadsbilden. Högarna i Gamla Uppsala, Håga och Valsgärde, ett stort antal kyrkor från tidig medeltid och framåt samt ett underskönt landskap som präglas av mänsklig odling och verksamhet under årtusenden är andra inslag som vi gemensamt måste slå vakt om. Dessa miljöer har vi i Uppsala ett stort ansvar för att förvalta till eftervärlden. Därför motsätter sig Centerpartiet rivningar av kulturhistoriskt intressanta byggnader och miljöer, intrång i grönområden och förstörelse av odlingslandskapet.« - Det var så dags!

SE4V:s politiska engagemang

Agnetha: Jag vill berätta från ett av mina möten i Tekniska Beställarnämnden, då jag iakttog att *'Mycket sker med lillfingret'* d.v.s. man sätter sig inte in ordentligt i ärenden man beslutar om. Jag kan bara ge ett exempel från ett av mötena i Tekniska Beställarnämnden som fick mig att gå i taket: Statens Kommunikationskommitté (KomKom) hade presenterat sitt slutbetänkande, SOU 1997:35, *Ny kurs i trafikpolitiken.* Det hade vi i partiet gått och väntat på att det skulle komma nu på vårkanten 1996. Jag hade uppmärksammat när rapporten kom ut och hade köpt den för 780:- kronor på Fritzes bokhandel i Stockholm strax före sammanträdet, så jag hade den tjocka luntan på totalt nästan 900 sidor i två delar[89] med mig till mötet. Veckan innan hade jag gått upp på Stadshuset och frågat handläggaren Stefan Nilsson om att få låna ett exemplar, så jag hade studerat den över helgen. Efterföljande torsdag hade Tekniska Beställarnämnden möte. På föredragningslistan inför mötet stod ingenting om SOU 1997:35, men när vi kom till Tekniska kontoret för sammanträdet ligger en handling på bordet, skriven av tjänstemännen som ett svar på kommunikationskommitténs betänkande. En handling på bordet, som vi aldrig sett, som ett extra insatt ärende! Jag begär ordet: »Så här kan ni inte göra! Den utredning vi ska yttra oss om är är ju så här tjock (4 cm), två böcker, när fick ni det här ärendet?« - »Ja det kom igår, för att det blivit ett misstag på stadsbyggnadskontoret. De har inte skickat ut ärendet i tid, men vi måste svara idag, för svaret ska vara inne före den sista maj och vi har ju inga fler möten i maj. Därför har vi skrivit det här yttrandet, som ni fått på bordet.«

Vid ett annat sammanträde i Tekniska Beställarnämnden opponerade jag mig emot en tjänstemannatillsättning som skedde ett helt år med full lön, innan den person som skulle ersättas gick i pension. (Det var enligt vår bedömning ett sätt att kringgå det rådande anställningsstoppet i kommunen som tillkommit i penningbesparande syfte.) Således yttrade jag ett kommunbesvär ställt till Länsrätten, vilken dock konstaterade att jag inte hade preciserat vilket *lagrum* jag åberopade. Det hade jag inte tänkt på, oerfaren som jag var i sådana frågor. Tänk att det inte finns något lagrum för vanligt svenskt bondförnuft och för att skydda skattebetalarna från slöseri med deras skattemedel! Sånt anses nog höra hemma i *'lag-garderoben'*. Den klagan jag ville framföra skulle säkerligen i stället ha framförts till Kommunrevision för granskning, förstås. Den uppmärksamme läsaren kanske tycker att jag, som tillhörig ett enfrågeparti, inte borde ha brytt mig i denna fråga. Jag reagerade närmast som skattebetalare i kommunen i det engagemanget.

Vid ett annat tillfälle då ett remissärende från Gatunämnden i juni 1997 skulle besvaras i Tekniska Beställarnämnden tog jag till orda. Jag hade läst en rapport från Statens energikommission och utifrån denna föreslog jag ett texttillägg till remissvaret, som förklarar varför satsning på *metanol* är bättre än etanol. Det var ju i alla fall en fråga som hörde hemma inom trafiksektorn. Ännu i skrivande stund har inte Sveriges regering begripit att Sverige har goda förutsättningar att producera metanol ur skogsråvara till en kostnad som är hälften av kostnaden för E85, etanol, trots att deras egen Alternativbränsleutredning, SOU 1996:184, visar det. Det enda som skulle behövas för att få igång en fullskalig produktion vore skattebefrielse på inhemska biodrivmedel med metanol. Processen finns redan projekterad med beviljad koncession till Metanol AB i Hagfors. Med tanke på att vi behöver importera kanske hälften av våra livsmedel ska inte åkermark tas i anspråk för etanolproduktion. I beredskapssyfte måste vårt land ha inhemsk produktion av livsmedelsprodukter såväl som drivmedel.

Då Tekniska Beställarnämnden i maj 1995 yttrade sig om Vägverkets utredning för ny E4, delen Läby-Månkarbo, reserverade sig SE4V genom mig och senare då ärendet kom till fullmäktige i juni, även där. Jag ville ha ett tillägg som påpekade att alla de av Vägverket föreslagna alternativen var omöjliga, eftersom **de gick in i ett av Regeringen 1992 fastställt skyddsområde inom Björklinge-Långsjöns avrinningsområde, något som regeringen speciellt klargjort genom att påpeka att ÅV och JV skulle drabba området**[91].

Som extra bilaga till våra reservationer lämnande jag kopia på vår insändare från UNT 17/6 1995: *»E4 väst en omöjlig vägdragning«*. Den är mycket uttömmande och klargörande[92]. Dess slutord är värda att citera här: »Vid E4 i västligt läge har vi de berömda kungagravarna i Gamla Uppsala från järnåldern, som visar oss Svearikets uppkomst. I den östliga dragningen ligger en stor hund begraven och hindrar den enda förnuftiga dragningen av E4 genom Uppland. Låt oss gräva upp och syna den! Det finns 1000-tals kvadratkilometer skog i blockig moränmark, men bara ett G:a Uppsala-Vendelområde - Sveriges vagga. E4 genom detta område är omöjlig.«

Att nalkas Gamla Uppsala från nordväst bjuder på vackra ostörda vyer, samma som mötte när man tog sig dit på Fyrisån.

Museet i Gamla Uppsala

Redan innan valet hade SE4V-partiet yttrat sig som remissinstans om »Program för utveckling av kulturmiljön i Gamla Uppsala samt detaljplan för Tingsslätten«[94]. I planen ingick rivningen av den anrika Mattsgården för att kunna bygga ett nytt historiskt museum. Det rådde en veritabel folkstorm mot rivningen av Mattsgården med dagliga insändare i UNT. Vi avstyrkte tillsammans med centerpartiet och föreningarna Vårda Uppsala och Gamla Uppsala Hembygdsförening och kom med utmärkta alternativa placeringar och andra konstruktiva idéer, bl. a. genom att presentera en alternativ ritning från Illes arkitektbyrå[95].

Då vi senare satt i Fullmäktige fortsatte vi att argumentera om muséet och poängterade att ingen arkitekttävling förekommit för detta viktiga projekt och ingen diskussion om andra tänkbara placeringar av muséet i Gamla Uppsala. Vi avstyrkte den valda placeringen av Muséet och presenterade i Fullmäktige Illes förslag till museibyggnad på annan plats (KF ärende Nr 92, 970825). Vi krävde också att Uppsala varken skulle delfinansiera museet genom sponsring eller garantera tillräckliga medel för att täcka kostnaderna, som beräknades till totalt 35 miljoner kronor.

Wallenbergstiftelsen erbjöd 9 miljoner till utställningar. Sedan söktes sponsorer för resterande 26 miljoner till själva museibyggnaden. Uppsala KF beslutade då att garantera de pengar som man inte lyckades samla in , i stället för att säga nej, ett beslut SE4V reserverade sig emot[95].

I slutänden kostade det skattebetalarna 5,5 miljoner. - Så här enkelt hade det varit att slippa denna sponsring, åskådliggjort med företaget Kvantums inställning till att donera pengar till muséet: På förfrågan från RAÄ om sponsring svarade Kvantums ledning att deras kundkrets inte ville att man skulle riva Mattsgården, och därför kan de inte sponsra muséet, som framtvingar en rivning av en med rika minnen förknippad kulturplats. På precis samma sätt skulle Uppsalas folkvalda ha svarat då RAÄ ville ha ekonomiska garantier från kommunen - *»våra väljare vill inte att man river Mattsgården, alltså kan vi inte ge pengar till muséet på den platsen.«* Men så lyhörda för folket är inte politikerna, som tycker att de vet bäst. Det är därför partiet SE4V Kulturpartiet behövs i valet även 1998 med utvidgat kulturbevarande program. Att mer än 80% av uppsalaborna skulle vilja riva denna anrika plats är helt osannolikt. Det här illustrerar återigen att politikerna inte lyssnar på folket, som de uppenbarligen tycker har fel. I det här fallet hade RAÄ redan bestämt sig eftersom man köpte Mattsgården i syfte att riva och få en plats för museet. Det var synd att RAÄ inte i stället hade köpt marken på andra sidan, vid Myrby gård, där många med oss förordade en placering. Den gården var också till salu[95].

Det mesta som jag sade var för döva öron. Inte ens när förslag till gators namn diskuterades i kommunfullmäktige och jag gick upp i talarstolen och förklarade att i gatunamnet Drottning Christinas väg (från Carolinabacken till Slottet) bör stavningen vara Kristina som i alla historieböcker m.m., blev man intresserad av att lyssna eller att ändra någonting efter mitt berättigade påpekande. I en skrivelse från Riksantikvarieämbetet år 2001, rörande vägars och broars kulturhistoriska värde som skall tas till vara, talar ämbetet om Drottning Kristinas Kungsväg i Uppsala, alltså med den stavning som jag förespråkat i fullmäktige[97].

I visionen för 2020[222] stavar kommunförvaltningen dock Drottning Kristinas väg på det sätt jag påpekat - det tar sig!

SE4V:s aktiviteter i Fullmäktige

Efter en period med borgerligt styre som fastställt att Uppsala ville ha en E4ÅrstaVäst hade ett politiskt block bestående av socialdemokraterna, miljöpartisterna och vänstern majoritet i Uppsala Kommunfullmäktige under mandatperioden 1994-98. Ordförande var det socialdemokratiska borgarrådet Erik Nilsson, en veteran inom kommunpolitiken.

Jag kom snabbt in i min roll som politiker i Fullmäktige. Trots att jag bara hade en enda politisk fråga att bevaka, så lyckades jag vara i talarstolen titt som tätt genom att hitta anknytningar till vägfrågan i en rad andra politiska spörsmål, exempelvis frågor som rörde olika aspekter av stadsplanering och trafikfrågor. Så fort ställningstagandet till nya E4 kom upp på dagordningen, vilket var då kommunen skulle ta slutgiltig ställning till vägkorridoren förbi Uppsala för att kunna göra en MKB och Arbetsplanen för nya E4 Årsta Väst, motionerade jag i Fullmäktige 13 mars 1995 om *ett kommunalt nej till motorvägen i västligt alternativ*[99].

Sedan följde i april vår motion om kommunalt nej till Bärbyled 3[100]. I juni 1995 lämnade även Vänsterpartiet in ett par motioner i E4-ärendet om att avbryta allt planeringsarbete på ny motorväg genom Uppland och motion om förbättringar på Tycho Hedéns väg. Dessa motioner behandlades i Gatunämnden, vars rekommendation var att inte följa motionärernas propåer. Av skrivelserna i gatunämnden framgår att oenighet rådde i frågan, så därför blev ingen begäran från kommunen om omprövning aktuell. Socialdemokraterna var emot en västlig E4, men ville ha en motorväg, vänstern ville inte ha någon motorväg alls, endast korsningsfri Tycho Hedéns väg. Miljöpartiet ville inte heller ha motorvägen, utan i stället en motortrafikled utanför staden och förbättringar av den befintliga genomfartsleden Tycho Hedéns väg med nedgrävning. De borgerliga partierna ville följa den västliga dragningen trots att centern tidigare varit helt emot den och förordat en östlig sträckning, för att ta hänsyn till sina väljares intressen att inte förstöra den högklassiga jordbruksmarken. Vissa tecken tyder på att även bland socialdemokraterna fanns en antydan att börja ge med sig i frågan trots löftena i valet. I stället märktes tydligt en svängning under året, ett svek mot väljarna.

För i mitten av december 1995 besvarar Vägverket frågor som Kommunstyrelsen, genom Annika Lindh (s), ställt angående E4[122]. Av svaren att döma framgår att kommunen tycks ha gått med på en västlig E4 och bildat en samrådsgrupp med Vägverket och alltså fortsatt det som de borgerliga i sista minuten av förra mandatperioden bestämde i fullmäktige. - Så var det med löftet att stoppa vägen! De gav Vägverket tumnageln och sedan tog Vägverket hela handen. Man behöver inte anlägga vindsnurror på slätten utanför staden när man ju har dem i fullmäktige.

Utöver engagemanget i KF och förberedelserna inför mötena med faktainsamling och formulering av eventuella interpellationer, motioner eller enkla frågor innebar vårt politiska uppdrag att svara på och ta ställning till en rad olika frågor om stads- och samhällsplanering. Bland ett flertal skrivelser till KF kan nämnas följande: 1994-11-29 Interpellation i KF (1995/147) av Agnetha Sällström angående lokaliseringsplan för ny E4 genom Uppsala för delen Uppsala- Mehedeby; samma dag en enkel fråga av Agnetha Sällström (sE4v) om Gamla Uppsala Skola; 23 feb 1995 Interpellation av Agnetha Sällström (sE4v) om ny E4-dragning med planerat intrång i skyddsområdet 'Björklinge-Långsjöns avrinningsområde' och samma dag Interpellation av Agnetha Sällström om kommunens planer för Österleden. Juni 1995 begärde vi åter igen en prövning enligt NRL kap 4 §2 av E4ÅV-projektet. Avböjande svar kom 1997-12-18 undertecknat miljöminister Anna Lindh, vilket vi upplevde som konstigt, eftersom hon var ordförande i den statliga delegationen för en ekologiskt hållbar utveckling. Partiet yttrade sig också till Vägverket och avslog arbetsplanen och MKB för nya E4 i september 1996[93]. Detta är ett axplock bland många fler ärenden. En förteckning över våra skrivelser finns i slutet av denna bok.

Därtill kom deltagande i ett stort antal olika möten: informationsmöten, offentliga debatter, studiedagar, årliga återkommande demokratidagar, Demokratitorget och Uppsala kommundagar. Dessutom olika föreningars program, exempelvis Geografiska föreningens debatt om E4, idrottsklubbar, intresseföreningar, politiska föreningar, invigningar av nya byggnader m.m.; träffar med representanter för olika samhällsgrupper (ex invandrare), äldrekonferens, konferens om barns situation, konferens om klotter och vandalisering, torgdebatter, landstingsdagar, symposier, tidnings- eller andra mediaintervjuer. På uppdrag av Hembygdsföreningen deltog Agnetha också i det årliga Distinget som ordnades av Uppsvenska Handelskammaren och handlar om näringslivsutveckling, infrastruktur mm.

Representanter för partiet arbetade intensivt med att skaffa kunskaper i vägfrågan och ringa eller besöka och påverka olika instanser, såsom Kommunikationsdepartementet, Kulturdepartementet, Uppsala Universitet (företrädare för arkeologi, hydrologi och kulturgeografi), Länsstyrelsen, Vägverket (flera tjänstemän, även cheferna Örtendahl, Brandborn, och Skogö) och Banverket samt RAÄ, riksantikvarie Wegraeus.

Arkeologiska utgrävningar kostar stora pengar. För att få till anslag krävs ofta byggprojekt som vägar, järnvägar eller fastighetsetablering, vid vilka lagen kräver att utgrävningar utförs och då bekostas av byggherren. Detta kan i RAÄ:s fall medföra att man känner sig frestad att säga ja till projekt, som i och för sig kränker skyddsvärda områden, bara för att man ska få ekonomisk möjlighet att bekosta utgrävningar. Detta skapar ett slags jävssituation när arkeologerna ska yttra sig om projekten, p.g.a. möjligheten att kunna få lätt finansierade arbetstillfällen och utgrävningar som kan bidra till den arkeologiska forskningen. Kanske går man med på byggprojekt som annars skulle förkastas. Detta är bara en hypotes, som vi inte kan säga att vi sett bevis för. Det har i vart fall förnekats av RAÄ, då vi hade vårt möte med riksantikvarien Erik Wegraeus och tog upp denna fråga till diskussion. Med tanke på att denna bygd är full av fornfynd på många platser hade även andra vägalternativ krävt omfattande arkeologiska utgrävningar, men kanske inte så dyrbara.

Å andra sidan kan man ju undra utifrån det faktum, som Eva och Stefan Wårdsäter skarpt påpekade, att kulturfolket är så tystlåtet i frågan och inte träder fram i debatten som naturvännerna hela tiden gör, om det faktiskt var så att arkeologerna vädrade morgonluft och inte var så intresserade av att stoppa beslutet[130]. - Eller var de låsta av olika typer av restriktioner/ lojaliteter/andra önskemål inom sitt arbete som hindrade dem från att gå ut offentligt och kämpa med kraft för kulturminnesvårdens sak? Man kan råka illa ut då man trampar arbetsgivaren på tårna. Det har vi som skrivit boken själva bister erfarenhet av.

Vägverkets offentliggjorda utredningsmaterial fingranskades av oss och stora felaktigheter avslöjades i deras utredningsförfarande, faktaunderlag, statistik och uträkningar, fynd vi redovisade i detaljerade remissyttranden till Vägverket. Olika yttranden under första mandatperioden framgår av nämnda förteckning av partiets skrivelser och debattinlägg bl.a. remissvar på rapporten 'Cyklisterna i Uppsalatrafiken'. Förutom E4-frågan och det ovan beskrivna engagemanget mot rivningen av Mattsgården[94], yttrade vi oss om detaljplanerna för järnvägens dubbelspårsutbyggnad och debatterade mot järnvägstunneln i fornminnesområdet och bevakade Gamla Uppsala skola, som var i farozonen för nedläggning och rivning p.g.a. eventuellt tunnelbygge. Vi yttrade oss om järnvägen och hade uppfattningen att för att inte störa i fornminnesområdet kunde man tänka sig att tågens höghastighetskörning startade först efter passagen av fornminnesområdet. Skillnaden skulle innebära tidsfördröjning på c:a 10 sekunder.

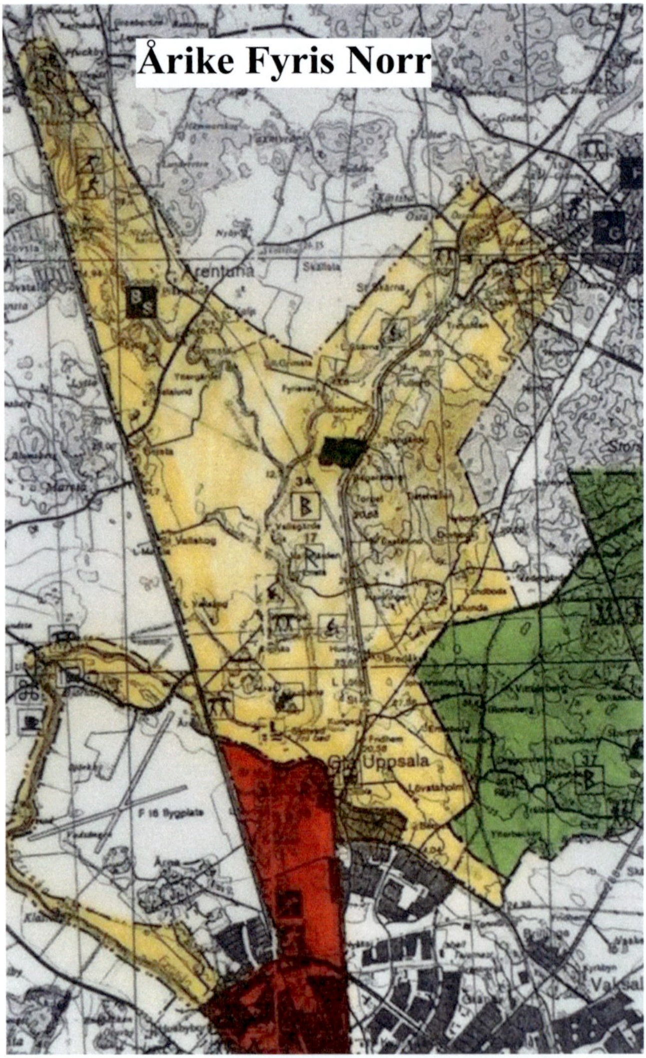

Vi kämpade mot försäljningen av Storgården, mot rivning av den anrika mangårdsbyggnaden till tegelbruket Nyåker. 17 maj 1995 togs beslutet i TBN. Liv Hahne satt i sin norska bygdedräkt och beslutade att riva Nyåker, som, vi ville bevara och göra till ungdomsgård, om Bärbyleden hade kunnat läggas djupt ner, enligt den fastställda planen).

Mp var också emot rivningen av denna bevarandevärda salsbyggnad i sexdelat plan från mitten av 1800-talet, som hyste en ålderdomligt murad bakugn[165].

Årike Fyris Norr

För att skydda våtmarkerna kring Fyrisån vid Kungsängen i södra Uppsala hade kommunen inrättat ett skyddsområde kallat *Årike Fyris* där byggnadsetablering och vägar etc inte skulle få projekteras. Vårt parti som arbetade för att skydda området vid Gamla Uppsala fornminnesområde i norra Uppsala i anslutning till Fyrisån där och upp till fornminnesområdet vid Vallsgärde och Fullerö, lät utföra ett arkitektritat, genomarbetat förslag till skyddsområde av det norra å-rummet i anslutning till Gamla Uppsala fornminnesområde som presenterades av partiet, benämnt *Årike Fyris Norr*[101]

Vi arbetade för ett godkännande av Nationalstadsparken i Uppsala. SE4V:s yttrande i augusti 1996 över Nationalstadsparker ställd till Kommunstyrelsen i Uppsala med bilagan Årike Fyris Norr[101] behandlades i KF 1996-09-30 och följdes sedan av en motion med följande lydelse:

Motion av Agnetha Sällström om inrättande av ett skyddsområde i anslutning till Fyrisån norr om Uppsala - ett Årike Fyris Norr.

Ålandskapet norr om Uppsala, i vars centrala del de stora Kungshögarna är placerade, utgör ett av de rikaste kulturminnesområdena i Sverige med en okänd mängd fornminnen och en rik och spännande historia, vars betydelse för framtida generationer inte kan överskattas. Området ligger också väl till för friluftsliv och rekreation eftersom det kan nås direkt även från stadens centrala delar. Med sina intressanta naturtyper och i egenskap av dricksvattentäktområde för Uppsala har det dessutom stor ekologisk betydelse.

Stoppa E4 Väst har låtit göra en förstudie av hur ett reservat, analogt med Årike Fyris söder om staden, skulle kunna se ut norr om staden. Vissa delar av området skyddas idag som fornminnesområden, en del är ett naturreservat, men något sammanhängande skydd som hindrar att delar av området exploateras existerar inte. Stora delar av området skyddas mot bebyggelse främst tack vare att bullernivåerna är för höga på grund av F16. Om flottiljens verksamhet skulle upphöra finns risk för omfattande exploatering av attraktiva platser inom området. Inte minst kommunikationsintressen utgör ett mycket allvarligt hot mot området.

Mot bakgrund av den dokumenterade bristen på grönytor i norra och nordöstra stadsdelarna och mot bakgrund av det föreslagna områdets osedvanligt starka skyddsvärde hemställer jag:

att kommunfullmäktige ger kommunstyrelsen i uppdrag att med utgångspunkt från vårt förslag »Årike Fyris Norr« utreda och föreslå ett lämpligt sammanhängande skydd för området.

Uppsala 1996-12-10

Agnetha Sällström

Fyrisån med Valsgärdes gravhögar från söder.

Blyertsteckning av Olof Thunman 1928[233:2].

Det torde vara svårt att motivera Årike Fyris-reservat söder om staden om man finner det omotiverat med ett Årike Fyris Norr-reservat med dess fina natur- och friluftsvärden och riksunika kulturhistoriska betydelse. Norra årummet är minst lika skyddsvärt som det södra årummet.

Det vore också orimligt ha en motorväg genom Årike Fyris Norr. Vägverket skriver i en av sina tidiga informationsfoldrar till allmänheten: »Fyrisåns dalgång, med sina natur- och kulturvärden är attraktiv för friluftslivet.« Det är här som vi har föreslagit *Årike Fyris Norr* upp över Vallsgärde med anknytning till Fullerö-reservatet. Åter igen tvingas vi ställa frågan: Varför har aldrig natur- och friluftsvårdarna i kommunen, Tord Ingmar, Gösta Axelson, Anders Eriksson, Harald Nordlund och Sten Jonsson insett värdet av dessa marker som promenadstråk och friluftsliv?

Ekomuseum

I Vallsgärde skulle man eventuellt kunna ha någon form av rekonstruktion av historiska byggnader eller ett skepp. Vi hade 1998 personligen en märklig upplevelse att vara med att ro ett vikingaskepp utanför den stora vikingahallen Borg på Lofoten, som är ett 1.500 år gammalt hövdingasäte, som man återskapat på ett autentiskt sätt. Det vikingaskeppet är en mindre replik av Gokstadskeppet, ett sådant skepp man seglade på de stora haven med och så stora skepp gick naturligtvis inte upp till Gamla Uppsala. De båtar som två-tre tusen år tidigare tog sig upp via Långhundraleden, Samnan och Fyrisån var naturligtvis avsevärt mindre, 6-7 meter.

Det finns kartlagt hur de såg ut genom studiet av båtgravar och i viss mån hällristningar. Utifrån den kunskap man vunnit från sådana utgrävningar i Gamla Uppsala på 1970-talet av arkeologen Else Nordahl, har en grupp arkeologer tillsammans med Gamla Uppsala Hembygdsförening rekonstruerat ett järnåldersskepp döpt till Embla. Embla är en vikingatida 'bruksbåt' för färder i åar, floder och inomskärs. Den är en rekonstruktion efter ett gravfynd i en kvinnlig båtgrav på prästgårdstomten i Gamla Uppsala. Graven är daterad till 800-talet e.Kr. Embla är byggd i ek.

Man har använt dåtida metoder och verktyg för att bygga en så autentisk farkost som möjligt. Bygget gjordes vid Fyrisån under ledning av arkeologisk expertis med vikingatida båtbyggnadskonst. Längd: 7,2 m Bredd: 1,5 m; Åror: 3 par; Vikt: 250 kg; Mast: 4,4 m; Segel: 9,6 m²; Djupgående: 30 cm; Byggår: 1996 (fakta från hembygdsföreningens hemsida).

Vi var med vid sjösättningen av Embla i Fyrisån vid Valsgärde[32]. - skeppet Embla, som fick bära namnet efter den första kvinnan skapad av guden Oden ur en stam av trädet alm, kom jag att tänka på hur jag satt nedanför almarna i Kungsträdgården i Stockholm bland alla de andra miljökämparna som skyddade träden mot en planerad nedhuggning, för att bereda plats för en tunnelbanestation. Där satt jag och ammade vårt första barn. Året var 1971 och almarna finns kvar ännu idag, då detta skrivs.

Sjösättning av järnåldersskeppet EMBLA

Gamla Uppsala museum som fick 5,5 miljoner av kommunen, borde ha hjälpt till att finansiera arrangemangen för att fortlöpande kunna erbjuda turism kring denna båt. Gamla Uppsala hembygdsförenings E4-grupp föreslog ett ekomuseum då Stefan Wårdsäter skriver: »Nu är klarlagt att högarna är en del av ett större sammanhang där bl.a. gravfälten i Vittulsberg, Råby park, Hemringe, Valsgärde[32], Fullerö också ingår. Inte bara Fyrisån utan också den i dag obetydliga Samnaån har varit en mycket betydelsefull faktor för uppkomsten av Gamla Uppsala …Till Gamla Uppsala kommer hundratusentals personer för att söka kontakt med forntiden.«[111].

I Vendel finns också en kopia av de båtar som gick på Upplands vattenvägar för 1000 år sedan, den 4 m långa båten Ottar byggd 1998 efter vendeltida, teknik av Åsa Egerqvist.

Årike Fyris Norr ingick som nämnts i vårt program för en eventuell Nationalstadspark i Uppsala[101]. Ett programförslag för en sådan hade tagits fram av kommunstyrelsen och togs som ärende i KF i oktober 1997. Ewa Jönsson, som då satt som ersättare för Agnetha yrkade bifall, men ville ha Årike Fyris Norr inkluderat i planområdet. Detta bifölls inte, men hon gjorde det hon kunde för att bevara detta oersättliga kulturområde[18] för eftervärlden. När vi nu skriver om detta och intervjuar olika, på det ena eller andra sättet involverade personer, så berättar arkitekt Pehr Mikael Sällström, som ritade planen, att när han visade den för en tjänsteman inom stadsplanering, ville denne att socialdemokraterna skulle få överta denna projektbeskrivning och lansera den som sin. Men tjänstemannen tyckte samtidigt att det skulle vara omöjligt, eftersom den tillhörde ett annat parti. Det var beklagligt att han kände så, för vi hade tyckt det hade varit bra och gärna delat med oss av denna väl utarbetade idé. Synd att de inte kontaktade oss om det. Vi hade inga prestigeintressen, endast vår fråga om att rädda kulturområdet.

I den statliga offentliga utredningen Nationalstadsparker SOU1996:38[235] av statsrådet Bengt Göransson och experter sägs i slutbetänkandet: »Jag har valt ut två områden som jag finner särskilt väl spegla vad det här är fråga om nämligen att för framtiden skydda natur- och kulturmiljöer som utgör unika historiska landskap. De två områdena representerar helt olika kedjor av processer och skeden i Sveriges kolonisationshistoria. Det ena området, Uppsala-Fyrisån, speglar stadens, landskapets och landets historia med tydliga spår från olika skeden under en mycket lång utvecklingsprocess«. ... »Utredningen är helt enig om att de två områdena Uppsalaåsen-Fyrisån i Uppsala och Älvrummet i Trollhättan har sådan betydelse för landets kulturarv att de bör ges ett samlat och långsiktigt skydd grundat på riksdagens ställningstagande. ...Jag föreslår att Uppsala-Fyrisån i Uppsala och Älvrummet i Trollhättan skyddas som nationalstads-parker.«

Utredningen ledde till ett författningsförslag för att ge området detta starka skydd enligt lagen 1987:12 om hushållning med naturresurser m.m.

Regeringen hade genom Miljödepartementet beslutat att Uppsala skulle redovisa möjligheterna att avsätta ett område från Gamla Uppsala till Ekoln kring Fyrisån som Nationalstadspark, enligt Nationalstadsparkutredningens förslag. Samtidigt poängterades i regeringsbeslutet att *»Bestämmelserna om nationalstadsparker ger ett mycket starkt skydd. Sålunda får ny bebyggelse och nya anläggningar komma till stånd och andra åtgärder vidtas endast om det kan ske utan intrång i parklandskap eller naturmiljö och utan att det historiska landskapets natur- och kulturvärden skadas.«*

Vid KF-beslutet hösten 1997 fastslogs angående förslaget till Nationalstadspark att inrättandet av en sådan bör *anstå* tills klarhet nåtts om vad bestämmelserna i Naturresurslagen konkret skulle innebära. I stället togs det gamla namnet Uppsala Rikspark tillbaka[112]. Det reviderade programförslaget skulle läggas till grund för den fördjupade översiktsplanen för staden. Trots en motion från Mp[112] om att starta ett konkret genomförande av Uppsala Rikspark i enlighet med det utarbetade programmet för denna och vårt föreslagna Årike Fyris Norr, hände ingenting mer i detta ärende, som vi känner till. Det är något för nya krafter att ta tag i, även om en del av tanken bakom Årike Fyris Norr redan saboterats av motorvägen. Mycket finns dock kvar som borde få ett starkt lagskydd. Uppsala Rikspark har diskuterats sedan 1910, då den kände botanisten Rutger Sernander i en artikel i UNT föreslog ett sådant område för att bl.a. bättre skydda fornminnesområdet i Gamla Uppsala[112]. Han rasade mot den meningslösa förfulningen som skogsplanterarfanatikerna utsatt den vackra åsen för och han varnade för de grustag som öppnats på flera sidor av åsen och nu hotade att stympa hela den vackra siluetten.

Sernander hade en vision och hans temperamentsfulla artikel utmynnar i den. Han ville att Tunåsen skulle garanteras skydd mot gruskrämare och snikna stensprängare och krävde: *»att alla dessa olyckliga ungträd rothuggas, så att heden får tillfälle att åter leva upp.«*

För att inga klåfingriga ekonomer och teknokrater skulle kunna göra mer åverkan på denna natur- och kulturhistoriska klenod ville han att kungshögarna, gravfälten, den medeltida kyrkan, Tunåsen och helst ytterligare en god del söderut av det som återstår av den mäktiga Uppsalaåsen, skulle avsättas till Gamla Uppsala rikspark![112]

Partiets egen hemsida

Stoppa E4 Väst var som första kommunala uppsalaparti ute på Internet 1996 med en egen hemsida, som ett ansikte utåt och denna blev också länkad till kommunens hemsida. Partisekreteraren, som skötte hemsidan, deltog i diskussionsmöten om kommunens IT-satsning. Partiets representanter i fullmäktige hade mail-adresser på kommunens server Polit.

SE4V:s hemsida fungerade som en kontaktyta mot partimedlemmar och potentiella väljare. På den presenterades vårt partiprogram, vilka vi var och vårt kulturbevarande budskap. Vi kunde under rubriken Kalender meddela tidpunkt för partiets gruppmöten, olika informationsmöten och andra politiska möten. Vi kunde redogöra för dead-lines för aktuella överklaganden och uppmana allmänheten att protestera.

Ett snapshot från hemsidan 12 sept 1997: »11/9 Ett SE4V-lag deltog i Korpens Mallorca-stafett. Start och mål på den 8,3 km långa banan var fotbollsplanen vid Ulleråker. Efter ett krisartat förspel dagarna och minuterna närmast före tävlingen då partiets två anmälda tävlande Ulf Thunberg och Urban Sjelin - den förste med vid grundandet av partiet, den andre medlem av partiets styrelse - tvingades avstå pga sjukdom, lyckades vi hitta ersättare och kunde komma till skott. Åke Sällström ryckte in med en knapp timmes varsel och var inte tillnärmelsevis så lopptränad som Urban, som tidigare i veckan skadade sig vid halvmaran i Stockholm. Lars Egevad har i det närmaste identisk prestanda som Ulf. Lars säger att bara han tänker på hur de andra politikerna i Uppsala planerar att, eller håller på att förstöra fina gamla byggnader och miljöer, så får han andnöd. Andnöd fick han emellertid inte i tävlingen, för Lars och Åke gav järnet och hemförde segern till SE4V i politikerklassen och belönades med guldmedaljer. Tack för den prestationen! Den framåtandan ska prägla vårt fortsatta arbete i valrörelsen.«

På hemsidan kunde man under rubriken Tankar från roten[102] få inblick i vår syn på demokrati- och medbestämmandefrågor. Vi kunde också enkelt föra in de insändare som Upsala Nya Tidning eller andra medier inte ville publicera eller förändrade till oigenkännlighet genom strykningar[103]. Även korrespondens av allmänt intresse presenterades på hemsidan. Här är ett par exempel, där vi svarar på frågor:

- »Hej! Anser ni att vägtrafiken ska bära sina samhällsmässiga/miljömässiga kostnader?« - Svar: »Ja. Vi svenska biltrafikanter är ganska kravfulla. Vad säger egentligen att en bilist ska komma fortare fram än den som tar Upptåget, eller en cyklist. Det handlar inte om olika människor. Vårt slöseri tas av framtida generationers konto. Jan Sällström (sE4vk)« (Jag borde ha tillagt att tacken för cyklandet är att man riskerar dö i förtid av bilarnas luftföroreningar, jfr sid. 96.)

- »Hej! Varför inte kolla upp hur argumentation kring trafiksäkerheten kan användas. En ny dragning läggs i ett huvudsakligen öppet landskap. Vi vet alla hur illa utsatt nuvarande E4 är vintertid när den söderifrån kommer ned på slätten vid Danmark, på väg norrut mot Björklinge/Läby eller norr om Månkarbo/Gryttjom. Hur värderas trafiksäkerheten med en ny dragning! MVH«

- Svar: »Tack för mail!

Du har alldeles rätt. Vi har i kontakten med Vägverket och Kommunikationsdepartementet använt detta argument och inte bara spekulerat, utan med videofilmning utefter den tänkta sträckan dokumenterat den kraftiga dimbildning som sker över de låglänta områden där E4 Väst planeras. (Det är Urban Sjelin som gjort detta, han som nu startat SE4V Kulturpartiet i Tierp). Nämnda instanser har försetts med vår dokumentation. Det är mycket anmärkningsvärt att Vägverket inte uppmärksammat det här problemet och gjort någon meteorologisk undersökning i en så dyrbar utredning som arbetsplanen för E4 Väst, speciellt som trafiksäkerhetsaspekten väger mycket tungt då staten satsar miljarder på nya motorvägar. Det är inte det enda misstag som Vägverket gjort på senare tid. Bästa hälsningar!

Jan Sällström (sE4vk)«;

Och nedan ett par exempel på egna debattinlägg på hemsidan:

'Stockningar'

Glöm inte bort »stockningarna på Vattholmavägen« säger S.A. i en insändare okt 1996. Red.sekr. har bott i Gamla Uppsala sedan 1976 med Vattholmavägen som huvudsaklig tillfartsväg och har under denna tid inte sett några trafikstockningar av betydelse. 'Stockningarna' vid järnvägen försvinner när korsningen blir planskild oberoende av motorvägsbyggnation, men vad ska vi göra åt stockningarna i kön på systemet? Skämt åsido - i det bilsamhälle vi håller på att skapa ska exempelvis boende i Läby för att handla ta bilen, köra motorvägen ner till köpcentrumet utanför Uppsala, irra omkring på ett stort lager, säkert 30 minuter mer än nödvändigt i sökandet efter varorna och sedan köa 15 minuter i kassan (gjorde det häromdagen i B&W:s kassa). Om det uppstår ett trafikstopp under färden av typen ett rött grönljus eller en 'stockning' av typen en bil som kör laglig hastighet, så blir bilisten nästan hysteriskt irriterad av stress och nervositet. Är det inte dags att vi börjar sansa oss och försöker se de rätta proportionerna.....

'Moderaterna: Kommer kulturfraktionen att kunna hävda sig mot betongfraktionen'

Ska partipiskan vina[156] med snärt och knutar över moderaternas ryggar så att alla samfällt i fullmäktige 28/10 röstar på motorvägen »som inte bör komma ifråga«? Enligt vår bedömning är säkert mellan en tredjedel till hälften av de moderata ledamöterna i själ och sinne emot vägen. De tycks ha hamnat på fel plats i livet. Det finns ju en politisk variant, nämligen att även om de tvingas rösta för ett godkännande av arbetsplanen för vägen, om den avslås, även röstar för ett utredande av JÖB.

Fortsatt E4-fråga: Natur - fladdermöss, storspov, vaktel och asp

I den av Vägverket prioriterade E4 Årsta-Väst-Mitt-korridoren fanns ett område med blockig morän bevuxet med långsamväxande gamla aspar. Dessutom fanns en jätteasp som med säkerhet hyste många insekter knutna till aspträd. Eftersom man i argumentationen mot östliga förslag hade framhållit att de utgjorde ett hot mot den sällsynta aspglansbaggen, var det med största förvåning vi upptäckte att den stora jätteaspen hade fällts en tid innan det slutgiltiga beslutet om E4 togs och att något resonemang om den kilometerlånga aspskogen i västliga korridoren inte förekom över huvud taget i diskussionen. Det tycktes uppenbart att när det passade Vägverkets planer så framhölls märkvärdiga områden och sällsyntheter, men om sådana i verkligheten störde verkets intentioner, så glömdes de eller gömdes de bort.

E4 Årsta-Väst-Mitt-alternativet över Vendelsjön till Örbyhus hade regionala fördelar, men hävdades ur naturvårdssynpunkt inte vara bra, eftersom det ansågs hota en fladdermuslokal nära Örbyhus slott. Fladdermössen användes som argument länge under vägdiskussionen. Redan vid ett inledande möte om E4 i Vendels bygdegård i september 1994, där Vägverket var representerat av vägdirektör Jan-Erik Sidklev, lade han och fullmäktigeledamoten, folkpartisten Sten Jonsson viskande tillsammans upp planerna om fladdermössen i skogen vid Örbyhus slott, som argument mot alternativa *Mitt-förslag* som Länsstyrelsen haft som ett av sina villkor. Sten Jonsson (fp) var då Naturskyddsföreningens ordförande i Uppsala.

Agnetha: jag tänkte och sa vid det tillfället att jag skall äta upp min hatt, om deras tisslande och kuckelurande inte handlade om fladdermössen. Senare, när vägdirektör Sidklev hade avgått från E4-projektet frågade jag honom om det jag trodde stämde. Han skrattade och sade *»javisst«* - *»så jag behöver inte äta upp hatten,«* genmälde jag. - Sidklev sa också att om vägen läggs i västlig korridor (där den till sist hamnade) kan man bygga en ny motorväg längre österut om några årtionden, så vi får väl se.

Fladdermusargumentet kunde Vägverket utnyttja för sina syften i spelet om E4-lokaliseringen, men det var ju absolut inte något hinder för en rent östlig dragning. Dessutom hade med östlig dragning fågelarterna vaktel, kornknarr, storspov, och trana samtidigt med fladdermössen skyddats. Dessa arters förekomst i ÅV-korridoren struntade man i, eftersom deras biotopskydd skulle ha hindrat den vägdragning man ville ha. Man måste jämföra fladdermusproblemet med problemet att ÅV går 6 km i område där dessa hotade fåglar finns enligt artdatabanken. Martin Tjernberg hade redan i juni 1995 i skrivelse till Vägverket informerat från ArtDatabanken om rödlistade fågelarter i den planerade ÅrstaVäst-dragningen och påtalat att alternativet ÅV skulle drabba det unika fågellivet i området.

I Ekologigruppens vägutredningsrapport[159] fem år senare sägs om ÅV: *»Den mest skyddsvärda av de arter som berörs är vaktel. ....Då arten har sitt kanske viktigaste kärnområde i landet i denna del av Uppland, förväntas konsekvenserna för arten bli mycket stora.«* Det borde ha klargjort att E4ÅV var lika omöjlig. Men det har inte Sten Jonsson (fp) och de andra så kallade naturvårdarna berört under hela tiden, oss veterligt.

Arbetsplanen för E4 ÅrstaVäst

Samrådsmöten

Vägverket arbetade systematiskt vidare trots vetskapen om det kraftiga motståndet och den mycket berättigade kritiken av deras vägval. Under de följande åren av mandatperioden tog Vägverket fram en miljökonsekvensbeskivning för nya E4 och en arbetsplan, som remitterades till olika instanser för synpunkter och eventuell omarbetning inför slutgiltigt ställningstagande. Vägverket utlyste enligt reglerna för denna typ av projektering samrådsmöten med uppsalaborna. Man bjöd på kaffe och smörgåsar och ställde frågor för att få höra om vad 'folk i allmänhet' tyckte.

Samrådsansvarig var ingenjör Thomas Hedman från Jälla, som sammanställde de synpunkter som kommit fram från allmänheten, för att - som vi konstaterar - ge sken av att deras val av vägkorridor skulle följa demokratiska principer. Thomas Hedman som stod som ensam samrådsansvarig för vägprojektet var enligt hans egen utsago pappa till ÅrstaVäst-förslaget, som han skisserat, säkerligen för att undvika att få vägen på familjens marker. Vem som är 'pappa' till 'monumentet' Årsta-Väst-förslaget kanske man kan träta om. Förutom Hedman har vi hört att Roland Forsberg hävdar att han valt sträckan för att skapa omväxling för trafikanterna. Kan trafikantupplevelser åberopas för att bryta mot Väglagens restriktioner mot intrång och miljölagarnas skydd för riksintresseområden?

Vid samrådsmötena lyssnade Thomas Hedman kanske därför inte på de negativa synpunkter och problem som framfördes av de bönder som blev berörda av den dragningen. Vid vissa möten fördes inte ens några protokoll.

Denna vägsträckning, ÅV, hade redan långt tidigare av Riksantikvarien avfärdats med *»detta val av vägkorridor bör inte komma på fråga!«* Ändå hade vägverkstjänstemännen bara fortsatt med sitt projekt och med olika finter och manipulationer fått sin vilja igenom så långt att en arbetsplan till sist förelåg. Varför skulle Vägverket då lyssna till vad flera hundra kritiska röster från vanligt folk hade att säga? Det var också den arbetsplanen som sedan förkastades av Kommunfullmäktige, med 50 röster mot 29 vid omröstning, varefter den ändå kom att genomföras, trots att kommunen har grundlagsenlig beslutsrätt.

Bland 'finterna' kan nämnas det tillvägagångssätt som vi beskrivit att dela vägsträckan i två arbetsplaner och sedan fastställa planen för den norra delen innan man har bestämt lokalisering av den södra. Genom detta förfaringssätt framtvingade man ju den lokalisering man ville ha för södra delen, som var problematisk. - bra exempel på vägverkets manipulation[88]. Man skulle i stället för att börja med att utreda de enkla delarna i projektet, först ha löst problemet med den 'svagaste länken', det lagskyddade forminnesområdet i Gamla Uppsala. Nu gjorde man tvärtom och så säger man att det är bara det här problemet som kvarstår, så nu måste man ju acceptera att det löses, även om det innebär skada.

Av överenskommelsen om samordning av E4-projektet och dubbelspårsutbyggnaden framgår att Vägverket lovat ge 200 miljoner till Banverket som bidrag[203] för att det senare ska kunna finansiera genomförandet av ett av kraven för att Länsstyrelsen skulle godkänna förläggningen av motorvägen till Årsta-Väst-läget, nämligen tunneln igenom Gamla Uppsala. (Som gräsrot måste man ju undra hur två generaldirektörer kan vara så inkompetenta att de inte begriper att detta skulle vara omöjligt.) Detta löfte var ett annat smart trick för att få sin vilja igenom.

Vi ifrågasatte förfaringssättet att ett statligt verk för att öka på sin budget får pengar från ett annat statligt verk, eftersom det är regeringen som godkänner de statliga myndigheternas budgetar. Om någon av oss hade varit budgetminister och fått nys om att Vägverket ska bjuda Banverket på 200 miljoner, så hade vi sagt till Vägverket: »*Jaså, ni har för mycket pengar, så ni kan strö omkring er! Vi skär ner er budget med 200 miljoner. Var och en får sköta sitt!*« (För övrigt har Banverket fått sådana omåttliga bidrag på det inkompetent hanterade Hallandsåsprojektet att väljarna har tappat förtroendet för både politiker och involverade företag[4]). Mycket riktigt så visade det sig att Vägverket lovat för mycket. Det kunde inte stå för banverkets kostnader när allt kom till kritan[204].

Markägarmöten

Vägverket kallade de av vägplanen drabbade markägarna till informationsmöten. Inför markägarmötena bistod Agnetha med moraliskt stöd: »Jag är här för att försöka gjuta mod i er markägare. Sidklev har hoppat av. Vägverkets miljöråd är i majoritet emot ÅV. Viktigt med detta markägarmöte: Ställ krav utefter hela sträckan. Prata om modellen (en modell av vägen i landskapet hade ställs ut). Länsstyrelsens krav om nedgrävningen på 2-5 m som inte verkställs (1-1,5 m ner i bästa fall). På modellen syns det att fornminnesbygden från Gamla Uppsala kyrka ligger helt exponerad

Man vill värna intrycket 'Staden på slätten'. Därför får vägen inte grävas ner utefter Årsta 100-150 m från bebyggelsen. Det finns för få underfarter till friluftsmarker. Dammarna för spillvatten saknas på modellen. Brillingerondellen och väg till Östhammarsvägen, alltså Bärbyledens förlängning, kallas »E4:s påfart« (alltså redan bestämt innan arbetsplanen var tagen). Ställ alla krav som går. Det kostar ingenting att överklaga till Länsrätten. Därför ska det hos er alla finnas ett krav som Vägverket inte kan uppfylla. Ge ut vårt telefonnummer. Vi hjälper till utan kostnad. Bistår under förhandlingarna. Prata om ersättningsnivåer, kräv rejäl betalning för er mark. När det gäller ersättningsnivåer, har vi exempel på att ett år och tre månaders skördeskador och bortfall från odlingsmark på 3.100 m², i samband med anläggningsarbete av Berthåga trafikplats vid Bärbyleden, värderades till 62.000 kr. Kommunen betalade Johansson, men Vägverket betalade i sin tur kommunen. Ha detta som argument när ni förhandlar om ersättningsnivån[137].«

»Arbetsplanen ska underkännas av så många att denna vägfråga måste avgöras på högre ort, d.v.s. Regeringen. För Vägverket var kravet att lyckas med arbetsplanen ett måste ur prestigesynpunkt, men tyvärr inte ur ekonomisk synpunkt. Skriv! Påverka politikerna! Ge inte upp! Trots att ni har mycket att göra under våren och sommaren är det nu det behövs insändare och aktivt arbete!«

15 apil 1996: Vägverkets markägaresammanträde (enligt Vägkungörelsens §27 och §44) rörande avsnittet Danmark-Fullerö ägde rum i Ultuna Lantbruksuniversitets aula. På Vägverkets inbjudan till mötet står *»För markägare och övriga berörda«*. Indirekt berörda är fastigheter som får buller över 55dB. Partiet hade, som sagt, informerat berörda markägare, så att de lättare skulle kunna stå på sig. Flygblad i Årsta resulterade i stort deltagarantal också av många 'indirekt' berörda[106:1].

I planen ingick 2 m vall av upplagd jord vid Danmarks kyrka. Rampen vid Kumla går 8 m över marknivån. Kan Riksantikvarieämbetet godkänna så stora vallar? Vid Kumla går E4 under rondellen 5 meter ner. Vid Fålhagens trafikplats skedde grundvattengenombrott. Vid Länna-järnvägens undergång pumpas mycket stora mängder vatten fortlöpande bort. På mötet angavs 2,5 miljarder som beräknad kostnad för E4 och 0,8 för Bärbyled 3.

Kraftiga protester framfördes från årstaborna mot E4Väst och Fålhagsmotet. Agnetha genomdrev att Ewa Jönsson och Gustaf av Ugglas utsågs till justeringspersoner, så att markägarnas och övriga berördas, bl. a. årstabornas, åsikter protokollfördes korrekt. Men sedan togs årstabornas skrivelser med deras synpunkter ändå aldrig med vid den efterföljande offentliga utställelsen av arbetsplanen och dess Mijökonsekvensbskrivning, för att dessa personer ansågs av Vägverket inte vara berörda. På det sättet trollade Vägverket bort ett mycket stort antal, som själva ansåg sig i allra högsta grad berörda. 180 protesterandes skrivelser lämnades bort och blev liggande i en skrivbordslåda hos Stefan Nilsson på stadshuset. De påstås ha sänts tillsammans med sammanfattningen till Vägverket i samband med begäran om fastställelse av arbetsplanen av Sveriges regering. Efter detta markägarsammanträde interpellerade vi i fullmäktige om Fålhagsledens anslutning till ny E4 (96/322)[106:8] och om egendomliga beräkningar av trafikflödena på ny E4 med tillfarter (96/321)[106:5, 7].

Arbetsplanen ställs ut

Arbetsplanen för E4 ÅrstaVäst, delen Uppsala-Läby var utställd 1996 under tiden 19 augusti till 13 september. Den var då tillgänglig för allmänheten på fyra olika platser: Kommunalkontoren i Tierp och Uppsala, Länsstyrelsen i Uppsala och Vägverket i Uppsala. 317 erinringar som berörde vägprojektet kom in till Vägverket under denna utställelse. En granskning och sammanfattning av dessa utfördes av vägprojekterare Owe Ekman. I »*PM över inkomna erinringar i samband med utställelse av arbetsplan för E4 Uppsala-Mehedeby, delen Uppsala Läby,*« hade, som sagt, 180 skrivelser från boende i Årsta som klagat utelämnats, av Vägverket, med motiveringen att *trafikplats* Fålhagsleden hade utgått ur arbetsplanen under utredningsarbetets gång. Men årstabornas skrivelser rörde ju inte bara trafikplatsen, utan i första hand E4ÅV!

I en skrivelse till Vägverket, Region mälardalen 1996-09-03 överklagade Agnetha utställelsen, eftersom årstabornas 180 yttranden utelämnats[107]. I svaret på detta klagomål[107], undertecknat av vägverkschefen Roland Forsberg, förklaras att av formella skäl kunde vi inte överklaga hos Vägverket Region Mälardalen det vi ansåg vara en försummelse vid utställandet. Formellt skulle vi i stället ha överklagat till Vägverket centralt, som var den myndighetsinstans som skulle godkänna den arbetsplan som VV Region Mälardalen sammanställt och i vilken vi ansåg att årstabornas synpunkter borde kommit med i bedömningen av vägens påverkanseffekter. Det är ju helt absurt att Årstaborna inte ansågs berörda när de fick en motorväg inom störningsavstånd, som Länsstyrelsen uttryckt saken i sin bedömning: *»Årsta-alternativet innebär att E4:an kommer att ligga nära befintlig bostadsbebyggelse i stadens östra kant. Området rymmer ett stort antal boende och dessa kommer att bli utsatta för ökat trafikbuller och ökade utsläpp av föroreningar från trafiken. Tung nattrafik kommer att passera nära bostadsbebyggelsen. Årsta-alternativet innebär således att en ny störningskälla skapas«*[14]. Att inte ta med dessa klagomål är bottenlöst - lika bottenlöst som marken vid brofästena för Bärbyledsbron över Fyrisån.

När boende med ett tyst och ostört läge plötsligt skulle drabbas av motorvägen inom nära synhåll och uttryckte sin oro över den bullerförorening som skulle förstöra deras boendemiljö förklarade Vägverket att bullernivån skulle inte komma att överstiga 55 decibelA vid fastigheten, så bullerdämpande åtgärder var inte aktuella. *Gratulerar!* 55 dBA är inte fridfullt precis! Dygnet runt. Och - om bullret översteg 55dBA och bullerskydd i form av vallar eller plank inte skulle gå att sätta upp, för att sådana konstruktioner skulle störa de historiska monumenten och fornminnesområdet, så kunde man inte utlova bullerskydd. *Gratulerar igen!* Man räknade inte med mer än 28 direkt berörda fastigheter d.v.s. markägare som tvingades släppa till mark, dessutom 9 indirekt berörda, med vilket man menade de som fick sådan närhet till vägen att vibrationer och markrörelser vid vägens byggande skulle kunna skada husen. **Någon hänsyn till den långväga spridningen av buller i det öppna slättlandskapet diskuterades över huvud taget inte av Vägverket vid valet av vägkorridor.**

Efter utställelsen följde en »kommunikationstid« från 31 januari till 7 mars 1997 då allmänheten kunde ta del av dessa PM och alla handlingar som rörde arbetsplanen för nya E4:an med rätt att kommentera materialet. Nya synpunkter och kommentarer skulle sedan ha kommit in senast 7 mars 1997 till Vägverket, Väg och Trafiklagstiftning, VLT i Borlänge. Till handlingarna att granska vid »kommunikationen« hade adderats dels Uppsala Fullmäktigbeslut 1996-10-28 att säga nej till arbetsplanen för E4, dels Länsstyrelsens svekfulla godkännande av arbetsplanen 1996-10-30, trots att villkoren ej uppfyllts och kulturminnesvårdens intressen ej beaktats i acceptabel utsträckning. Även länsantikvarie Karl Johan Eklunds reservation mot länsstyrelsebeslutet, i vilken Eklund påtalar att kulturintresset ignorerats.

Proteströrelser, skrivelser och aktioner

»Se hur hela Uppland står i lågor«

Den mest storslagna och monumentala protesten stod hembygdsrörelsen för redan 1995. På söndagen den 2 april tändes ett fyra mil långt pärlband av vårdkasar, stora eldar som flammande varnade för den annalkande fienden och hotande faran för bygden av vägens intrång.

»När kungen i Gamla Uppsala ville ha hjälp tände han en kase. Sedan gjorde hövdingarna i bygderna likadant,« förklarade Christina Aronsson, sekreterare i Gamla Uppsala Hembygdsförening. Hembygdsföreningar och LRF-avdelningar längs hela sträckan arrangerade och hundratals människor från bygderna slöt upp runt eldarna för att manifestera viljan att skydda kulturbygderna i Gamla Uppsala och Vendel[110]. I Gamla Uppsala läste en av 'eldsjälarna' i kampen mot förstörelsen av unika historiska miljöer upp ett brandtal mot E4Väst.

Protester mot vägens placering utefter östra stadsranden kom från alla bostadsområden som skulle komma att utsättas för trafikstörning och kraftig barriäreffekt av motorvägen. Ett av yttrandena från Vaksala Kyrkby hävdar »att man inte bör bygga en E4 intill ett bostadsområde när vägen kan dras genom skogsmark vid Jälla.« Vägverket svarar: »Även om E4 byggs enligt ett östligt alternativ förbi Jälla, kommer bostadsbebyggelsen att beröras i stor utsträckning i Skölsta och Jälla.« Det är ju i Jälla som vägverksfolket har sina bostäder, både familjen Hedman och familjen Pernler, och i Svia nära Skölsta även nämnde centerpartist Sandberg, plus att det uppenbarligen var där som man hade planer på att sälja tomter till ny bebyggelse, men det visste vi inte säkert då.

Från bostadsrättsföreningar i Årsta finns skrivelser med många undertecknande och en protestgrupp, *Aktionsgrupp Stoppa Trafikplats i Södra Årsta* samlade 1000 namnunderskrifter - motståndet var kompakt. Svårigheten att göra en sådan trafikplats där Fålhagsleden går ut, p.g.a. instabila grundförhållanden gjorde sannolikt att trafikplatsen aldrig tillkom. Vi är övertygade om att Vägverket hade kört över de protesterande helt bekymmerslöst om de velat bygga påfart Fålhagen, men de geotekniska förhållandena gjorde det svårt, därför kunde man enkelt strunta i den påfarten och till synes gå de protesterande till mötes. Men det i sin tur gör nya E4:s roll som avlastare för innerstadstrafiken betydligt sämre, ganska oduglig helt enkelt.

Bebyggelsen i östra Årsta planerades av stadsplanerarna och byggdes dock med kännedom om 60-och 70-talets planer på en E4-förbifart. Vissa åtgärder som bullervallar och trädplantering vidtogs därför i samband med utbyggnad av bostadsområdet. Det är inte säkert att köpare av småhustomter och bostäder där fick information om dessa framtidsplaner. I villaområdet Brillinge i stadsranden norr om Vaksala kyrkby samlade en protestgrupp 277 namn mot vägen.

Från en boende i Årsta fick vi ett debattinlägg av litet ovanligare slag. Det lyste upp i det tilltagande höstmörkret:

VÄGVAL

VANLIGA VILLAÄGARE VILL VETA VARFÖR VÅRA VALDA
VILSELEDER VÄLJARNA.
VI VARSEBLEV VARTEFTER, VISSA VALLÖFTEN VAR
VÄLSALTAT VALFLÄSK - VÄRSTA VARIANTEN VANN.

VIDTAR VÄGBYGGET VIKER VACKERT VAJANDE VETE;
VIMLANDE, VRÅLANDE VARDAGSTRANSPORTER
VANSTÄLLER VÅRT VAKSALA.
VISST VÄNTAR VANPRYDANDE VALLAR, VIADUKTER,
VÄGAR VART VI VÄNDER.

VANVÖRDIGT VILL VISSA VERK VANDALISERA VID
VÄLKÄNDA VIKINGAHÖVDINGARS VÅRDAR.

VID VASALLERNAS VÄGVAL VERKAR VAMPYRKUSINERNA
VID VENDELSJÖN VARA VÄRLDENS VIKTIGASTE VARELSER!

VÄGVERKSAMHET VID VITALA VATTENTÄKTER VERKAR
VÄL VÅGHALSIGT.

VÄNTAR VI VIDARE VIDTAR VÄGVANSINNET
VILLKORSLÖST.

VAKNA! VÄSSA VAPNEN, VISA VAD VI VERKLIGEN VILL:

VÄGRA VÄSTRA VÄGEN!

HANS PERBORN, ÅRSTABO

En bjärt kontrast till olika skrivelser från ett flertal berörda i Årsta och Vaksala står uttalandena från *Föreningen Bevara Vaksala* för. Genom sina talespersoner Lennart Sandberg och Ingela Hedman-Karlsson[53] prisas det slutliga valet av motorvägen på slätten framför Vaksala kyrka utefter stadsranden. Företrädarna för denna förening med det uppenbart missvisande och vilseledande namnet bodde avsevärt närmare den alternativa motorvägsdragningen JällaÖst (JÖ). Namnvalet på föreningen skulle kunna försvaras av att det område där vägen enligt JÖ-alternativet skulle passera Uppsala på lämpligt avstånd hörde fram till kommunsammanslagningarna år 1967 till landskommunen Vaksala. Men namnvalet 'Bevara Vaksala' kan också tolkas som ett bluffartat sätt att få det att se ut som om ÅV-motorvägen inte skulle ge den stora störning vid Vaksala Kyrkby och den öppna slätten i stadsranden, som den i verkligheten skulle komma att utöva och som olika sakkunniga kulturvårdare varnade för. *Föreningen Bevara Vaksala* arbetade således uppenbart för att rädda medlemmarnas marker från vägen vid Jälla. Den var definitivt inte ute efter att skydda Vaksala för störning, eftersom gruppen förordade den västliga vägkorridor som gick på den öppna slätten i blickfånget från Vaksala kyrka. Gruppen for helt enkelt med falsk flagg. Föreningar och personer som verkligen värnade kulturområdena och fornminnesvården framförde mycket tunga och relevanta argument mot arbetsplanen och vägens inverkan på den sammanhållna historiska miljön.

Vaksala kommundelsnämnd fick ta emot ett mycket stort antal protestskrivelser och kunde inte godkänna arbetsplanen för E4 ÅV, eftersom det i kommundelen fanns ett överväldigande motstånd mot vägens lokalisering till stadsgränsen.

Namnlistor

Gamla Uppsala Hembygdsförening: »Vi protesterar mot dragningen av ny E4 enligt västliga alternativ (Årsta-Väst m.fl) som påtagligt skadar fornminnesområdet och jordbruksmarkerna i Vaksala, Gamla Uppsala och Vendel, förstör strövmarker, friluftsområden och värdefulla naturmiljöer samt hotar Uppsalas och Tierps dricksvattentäkter!« C:a 800 namn samlade.

En annan grupp i Gamla Uppsala villaområde med Lars Jacobsson, personbilsprognosticerare vid Bilindustriföreningen och Lars Roos, som var störda av frekventa trafiken på Österleden och Vattholmavägen genom villaområdet, startade en namninsamling för att försöka påskynda bygget av en ny E4 förbi Gamla Uppsala för att minska trafikbelastningen genom Gamla Uppsala och på Vattholmavägen: »Bygg ny E4 nu! Återskapa en god boendemiljö i Gamla Uppsala villasamhälle. ....Genomfartstrafiken måste således ut ur villasamhället. Bygg därför den nya E4:an snarast.« De skickade sin opinionsyttring till Uppsala kommun september 1997 och olika myndigheter inklusive Kommunikationsdepartementet och Vägverket 1998. Många av dem, som skrev på insamlingen i tron att den handlade om en namninsamling genom partiet SE4V, kände sig vilseledda och lurade, när de upptäckte att gruppen i själva verket ville ha en snabb utbyggnad av E4-ÅrstaVäst. Roos' och Jacobssons namninsamling omfattade 140 namn, vilket skall jämföras med SE4V:s 600 partimedlemmar och över 3.000 väljare. Roos' handlande föranledde Gun Mases, som bl.a. arbetade ideellt med Gamla Uppsala Hembygdsförening som museivakt, att skriva ett brev[108] där hon avsade sig sina uppdrag i Föreningen, med motivering att andra medlemmar som var viktiga personer i Hembygdsföreningen inte följde föreningens syften i sina handlande.

ABC-nytt intervjuade Roos, och hans vinklade budskap gick ut i etern fullt med felaktigheter[108], medan motsvarande intervju med Agnetha inte sändes. Denna partiskhet anmälde vi till Granskningsnämnden för radio och TV. Då vi rekvirerade avspelning av sändningen från ABC-nytt för en dyr penning, så saknades Agnethas intervju. Vi försökte få bemöta felaktigheterna, men nonchalerades fullständigt.

Östligt alternativ JÖB från Aktion Rädda Vendel

En samling motståndare till E4ÅV i Vendelbygden hade 1995 bildat en grupp som kallade sig *Aktion Rädda Vendel*, förkortat ARV[1] som var aktiv i 10 år. Den arbetade mycket målmedvetet, sakligt och professionellt med att försöka stoppa det västliga E4-alternativet som påtagligt negativt skulle påverka kultur- såväl som friluftsområden i Vendel. »*Det började som ett särintresse men utvecklades till en demokratifråga,«* förklarade Anton Andersson om ARV - I vårt fall började SE4V som en demokratifråga.

Med hjälp av sakkunnig expertis hade ARV 1996 tagit fram en ambitiös plan för ett trafikalternativ benämnt Jälla-Öst-Bruksvägen (JÖB)[109] som undvek alla skyddsområden i Uppsala, Fullerö, Vendel. Den undvek också att gå över högstklassad jordbruksmark och krävde inte heller omfattande pålning för att kunna få bärighet. Dessutom behövde den färre transporter av grus och bergkross från olika täkter, eftersom den gick över skogsmark med blockig morän och berg i dagen, som på platsen lättare kunde förse vägen med fast mark och fyllnadsmaterial. ARV kontaktade professor Ingemar Ahlstrand, trafikexpert på Kungliga Tekniska Högskolan i Stockholm (KTH). Under hans handledning granskade teknolog Johan Johansson de alternativa dragningarna och gjorde kalkyler på ett välfungerande östligt alternativ, som på saklig grund beräknades kosta åtminstone 1,5 miljarder mindre att bygga än den dragning Vägverket ville prioritera. Nytto-nuvärdeskvoten var beräknad till 0,13 för ÅV men för JÖB 0,60. Dessa siffror säger oss att en satsad krona på ÅV bygget ger 1 krona och 13 öre i tillbaka, medan 1 satsad krona på JÖB ger 1:60 tillbaka, alltså avsevärt bättre än ÅV. Den ovan nämnda KomKom-utredningen[89] har angett att nytto-nuvärdeskvoten måste vara över 0,4 för att en väg ska vara värd att investera i för samhället. Anledningen till den lägre kostnaden var att JÖB planerades som motorväg förbi Uppsala men som motortrafikled i Norduppland, plus att man skulle slippa milslånga sträckor över marker med dålig bärighet, vilka måste genomgå dyra förstärkningsåtgärder. Vägplaneringsexperten, Johan Johansson vid KTH, som granskade JÖB-förslaget fann alltså att ARV:s förslag ur trafikekonomisk synpunkt var klart bättre än E4ÅV. JÖB går öster om Vendelsjön och passerar norr om sjön i stället för mitt över sjön. ARV hade i augusti 1996 träffat vägdirektör Roland Forsberg som uttalat att det inte fanns några tekniska svårigheter att gå norr om sjön. Johan Johansson konstaterar: »Slutsatsen blir att JÖB är det alternativ som har högst samhällsekonomisk lönsamhet. Detta PM visar på behovet av att vidare utreda alternativet JÖB. *Till dess att så är gjort bör alternativet ÅV läggas på hyllan.*« (På kartorna sid. 51, 54 och 172 finns JÖB inlagd. Dess södra del har samma sträckning som JÖ.)

Vändpunkt

Seger för SE4V i KF 28 /10 1996

Två år efter det vi kom in i Uppsala kommunfullmäktige och började jobba politiskt mot E4 ÅrstaVäst inifrån maktens boning, presenterade Vägverket sin arbetsplan för vägen. Kommunen skulle nu ta ställning till att godkänna eller förkasta planen. Agnetha pläderade för att avstyrka arbetsplanen enligt partiets tidigare presenterade argument och vi hade också lämnat in en motion i detta ärende och en om Bärbyled etapp 3[92,93,99,100].

Kommunstyrelsen, som förberett ärendet inför fullmäktigemötet, föreslog fullmäktige besluta att avslå arbetsplanen, på grund av att många nämnder hade funnit allvarliga brister i den. Exempelvis så var löftena i överenskommelsen med Länsstyrelsen inte uppfyllda. Vid fullmäktigemötet beslöts därför att säga nej till arbetsplanen med stor majoritet, 50 röster mot 29. (Alla s, v, mp och se4v, samt två centerpartister, Rigmor Ahlstedt och Gösta Stenmark, hade röstat för avslag; två ledamöter (c) hade avstått att rösta. Alla m-, fp- och kd-ledamöter röstade för planen trots dess brister.)

Därefter beslöt fullmäktige utan votering att en ny E4 förbi Uppsala skulle ha motorvägsstandard - även denna gång med stor majoritet, bara V och Mp var emot detta.

Under debatten hade olika yrkanden framförts att, om vägplanen underkändes, skulle fullmäktige göra ett uttalande att i det fortsatta arbetet med E4 utreda någon annan alternativ vägdragning. Vänsterpartiet yrkade att Tycho Hedéns väg skulle förbättras och fungera som genomfart d.v.s ett rustat 0-alternativ, Centern yrkade på utredning av ett modifierat ÅrstaVäst/ Öst-förslag som centern hade skisserat och Socialdemokraterna tillsammans med SE4V yrkade på utredning av JÖB. Nästa fråga för fullmäktige blev således att först ta ställning till om kommunen skulle göra ett uttalande, om alternativ motorvägskorridor, vilket församlingen sa ja till. De tre förslagen ställdes nu mot varandra enligt en propositionsordning som godkändes av ledamöterna innan den slutliga voteringen ägde rum. Vid denna stod ett uttalande om en lösning enligt JÖB mot ett uttalande om upprustad Tycho Hedéns väg som V yrkat. Moderaterna och folkpartisterna röstade då på Vänsterpartiets förslag, som också stöddes av Miljöpartiet. Således vann det modifierade 0-alternativet med knapp majoritet, 41 röster mot 36 för

JÖB. Tre centerpartister och en Kd-ledamot lade ner sina röster. I Centerpartiet rådde inte partipiskan, så Rigmor Ahlstedt (c) och Gösta Stenmark (c) kunde rösta på JÖB.

Följaktligen blev kommunfullmäktiges slutliga ställningstagande:

Att avstyrka föreliggande förslag till arbetsplan för ny E4 Uppsala-Läby
Att uttala att Uppsala behöver en förbifart med motorvägsstandard
Att begära hos Vägverket att arbetsplan för ombyggnad av Tycho Hedéns väg tas fram, samt att åtgärder föreslås för att höja trafiksäkerheten i Björklinge, Lövstalöt och Läby.

Vår motion om nej till Bärbyled etapp 3 som också behandlades i KF denna dag besvarades därmed också, eftersom den inte behövdes då Bärbyled 2 länkades till Tycho Hedéns väg.

Omröstningen resulterade i vad man senare kom att kalla ett nonsensbeslut, p.g.a. att **borgarna obstruerade** genom att, i stället för att lägga ner sina röster, taktikrösta på vänsterns och miljöpartiets förslag, **som de inte stod för eller ville ha**. De var helt enkelt inte seriösa, vilket de senare medgav och i viss mån skämdes för. Det är ur väljarnas synpunkt groteskt att man kan sitta med goda ersättningar i en folkvald församling och vara helt oseriös. Med folkpartisten Harald Nordlunds ordval[87] skulle man kunna säga att det var mycket »osmakligt« gjort. - *Sumpgas trängde upp ur den bottenkänningen.*

Då kommunalrådet Gunnar Hedberg (m) kritiserar oss för vårt valtekniska samarbete med Vänsterpartiet, borde han komma ihåg att V alltså inte var sämre än att moderaternas ledamöter kunde rösta på deras trafiklösning för E4, när det väl begav sig och passade av taktiska skäl. Det var vad som skedde vid omröstningen i fullmäktige 1996-10-28, då M och Fp röstade för V- och Mp-förslaget som innebar 0-alternativet och nedgrävd Tycho Hedéns väg, hellre än att föreslå JÖB, trots att det endast gällde ett uttalande.

Nedgrävd Tycho Hedéns väg var kanske egentligen den bästa lösningen, om man ville att den nya vägen skulle avlasta innerstadens trafik, som den skulle ha gjort mycket bättre än vad dagens E4 gör. Den nu byggda E4ÅV har alldeles för få av/påfarter för att kunna effektivt avlasta innerstadstrafiken och saknar därtill den sista biten i kringleden, d.v.s. sydvästlänken.

Det är ju en överoptimistisk tanke att en stad med mer än 200.000 invånare för att lösa stadens lokala inre trafik kan använda en motorväg med bara tre ingångar, en sydlig och en nordlig och en lokaliserad till riksvägsanslutningen av Almungevägen, nära den sydliga påfarten. Med V- och Mp-förslaget hade vi haft en likadan trafikled som Västerås har och som exempelvis trafikdebattören Hammarberg med sin trafik-hemsida prisade i kampen för en ny motorväg, då han nästan hotfullt kritiserade oss för att försöka hindra besluten.

Anledningen till moderata ledamöternas egendomliga röstande var att de hade att välja mellan 'pest och kolera' - de hade inget annat val tyckte de. Om de lagt ner sina röster hade förslaget att begära en östlig E4-motorväg segrat och det ville de inte, trots att de under mandatperioden 1991-94 lovat väljarna att de skulle få en E4 i östligt läge. Snacka om ombytlig politik och svek mot väljarna, vilket säkert bidrog till deras tillbakagång i valet 1994. I själva verket hade de ju då ett gyllene tillfälle att komma tillbaka till sitt tidigare vallöfte, genom att antingen rösta för en utredning av JÖB eller lägga ner sina röster.

Två dagar efter det Uppsala kommunfullmäktige avslagit arbetsplanen godkände Länsstyrelsen planen[114]. Då fullbordades alltså landshövdingens svek trots att kommunen gjort ett klart avståndstagande! Landshövdingen ignorerade inte bara lagar om skydd för riksintresseområden, utan också grundlagsenliga Regeringsordningen 1974 om det kommunala självbestämmandet, samt dessutom de uppsatta villkoren som Vägverket utlovat! *Landshövdingen kunde vi i segelfärden likna vid en trasig kompass.*

Nonsensbeslut i Fullmäktige

Partiets motion om ett kommunalt nej till motorvägen i västligt alternativ den 28 oktober 1996 antogs ju med övertygande majoritet: 50 röster mot 29. Detta borde enligt demokratins regler och det grundlagsenliga kommunala självbestämmandet ha varit det som Vägverket skulle rättat sig efter! Det skulle ha resulterat i ett **stopp** för fortsatt planering av västligt E4-alternativ. Så blev dock inte fallet - Nej, planeringen fortsatte som om ingenting hade hänt. I stället körde Länsstyrelsen alltså över kommunen och framtvingade det västliga alternativet, med en underförstådd motivering att Uppsala kommuns politiker inte förmådde lösa frågan. Utnötningsförfarandet hade vunnit, inte förnuftet. Trots att partiets förda politik initialt varit mycket framgångsrik, så var läget därigenom fortfarande osäkert.

Vi hade inte då heller ännu lärt känna det politiskt mycket användbara begreppet 'nonsens-beslut'. Finns det i Svenska Akademins ordlista, så måste det definieras som »*ett beslut taget av en folkvald politisk församling som går emot de egentliga makthavarnas önskan eller löser ett problem på ett för makthavarna icke önskvärt sätt*«. Vi ska senare i denna skrift få klart för oss vilka det i verkligheten är som styr. I Fullmäktige lät ordföranden Annika Lindh (s) nämligen en tid senare (under nästa mandatperiod) meddela att beslutet att inte godkänna valet av västlig E4-korridor och arbetsplanen för E4 Väst var ett »nonsensbeslut«, vilket visar att demokratin inte betyder ett dugg. Hur många nonsensbeslut tas inte dagligen av våra politiker på alla nivåer kan man fråga sig, om man så lättvindigt sopar bort ett fullmäktigebeslut som tagits med överväldigade majoritet?? Vi insåg nog redan då att mycket i Fullmäktige var ett stort nonsens, men man kan ju inte ge sig så lätt när man har mycket fast mark under fötterna, oändligt mycket fastare mark än den som Vägverket tänkte bygga nya E4:an på.

»*Det har jag förstått / att politik är en sak /och trofasthet en annan*«

säger Elsie Johansson i dikten Åsen[115].

Men så mycket hade inte vi förstått.

Medias bevakning av E4-frågan

Vi hade ibland svårt att få in våra inlägg och kommentarer i den lokala dagstidningen liberala Upsala Nya Tidning, UNT, bortsett från den allra första artikeln 1994, som blev upptakten till partiet. Det verkade som om UNT hade tagit ställning i frågan och inte så gärna objektivt ville spegla andra ställningstaganden. Vi tog tidigt, under den här i boken beskrivna politiska processen, kontakt med redaktör Kersti Kollberg vid UNT och förklarade skillnaderna mellan hur de olika alternativen påverkar fornminnesområdet och att Årsta Väst-alternativet faktiskt går in i det gränslinjebestämda området. Under 1995 och 1996 vid många viktiga beslut i KF hade Vägverket på lördagen före mötet haft artiklar på debattsidan. Ett exempel är en debattartikel i UNT skriven av Vägverksdirektören Roland Forsberg publicerad lördagen 26 oktober 1996, före KF:s sammanträde för att ta ställning till arbetsplanen för E4 Årsta Väst. Hela hans artikel går ut på att avfärda östliga dragningar som omöjliga, speciellt JÖB[118]. Hur det påverkade fullmäktigeledamöterna vet vi naturligtvis inte exakt, men sannolikt sådde det tvivel hos dem som inte var så väl insatta i frågan och JÖB förslaget röstades tyvärr bort. Vi upplevde oss ofta som ordentligt förbisedda, även om vi fick in en sådan klargörande debattartikel som »E4 väst en omöjlig vägdragning« i juni 1995[92]. Men tveklöst var E4 ett hett debattämne särskilt under 1995 med väldigt många inlägg och reportage i UNT från flera olika skribenter i Vendel, Tierp och Uppsala.

Uppsalas ekonomi en stötesten

Agnetha: Jag har vid upprepade tillfällen påtalat att jag som passiv åhörare skulle vilja ta del av KS-möten, när vägen diskuteras, för att mer komma in i det politiska styrningsarbetet och därigenom få en inblick i det förberedande arbetet inför fullmäktige. En gång interpellerade jag om det, men fick avslag. Politikerna tyckte olika och de var inte eniga i partigrupperna heller. I protokollen från KS står ofta att närvarande utan beslutsrätt var ett antal ytterligare politiker från olika partier - Hur kom det sig? Är de ersättare utan rösträtt när ordinarie är där - troligtvis är det förklaringen. Med tanke på Uppsalas växande skuldbörda och svårigheter att hålla fastställd budget hade det också varit intressant för mig som politiker i fullmäktige att få en inblick i problemen även om jag inte hade någon beslutande roll.

Mot slutet av mandatperioden tillsattes en arbetsgrupp ERS99 för översynen av politikernas ekonomiska ersättningar inför nästa mandatperiod. Arbetsgruppen skulle bestå av en ledamot från varje parti, från SE4V Agnetha Sällström. Eftersom jag satt som representant för ett enfrågeparti, ansåg jag mig emellertid inte berättigad att delta i den arbetsgrupp som bearbetade frågeställningen om ersättningsnivåer eller delta i det slutliga beslutet[104]. Detta betyder absolut inte att jag motsade mig att relevanta ersättningar måste utgå för tidsödande politiskt arbete. Jag måste ha upplevts som den verkligt motsträviga 'kärringen mot strömmen' - när jag äntligen blev erbjuden att vara med i en KS-grupp så tackade jag nej. Orsaken var ju att jag som representant för ett enfrågeparti inte borde delta i frågans avgörande. Den gick ju absolut inte att koppla till E4-frågan.

HUR VAR LÄGET NU NÄR MANDATPERIODEN GICK MOT SITT SLUT?

1. Vägverket hade godkänt arbetsplanen för delen Läby-Mehedeby. Den 22 augusti 1997 fastställde Vägverket arbetsplanen för väg E4 Uppsala- Mehedeby delen Läby-Mehedeby N1999 201 IRT m.fl.[127]

2. Vägverket hade tagit fram en arbetsplan för delen Uppsala-Läby.

3. Arbetsplanen hade förkastats av Uppsala kommunfullmäktige med stor majoritet liksom av ett flertal politiska nämnder.

4. Arbetsplanen hade godkänts av Länsstyrelsens politiker

5. Vägverket hade förklarat ARV:s vägförslag JällaÖst Bruksvägen för omöjligt.

6. Kommunens politiker hade inte kunnat enas om alternativ till ÅV

7. Socialdemokraterna lovade åter inför valet att ompröva ÅV.

Det viktigaste resultatet för oss under vår första mandatperiod (1994-98) var att det blev beslut om ett kommunalt NEJ till E4 enligt västligt alternativ. Det låg i socialdemokraternas intresse att leva upp till det de lovat i valet och Lindell agerade, men i stark motvind. Kommunstyrelsen har i skrivelse (Dnr 689/97; 703/97; 724/97) daterad 1998-01-07 till Länsstyrelsen angående Infrastrukturplaneringen 1998-2007 uttalat följande[98]: »Det är dags att tunnelkostnaden slutgiltigt klaras ut mellan Vägverket och Banverket« (angående dubbelspåret i Gamla Uppsala.) - »Kommunen ser det som angeläget att det inte görs några kopplingar mellan förslaget till motorväg och satsningarna på dubbelspårsutbyggnaden av Ostkustbanan Uppsala-Samnan.« ....»Kommunstyrelsen konstaterar att Vägverkets förslag till en ny E4 genom kommunen inte överensstämmer med intentionerna i Uppsala kommunfullmäktige. Uppsala kommun har avvisat Vägverkets förslag till arbetsplan, se kommunfullmäktiges beslut den 28/8 1995 och 28/10 1996.« Lars-Olof Lindell (ordf.). Reservationer från m, fp och c.

Nytt val med tillägget Kulturpartiet

Man kan tycka att vi då uppenbart hade lyckats med vad vi föresatt oss: att stoppa det västliga alternativet av motorväg förbi Uppsala. Och vi hoppades det, men det var innan vi lärt oss till fullo hur man arbetar inom politiken. Under alla omständigheter kände vi att vi måste fortsätta vårt politiska arbete för att säkerställa att fullmäktigebeslutet om nej till ett västligt vägalternativ respekterades och att vi behövde bevaka beslutsgången vid valet av nytt vägalternativ. Det var rätt tänkt, för trots det grundlagsenliga kommunala självbestämmandet enligt Regeringsordningen 1974, så fanns inget intresse att leva upp till lagens krav. Det stod klart att vi måste fortsätta på den inslagna politiska vägen för att tvinga fram en lösning som skyddade riksintressena. Vi måste fortsätta vårt trägna, målmedvetna arbete att föra kulturmiljöns talan och hävda JÖB som det enda realistiska alternativet till E4-dragning genom Uppland samt driva våra övriga politiska frågor.

Inför nästa mandatperiod 1998-2002 ville vi bredda vårt politiska program och övergick från att vara ett enfrågeparti till att engagera oss i alla politiska frågor, framför allt rörande kultur. Vi tog då namnet StoppaE4Väst Kulturpartiet (sE4vk) och hade samtliga frågor på programmet.

Vi var mitt uppe i det påfrestande valarbetet inför nästa val, då en forskarkollega till Jan ringer: »Du som har känningar inom musikvärlden, tror du att du skulle kunna ordna så att en skicklig konsertpianist från USA kan få framträda i Uppsala eller Stockholm om ett par veckor? Jag har bjudit in hennes man, som är forskare från Los Angeles, att hålla föredrag här vid Uppsala Universitet om ett forskningsprojekt på blod-hjärn-barriärens roll vid Alzheimers sjukdom. Han vill ta med sin fru, som är framstående konsertpianist och undrar om det skulle kunna ordnas så att hon får framträda offentligt under deras besök i Sverige.«

- »Jag är upp över öronen upptagen med många göromål, men jag ska se vad jag kan göra åt ditt önskemål,« (suck!..*50 planerade torgmöten från 7 aug till 19 september och vi måste bemanna den mobila valstugan, som står uppställd på olika platser under sju veckors valarbete.)*

Att försöka få någon av de kända arrangörerna av klassisk musik att ordna något program med så kort varsel var ju helt uteslutet….Men naturligtvis, Kulturnatten i Uppsala stod för dörren och tänk om vi kunde få henne att spela då. - Hon var vid denna tidpunkt rankad som en av världens 100 bästa kvinnliga pianister. Partiet som ju nu hade tillägget Kulturpartiet i namnet kunde stå som arrangör och låta henne framträda på Kulturnatten. Men hur skulle det finansieras? - Allt löser sig bara man har välvilliga supportrar och inte gör av med stora pengar på att ha personporträtt av våra politiker i tidningsreklam. Vi annonserade hennes pianokonsert i Alfvénsalen på Kulturnatten med titeln: *»Med största känsla för tonens säkerhet: Zora Mihailovich - en pianots mästare«*.

Hon gjorde succé: *»I Alfvénsalen visade hon upp sitt formidabla kunnande. Den musik som gjorde störst intryck var de klassiska verken Konsertetyd av Liszt och Polonaise av Chopin, där växlingar mellan briljans i teknik och rytmbehandling samt intensitetsvariationer gjorde lyssnaren andlös. Extranummer i form av mera Chopin samt Mozart 'på turkiskt humör' förtjuste publiken än mer«,* skrev recensenten Anders Bragsjö i UNT.

Två av partiföreträdarnas inlägg i valdebatten:

"Förnyelse i kommunpolitiken"[51]

Enfrågepartiet Stoppa E4 Väst ställer nu upp i valet som ett flerfrågeparti med tilläggsnamnet Kulturpartiet. Behövs det ytterligare ett parti i fullmäktige? Kommer inte det bara att splittra?

Under flera år har man kunnat notera ett avtagande intresse bland medborgarna att engagera sig i politiken och offra dyrbar tid för att bli delaktiga i demokratins beslutsprocesser. Orsakerna är mångfaldiga. Ett skäl är bristen på tid, ett annat minskat förtroende för politiken, ytterligare ett är brist på ideologiskt engagemang och idealitet i konsumtionssamhället. Hur ska man kunna uppväcka ideologisk entusiasm när stora ideologier visat sig förvanskas av maktpolitiska egenintressen?

Bakom Stoppa E4 Väst Kulturpartiet finns stort intresse och starka personliga engagemang som drivkraft att delta i den politiska beslutsprocessen.

VAL TILL KOMMUNFULLMÄKTIGE

Stoppa E4 Väst

KULTURPARTIET

Du får bara markera en av **dessa** kandidater.

☐ 1 Agnetha Sällström, Valhalls väg 12
☐ 2 Gunnel Jansson, Swedenborgsgatan 36A
☐ 3 Gun Mases, Hemringe Gamla Uppsala
☐ 4 Birgit Andersson, Kättsta Storvreta
☐ 5 Anders Kemi, Dagermansgatan 6
☐ 6 Gustaf af Ugglas, Fyrisvall Ärentuna
☐ 7 Rolf Berglund, Rabarbergatan 23
☐ 8 Eira Casenberg, Henry Sãldes väg 8
☐ 9 Fredrik Eriksson, Flotä Vattholma
☐ 10 Pernilla Andersson, Hurtigs gata 31
☐ 11 Anita Andersson, Forssa Tensta
☐ 12 Jarl Lundin, Stora Skärna Gamla Uppsala
☐ 13 Cathelene Svärdh, Hurtigs gata 59
☐ 14 Fredrik Gustafsson, Marielundsgatan 3C
☐ 15 Bengt Pettersson, Kavelbro Björklinge
☐ 16 Jan Sällström, Valhallsväg 12
☐ 17 Inger Brantestrõm, Fasma gård, Björklinge
☐ 18 Mansour Alemi, Hurtigs gata 27
☐ 19 Ludvig af Ugglas, Östra Ågatan 15 B
☐ 20 Christina Aronsson, Solbacken Gamla Uppsala
☐ 21 Yvonne Edling, Ärentuna Kättsta
☐ 22 Alvar Carlsson, Petterslundsgatan 19
☐ 23 Pia Wennerholm, Mogropen Viksta
☐ 24 Sven-Åke Jansson, Bredåker Gamla Uppsala
☐ 25 Ing-Britt Henriksen, Vaksala Kyrkväg 31
☐ 26 Roine Jansson, Hurtigs gata 61
☐ 27 Louise Treiberg-Berndtsson, Rosendal Vaksala
☐ 28 Kjell Wennerholm, Fantebo Viksta
☐ 29 Anders Alm, Travenberg Tensta
☐ 30 Stefan Persson, Norr-Vallby Viksta
☐ 31 Louise Guézennec, Svanbergsgatan 5
☐ 32 Erik Casenberg, Henry Slädes väg 8
☐ 33 Stefan Lindström, Gröndal Björklinge
☐ 34 Ove Wennerholm, Mogropen Viksta
☐ 35 Jan Strand, Gryta Vattholma
☐ 36 Mats Lindgren, Pepparrotsgatan 19
☐ 37 Mats Malmquist, Hurtigs gata 63
☐ 38 Dick Lindström, Gröndal Björklinge
☐ 39 Wyn Brown, Östa Storvreta
☐ 40 Björn Wilhelmsson, Brunna Vattholma
☐ 41 Hans Carlsson, Hemringe Gamla Uppsala
☐ 42 Bo Lindström, Liss-Sandbo Skyttorp
☐ 43 Louise Wennerholm, Fantebo Viksta
☐ 44 Aksel Reppling, Valhalls väg 12
☐ 45 Jörg Fitz, Björkhult Björklinge
☐ 46 Åke Eriksson, Vitkålsgatan 89 C
☐ 47 Jan Andersson, Forssa Tensta
☐ 48 Inga-Lill Örth, Östa Storvreta
☐ 49 Bertil Pettersson, Tomtebo Björklinge
☐ 50 David Morin, Lundkvarn Björklinge
☐ 51 Ellinor Malmquist, Hurtigs gata 63
☐ 52 Niklas Fjärstedt, Svartgrind Viksta
☐ 53 Ingrid Wennerholm, Sjöhagsvägen 12
☐ 54 Torsten Andersson, Forssa Tensta
☐ 55 Torbjörn Örth, Östa Storvreta
☐ 56 Erik Skogh, Kättsta Ärentuna
☐ 57 Kjell Johnsson, Kambo Björklinge

Uppsala kommun
0378-00284

0378-00284

Vi har fört kunskap och nya sakliga synpunkter in i debatten, vårt politiska kunnande har mognat och vi har upptäckt att många politiska frågor behöver tas tag i utifrån nya perspektiv. Svaret på de inledande två frågorna är att vi verkligen behövs och att motsatsen till splittring, d.v.s. samarbete, är vad partiet eftersträvar.

"Stoppa E4 Väst Kulturpartiet är bildat av gräsrötter med strån som sticker opp," säger vi kaxigt för att framhäva att vi ska vara ett parti som lyssnar på gräsrötterna. Vi vill bredda demokratin genom att vara ett parti där vanligt folk kan känna sig hemma som politiker utan krav på ideologisk likriktning. Vi ska dock vara helt eniga om att finna ett bättre alternativ för en ny E4 genom Uppland än den projekterade E4 Årsta Väst som går genom ett av Sveriges främsta fornminnesområden i Gamla Uppsala.

Övergripande ideologin för Stoppa E4 Väst Kulturpartiet är att vi ska verka över blockgränsen - det vi kallar ett lila tänkande - och genom demokratiska styrmedel försöka förmå de andra partierna till bättre samarbete och helhetssyn, med syfte att gemensamt lösa de ekonomiska problemen. Nyckelord för partiet är: Blocköverskridande, kulturbevarande, människovänligt, kunskapsbaserat, progressivt, miljöinriktat och verklighetsförankrat. Ordet kultur har för oss mångfaldig innebörd: Samhällsorganisation, civilisation, bildning, vård, odling, uppfostran, kultur och utveckling.

Vi vill basera besluten mer på fakta och sunt förnuft än tyckande och ideologisk låsning. Om inte människorna med sin kunskap rättar sig efter de biologiska lagarna slår naturen tillbaka utan att be om lov. Därför måste alla våra politiska beslut vara miljömässigt förankrade. Vi vill ha bättre balans mellan hårda och mjuka frågor än i dagsläget, när vård och omsorg blivit eftersatt. Vård är den ypperligaste formen av kulturyttring. Kommunen ska arbeta tufft och oförtrutet på att eliminera brist på jämställdhet mellan män och kvinnor. Vi ska verklighetsförankrat ständigt påminna om den ordagranna betydelsen av ordet ekonomi, som är hushållning. Stoppa E4 Väst Kulturpartiet vill politisk förnyelse utan extremism.

Agnetha Sällström Ordf. Stoppa E4 Väst Kulturpartiet

Debattartikel till ledarsidan UNT. Införd 31/8 med titeln "Gräsrotsparti som sticker opp."

"Moderat politik"

Vi har en svag regering, säger, moderatledaren Gunnar Hedberg i ABC-nytt 2 september, med anledning av att regeringen inte bestämt sig för att köra över Riksantikvarien och Uppsala kommun och bygga ny motorväg genom riksintresseområdena för kulturvården i Vaksala och Gamla Uppsala. Det är moderat besserwisser-politik att köra över kulturintressen till förmån för asfalten. Sedan säger Hedberg att ett tungt ansvar vilar på de partier som förhindrat att vägen börjat byggas. Likt ett barn vill han alltså skylla på andra, när det i själva verket är de borgerliga partierna som bär det fulla ansvaret för att inte E4 kommit till stånd, eftersom de velat lägga vägen genom ett omöjligt område. Uppsvenska handelskammaren varnade 1993 för att välja en västlig E4 med motiveringen att den kommer att bli fördröjd på grund av intrånget i kulturmiljön. I stället för att inse att de valt fel vägalternativ, hävdar de borgerliga att det är särintressen som hindrar byggandet av E4. Trots att de känner till de verkliga förhållandena upprepar de papegojlikt ordet "särintressen". När deras argumentation hamnar på så låg nivå att de talar om "särintressen", när den samlade kulturexpertisen med Riksantikvarieämbetet i toppen säger nej till den västliga E4, då är de inte längre värda förtroende i valet.

Jan Sällström som tröttnat på moderaterna

Införd under Valforum UNT 9 sept 1998 med titeln "Hedberg skyller ifrån sig."

Vårt parti ställde alltså åter upp i valet till mandatperioden 1998-2002, nu med tilläggsnamnet Kulturpartiet och ett utvidgat program, som omfattade alla politiska frågor. Även denna gång fick SE4VK med 1.983 röster - motsvarande 1,80 % av väljarkåren - en plats i fullmäktige och kunde driva motorvägsfrågan vidare på den politiska arenan.

Konkret politik

Stoppa E4 Väst KULTURPARTIET har sagts inte vara tillräckligt konkreta. Om vi som parti skulle ge löften om både det ena och det andra och är vad reportrarna kallar 'konkreta', så skulle de kalla oss för populistiska, som med löften vill få väljarna på kroken, och så skulle de avfärda oss med misstro. De etablerade partierna sägs vara 'konkreta' i sina uttalanden då de lovar att genomföra olika saker eller motsatt. Sedan när valet är över och väljarna gjort sitt, så gör partiets politiker ofta tvärtemot vad de lovat. Ett grovt exempel på detta är när Moderaterna gick ut i valet 1991 och förordade en östlig E4, men redan på sommaren 1992 gjorde en bindande uppgörelse med de övriga borgerliga om E4 Årsta Väst. Ett färskare exempel är Socialdemokraternas löfte i valet 1994 om att inte sälja ut allmännyttan i Uppsala, vilket de ignorerade kort efter valet. De skulle också stoppa det västliga E4-alternativet, men fick ge upp det löftet också, när de kohandlade med de borgerliga vid försäljningen av Uppsala Energiverk. Socialdemokraterna hade gått till val med bl.a. löftet att stoppa E4 Väst, om inte annat så skulle de ta hjälp av en S-regering, enligt Lars Olof Lindell som blev KF-ordförande i ett röd-grönt majoritetsstyre. 5 januari 1995 skriver tidningen Uppsala-Demokraten: *»Ännu ingen framstöt«*, avseende att försöka stoppa vägprojekteringen. Tvärtemot gjorde kommunstyrelsen redan 5/10 1994 en begäran om detaljplaner för E4 Årsta Väst från Planeringsavdelningen i stället för att snabbt agera och försöka avböja Vägverkets planering av E4ÅV närområde. Inte förrän i april 1995 togs ett initiativ av socialdemokraterna att leva upp till det de lovat i valet att stoppa E4 ÅV och Lindell agerade[87], men utan gehör, som vi beskrivit tidigare, men som förtjänar att upprepas. Och redan hösten1995 gjordes en ytterligare förfrågan *hos Vägverket rörande planeringen av nya E4, som avslöjar att man inte har för avsikt att motarbeta Vägverkets val av E4ÅV. 1995-10-25 begärde kommunstyrelsen i brev till Vägverket svar på 10 frågor som rörde planeringen av E4 ÅV och som visade på samarbete i vägfrågan*[122]. *Vi upplevde det som ett 'ormbeteende'.*

Stoppa E4 Väst KULTURPARTIET är mycket konkret på en punkt - vid sidan av vägfrågan - och det är att vi ska arbeta för att få alla partier i fullmäktige att samarbeta för att lösa Uppsalas ekonomiska problem, som ju är huvudorsaken till att skola, äldreomsorg, kultur etc. får för små resurser. Vi kan också lova att vara nytänkande, lyssna på gräsrötterna, ta vara på mångfalden också bland människorna - inte bara djuren och växterna. I övrigt ger vi inte en massa fagra löften som inte går att uppfylla, utan presenterar ett antal inriktningar som vi ska följa. Det tycker vi är realistiskt och mest ärligt. Det hoppas vi väljarna uppskattar.

Kulturpartiet i Vendel

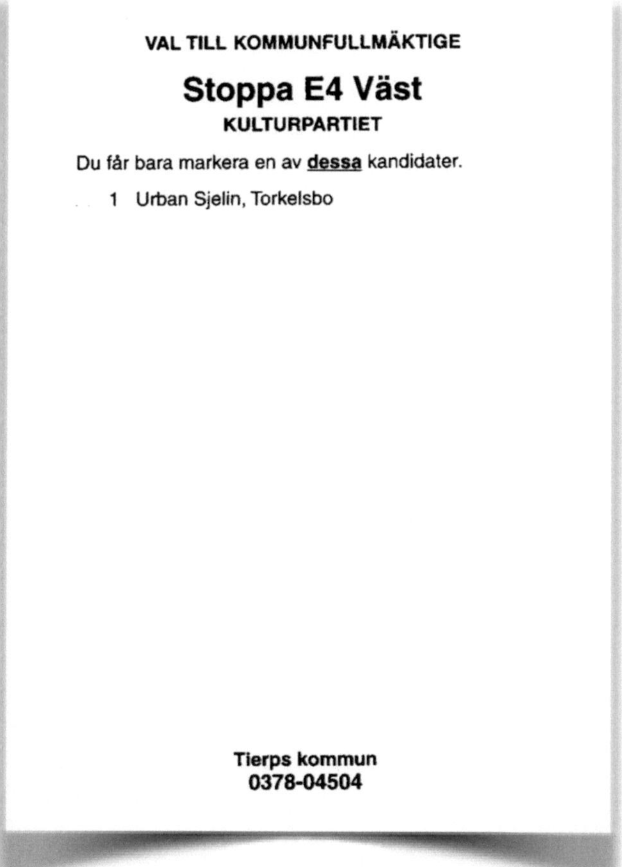
VAL TILL KOMMUNFULLMÄKTIGE

Stoppa E4 Väst

KULTURPARTIET

Du får bara markera en av dessa kandidater.

1 Urban Sjelin, Torkelsbo

Tierps kommun
0378-04504

Stoppa E4 Väst Kulturpartiet fick ett systerparti i Tierps kommun startat av Urban Sjelin strax före valet, med samma lila färg och logotyp *»En kulturbygd kan inte flyttas - det kan E4«*. Denna devis passar även utmärkt här, eftersom Vägverket planerat att E4 ska gå genom Vendelbygden, som jämte Gamla Uppsala utgör ett av Sveriges betydelsefullaste fornminnesområden, som t.o.m. gett namn åt en egen epok i Sveriges historia 550-793 eKr, Vendeltiden före Vikingatiden. Urban Sjelin hade besökt en 'Allmänhetens Frågestund' i Tierps kommunhus och ville ställa frågor i anknytning till OverHeadbilder som han hade med sig. Det fanns ingen projektor att tillgå och arrangörerna var besvärade av hans närvaro, så han fick inte mycket sagt. Detta gav incitamentet till att han med kort varsel startade ett Stoppa E4 Väst Kulturparti i Tierp. Av bygdens loppis fick han en gammal byrå som han målade lila och skrev »Stoppa E4 Väst Kulturpartiets Valbyrå« och placerade den på parkeringen framför sitt hus i Torkelsbo, nära Vendelvägen. Byrån var fylld med valsedlar och informationsblad i översta lådan.

Eftersom Urban Sjelin stod som ensamt namn på valsedeln, skrattade vi hjärtligt åt att det på alla valsedlar står tryckt att man får bara markera en kandidat. I byrålådan fanns dessutom en ask för att lämna gåvor till valkampanjen. Strax innan valet överlämnade Urban ett kaveldun till kommunfullmäktiges ordförande i Tierp, Bengt Olof Eriksson, vid ett möte med kommunrepresentanter i bygdegården i Vendel, då nya E4 diskuterades och Tierps vändning i frågan kom fram. Stämningen bland de närvarande lyssnarna var mycket upprörd nästan så 'smockan hängde i luften'.

Då rösträkningen började under valvakan och följdes live såg det ett tag dramatiskt ut, som om SE4VK skulle få flest röster i Tierps kommunalval, med hela sju till elva mandat. Urban blev först litet kallsvettig med tanke på att hans parti kanske skulle råka få fler mandat än ett, så han behövde sätta upp dockor på tomma stolar. Men det var bara för att man börjat med att räkna i valkretsar som direkt berördes av E4-dragningen som partiet såg ut att få sådan dominans. Partiet fick slutligen 2,25% av väljarkårens röster. I valkretsen *Vendel södra* fick han 83% av rösterna vilket var mer än alla andra partier tillsammans och Urban Sjelin tog en plats i Tierps kommunfullmäktige. Kommunfullmäktiges ordförande Bengt Olof Eriksson (s) ringde och gratulerade Urban till hans framgång. Den borde ha fått honom ångra att han röstade för ÅV i Länsstyrelsen i stället för att följa folkviljan.

SE4VK i Tierp har också en egen symbol som man hittar allra överst i namnet. Det ser ut som strån som sticker opp och betraktaren associerar omedelbart till partiets andra devis: *»Bildat av gräsrötter med strån som sticker opp«*. Men det som sticker upp i partinamnet är inte grässtrån utan de är kaveldun. Vad symboliserar kaveldun? Jo, våtmarker.

På flera ställen där Vägverket planerat vägen växer det kaveldun som tecken på att man valt fel korridor för nya E4. Den sjöbotten, som med sin bördiga åkerjord har gett det ekonomiska underlaget för att kunna bilda staten Sverige, är inget bra underlag för en väg med tung trafik. De många meter djupa lerlagren utgör ingen hållbart bärkraftig mark, speciellt om leran utsätts för vibrationer. Det hade bönderna här otaliga gånger påpekat för Vägverket, men för döva öron.

Ny mandatperiod 1998-2002

Inga platser i nämnderna

Det blev inte lättare för administrationen på kommunen att hålla reda på vårt namn, nu när vi gjort ett tillägg till det gamla, som redan från starten vållat den huvudvärk. I foldern om Uppsala år 2000 'Statistik för Uppsala kommun' står under kommunfullmäktige 1998-2002 inte hela namnet, endast Stoppa E4 Väst, utan tillägget Kulturpartiet. Ibland blev det rätt, men för det mesta fel - skulle gärna vilja veta vad de andra partierna skulle tycka om förvrängda namn - en intressant demokratiaspekt?

Trots att Vänsterpartiet i förra mandatperioden redan efter bara ett års samarbete med S och Mp hade hoppat av kommunledningen i oktober 1995, vid diskussionen om avyttring av Uppsala Energi och försäljningen av Uppsalahem, som gick emot de röd/grönas vallöfte,[116] hade V stött det reducerade rödgröna blocket hela förra mandatperioden ut, i väsentliga frågor. Inför den andra mandatperioden blev det åter en röd-grön majoritet som började styra staden. Vänsterpartiet behövde därför inte göra ett tekniskt valsamarbete med oss, så vi blev utan platser i nämnderna.

SE4VK:s - breddade politiska program

Nya mandatperioden började 1 nov 1998. Min målsättning: Dels att stärka demokratin genom att öka KF:s inflytande gentemot lobbyister, tjänstemän och enstaka politiker som gör upp besluten sinsemellan - det är en viktig faktor för att förhindra politikerförakt och folkligt missnöje; Dels att arbeta för en nationell väg till Norrland enligt JÖB-förslaget.

Vi var ju nu ett flerfrågeparti med politiskt ansvar i alla frågor och hade därmed åtagit oss ett intensifierat uppdrag, så argumentet att vi inte tog fullt ansvar för Uppsalapolitiken kunde inte användas, då man kritiserade att vi hade en grundresurs för sekreterarhjälp. Vi hade fortfarande, i brist på utrymme på stadshuset, partiets kontor i vårt hem i ett källarrum, som snart fylldes av den dokumentation om de olika politiska ärendena som vi samlade på. Ett välmotiverat påpekande till skattemyndigheten om att vi borde få göra avdrag för arbetslokal i hemmet godkändes heller aldrig. Eftersom vi aldrig under åtta år hade tillgång till kommunens telefon för det som rörde det politiska arbetet användes bara vår privata telefon. Vi använde heller aldrig det partistöd som lagenligt utgick till partiet till att bekosta kontorets drift. Vad än våra belackare vill påstå, så var vi aldrig ute efter någon sorts ekonomisk vinning. Tyvärr har vi aldrig varit intresserade av pengar mer än att vi som politiker argumenterade för att kommunen måste lära sig 'hushållning'. Däremot, eftersom vi inte hade någon lokal med telefon och andra faciliteter som normalt hörde till ett parti med mandat i fullmäktige, bidrog vi i själva verket till en liten besparing i kostnaderna för fullmäktige, kan man ärligt säga.

Jag satt som ledamot i KF med Gunnel Jansson och Gun Mases som ersättare. Gun blev ny ledamot i KF:s Valberedning. Då Gunnel flyttade från kommunen i februari 2002 utsågs ny ersättare och denna blev Birgit Andersson från Ärentuna, Kättsta.

SE4VK Partiets hemsida

Vår hemsida fick med tiden ny adress och ett nytt ansikte med hjälp av en anlitad dataexpert, Göran Hedberg. Den fortsatte att vara en mycket användbar kontaktyta mot omvärlden. Där kunde vi enkelt fortsätta att föra in de insändare som Upsala Nya Tidning inte ville publicera. Två exempel från 2002: »*Ibland undrar man hur det står till med moderat politik*« av Jan Sällström 2002-09-15 samt »*Rättelse till UNT:s artikelserie av Roger Berglund om historieskrivningen kring E4-beslutet*« av Jan Sällström 2002-09-12 (vi kontaktade tidningen om att vi ansåg historieskrivningen felaktig och påtalade det faktum att kommunfullmäktige med stor majoritet avslagit arbetsplanen för E4 Årsta-väst. Av UNT-journalistens svar till oss framgår, att eftersom det »*kommunfullmäktigebeslutet inte stod högt i kurs*« bland politikerna så hade journalisten inte tagit med det[121]. Det är ett fint exempel på hur rapportering om oss kunde bli negligerad.

I samband med Agenda 21-konferensen i Johannesburg skickades ett informationsbrev till AFP, AP och Reuters samt en sydafrikansk dagstidning, där vår anmälan till Europadomstolen om vägen meddelades och de svenska politikernas oförmåga att leva upp till beslutet i Agenda 21 avslöjades, exemplifierat med valet av den miljöförstörande motorvägen genom Uppland. Som ett sista försök att göra något för att stoppa vägen parallellt med att vi hade en pågående rättsprövning skickade vi ett öppet brev till statsminister Göran Persson[128] från partiets politiske sekreterare med uppmaning att inte ge pengar till ett projekt som så tydligt på alla punkter strider mot Agenda 21. (Det stred ju också mot Kommunikationskommitténs intentioner, och det av regeringen Persson tidigare annonserade sparpaketet från 1994.) Brevet publicerades ej av UNT, men väl på partiets hemsida med titeln »Öppet brev till Sveriges statsminister Göran Persson«, 2002-09-09; och kopior gick till samtliga regeringsmedlemmar. Göran Persson besvarade aldrig detta brev. Allting var väl då redan kört. Vi har senare fått höra: »Man prövar inte en plan om man inte vikt pengar för vägen.«

Mediadebatt

Med åren blev det bättre från UNT:s sida. Medlemmar i partiets styrelse har deltagit flitigt i tidningsdebatten. Följande rubriker visar på hur debatten gick i Upsala Nya Tidning. Gunnel Jansson: *»Väst uppfyller ej ett enda krav,«* Läsarnas Forum, 990324; Agnetha Sällström Stoppa E4 Väst KULTURPARTIET, UNT-enkät om klotter 990902; Jan Sällström: *»Enligt FN är alla barn innan de fyllt 18 år,«* Läsarnas Forum, 990915, angående busspris för 13-åringar; Agnetha Sällström: *»Därför fördröjs E4-bygget«,* UNT Debatt 990923, om järnvägsbommarna i Gamla Uppsala; Agnetha Sällström: *»En värld av stora frustrationer«,* Läsarnas Forum, 991007, om järnvägsbommarna; Urban skickade ut ett pressmeddelande om att samrådsgruppen vid Vägverket skulle ha sitt första sammanträde. Agnetha Sällström och Urban Sjelin: *»Skall vi acceptera Vägverkets diktatur?«* Läsarnas Forum 991015, om Vägverkets åsidosättande av den demokratiska processen; Jarl Lundin, insändare, ej införd. Agnetha öppet brev 000214 till moderaterna, ej infört; Urban Sjelin: *»Inget flum förhalar E4-frågan«,* Läsarnas Forum, 000202; Agnetha Sällström: *»M och Fp hycklar i E4-debatten«,* Läsarnas Forum, 000222; Agnetha Sällström: *»Rondeller ingen lösning för Tycho Hedéns väg«,* Läsarnas Forum, 000301, Svar på Hedberg och Nordlund; Urban Sjelin: *»Välkommen, Vägverket!«* Läsarnas Forum, 000305 m.fl.

Vi har ändå vid olika tillfällen kritiserat UNT för oviljan att ta in våra insändare och för tidningens bristfälliga sätt att rapportera korrekt i E4-frågan. Bl.a. stod att läsa 990423 *»Riksdags-ja till ny E4«*. Agnetha Sällström framtvingade en dementi från tidningen till dagen efter. Partiordförande demonstrerade personligen vår kritik mot tidningen genom att säga upp sin prenumeration på UNT, för att redaktionen till oigenkännlighet beskär våra debattsvar, medan vilka dumheter som helst får passera från andra skribenter.

Urban Sjelin i Torkelsbo hade en debattartikel i Upsala Nya Tidning 10 september 1996 på ledarsidan om landshövdingens agerande i motorvägsfrågan. Som exempel på landshövdingens underhandskontakter med Regeringen, vilka styrt de politiska ställningstagandena, hade han i artikeln citerat ett brev från landshövdingen till dåvarande miljöministern Görel Thurdin. Redaktionen på UNT strök det för att det ansågs opassande, eftersom det var så personligt. Brevet som vi kallar 'Kära Görel'-brevet[60] finns på sidan 40 i den här boken. Det är officiellt och diariefört på Miljödepartementet. Vi publicerade det på vår hemsida med följande kommentar: »Ja, Du Urban, det är märkligt här i världen. Här har myndigheterna, åberopande tryckfriheten, svårt att förbjuda innehav av barnporrbilder, men när man som Du i en seriös debatt vill styrka sina påståenden genom att citera ett officiellt brev så slår censuren till. Vi måste som gräsrötter inse att våra styrande alltid måste få framstå som oförvitliga.... Men fortsätt Du att låta strået sticka opp!«

På samma ledarsida i nämnda UNT finns ett annat debattinlägg med uppmaning till samarbete över blockgränserna. Som det lilafärgade parti vi är instämmer vi i att blockgränserna bör överskridas.

Rikstäckande media var helt ointresserade. Ett bra exempel är följande: Jan försökte intressera *Svenska Dagbladet* för en saklig och belysande artikel han skrivit om den kontroversiella motorvägsdragningen förbi Uppsala, om den stora konflikten med kulturintressena, fornminnesområdet i Gamla Uppsala och skyddsområden för vattentäkterna för staden: »*Regeringen måste säga nej till motorvägen genom Sveriges främsta fornminnesområde*«[119]. Tidningen, som anses vara en tidning som bevakar kulturfrågor, svarade att de tyckte att de hade nog av att bevaka vägarna kring Stockholm, vilka debatterades livligt - »Ni heter ju *Svenska Dagbladet* – räknas inte Uppsala till Sverige?« - Inte heller *DN* hade utrymme att ta in det vi skickade i frågan. Vi misslyckades alltså med att i någon av de två stora dagstidningarna få in en artikel som på ett objektivt sätt redovisade vad som höll på att hända med kulturmiljön omkring Uppsala i och med den planerade motorvägen. Vi tyckte det var mycket anmärkningsvärt att dessa båda tidningar, som anser sig vara rikstäckande, inte intresserar sig för vad som händer sju mil norr om huvudstaden. *Svenska Dagbladets* krönikör miljökämpen, kulturskribenten och läkaren Nils Erik Landell skrev dock ett avståndstagande till ÅV och förordade JÖB-förslaget under rubriken

'Vägverket vill asfaltera gammal kulturbygd'[119]: »Med samma eftertryck bör nu det vägverksförslag som krossar Vendels kulturbygd förkastas.« Den publicerades tyvärr på en ganska undanskymd plats.

Agnetha pratade med Gustav Klarin vid redaktionen för Nyheter och Fakta på SVT. Skickade sedan material till honom i mitten av oktober 2001. Detta ledde inte till något, vad vi känner till. Materialet bestod av de fakta och dokument som Stockholms Tingsrätt fått plus ARV:s skrift om det alternativa vägförslaget JÖB. Eftersom vi var mycket insatta i vägfrågan kunde vi avgöra när medierna rapporterade helt felaktigt, exempelvis ABC-nytts skandalösa program som vi skrivit om ovan på sid. 107 rörande personerna i Gamla Uppsala som vilseledde totalt om motorvägen, utan att vi fick tillfälle bemöta dem. De lokala medierna hade tagit ställning för Västlig E4 och hade inte intresse att ta del av våra synpunkter. Vi upplevde att de på ett skandalöst sätt åsidosatte sin objektiva bevakning av processen. Vårt förtroende för media sjönk av förklarlig anledning under fryspunkten.

På nobeldagen år 2000 ringer ABC-nytt till Agnetha och propsar på att få intervjua henne. Hon förklarar som det är att vår dag är fulltecknad. Hon berättar att först ska vi vara i Gottsunda kyrka för att Jan ska sjunga på en jordfästning och måste repetera innan. Sedan ska vi vara med på jordfästningen och på en mottagning efter den kyrkliga ceremonin. Vi ska därefter omedelbart ta tåget till Konserthuset i Stockholm för se vår gode vän professor Arvid Carlsson ta emot Nobelpriset i Medicin ur kungens hand. ABC-reportern erbjuder sig att komma till Gottsunda kyrka och intervjua Agnetha medan Jan repeterar. Så blev det.- Vad var det då som var så viktigt? Jo, reportern vid ABC-nytt ansåg sig ha funnit ett scoop, nämligen att Agnetha fick i lönekuvertet från kommunen mycket mer än vad som var rimligt för hennes politiska uppdrag. Denne tänkte sig avslöja någon form av mygel, antar vi, för när Agnetha förklarade som det förhöll sig att större delen av ersättningen från kommunen var för att vi var fosterföräldrar till en föräldralös pojke, blev reportern 'ledsen i ögat'. Agnethas ersättningar för de politiska uppdragen som fullmäktigeledamot och nämndledamot var helt korrekta. Agnetha fick förutom dessa den gängse ersättningen som hörde till ett åtagande som fosterfamilj plus ett omkostnadsbidrag för fosterbarnet.

Drottning Kristinas Kungsväg

I vårt arbete mot västlig E4 blev vi alltid felaktigt och falskeligen beskyllda för att ha särintressen, särskilt av personer som hade egenintressen emot östlig E4. Majoriteten av dem som deltog i försvaret av kulturbygden hade definitivt inte något särintresse att skydda sin egen mark eller eget boende, utan drevs enbart av iver att försvara kulturbygden. Ett exempel är ett debattinlägg i UNT mot landshövdingens val av E4[62], av en forskare vid Uppsala Universitetet som inte var på något sätt personligt berörd, men som reagerade på fulspelet om E4.

Ett annat bra exempel är arkitekten Ingvar Ekemark, som bodde i en helt annan landsända av Sverige[120]. Han påtalade i flera olika skrivelser till Länsstyrelsen och RAÄ att den mer än 350 år gamla drottning Kristinas Kungsväg bör skyddas och byggnadsminnesförklaras inom Uppsala och Tierps kommuner. Han anser att något måste göras för att rädda denna historiska rest från stormaktstidens Sverige och skriver i mars 2001: »Nu hotas vägens och landskapets under århundraden framvuxna struktur av Vägverkets okänsliga planer på en utbyggnad av E4 i ny sträckning. Denna skulle allvarligt rubba den balans som nu råder. Däremot skulle E4 i ett ännu mer östligt läge för den tunga och snabba genomfartstrafiken låta Kungsvägen behålla sin dominerande ställning i landskapet.«

Och han konstaterar att detsamma gäller Gamla Uppsala med omgivningar och omistliga fornminnesområden: »Med möjlighet till ett fullvärdigt östligt alternativ är det svårt att förstå hur någon har kunnat godkänna ett sådant intrång på det nationella kulturarvet som den nu planerade vägen. Då saknas förståelse för de värden som det här är fråga om eller möjligen inses inte omfattningen av de skador som uppkommer och som kommer att finnas kvar för all framtid.«

Som *'företrädare för allmänna intressen'* har Ekemark även sökt en rättsprövning i Miljööverdomstolen i Svea Hovrätt av Vägverkets förslag till utbyggnad av väg E4 (mål nrM7437-02), men fått avslag på begäran om prövning, varefter han vädjar till Högsta Domstolen: *»att till prövning ta upp mina besvär över Miljööverdomstolens beslut«* i målet.

Hela tiden kan Ekemark hänvisa till att ett utmärkt och av de flesta förordat östligt alternativ finns för placeringen av nya E4.

I svar från RAÄ på Ekemarks begäran om byggnadsminnesförklaring av Drottning Kristinas Kungsväg säger ämbetet att: »Vägverket undertecknade 1998-04-20 ett samarbetsavtal med riksantikvarieämbetet. Ett av målen för samarbetet är att vägars och broars kulturhistoriska värde ska tas till vara. Vägverket har dessutom tagit fram en metod för att hantera natur och kulturvärden i samband med planering, byggande och underhåll av vägar. Metoden testas för närvarande i olika pilotprojekt runt om i landet. Vägverket håller därmed på att bygga upp en kompetens för att ta hand om vägmiljöers kulturhistoriska värden«[97] (detta skrevs maj 2001) — så synd då, att man inte hade hunnit skaffa sig tillräckligt med kompetens för att förstå att man inte skulle fullfölja idén om en ny E4 enligt ÅV-förslaget! Vi upplever detta, nämnda samarbetsavtal, som 'ett plåster på såren' från Vägverket,- ungefär som när vi gav katten Murre ett kattgodis efter det vi kastrerat honom.

SE4VK:s Yttrande över 'Vision och Strategi för Uppsala Stad'

Som ensam ledamot i Uppsala KF för partiet var jag flitigt uppe i talarstolen, nu beträffande många andra frågor, speciellt de med inriktning på kulturpolitiken. Under gruppledarrundan vid majmötet, då alla fullmäktigepartiers gruppledare presenterar sitt respektive partis målsättning, höll jag ett anförande om SE4VK:s inriktning. Sedan följde genomgång av olika kommunala verksamheter som barnomsorg, grundskola, gymnasium, äldrevård, kommunala företag etc, då de olika partierna fick ge sina programförklaringar, visioner och synpunkter på varje fråga som grund för budgetarbetet till septembermötet, då budget skulle tas. Som enda ledamot för SE4VK fick jag skutta upp för varje ny fråga som togs upp i presentationen.

I vårt yttrande över *Vision och Strategi för Uppsala Stad* 2000-02-24, framgår partiets utvidgade engagemang i kulturfrågor. Vi konstaterar att märkligt nog nämner man inte i översikten, då man går igenom målen för Uppsalas lokala Agenda 21[8], som antogs av KF 27/10 1997, »att försiktighetsprincipen från och med 1998 ska tillämpas i beredningen av kommunala ärenden som kan innebära risker för miljö och hälsa,« vilket inkluderar att livsmedelsproducerande mark och dricksvatten skall skyddas, d.v.s. »att vi avstår från motorvägsbyggen på bördig mark.« — Det kanske inte var opportunt att nämna dessa mycket viktiga punkter, då man stod i begrepp att acceptera en motorväg, som skulle komma att utgöra ett kraftigt hot mot just dessa värden i Uppsalas närmiljö. Alla talar sig varma för miljön, men den kommer ändå alltid i strykklass.

Inte ens i den färdiga ÖP 2020 vision och strategi för Uppsala stad[222] har man förstått fornminnesområdets själ. Således skriver man: »På landsbygden runt staden finns områden med stora natur- och kulturvärden. Här kan nämnas Gamla Uppsala högar, Nåsten och Hågadalen, Lunsen samt området kring Fyrisån ned till Ekoln. Områdena skyddas genom olika bestämmelser och program.« — Varför nämner man inte Hemringe, Valsgärde[32] och Fyrisån norrut till Fullerö? Och varför inkluderar man inte ett större landskapsrum i Gamla Uppsala, hänvisande till Kulturminneslagen från 1989? Den stadgar: »Till varje fornlämning hör ett område på marken. Det är till för att skydda fornlämningen och för att den ska kunna bevaras i en miljö som påminner om dess ursprungliga. Fornlämningsområdets storlek bestäms bl.a. av hur betydelsefull fornlämningen är och hur den ligger i landskapet. Ett fornminnesområde kring ett gravfält kan vara tio gånger så stort som de synliga anläggningarna«[25].

Har man inte begripit? Eller har man precis som när det gällde Lindbacken exploateringsplaner i det fördolda. Skulle F16 definitivt läggas ner kastar sig vampyrerna över markerna utefter Fyrisån också för att bygga attraktiva villaområden vid ån. Mera klirr i kassan!

Viktiga kulturfrågor

Vi yttrade oss med utförliga betänkanden i några viktiga kulturfrågor i kommunen. För att undvika förstöringen av den gamla kulturmiljön vid Vaksala torg föreslog vi placeringen av Musikens Hus till entrén till den nya stadsdelen Kungsängen vid Stranbodgatan[125]. Så blev det inte. Jan har åsikten att den originella glasklossen misspryder själva torget. Rulltrappan invärtes påminner om den tunnelbanestation som han åkte rulltrappa i i sin barndoms Stockholm. Men utsikten är magnifik och man åker ju uppåt mot ljuset i stället för ner i markens djup.

Trots vissa spektakulära, originella och glittrande särdrag är byggnaden arkitektoniskt onekligen en kloss. Som CityGross vid nya E4 - vilken härlig trafikantupplevelse! - kubismens avkomlingar. Det arkitektoniska intresset för kuber kanske kommer av att de riktigt små barnen sitter och leker med byggklossar och de större med Lego och blir präglade av den funktionella enkelheten. ’Lek gott! -Leg godt - Lego!’

De gamla kulturhusen i kvarteret Gerd drabbades av eldsvåda våren 1997, en anlagd brand[126]. Som om inte det räckte så orsakade en ny brand våren 2004 så stor förstörelse att man rev byggnaderna tidigare än planerat. Det är ofta så att då samhället åtar sig att ta hand om gamla kulturbyggnader, som 'ligger i vägen för stadsplanerarnas intentioner,' missköter de byggnaderna tills de är så dåliga att de måste rivas eller också råkar de brinna ner. Innan Musikens Hus byggdes var kvarteret Gerd ett av stadens få kvarvarande kvarter med enhetlig gårdsbebyggelse från 1800-talet.

Till skillnad från museet i Gamla Uppsala så hade man för musikens hus utlyst en arkitekttävling som lockade ett stort antal deltagare[126]. 'Familjens arkitekt' P.M. Sällström bidrog med ett förslag som inkorporerade delar av de bevarandevärda byggnaderna som funktionella sidolokaler (flera repetitionslokaler, uppehålls- och vilrum, rekvisitaförråd, kontor m.fl. biutrymmen) - allt utformat för att ta hänsyn till de gamla byggnadernas historiska värden. Det akustiska rummet var i denna ritning konstruerat enligt Jans morfars fars tankegångar, beräkningar och experimenterade. Han var vid sidan om sitt uppfinnande och teknisk/kemiska entreprenörskap en hängiven musiklyssnare med en son i hovkapellet och en dotter som var konsertpianist. Tyvärr var bidraget till arkitekttävlingen inte riktigt fullbordat då dead-line tvingade P.M. att sända in sitt koncept.

Vi var aldrig med då Musikens Hus kom till och invigdes som Uppsala konsert och Kongress, för då hade vi flyttat långt bort från Uppsala. Men vi har bekantat oss med denna konsertbyggnad då vi besökt Uppsala och bevistat bl.a. ett program där med den geniale uppsalartisten Owe Törnquist.

Besökte också Uppsala Stadsteaters excellenta föreställning om Evert Taube. Vi fick höra hans egen stämma argumentera mot teknokraternas förslag att lägga sprängsten i Riddarfjärden för att få fler parkeringsplatser i Stockholm - Det är den sortens teknokratiska dårskap som vi kämpar mot politiskt genom Stoppa E4 Väst Kulturpartiet.

KPMG-utredningen

När jag satt i KF under denna period hade man anlitat konsultföretaget, revisionsföretaget KPMG att se över rutiner för att effektivisera och uppnå ekonomisk balans. Underskottet under 1998 var exempelvis 410 miljoner och den sammanlagda låneskulden i kommunen vid 1998 års bokslut: 3.021 miljoner[135]. Jag hann under mina år i KF erfara att det inte blev bättre med åren och ett antal fall av vanstyre uppenbarades, det mest flagranta var Glad Stad-projektet, vars delprojekt 'Ombyggnad av Stora Torget' gick helt över styr. Trots att många av ledamöterna i ledningsgruppen var erfarna politiker: Monica Östman (s) och Liv Hahne (m), Jan-Erik Wikström (fp/l) m. fl. Exempelvis ordnades hösten 1999 en icke-budgeterad invigningsfest av Stora Torget innan arbetet var helt klart. Den kostade c:a 800.000 kr. Bara hyran av sax för att klippa bandet vid invigningen kostade 400:- kronor (se också ref [163].)

Ett annat exempel utgjorde båthamnen i Knivsta med segsliten handläggning[123] och Gamla Uppsala museum där man garanterade byggkostnaderna om inte tillräckligt med sponsormedel flöt in.

27/1 2000 presenterar KPMG sin utredning[124] om effektivisering av kommunens styrelse: Uppsala är landets fjärde största kommun. Omsättningen, uppgår till cirka 5 200 000 000 kronor, mätt som verksamhetens nettokostnader,:»Olika mått kan användas för att illustrera denna penningmängd. Om exempelvis summan slås ut på de förtroendevalda i Uppsala kommun, innebär det att varje förtroendevald grovt räknat 'handskas' med drygt 6,4 miljoner kronor.«

I denna rapport finns ett avsnitt om demokratifrågor med synpunkter. Rapporten visar på kommunens jobbiga situation med ekonomin och önskan att få en ekonomisk balans. Vad kostade denna utredning den redan skuldtyngda kommunen? Rapporten från utredningen ger några enkla råd i största allmänhet som vem som helst skulle kunnat skriva.

Det viktigaste var att KPMG visade på och påpekade den bristande styrningen i kommunen. Det är ju mot bakgrund av den bristande styrningen inte svårt att förstå att kommunen inte klarade av att reda ut motorvägsfrågan på ett för miljöhänsynen positivt sätt. Man får lära sig mycket om det politiska vanstyret när vissa ärenden kommer upp i KF, som då advokat Anna Romel redovisar Uppsala kommuns dyrbara skattetvister. Hennes föredrag belyste vansinnet med bolagiseringen av olika kommunfunktioner med åtföljande skatteplanering, som lett till helt onödiga problem med skattemyndigheten och enligt vår bedömning även onödiga arvoden[124]. År 2001 kostade exempelvis felaktig skatteplanering kommunen 44 miljoner kronor i straffskatt[124].

En utförlig granskning av kommunrevision åren före KPMG-utredningen avslöjade t.ex. att i Uppsala kommunägda Stadshus AB och dess olika verksamheter har personer i chefsställning blivit beslagna med att ha spenderat stora pengar på otillbörlig internrepresentation med dyra krogbesök. Alsikebolaget, Uppsalabuss och Musikens hus. »Krogbesök 'praxis' i ledningen« lyder en rubrik i *UNT* i februari 1996[3], ett bland många tidningsreportage som avslöjar missbruket. Man talar om »ölskandalen« i Uppsala kommun. Samtidigt har *UNT* också granskat olika fallskärmar till tidigare kommunpolitiker. Uppsala kommun betalar generösa pensioner till sju tidigare kommunalråd som ännu inte är pensionärer och därför kan lyfta höga löner samtidigt på andra håll. Fallskärmsavtalen ger dessa f.d. politiker över 19 miljoner kronor[3]. Inte bättrade det sig. 2011 rapporterar Upplandsnytt att 21 tidigare politiker i länet det senaste året har fått allt från dryga tusenlappen till närmare 30 000 kronor i månaden i en slags inkomstgaranti, utan krav på att söka nytt jobb[3].

Förutom fallskärmar förekom s.k. belöningar. En intressant och uttömmande motion från moderaterna om belöningar för lång och trogen tjänst avslöjar att det förekom c:a 300 belöningar om året för »särskilda insatser«[162]. Vad fanns det för insyn i detta? Vad var det för insatser? Finns förteckning över dem? Var det belöningar av den typ som Stefan Nilsson fick, som vi berättar om litet länge fram (se sid.159.)

Majoritetskonstellationen spricker

För SE4VK viktiga politiska händelser under året 2000 var bl.a. att majoritetsstyret med socialdemokraterna, miljöpartiet och vänstern åter sprack. En uppgörelse mellan socialdemokraterna och Fpl-C-Kd om budget kom till. Jag diskuterade därefter mycket med samtliga gruppledare och andra politiker om att de ska försöka samarbeta i högre grad och jag hade då E4-frågan som utgångspunkt med en önskan om ett gemensamt uttalande om vad Vägverket ska utreda. Jag fick då delta i Kommunstyrelsens Arbetsutskotts (KSAU) möte vid ett par tillfällen, då information av stadsplanerare Stefan Nilsson gavs. I argumentationen från min sida om ökat samarbete, sade Gunnar Hedberg, gruppledare för Moderaterna till mig: *»Vänta du Agnetha du ska få se på samarbete.«* I efterhand förstår vi att detta uttalande sannolikt förebådade ett beslut att få Socialdemokraterna att acceptera Vägverkets val av E4-korridor mot att borgarna fick acceptera att det av Uppsala ägda värmeverket, UEAB, såldes till det statliga företaget Vattenfall till visst underpris, för att ungsossarna skulle gå med på försäljningen.

När försäljningen av UEAB sedan genomfördes sprack även samarbetet mellan S och Mp. Miljöpartiet ville inte sälja och åberopade mycket bra argument för att inte avhända sig energiverket, bl.a. att vinsten från detta kompenserade för räntekostnaderna på kommunens låneskuld och att kommunen som ägare hade mycket större möjligheter att styra medborgarnas energiverk ur miljö- och kostnadssynpunkter; se exempelvis en interpellation av Jan Wikström (mp) om konsekvenserna av den planerade försäljningen av Uppsala Energi 2000-03-21[117] och reservationen från Vänsterpartiet[117].

Socialdemokraterna med Annika Lindh kom i stället överens med de borgerliga och argumenterade att den ekonomiska vinsten och räntenivåerna var, eller kunde bli, osäkra och genomdrev till slut en försäljning. Andra året som den nya ägaren, statliga Vattenfall drev verket, gick det med 200 miljoner kronor i vinst[117].

Uppsalas 'kassakista' UEAB såldes således och de borgerliga har velat det och hyllar beslutet. Man kan med rätta fråga sig: Hur kommer det sig att en kommun inte ska kunna få äga ett guldägg - är det av princip för att det ska vara förbehållet rika privata företag och inte en sammanslutning av människor av typen en kommun? - Men det såldes ju till staten! Det blev en förlust för kommuninvånarna som fick kraftig höjning av energitaxorna.

Ersättningar

Kommunstyrelsen beslutade i maj 2001 att tillsätta en arbetsgrupp för översynen av ERS 03 inför valet 2002. Arbetsgruppen bestod initialt av en ledamot från varje parti, från SE4VK Agnetha Sällström. I protokollet från KF 2002-06-17 står rörande ärende nr. 194: »Agnetha Sällström avsade sig dock ledamotskap i gruppen redan vid det första sammanträde hon deltog i. Hennes motivering var att man från SE4VK:s sida inte kunde tänka sig att höja de förtroendevaldas ersättningar«[104]. I mitt anförande förklarade jag att jag inte kunde sitta med i arbetsgruppen och diskutera 20% höjningar av ersättningarna till politikerna från dagens nivå, eftersom jag inte inför mina väljare kunde motivera så höga ersättningar (i förhållande till 'vanligt folks' ekonomiska situation) och framför allt inte så höga procentuella ökningar i ett snäpp. Jag tyckte det var synd att inte alla kunde bli eniga om att avstå med tanke på kommunens besvärliga budgetsituation.

Jag var van från tidigare engagemang i miljörelaterade samhällsfrågor att arbeta utan höga ersättningar (i praktiken gratis) plus att jag hade gjort

’karriär’ som kvinna genom privilegiet att få fostra fyra barn till goda samhällsmedborgare. I egenskap av ’hemmafru’ i 18 år med fyra barn var jag ypperligt erfaren att hushålla med pengar och förvalta utan slöseri. Som vi tidigare påpekat betyder detta inte att jag saknade förståelse för att ersättningar måste utgå för tidsödande politiskt arbete, speciellt till dem som verkligen medverkade på ett aktivt och initierat sätt. Jag hade ju redan tre år tidigare blivit inbjuden att delta i motsvarande grupp, ERS 99, men då avsagt mig mitt deltagande på grund av att jag representerade ett enfrågeparti och inte ville besluta i andra frågor än partiets valfråga. Man kan väl tänka sig att de sittande politikerna inte var särskilt förtjusta över att få in en politiker som mig, Agnetha Sällström, i kommunfullmäktige som öppet deklarerade att jag tyckte ersättningarna var onödigt höga[104]. Till råga på eländet ur deras synpunkt måste det ha varit att partiet hade en politisk sekreterare som tog sig till och från arbetsplatser per cykel, daglig cykeltur 12 km i 25 år, och som ansåg att bilarna utgjorde ett »hinder i trafiken.«

Överklaganden för att slippa E4ÅV

Under denna mandatperiod kom SE4VK i de båda kommunerna också att engagera sig i olika överklaganden och juridiska processer, för att genom rättssystemet försöka påverka beslutsgången, eftersom den politiska vägen syntes oframkomlig, även om vi varit mycket aktiva att på alla sätt driva vår huvudfråga.

De drabbade i Vendelbygden överklagade till Regeringen Vägverkets beslut 22 augusti 1997 angående fastställelsen av arbetsplanen för omläggning till motorväg av väg E4 Uppsala Mehedeby, delen Läby-Mehedeby[127]. Vägobjektets norra del Läby-Mehedeby omfattade 43 km, två 11,25 m breda belagda vägbanor. Mittremsans bredd är 4-30 meter. Två företag, elva föreningar och 89 personer deltog i överklagandet med sina respektive klagomål. I Vägverkets yttrande som svar på detta överklagande till Regeringen[127] sägs sammanfattningsvis *»Vägverket hemställer att regeringen avslår fastighetsägarnas klagomål,«* grundat på följande motivering: »Enligt Vägverkets bedömning är inte klagande nr 30-77, enligt ovan, berörda av fastställelsebeslutet på ett sådant sätt att de har rätt att överklaga. Vägverket förordar att klagomålen nr 30-77, enligt ovan, inte tas upp till prövning.«

»Övriga klagande ovan vidhåller i huvudsak tidigare synpunkter och har inte tillfört ärendet något väsentligt nytt. Vägverket får därför hänvisa till vad som anförts i fastställelsebeslutet under rubriken motiv.«

Med denna kommentar avser Vägverket att det redan har besvarat 'tidigare synpunkter' i kommentarer till fastställelsebeslutet eller i tidigare PM[129] under 1996, alltmedan de klagande tycker att Vägverket nonchalerat för dem viktiga frågor om den skadegörelse eller de svårigheter de kommer att drabbas av.

Hur kom det sig att 48 personer klagat, som inte ansågs har rätt att överklaga? Jo det var personer som på den tiden redan i skolan lärde sig lägga ihop 1+1 och mer än så. Därav förstod de, att om man fastställer arbetsplanen för den norra E4-delen, från Läby till Mehedeby, så har man låst sig för att den södra delen måste gå just till Läby. Konsekvensen blir då alltså att fastställelse av norra delen leder till att Vägverket inte kommer att kunna ta sitt förnuft till fånga och välja en östlig E4-dragning, förslagsvis JÖ eller JÖB, som dessa 48 personer ansåg på solida grunder vara de mest funktionella och minst skadliga.

En del av de 48 representerade några av de markägare som skulle drabbas av en västlig E4 (två av dem skulle t.o.m. få sina hus rivna), varför inte då försöka mota 'Owe i grind'. Flera av de klagande var boende i Årsta som skulle få sin boendemiljö starkt negativt påverkad, andra åter arbetade ideellt för kulturmiljöns och naturskyddets intressen. Även om dessa individer kunde lägga ihop även 2 och 2, så hade de, liksom många andra i lärdomsstaden, mycket svårt att förstå att Vägverket framhärdade i att välja ett olämpligt och mycket dyrare vägalternativ, när det gick att spara några hundra miljoner, trots kostnaden att flytta Jälla ponnystall (c:a 10 miljoner) och få en billigare dragning som majoriteten förespråkat. Det var svårbegripligt, helt enkelt, även för riktigt intelligenta personer. Kanske fanns det inte bara fladdermöss vid sjön utan också 'ugglor i mossen'.

Hur kom det sig att trots den av flera tunga myndigheter avfärdade vägkorridoren - (se tabell 1) stövlade Vägverket bara vidare som om ingenting hade hänt och rullade på som en ångvält. De visste hur deras slipsten skulle dras - de hade varit med så många gånger att köra över dem som protesterar mot Vägverkets beslut, att de förmodligen var helt immuna mot kritik. De visste att var vägen än läggs så blir det bråk från drabbade, så det är inte mycket att fästa sig vid. De arbetade efter mottot *»man måste ha mod i besluten. Politikerna klarar inte av sådana här svåra beslut.«*

Vi började förstå att man måste gräva djupare bland dokumenten och längre tillbaka i tiden för att bli klar över de rätta sammanhangen. Agnetha började söka i arkiven över tjänstemannabesluten längre tillbaka i tiden.

Djupdykning

VATTENBYGGNADSBYRÅN (VBB)

KONSULTERANDE INGENJÖRER OCH ARKITEKTER

LEDAMÖTER AV SVENSKA KONSULTERANDE INGENJÖRERS FÖRENING

Tidpunkt för utbyggnad

Den föreslagna infartsleden förutsättes komma till stånd samtidigt med att motorvägen E4 byggs ut från Uppsala till Läby. Detta beräknas av vägförvaltningen i Uppsala län komma att ske cirka 1990 - 1995.

utredningsplan

med kortare sträckning än tidigare förslag. Alternativet har dock ej studerats i detalj.

Göteborg den 23 juni 1965

För VATTENBYGGNADSBYRÅN

Stig Nordqvist

/Eric Read,

Sten Höglund

Generalplanekommittén i Uppsala gav i december 1963 Vattenbyggnadsbyrån (VBB) i uppdrag att i samband med översyn av 1958 års generalplan för Uppsala revidera trafikledsplanen för staden:

»Vi ska bygga motorväg mellan Uppsala och Läby. Planerad byggstart 1990-1995,« skrev konsultföretaget VBB i sitt utlåtande i ett brev daterat 1965[131].

Om de hade skrivit »mellan Uppsala och Mehedeby«, hade vägdragningens lokalisation kunnat diskuteras. Men eftersom det stod Läby, så hade man redan i slutet av 50-talet bestämt sig för en västlig E4 nära staden. 1958 stakade man väg utanför Uppsalas östra stadsrand liknande den dragning som kom att kallas ÅrstaVäst. 1965 fanns en arbetsplan för ny E4 upp till Läby. I dokumenten om stadsplan för Gränbyparken Pl 70 U (som antogs 1973-10-29 av KF) sägs i den av stadsarkitekt P.O. Lefvert gjorda kortfattade beskrivningen av parken 1972: *»Avslutningen mot öster och norr blir de blivande stora trafiklederna, motorvägen E4 och Bärbyleden.«* Av denna beskrivning framgår intressanta datum för olika förslag, exempelvis talas om att reservat för E4 och Bärbyleden finns redan på 50-talet och ett fastställelsebeslut för E4 delen Kumla trafikplats till Läby, Uppsala och Tierps kommuner som förlängdes från 1973 till 1977.

Några av de tjänstemän som varit involverade i de slutgiltiga besluten om ny E4 och dennas konstruktion, har som elever flera decennier tidigare varit med att staka utanför Gamla Uppsala. Dokumenten från tidigt 60-tal talar om att byggstart av den nya E4:an från Uppsala till Läby ska ske cirka år 1990-95. Dessa tidiga planer på ÅV-läget möjliggjorde för vägverksfolk att anpassa sitt boende och privata verksamheter på lämplig plats i förhållande till motorvägen. Pernler byggde exempelvis sitt ponnystall i Jälla år 1987-88. Det betyder också att det inte var politikerna som sinkade vägbygget genom obeslutsamhet vilket de har kritiserats för, utan det var redan fastställt av Vägverket att byggstart skulle ske 1990-95.

VBB:s utredning vid mitten av 60-talet resulterade i en 'Preliminär Trafikledsplan' från januari 1965. Den presenterar ett kraftfullt system som skulle lösa Uppsalas inre trafiksystem[131]. Väderkvarnsgatan, Vattholmavägen och Gamla Uppsalagatan har försetts med planskilda korsningar liksom Luthagsleden och några av Enköpingsvägens korsningar samt en Västerled genom Kåbo förbunden med Kungsängsleden. En ytterligare sydlig passage är dragen från Enköpingsvägen utgående från Västra Flogsta utefter Eriksberg, Norby och Flottsund samt norr om Sunnerstaområdet över Fyrisån strax norr om Nedre Föret vidare till Gamla Stockholmsvägen. Onekligen skulle det lösa stadens inre trafikproblem men samtidigt omskapa stora delar av stadsmiljön. Råbyleden som påfartsled på nya E4 hade ersatts med en förlängning utanför stadsranden av Gamla Uppsalagatan, beroende på att *»Nedschaktningar* /av Råbyleden/ *för planskilda korsningar skulle medföra grundvattensänkningar samt därav följande sättningar hos angränsande nyuppförd bostadsbebyggelse.«*

En Kåboled - helt genialiskt, eller hur? - Men, det enda som förverkligades var E4:s placering i Uppsalas östra stadsrand, allt annat kommer? Varför förverkligade man inte det andra åtgärderna? Det är väl dags för det? Eller ansåg man att de åtgärderna skulle ge en alltför kraftig och förfulande påverkan på stadsbilden och var helt okänsligt tänkta, precis som Vägverkets planer på västlig E4 vid stadsranden, som man i alla fall genomförde.

»1957 sattes E4 ut,« berättade Vägverket på ett informationsmöte om väg 290 i februari 2001. *»1957 gick de och stakade på min mark,«* säger en bonde från området vid Trafikplats Björklinge. *»1958 gick vi och stakade«*[132] ... Uppgifterna är samstämmiga. Vägverket hade färdiga planer för att bygga E4 1960, men fick då inga pengar till detta stora projekt, innan fastställelsebeslutet av vägplanen hade blivit för gammalt. Vägen kan ju inte vid den tidpunkten ha varit samhällsekonomiskt lönsam.

Man måste ju nu i dagsläget undra om inte över fyrtio år gamla planer att bygga E4 i ÅrstaVäst-läge, som den nu har fått, är föråldrade. Som vi hela tiden påpekat är det just vad den är. Enligt den av kommunen antagna Agenda 21-planen, ligger den för nära staden för att på bästa sätt fullgöra sitt syfte som Europeisk transitväg. Visserligen kan det vara dagsmode att välja flera decennier gamla tapetmönster och olika retroprylar, men en nästan 50 år gammal vägsträckningsidé som inte längre passar in i en stad, som mer än fördubblats under den gångna perioden, verkar inte rationell.

Professorn i trafikplanering vid KTH, Ingemar Ahlstrand, som vi träffade, bekräftade att Vägverket gör upp planer som sedan inte går att rucka på. VBB:s plan från 1965 som skulle börja verkställas 1990-95 enligt brevet vi visat ovan är ett tydligt exempel på detta.

När man på nytt den 4 januari 1990 beslutade att påbörja förarbetet till byggnationen av vägen ordnades det under påföljande år ett antal olika medbestämmandeprocedurer för att få politikerna och väljarna att tro att de deltog i beslutsprocessen, som vi tidigare beskrivit. Allt fanns redan på stadsplaneringens kartor. Hela denna beslutsprocess andas skendemokrati - som vi ska se, ett fint exempel på tjänstemannastyre i stället för demokrati.

Vägverket hade alltså sitt beslut klart och färdigplanerat med kartor och allt år 1965, eller visade det sig redan 1958, mer än 30 år innan man tänkt starta byggnadsärendet 1990[131], vilket man också gjorde. Var fanns plats för den lokala demokrati-processen vid detta beslutsfattande? Tjänstemannastyre?

Refererande till kommunalrådet Gunnar Hedbergs ogillande av kostnader för kommunen att bedriva politiskt arbete[155], skulle man ju kunna säga att, eftersom tjänstemännen är de som tycks fatta besluten, behöver man ju inte ha de kostsamma politikerna som lyfter pengar för att sitta och besluta om det som redan är beslutat. Vi försökte i åtta år göra övriga KF-politiker uppmärksamma på bluffen från Vägverket. Men ni lyssnade aldrig, utan kämpade för att få en lokalgata vid Uppsala betald av Vägverket.

När ideologin bara går ut på att genomföra flera decennier gamla tjänstemannabeslut utan hänsynstagande till de stora skyddsvärdena, har politikerna inte längre något värde för folket. Vad vi då syftar på är uttrycket »nonsensbeslut«, som Annika Lindh fick ta till när Fullmäktiges beslut blev nej till E4 i västlig dragning. Eller var skälet ett annat, såsom exempelvis köpslående mellan de olika politiska partierna i andra frågor där det rådde olika meningar? Eller var det för att beslutet inte löste problemet med E4-dragningen, utan beslutsprocessen skulle behöva fortsätta.

Var detta den egentliga anledningen till att kommunstyrelsens ordförande Annika Lindh (s) hävdade att det var ett »nonsensbeslut« i Uppsala Kommunfullmäktige den 28 okt 1996 när 50 röster av 81 sa nej till arbetsplanen för E4V (och 2 nedlagda röster). Sedan kördes sex lagar, stadgar och principer över, varav den viktigaste var lagen om kommunalt självbestämmande, vidare lagen om riksintresse för kulturvård, riksintresse för naturvård, Agenda 21-beslut (1997) om att bevara vatten och jordbruksmark för möjligheter till lokalt självförsörjande, skyddet för Uppsala dricksvattentäkt och Upplands högst klassade jordbruksmark. *»Uppsalas Agenda 21*[8] *innebär att kommunen ska sträva mot en god miljö och en långsiktigt hållbar miljö,«* skriver Annika Lindh vid besvarande av interpellation av Sven-G Hultman (mp) (KS-2001-0791), om uppföljning av Uppsalas Lokala Agenda 21. Trots att KF:s ledamöter fick utbildning i maj 1995 på konferenslokalen Viktoria om Agenda 21-direktiven och dessas tillämpning - *»Ett uthålligt samhälle lever i harmoni med den lokala miljön och skadar ej miljön någon annanstans nu eller i framtiden. Livskvalitet och kommande generationers intressen prioriteras framför nutida materiell konsumtion och ekonomisk tillväxt«* - så lärde de sig antagligen ingenting varaktigt.

Miljödebatt

När vi var i övre tonårsåldern var miljödebatten mycket aktiv och man konstaterade att nu är klockan *'fem i tolv'* i mänsklighetens historia, om vi ska kunna rädda vår värld. Det var lika mycket av de tankegångar som nu presenteras i Agenda 21 som vi då stred för. Bilismen och dess direkta och indirekta miljöpåverkan ansågs redan då så förödande att ett nytänkande måste till. Det var många som inte tog körkort, eftersom de tog avstånd från privatbilismen som orsakar luftföroreningar och hög trafikdödlighet. De menade att andra lösningar måste utarbetas. Sedan dess har visserligen fordonen blivit bränslesnålare, avgasrening har införts och säkerheten har ökat dramatiskt, men samtidigt har mängden fordon mångdubblats i världen.

Biologerna observerar ett tilltagande hot mot den biologiska mångfalden på grund av människans olika verksamheter och rovdrift. Ett stort antal arter har dött ut i modern tid och många andra står på gränsen till utrotning orsakad av biotopförstörelse och miljöförgiftning som människan åstadkommer. Det är inte bara emissionen från transportsektorn utan även många andra typer av utsläpp till luft och vatten från industri, jordbruk och annan mänsklig verksamhet, t.ex. hushållens föroreningar via avlopp och avfallshantering.

Nu protesterar skolungdomar över hela världen mot miljöförstörande levnadssätt och slöseri i samhället. Hoppas de får gehör! De *måste* lyckas många gånger bättre än vad vi gjorde! De kämpar för sin framtid. Resursslöseriet måste minska! Det är nu av den storleksordningen att man länge konstaterat, att det behövs flera jordklot för att uppfylla behoven och vi tär nu på resurserna för kommande generationer.- **I protesterna måste den totala miljöförstöringen som människan åstadkommer tas med,** olika typer av föroreningar som hotar själva livet på jorden. Om ungdomarnas agerande omfattar ett större helhetsbegrepp blir deras initiativ att protestera mindre åtkomligt för kritik. De bör kräva hårda restriktioner mot allt som utgör ett hot mot världens livsbetingelser, d.v.s. alla slags utsläpp av radioaktiva, toxiska och miljöförstörande föroreningar som hotar själva livet på jorden och i haven: persistenta giftiga substanser, som fluorerade organiska molekyler, hormonstörande ämnen och plastrester, inklusive olika typer av klimatpåverkande ämnen, samt skövling av viktiga biotoper. De måste dessutom vara realistiska och beredda på att skära ner sin egen överkonsumtion och sitt slöseri med vatten. Värna vattnet! Hur skulle dagens generation ens uthärda tanken att det kanske är den tilltagande elektro-magnetiska strålningen i 'mobiltillvaron' som knäcker insekterna?[193,194]

Det vore ytterst angeläget att politikerna röstade för att eliminera alla de homicider - för människan giftiga kemikalier - som gör att exempelvis männens fertilitet fortlöpande minskar på ett sådant katastrofalt sätt, att medicinsk expertis inom detta område varnar för människans fortsatta existensmöjligheter[223]. Visserligen handlar det väl bara om naturens reglerande ekologiska balansakt för att bromsa en organism, i detta fall människoarten, som hotar att bli för talrik och miljöförstörande - Skulle människan försvinna delar vi bara dinosauriernas öde i jordelivets historia.

Att uppnå en hållbar utveckling som alternativ till att köra på som vanligt är målet. Vad det handlar om är en mix av en skopa genial teknikutveckling, tre skopor återhållsamhet, två skopor nya värderingar i ekonomiska termer, en skopa nya värderingar i etiska termer = att sluta dyrka mammon och inse att det väsentligaste är samhörigheten med jorden och dess levande varelser. Prissätt varje art med ett ekonomiskt värde som kan räknas in i ett lands rikedomar. En 'produkt' som förädlats under miljontals år måste givetvis åsättas ett mycket stort värde och om den dör ut och försvinner blir den nationella förlusten enormt stor, kanske miljardtals kronor.

Man kan i detta sammanhang också med en viss beskhet i tonen konstatera att det går bra att åka till Rio de Janeiro och prata sig varm för Agenda 21, men att ändra på något i Sverige gick inte lika lätt för statsminister Göran Persson (s), fastän han rimligtvis hade chansen, eftersom det till sist faktiskt var Regeringen som fattade avgörandet om vägens placering och dess finansiering.

Långtidsperspektiv i stadsplaneringen

Väglagen säger enligt §13: *Vid byggande av väg skall tillses att vägen får sådant läge, utförande samt att ändamålet med vägen vinnes med minsta intrång och olägenhet utan oskälig kostnad.* §26 Vägkungörelsen stipulerar: *»att intrång och olägenhet samt från fastighetsbildningssynpunkt olämplig vägsträckning såvitt möjligt undvikes«*; *och »Att tillbörlig hänsyn tas till befintlig och blivande bebyggelse utmed vägen.«*

De statliga offentliga utredningarna SOU 1996:26 och SOU 1997:35[89] framhåller: ett av de trafikpolitiska målen är att »*Värdefulla kulturmiljöer och kulturminnen ska skyddas.«* Vidare sägs i rapporten: »*Kraven på långsiktig hållbarhet inom transportsektorn innebär att transporter inte ska ge allvarliga skador på naturen eller på kulturarvet.«*

»*Uppdelning av ett större område p.g.a. vägen, 'fragmentering', kan innebära att kulturmiljöer och kulturminnen isoleras från sitt historiska sammanhang. Platsen förlorar därmed delar av sitt kulturhistoriska värde och miljön blir fattigare,« sägs i* SOU 1997:35[89]. — Detta är exakt vad den västliga E4-korridoren inneburit trots försöken att mildra skadeverkningen.

Politikerna åligger det däremot att hela tiden upplysa allmänheten, genom stadens myndigheter, om att här har i den långsiktiga planeringen ett område reserverats för en väg - det ska ni vara medvetna om när ni väljer att bo just här eller köpa er tomt just här. Det är viktigt att upplysa allmänheten om hur vägar och andra typer av bebyggelse planerats, så att det inte blir överraskningar för folk - helt enkelt för att slippa bråk. Men det är ju givet att den mäklare som säljer tomter helst inte berättar att här får ni en motorväg om sådär en 10-30 år utan någon påfart så att ni skulle kunna ha glädje av den. Eller det här är ingen permanent parkmark för här ska ringleden runt Uppsala byggas i framtiden, etc. Sådana fakta kan göra vissa tomter oattraktiva och därför ge lägre köparintresse och lägre vinster. I stället försöker försäljare locka med att framhålla det ostörda läget eller de fina grönytorna i omgivningen.

Bärbyleden och nya E4 är goda exempel på kollisionen mellan långtidsplanering för staden och boendes intressen. Konflikter är näst intill oundvikliga. Har människor bott i 25 år vid ett grönområde som de upplevt och använt som park och friluftsområde, men som i själva verket i planerna för markens användning är avsett för en stor trafikled, så blir det uppror när marken plötsligt exploateras för sitt planlagda syfte. Det behöver inte vara bara planerade transportleder, utan kan mycket väl röra sig om planlagd mark för olika bebyggelseändamål, som småhus, höga bostadshus eller industrifastigheter, som kan förstöra en fridfull, ostörd och vacker miljö.

Å andra sidan blir situationen ännu mycket värre om inte långtidsplaneringen har utförts på ett väl genomtänkt och tillfredsställande sätt, så att man tvingas driva bort boende från deras fastigheter, för att deras boendemark behövs för annan infrastruktur. Det är emellertid inte lätt för planerarna att få till stadsplaner som på alla sätt uppfyller olika funktionella krav, samtidigt som hänsyn ska tas till olika miljökrav, vilka dessutom med tiden ändras och skärps genom nya bestämmelser. Ta exemplet i denna bok där stadsplanerarna gärna ser att transitleden norrut samtidigt kan avlasta stadens inre trafik, på samma gång som ett globalt dekret som Agenda 21 föreskriver att transitleder ska gå på behörigt avstånd utanför en tätort för att de inte på kort tid ska bli kringbyggda störningsfaktorer för boende. Att med den nya miljöpolicyn ändra på de nästan 50 år gamla planerna på motorvägen syntes omöjligt, i synnerhet som de planerande tjänstemännen själva inrättat sig efter de planer de gjort upp. Det finns dock platser som genom sin ålder inte är några nymodigheter, inte heller tanken på att skydda dem. Ett sådant område utgör nationalmonumentet i Gamla Uppsala som funnits i 1.500 år och således inte kan beskyllas för att vara ett nytt påfund.

Klaga inte på oss!

Om Vägverket uppenbart bryter mot §§ 13 & 26, som i fallet med val av E4-korridor förbi Uppsala, p.g.a. privatintressen, så måste ju de lokala politikerna ifrågasätta och försöka säga ifrån. Det är då inte konstigt att det kan bli en segdragen process som till slut i allmänhet vinns av Vägverket, genom att det kan ta till olika knep för att driva igenom sin vilja. Men Vägverket ska inte klaga på politikerna som försöker göra sitt jobb, när Vägverket inte fullgjort sitt åliggande att bygga vägar med minsta möjliga skada. Och till allmänheten kan vi säga att det är Vägverket som skapar fördröjningarna, inte väljarna. Det är ju synnerligen märkligt att man skyller på oss att vägen blivit fördröjd och ändå, trots den påstådda långbänken, så har de av Vägverket anlitade konsulterna inte givits tillräcklig tid för att hinna utreda hur trafikflödena i city påverkas av olika E4-påfarter.[106:12]

Detsamma har vi att säga till de politiker som vill svälja Vägverkets planer rakt av. Om man som M, Fpl, C och Kd vill lägga en motorväg genom olika områden som har lagstadgade skydd, så får man räkna med att vägbygget blir fördröjt. Ansvaret för fördröjningen vilar då på de politiker som vill bryta mot lagen, i stället för på dem som påminner om att lagskydden finns, nämligen Stoppa E4 Väst Kulturpartiet och Riksantikvarieämbetet. Om det finns ett samband mellan fördröjningen av vägbygget och trafikolyckor, så är det ju de som orsakat fördröjningen som bär ansvaret för olyckorna, alltså M, Fpl, C och Kd. Denna enkla logik har vi fått påminna Moderaterna om och måste upprepa den för centerns Rigmor Ahlstedt, som påstod att vi är skuld till en vägolycka på 'gamla E4' i Läby. Hon glömde bort att det var Centerpartiet som ändrade till västlig läge från den östliga dragningen, som skulle gått helt utanför skyddade områden och riksintresseområden. Och hon påstår helt felaktigt att SE4VK arbetar mot att nya E4 ska ha motorvägsstandard och förtiger att SE4VK i fem års tid har uppvaktat och uppmanat regeringen om att bygga en motorväg enligt östlig dragning. Det alternativet hade sannolikt varit påbörjat mycket tidigare om inte Centerpartiet hade tagit initiativ att stoppa det[133,11,53]. I en senare insändare tog hon tillbaka dessa påståenden, vilket var bra eftersom den missvisande kritik hon tidigare skrivit bara ökade på personhoten mot oss. Hon hade fått kritik för sin okunskap, dels av Urban Sjelin, dels av en C-väljare, som skriver brev till henne: *»Stoppa E4 Väst är, till skillnad från Vänsterpartiet, positiva till en ny motorvägsdragning. De stödjer förslaget JÖB och mig veterligen har de inte ändrat ståndpunkt nu. Visste inte du det? Eller har någon på UNT(!) redigerat i vad du sagt?«*

Orsaker till att ÅV valts av olika intressenter

VÄGVERKETS INTRESSE: Maktdemonstration från Vägverket - ÅV var deras ursprungliga och enda förslag, eftersom förutsättningen var att den skulle gå till Läby. E4 ÅV ger bäst trafikarbete. Kan byggas i två etapper om pengar inte ges till etapp två (eftersom denna inte är lönsam). Önskan att. åstadkomma ett prejudicerande beslut om att få rätt att köra över tunga kulturintressen.

KOMMUNENS INTRESSE: Få en trafikled 'gratis' (av staten betald) för Uppsalas interna trafikavlastning, en ersättare till Rörbyled, som en del av stadsringen.

VÄGVERKSTJÄNSTEMÄNS INTRESSE: Värna Ponnyklubben och det egna boendet.

PRIVATINTRESSE: Skydda bl.a. C-politikern Sandbergs gård och andra Bevara Vaksala-medlemmars marker.

EKONOMISKT PRIVATINTRESSE: Skydd av mark för tomtförsäljning i Jälla.

FRILUFTSINTRESSE: Skydd av vid beslutstillfället icke naturskyddad skogsmark, vilket drevs av Axelsson, Nordlund, Eriksson, Jonsson.

*

Gränbyparken

För att tillgodose östra Uppsala med bostadsnära friluftsmark och platser för idrottsutövning utformade stadsarkitekt Lefvert i november 1972 en stadsplan över ett parkområde i Uppsalas östra stadsrand kallat Gränbyparken. Parken avgränsades österut av ett växande köpcentrumområde, Gränby centrum, invid villaområdet Brillinge. Godkännande av denna stadsplan över Gränbyparken i sin helhet satt långt inne, bl.a. därför att Länsstyrelsen pekade på den osäkerhet som rådde om var nya E4 och den anslutande Bärbyleden skulle gå och om den östligaste delen av planen skulle behövas för ny E4.

Men 1975-09-10 fastställde regeringen planen:»Vid tiden för länsstyrelsens fastställelseprövning pågick utredning om den framtida sträckningen av europaväg E4 med anslutningsvägar inom norra delen av Uppsala kommun. Enligt ett av de då föreliggande utredningsalternativen kunde delar av planområdet komma att behöva tas i anspråk för trafikleder och trafikplatser. Länsstyrelsen fastställde planen med undantag för dessa delar. Sedan det numera klarlagts att europavägen kommer att byggas i annan sträckning föreligger inte hinder att fastställa planen i dess helhet. Regeringen fastställer - med bifall till besvären - hela det av kommunfullmäktige antagna planförslaget«, undertecknat Ingvar Carlsson (s, dåvarande bostadsministern, senare stadsminister)[136]. Kommunen ville vid den tidpunkten ha E4 längre bort från staden österut, så hinder förelåg inte längre.

Nu långt över tjugo år senare skulle man i alla fall bli tvungen att ta i anspråk 30.000 m², av det av Regeringen fastställda planområdet för parken, längst ut på dess östra sida, eftersom Vägverket *trots allt* lokaliserat E4ÅV så nära staden, enligt sina då mer än 30 år gamla planer. Detta ingrepp i stadsplanen skulle normalt kräva en stadsplaneändring för det aktuella området, något som kan vara en tidsödande process om den ska ske med sedvanligt planförfarande, innebärande samråd och inhämtande av synpunkter från olika remissinstanser, etc.

Uppsala byggnadsnämnd, som är en tung instans med i vissa fall myndighetsfunktion när det gäller planärenden, beslöt då med stor majoritet och med Monica Östman (s) som ordförande att tolka Vägverkets ianspråkstagande enligt Väglagens §14 som ett mindre ingrepp som man kunde bortse ifrån. Detta meddelas Vägverket i juni 1996. Anmärkningsvärt är att detta beslut togs vid den tidpunkt då Uppsala kommunfullmäktige fått s-majoritet och Socialdemokraterna gått till val på att stoppa E4ÅV och att det alltså inte försökte leva upp till Socialdemokraternas vallöfte om att stoppa E4 i västligt läge. Det styrker misstankarna om att de i stället i tysthet stödde Vägverkets planer.

Hänvisande till Uppsala byggnadsnämnds beslut om Gränbyparken, höll Länsstyrelsen i sin PM till Vägverket i juli 1996 med om att ingreppet kunde betraktas som marginellt. Vägverket å sin sida ansåg 1997-08-22 däremot vid sin tolkning av Väglagens §14 att *ingreppet är påtagligt* och inte kan betraktas som ett mindre intrång. Eftersom Länsstyrelsen och Vägverket var oeniga i sina respektive tolkningar, kunde Vägverket hänvända fastställelseärendet direkt till Regeringen för beslut, samtidigt som de kungjorde att de hade fastställt delen Läby-Mehedeby. Vi ser detta förfarande som ett sätt för Vägverket att driva frågan om placeringen av E4 till Regeringen, där vägverkstjänstemännen sannolikt kände sig säkra på att ha näringsministern, den tidigare vägverkstjänstemannen Rosengren, med sig och få godkännande för valet av ÅV-alternativet.

I en skrivelse från Kommunstyrelsen i oktober 1997 skriver styrelseordförande Annika Lindh (s): »Mot bakgrund av att E4-an ..... som tung fråga till synes hamnat i ett beslutsmässigt vacuum, bör avvikelsen gentemot detaljplanen i Gränby inte fälla avgörandet.« — I stället för att alltså framhålla att intrånget i Gränbyparken *bör fälla avgörandet att inte acceptera ÅV*, vilket skulle vara i linje med Kommunfullmäktiges beslut ett år tidigare att avstyrka arbetsplanen för E4 ÅV och det skulle uppfyllt Socialdemokraternas vallöfte att stoppa E4 väst, så anser Kommunstyrelsen (med s-majoritet) alltså att Gränbyparken inte ska vara ett hinder för ÅV.

Skrivelsen fortsätter: »Med hänvisning till KF:s beslut 1996-10-28 ser vi gärna att ytterligare lösningar prövas. Kommunen önskar därför i en uppvaktning utveckla sina synpunkter.« Eftersom detta var ett utspel av Kommunstyrelsen och ärendet aldrig kom till Kommunfullmäktige, vet vi inte vad som avhandlades i detalj vid uppvaktningen, men den resulterade i alla fall inte i det nej till ÅV som man lovat i valet att försöka åstadkomma med hjälp av den socialdemokratiska regeringen.

Till denna skrivelse från Kommunstyrelsen anför centern en reservation i vilken centerns kluvenhet i frågan och kanske deras egentligen negativa inställning till E4ÅV framgår: »Från centerpartiet vill vi då först påtala det osnygga i vägverkets tillvägagångssätt, den att dela vägsträckan Uppsala-

Mehedeby i två arbetsplaner[27,64] i akt och mening att omintetgöra en sammanhängande prövning av hela sträckan. Tilltaget är klandervärt och kan bara ha till syfte att förhindra en demokratisk prövning av ärendet. Därför kan vägverkets handläggning inte accepteras.« Lars-Gunnar Eriksson (c)[88].

Eftersom Vägverket redan augusti 1997 fastställt arbetsplanen för väg E4 Uppsala- Mehedeby delen Läby-Mehedeby skulle ett godkännande från Regeringen av ingreppet i Gränbyparkens planområde kunna bli det sista hindret för E4ÅV, som undanröjdes för att Vägverket skulle få godkännande av sin arbetsplan för den totala vägsträckan. *Men Regeringen var inte okänslig för den mångfacetterade kritiken mot E4ÅV, utan ville ha ytterligare fakta inför sitt ställningstagande.* Regeringen begärde därför hos Vägverket ytterligare utredningar, som vi ska komma till i ett senare kapitel.

Enkelt planförfarande

Plan och Bygglagen fastslår i femte kapitlet §1: »Prövning av markens lämplighet för bebyggelse och reglering av bebyggelsemiljöns utformning ska ske för 1. Ny sammanhållen bebyggelse; 2. Ny enstaka byggnad vars användning får betydande inverkan på omgivningen eller som skall förläggas inom ett område där det råder stor efterfrågan på mark för bebyggelse, om tillkomsten av byggnaden inte kan prövas i samband med prövning av ansökan om bygglov eller förhandsbesked.«

Vidare slår lagen fast, i samma kapitel §29: »Detaljplaner antas av kommunfullmäktige. Fullmäktige får uppdra åt kommunstyrelsen eller byggnadsnämnden att anta planer som inte är av principiell beskaffenhet eller i övrigt av större vikt.«

Slutligen anger lagen möjlighet att använda ett förenklat planförfarande §28: »Om förslaget till detaljplan är av begränsad betydelse, saknar intresse för allmänheten samt är förenligt med översiktsplanen.«

Gränby centrum, som ligger vid Uppsalas östra stadsrand granne med Gränbyparken, är under kraftig expansion. Byggnadsnämnden, med vid den här tidpunkten ordförande Irene Zetterberg (s) i spetsen, ville ge tillstånd att »utveckla« området genom enkelt planförfarande, vilket godkändes vid fullmäktigebeslut. SE4V interpellerade om detta beslut som rörde ett så stort och känsligt exploateringsområde i anslutning till riksintresseområdet för Vaksala K36[138]. Vi påpekar i interpellationen att inga trafikberäkningar har utförts på de berörda vägarna vid Gränby köpcentrum, som ville bygga upp ett helt våningsplan till och utöka antalet entréer och parkeringsplatser. I interpellationen påtalar jag att konsekvensen av planen blir en kraftig trafikökning och hänvisar till skrivelser från villaägare som bor grannar med anläggningen och ifrågasätter användandet av enkelt planförfarande för en sådan omfattande åtgärd med stora konsekvenser för områdets trafiksituation och miljö.

Att som just skildrats ovan betrakta E4-intrånget i Gränbyparken som obetydligt låg helt i linje med inställningen hos byggnadsnämnden vid denna tidpunkt, som var att generellt försöka förenkla planprocesserna. I en reservation från miljöpartiet rörande ett helt annat planärende illustreras Byggnadsnämndens diskutabla användande av enkla planförfaranden och fria tolkning av lagen[123].

Ett praktexempel på orättfärdigheten i beslut vid ställningstagande till bygglov i Gränby/Brillinge är den behandling som drabbade ett par av våra medlemmar, Gunnel och Gustaf Nyström. De bodde med utsikt över Gränby centrum, som då var en enplansanläggning och var berörda av Gränbyparkens planer. Bilmekaniker Gustaf N som hade bilverkstad fick inte bygga ut sin verkstad så att han kunde hissa upp bilar för underarbeten.

Byggnadsnämnden motiverade avslaget av hans bygglovsansökan med att hans verkstadsbyggnad då skulle bli för hög och störa i stadsdelen genom avvikande höjd bland villabebyggelsen och åberopade också den ökade trafik som hans verksamhet skulle åstadkomma. En tid därefter ansökte Konsum om att bygga ett helt våningsplan till på Gränby centrum, vilket byggnadsnämnden tyckte kunde ske med enkelt planförfarande, eftersom det enligt ordförande i Byggnadsnämnden Irene Zetterberg (s) inte var av allmänt intresse[138,139]. Likhet inför lagen? Men Nyström överklagade, bl. a. motiverat av den trafikökning i området som man kunde förvänta sig och det ledde till att Regeringen gav byggnadsnämnden backning och sade nej till enkelt planförfarande. *»Byggnadsnämnden borde på annat sätt ha hanterat ändringen i detaljplanen för utbyggnad av Gränby Stormarknad, anser Regeringen. Utbyggnaden har därför stoppats,«* rapporterar Kjell Hedlund i UNT[139].

När den här boken nu skrivs, har det vuxit upp en hel sammanhängande rad med höga flervåningshus framför Nyströms grannars fastigheter på Storkällsvägen i dessas omedelbara närmiljö och utsikt mot sydväst.

Kohandel mellan de politiska blocken

Vid den tidpunkt då kommunstyrelsen skulle ta beslut om E4-lokalisationen uppgick Uppsalas låneskuld till 10-siffrigt belopp. Räntorna belastade budgeten mycket hårt. För att råda bot på detta föreslogs en försäljning av Uppsala stads värmekraftverk, som vi skrivit tidigare om. I propositionen för detta förslag i fullmäktige från den då styrande röd-gröna majoriteten framhölls att skulden skulle betalas av och sedan skall Uppsala inte skuldsätta sig mer. Oenighet rådde bland de rödgröna. Vänstern och Miljöpartiet var inte med på försäljningen, som skulle avhända stadens beslutande organ att råda över prissättningar på tjänsterna och verkets miljöpolicy. De unga inom Socialdemokraterna var också emot privatiseringen av verket.

Kraftvärmeverket såldes till statliga Vattenfall fastän en annan intressent bjudit mera. Anledningen sägs ha varit att Socialdemokraternas ungdomar var emot en privatisering men kunde acceptera försäljningen (privatiseringen) av stadens värmekraftverk om det gick till samhällsägda Vattenfall. De borgerliga, som i sin politik generellt föredrar privat ägande framför statligt, gick däremot med på att staten fick ta över värmekraftverket, mot att de fick E4Väst, som de velat ha. Det var vid förhandlingarna om detta som vi tror att 'kohandel' pågick, eftersom S gav med sig om vägen då de fick sälja till Vattenfall AB, som ägdes till 100% av staten och lyder under Näringsdepartementet. »*Rätta oss om vi har fel,*« som näringsminister Rosengren brukar uttrycka sig. Försäljningen av Uppsala Energi firades stort av den borgerliga gruppen. Det kan ju inte vara glädjen att det förstatligades, utan det måste ju finnas någon annan orsak.

Av KF:s protokoll 19 juni 2000 Ärende 138 Förslag till försäljning av Uppsala Energi AB framgår… »*Agnetha Sällström (sE4vk) och Maj-Britt Andersson (kd) yrkar att de pengar försäljningen av Uppsala Energi ger ska användas till att betala av på låneskulden.*« Försäljningssumman blev exakt samma som den skuld man hade vid tidpunkten för transaktionen. Förslaget antogs av KF.[134] Agnetha hade argumenterat hårt för att när låneskulden väl betalats så får inte kommunen ta några nya lån, utan måste ha en budget i balans. Det var ju tur att detta krav inte togs med i beslutet, för i så fall hade vårt parti blivit orsak till ännu ett 'nonsensbeslut', eftersom man givetvis inte skulle kunna hålla löftet att inte låna mer, utan strax efter tog stora lån för att finansiera ett påkostat kulturprojekt - Musikens Hus. Bara sex år senare var skulden ånyo nästan uppe i miljardbelopp.[135,211]

Olika möten med Vägverkets generaldirektörer

Vi hade vid ett flertal tillfällen försökt få träffa generaldirektören för Vägverket, Per Anders Örtendahl. Vid ett tillfälle då han var på väg med flyg till Stockholm, erbjöd vi honom att hämta honom på Arlanda och skjutsa honom till den adress han skulle till i Stockholm. Under denna bilresa förklarade han att han hade velat ha en östlig E4-dragning, men att det för Vägverket var viktigt att få Riksantikvarieämbetet att tvingas vika sig för Vägverkets önskemål, alltså att få ett prejudicerande beslut att vägintresse går före fornminnesintressen. Det var exakt vad vi skrev i vår första artikel i UNT 9/4 1994 att vi fruktade skulle ske. Örtendahl kom i onåd och ersattes 1995 av ämbetsmannen Jan Brandborn.

En liten delegation från vårt parti träffade generaldirektör Brandborn i Borlänge - vi två tillsammans med Gunnel och Urban. Då vi börjat samtala frågade Jan om han fick anteckna på den medhavda datorn, vilket Brandborn accepterade och Jan satte igång med full fart, eftersom han behärskade skrivmaskinskonsten. Efter en stund tappade nästan Brandborn tråden, störd av det snabba skrivandet och frågade: *»Skriver du allt jag säger?«* - Det blev förvisso nedskrivet, men finns inte längre för Apple bytte system, så att de filerna från den tiden inte går att läsa på ett enkelt sätt. Sådan är datatekniken - dagsländelik![24]

I brev daterat 2002-06-17 begärde partiet att få träffa Vägverkets nye generaldirektör Ingemar Skogö, men fick till svar (undertecknat av en av hans tjänstemän) att det ej var aktuellt, eftersom beslut om E4 redan var taget av Regeringen.

Svaromål från vår sida i nytt brev, med motivering att pengar ej beviljats och att den beslutade vägdragningen kommer att leda till oerhörda fördyringar. Riksrevisionsverket hade funnit att i större vägprojekt hade Vägverkets slutkostnad i genomsnitt blivit 86% dyrare än beräknat för en studerad period före september 1994. RRV menade att underskattningarna är ett allvarligt problem, därför att de kan leda till att statsmakterna riskerar att fatta felaktiga övergripande beslut angående investeringar i vägar och järnvägar[174]. Projektledaren Owe Ekman ville göra gällande, då han bemötte detta argument från oss, att fördyringen berott på att man bytt vägstandard i det studerade fallen. Men är det egentligen någon ursäkt? Om man begär pengar för olika projekt så ska man väl veta deras vägstandard!? Förmodligen använder man sig av taktiken att man begär anslag för en enklare väg, så att det inte ska låta för dyrt, och sedan när man har fått grönt för bygget och påbörjat projektet, 'upptäcker' man att det tyvärr krävs en bättre standard än man först trodde - det är åtminstone vår misstanke.

När vi hävdade att Skogö bör vara informerad om detta och om det fusk som lett till vår anmälan i Europadomstolen (beskrivet nedan), resulterade det i att styrelserepresentanter för partiet, Agnetha Sällström, Gunnel Jansson och Urban Sjelin, fick träffa Skogö på Vägverket i Stockholm 6 december 2002. Mötet blev ett fiasko p.g.a. att Stockholmskontoret flyttat och inte ens fått upp sina skyltar på dörrarna, vilket inte meddelats besökarna från Kulturpartiet. Mötet blev därför betydligt kortare än avsett och Skogö var allmänt tidspressad och ointresserad.

Vi fick heller aldrig svar på vår fråga om hur mycket vatten som beräknas behöva pumpas bort kontinuerligt vid den av Vägverket förordade E4-dragningen inte heller utlovat brev från Owe Ekman, som kunde vederlägga vårt påstående (hämtat från Vägverkets egen redovisning) att *Thomas Hedman varit ensam samrådsansvarig*[153]. Därför använder vi detta faktum i den här boken vid analysen av särintressen hos tjänstemännen.

Vi kan konstatera att utbytet av att träffa dessa höga ämbetsmän var i stort sett noll.

*

Ordningen i KF - Moderaterna gör bort sig - pärlor för svin

Hur ska man kunna göra nytta när man har med ignoranta människor att göra? Jag kommer särskilt ihåg ett tillfälle då vi visade overhead-bilder i fullmäktige med Vägverkets förvanskade kartor.

Vårt arbete i kommunfullmäktige byggde på att sakligt argumentera med ett korrekt faktaunderlag som grund. Vid ett tillfälle då vi hade ett informationsmöte i KF för att framföra våra sakargument och med overheadbilder visade Vägverkets förvanskade kartor och felaktiga underlag för vägplanen, visade moderatgruppen färg, genom att på ett fullständigt oacceptabelt, nonchalant och ohyfsat sätt störa mig genom att sitta och småprata ohejdat. Moderaterna satt bara och pladdrade inbördes. Det var ett under att Jan, som skötte bildvisningen, inte exploderade och röt ifrån, vilket han inte hade befogenhet att göra, trots att m-politikerna betedde sig under all kritik. Vi hörde till några av de mest högutbildade av politikerna i uppsalapolitiken och var vana att hålla oss till fakta. Vi tänkte: Moderaterna efterfrågar minsann ordning och reda i skolorna, men kan inte hålla mun själva när det gäller - eller var vi för överkvalificerade för denna typ av församling? Uppträdandet av Moderaternas ledamöter vid detta tillfälle är verkligen klandervärt, mot bakgrund av att man hållit en överläggning 18 augusti 1997 om ordningen i fullmäktigesalen under mötena[142], åberopande bl.a. »allmänhetens kritik beträffande närvaro, störande inslag i form av egna diskussioner så att åhörare måste hyssja ner dem, medmera.«

I själva verket ville de ingenting veta. Då ARV sammanställt sin rapport om vägalternativet JÖB med hjälp av Vägverkets kostnadsberäkningsmetoder och personligen uppsökte de olika politikerna, för att informera om detta ekonomiskt gynnsamma, östliga E4-förslag, hade Lars Olof Lindell (s), Mats Bergfors (mp), Britt Löfgren (v) och Lars Gunnar Eriksson (c) tagit emot dem och lyssnat. Däremot hade Harald Nordlund (fp) och Gunnar Hedberg (m) inte velat träffa ARV:s representanter för att få upplysningar om det av ARV framtagna alternativet JÖB. - Här passar det att citera Goethe: »Ingenting är så förskräckligt som en handlingskraftig okunnighet.«

Hedbergs irritation över det nya partiet

Moderatledaren Gunnar Hedberg opponerade sig över kostnaderna för den politiske sekreteraren Jan Sällström, som han påstod inte vet vad särintresse är, och nämnde en siffra som var långt i överkant. Tillsammans med Jans arvode som ledamot av Miljö-och hälsoskyddsnämnden uppgick den verkliga summan endast till drygt hälften av vad Hedberg hävdade. Men, eftersom kommunen betalade för totalt sex heltidstjänster för politiska sekreterare, som alla partier fick deltider av i proportion till respektive partis storlek, så blev kommunens utlägg för sekreterare densamma, vare sig vi fanns med eller ej[82]. Om Hedberg åberopat att vi, med bara ett mandat, fick förhållandevis mycket av kakan - Jan hade 0,351% tjänst - hade han inte varit ute och cyklat som han gjorde då han påstod att vi kostade kommunen »miljonbelopp«.

Kommunallagens 2 kap 9§ 1:a stycke stipulerar att kommunen får ge ekonomiskt bidrag och partistöd till de politiska partier som är representerade i fullmäktige. Av 10§ framgår att fullmäktige skall besluta om partistödets omfattning och formerna för det. Det får inte utformas så att det otillbörligt gynnar eller missgynnar ett parti.... »Hänsyn skall även tas till värdet av fria lokaler och annan kostnadsfri service som kommunen och landstinget lämnar.« I verkligheten fick SE4V aldrig tillgång till något eget rum som kunde användas till kontor och gruppmöten, inte heller någon telefon, som tidigare nämnts.

Vi kostade kommunen obetydligt mer än om vi inte funnits. Merkostnaden berodde på att med ett nytt parti i KF så blev det en extra *politisk gruppledare,* som i egenskap av sådan fick ett högre arvode än om hon endast haft funktion som ledamot. För politisk sekreterare kostade vi, som sagt, inte kommunen ett öre mer än om något annat parti fått det mandat vi lyckades ta. Alla 81 ledamöter fick ett grundstöd, lika för alla. Att själva partiet fick ett partistöd bidrog förvisso till en extra kostnad, men det är till för att möjliggöra en politisk mångfald i det demokratiska styret. Vill moderaterna klaga på det, så speglar det bara ett osympatiskt odemokratiskt tänkande.

Moderaternas ledare gillade inte oss av någon oförklarlig anledning. Ändå var ett stort antal av våra väljare personer som normalt sympatiserade med moderaterna, men som tyckte att det partiet nu *svek kulturen genom sitt ställningstagande i motorvägsfrågan.* Vår jämförelse av röstsiffrorna i kommunalvalet med riksdagsvalet indikerar det. Vi med vårt kulturbevarande intresse och kunnande borde i stället ha väckt Moderaternas sympatier. Men Moderaterna ville väl helst inte ha konkurrens i politiken. Eller retade de sig på att Agnetha på sammanträde om löneförhöjningar för politikerna deklarerade att hon ansåg att vi politiker har tillräckligt och att det inte går att för väljarna motivera kraftiga löneökningar? Vi borde ha sagt: »Sluta oja dig Hedberg! Det var Moderaternas svek mot ett av partiets grundpelare som var orsaken till SE4V och SE4VK!« — Således borde han i första hand ha ondgjort sig över det egna partiets dumhet i frågan.

Många år senare fanns vi fortfarande kvar i deras minne. Då SD fick ett mandat i Uppsala kommunfullmäktige hösten 2006 och begärde att få samma faciliteter som de övriga partierna normalt har, d.v.s. ett kontorsrum på stadshuset och lön till en politisk sekreterare, var Moderaterna mycket upprörda. SD-representanterna var *persona ingrata* (eller ansågs kanske inte rumsrena nog att få ha ett rum enligt Moderaterna, men tydligen inte enligt alla väljare), att döma av Hedbergs upprördhet[154], då han ondgjorde sig över vad det skulle komma att kosta kommunen.

Den styrande alliansen med M, C, Fpl och Kd föreslog därför i en skrivelse[154] till Kommunstyrelsen 19 sept 2006: ...»att nu innan nästa mandatperiod börjar i november 2006 så bör reglerna ändras så att det finns en tröskel för när ett stöd för politiska sekreterare utgår. En möjlighet är att stödet binds till plats i kommunstyrelsen«, alltså en ändring av kommunens tolkning om fördelning av anslag till politisk sekreterare. I skrivelsen överdriver de friskt om kostnaden för SE4VK:s mandat i fullmäktige och hävdar: »för mandatperioden 1998-2002 uppgick kostnaderna till miljonbelopp för detta enda mandat.« Denna osakliga skrivelse är undertecknad av Gunnar Hedberg (m) , Lars O Ericsson (c) Karolina Hilding (fpl). Gustaf von Essens (kd) namn står maskinskrivet men inte signerat. Varför skrev han inte under? Ville han inte låta allianspiskan råda (jfr ref 156) eller kanske att han insåg att Kd vid något val skulle kunna halka under gränsen för att få plats i kommunstyrelsen. Det borde även C ha tänkt på. Observera, att då vi kom in i fullmäktige 1994 fick Centern så få mandat att de inte räckte till en plats i kommunstyrelsen. Enligt detta nya regelsystem skulle C inte haft stöd för politisk sekreterare under båda mandatperioderna, eftersom de bara fick fyra ledamöter under första och andra mandatperioden, vilket gjorde att de inte borde fått plats i KS. (De fick ju visserligen plats i KS, men då med hjälp av den borgerliga gruppen, vilket gjorde dem förödande osjälvständiga i ställningstagandena till E4-frågan - »*förödande*« för en stor grupp av deras sympatisörer. C blev, för att använda Gunnar Hedbergs uttryck, »bara en liten jolle,«[116] som följer efter M och Fp.)

Kommunstyrelsen nappade emellertid på denna ovederhäftiga skrivelse och önskan från alliansen och lät kommunstyrelsens arbetsutskott utforma förslag till justering av ERS 07 beträffande politiska sekreterare, samt att bemyndiga Kommunstyrelsens arbetsutskott att på Kommunstyrelsens vägnar lämna förslag till Kommunfullmäktige i oktober. Den 9 oktober skriver kommunalrådet Hedberg (m) ånyo en skrivelse[154] i vilken han talar om att Stadsjuristen har i PM den 3 oktober 2006 belyst de rättsliga förutsättningarna. Av promemorian framgår att fullmäktiges beslut om partistöd skall innefatta ett grundstöd *som skall utgå till alla partier i Kommunfullmäktige.* Ändå hävdar Hedberg att man bör följa alliansens förslag: »Förslag till ändring av Kommunfullmäktige beslut rörande parti07« (KF 30 okt 2006 §210)[154] att sätta en spärr för sekreterarhjälp åt partier som inte hade uppnått fem mandat. *Kommunfullmäktige beslutar i tredje att-satsen för samma mandatperiod fastställa att varje parti med representation i kommunstyrelsen erhåller ett stöd till kostnader för politiska sekreterare enligt följande...*, vilket gjorde att SD inte fick stöd till partisekreterare mandatperioden 2007-2010. SD kände sig därvid av naturliga skäl missgynnat[154].

Denna ovan nämnda ändring av PARTI 07-reglerna för politisk sekreterare som genomfördes precis innan den tidigare mandatperiodens slut[154], utgör ett ytterligare exempel på den 'sista-minuten-förändring' som möjligheten ges till under den korta tiden efter valet fram till nya mandatperiodens början. I detta fall var det för att förhindra att man började betala ut stödet och sedan skulle behöva ta bort det.

Vilket bottennapp för demokratin!! SE4V tillkom för att öka demokratin. Vi gjorde den nyttan att vi i demokratins namn ställde upp för en grupp väljare, som de övriga ignorerade i en viktig fråga och som inte väljarna hade förtroende för att de övriga partierna behandlade korrekt. Av bifogad förteckning över våra skrivelser, sid. 281-290, framgår att Jan som sekreterare inte suttit och rullat tummarna. Genom att vi lyckades reta upp vissa av moderaterna - vilket inte är svårt så dryga som en del av dem kan vara - och de andra, så genomförde de denna odemokratiska åtgärd. Genom vår existens minskade således demokratin - det var ju bittert! Eller, för att uttrycka saken mer korrekt - genom de andra partiernas existerande odemokratiska tänkesätt saboterade de demokratin. Eller också var det helt enkelt för att aktivt begränsa SD:s inflytande, trots att de givetvis vill förneka att så var fallet. Men vi satt i åtta år i fullmäktige med ett mandat och hörde under denna tid aldrig någon diskussion om att vi inte borde ha sekreterarhjälp. Vi tackar så här i efterhand för den försyntheten att inte delge oss den typen av tråkig diskussion om sekreterarfrågan.

Hade vi en fördel av att vi hade förhållandevis stor andel sekreterartjänst i proportion till partiets enda mandat i Fullmäktige? - Knappast! Vi kan trösta de uppretade med att fullständigt oberoende av om vi över huvud taget fått betalt för sekreterarhjälp eller inte, så hade precis samma arbete utförts och allt det vi skrivit under tiden hade blivit gjort helt gratis. Till råga på eländet(?) har vi fortsatt med skrivandet, vilket gett upphov till den här boken.

I 2014 års val kunde SD platsa för att få sin sekreterare även med de nya reglerna, medan Fi blev utan. Mångfalden har ökat trots att de blev av med »problemet« Kulturpartiet.

Hedberg (m) anklagar SE4V för 'stråtröveri'?

Genom ett försåtligt skrivsätt av moderatgruppens partiledare Gunnar Hedberg fick han det alltså att se ut som om SE4VK och dess sekreterare tillskansat sig miljoner av kommunen - »SE4VK kostat kommunen miljonbelopp«[154]. Som vanligt när politiker är i farten, så är de nonchalanta med fakta, bara ett visst syfte kan uppnås. Om SE4VK fick miljonbelopp för sin enda fullmäktigeledamot, såsom Hedberg överdrivet påstod, så skulle moderaterna med sina då 19 ledamöter ha höstat in ett ansenligt antal miljoner – som kan tyckas onödiga därför att dessa alla tycker och röstar som partiets gruppledare, ja, de förväntas röstat i klump även i frågor där splittring råder, som i E4-frågan. Det borde ju i besparingssyfte räcka med *en* arvoderad ledamot, som har de antal röster vid voteringar som svarar mot det antal mandat som partiet fått, eftersom alla dansar efter gruppledarens pipa[156]. Man kanske på så sätt skulle kunna göra väldiga kostnadsbesparingar genom att reducera antalet ledamöter som sitter i fullmäktige men bara jamsar med, och inte ens har öppnat kuvertet med handlingarna för dagens ärende då mötet börjar. Kommunallagen föreskrev dock den storlek på fullmäktigeförsamling som vi hade i Uppsala vid den tiden med 180.000 invånare.

Det faktum att Agnetha som satt i en grupp för översyn av »politikernas ekonomiska förmåner och ersättningar« fick de övriga politikerna att förstå att ordet »förmåner« måste tas bort i namnet på gruppen för det väcker politikerförakt hos väljarna, medan ersättningar är ett i sammanhanget helt adekvat ord som bör räcka i namnet, samt att gruppen hörsammade detta och ändrade namnet, var ju ett bra bidrag som vi gav. Men det faktum att hon frånsade sig uppdraget att delta i gruppen för att hon inte kunde stå till svars inför väljarna för 20% löneökning av politikerersättningarna[104], borde ha signalerat till Hedberg att vi i vårt parti inte var ute efter att tjäna pengar på vårt politiska engagemang. Det har aldrig varit fråga om pengar när vi har ägnat oss åt det här angelägna politiska beslutsärendet.

Det var beklämmande (eller varför inte använda Harald Nordlunds specialord *»bedrövligt«*[160], då Nordlund ställde frågor tillsammans med Rigmor Ahlstedt till Björn Rosengren i Riksdagen) att se hur en ledare för ett civiliserat parti kan uttrycka sig i offentlig press, utan att känna till de verkliga förhållandena. Tyvärr hade Jan viktigare saker att utföra (Alzheimerforskning) än att bemöta Hedbergs trams och osakligheter i UNT vid det aktuella tillfället. Nyttan i ett demokratiskt system med flera partier är tveklöst den att man breddar mångfalden i den demokratiska beslutsprocessen. Vad Hedberg än tycker så skulle han inte ha kunnat påstå att vi låg på latsidan. Åtminstone var nyttan med oss mycket uppenbar, om man betänker att partiets existens och erfarenheter gav upphov till den här boken.

En närmare granskning av den summa som det totalt handlar om under de åtta åren som sekreterare, alltså två mandatperioder, visar att det rörde sig om drygt halvmiljonen (under 600.000). I vems ficka gick de av Hedberg insinuerade miljonerna? Inte i våra i alla fall.

Kanske hade Hedberg gjort samma misstag i sin kostnadsberäkning som den reporter hade gjort, som vi skrivit om på sid. 127 om ABC-nytts misslyckade 'scoop'. Eller hade Hedberg förväxlat partiets sekreterare med avgående (sparkade?) VD för det kommunägda företaget Stiftelsen A-köp, som vid detta företags konkurs fick ett pensionsvederlag värt c:a 2 miljoner, motsvarande i dagens penningvärde 2,5 miljoner. Dessa pengar fick kommunen punga ut med från potten för oförutsedda utgifter, för kommunens kapitaltäckningsgaranti användes, eftersom A-köp vid likvideringen saknade medel till denna förmån?[167].

Om man tänker logiskt så var ju SE4VK i extra stort behov av sekreterartjänst, eftersom den enda ledamoten skulle behöva arbeta ihjäl sig med att försöka hinna med allt det skrivarbete som skulle utföras, medan partier med många, upp till 20 eller fler ledamöter har god kapacitet att fördela en del av sitt skrivarbete på flera personer vid behov, vid sidan av heltidssekreterare.

Avslöjande möte

Vid ett tillfälle hade kommunen ordnat ett informationsmöte i Bålsta för fullmäktigeledamöterna från samtliga partier för att de skulle få litet miljöombyte i kombination med möjligheten att få fokusera på ett antal frågor rörande kommunal förvaltning. Mötet hade *»sin bakgrund i en stark oro över kommunens ekonomiska utveckling:... Hur ska vi stärka organisationen och stödja idéerna i kvalitetsarbetet.«* På programmet för mötet fanns ett antal frågeställningar. Deltagarna delades upp i grupper oberoende av politisk tillhörighet och ett antal diskussionsämnen med bakgrundsfakta för 'grupparbete' delades ut. En frågeställning var 'Belöningssystem' vilket ju är en svår fråga. I introduktionen till frågan konstateras: »under större delen av 1900-talet har man på olika håll i världen arbetat med prestationrelaterad lönesättning och olika belöningssystem.« »Resultat och prestationslön är därvid till för att bekräfta att efterfrågade och önskvärda resultat för verksamheten har uppnåtts.«

Samma frågeställning hade presenterats i en motion i fullmäktige skriven av moderaten Gunnel Jägare: »Det är därför viktigt att kommunens belöningssystem ses över så att det mindre kopplas till anställningstid än till kreativa arbetsinsatser[162].« Vid KF-mötet konstaterades att c:a 300 belöningar delades ut varje år.

Belöningar är en svår fråga därför att belöningssystem bör utgå från kvalitativa faktorer och inte bara kvantitativa prestanda. Belöningar bör inte heller få styra sakligheten i verksamheten utifrån beställarens önskemål, om detta är tendentiöst, så att belöningen kan ha karaktären av muta i efterhand.

Bland annan värdefull information som vi fick till livs kom det fram att stadsplaneraren Stefan Nilsson, som arbetade med projektet »Glad Stad«, i juli 2001 fått en betald kombinerad semester och studieresa tillsammans med sin fästmö till ett antal europeiska städer för att få idéer om lösningar på lokalkommunikation i städer. Fästmön hade en konsultfirma, vilken kommunen anlitade sig av. Men alla politikerna ombads vara tysta om detta och inte läcka till pressen. Lustigt nog så kom det till pressens kännedom ändå[161] och gav upphov till en behövlig debatt. En av de platser han besökte var Lille i Frankrike där han skulle studera det förarlösa bansystemet för persontransporter. Tre år tidigare hade en 13-mannadelegation av politiker och tjänstemän besökt staden i samma syfte. En föreslagen förarlös spårväg i Uppsala kom aldrig till beslut trots att man t.o.m. byggde en provbana uppe vid Ulleråker.

Man kan undra varför allt i vår tillvaro eftersträvas att vara förarlöst *i flera bemärkelser*? Har ekonomerna studerat vad det kostar samhället att ha personer utan förvärvsarbete, mot att ha dem arbetande i basal samhällsverksamhet? Vid sådana holistiska ekonomiska kalkyler måste ett otal faktorer tas med, även sådana som är svåra att uttrycka i monetära termer, exempelvis psykisk ohälsa som kan leda till samhällsdestruktiva, kostsamma beteenden eller fördyrad sjukvård.

Agnetha och Jan Sällström hade ett möte 4/6 2002 med den då nye stadsdirektören Kenneth Holmstedt och framförde partiets synpunkter på Stefan Nilssons belöningsresa. Partiet har velat markera att vi inte accepterar slöseri med skattemedel och typer av belöningar som är till för att komma undan skatt.

Stefan Nilsson utgjorde också ett annat exempel på hur tjänstemännen styr mer än de har befogenheter till och fattar beslut som borde ha hänvisats till de folkvalda politikerna att besluta om. Åtminstone uppfattar vi det så, efter att ha tagit del av Uppsala Kommuns Kommunrevision, som avlagt en rapport 1999-12-03 med granskning av projektet Glad Stad. Korta citat ur den 22-sidiga rapporten[163]: »*Vi ser allvarligt på den omständigheten att den från 1992 verkande ledningsgruppen saknat formell rätt att fatta beslut, men likväl i betydande utsträckning fungerat som ett beslutsorgan och inte enbart som en beredningsgrupp«*....»*Vi har noterat att frånvaron av delegation symtomatiskt nog också lett till att uppföljning inte finns dokumenterad hos de berörda nämnderna eller hos kommunstyrelsen.«*.... »*Vi vill rekommendera att kommunstyrelsen närmare överväger Kommunallagens bestämmelser om att fullmäktige skall ta ställning till principiellt viktiga ärenden dit vi anser att ombyggnaden av Stora torget (utformning, funktion och kostnader) borde räknas«*[163]. Det är underhållande att läsa rapporten och att fantisera om den påkostade invigningsfesten. Men när man var skattebetalare i Uppsala, så kanske man skulle vilja kalla hela projektet »Ledsen stad« i stället, med tanke på de omfattande fördyringar som orsakades kommunen.

Det var ju skönt att veta att man inte seglat bland de 'grynnorna'!

Yttranden och aktiviteter under mandatperioden 1998-2002:

Som ensam ledamot för ett parti i fullmäktige fick jag nu ligga i och vara i järnet ännu mer än tidigare, för nu hade jag i praktiken alla frågor att kunna engagera mig i. Ambitionen kvarstod ju också att så fort någon fråga berörde kommunikation och vägar och annat som det gick att knyta an E4-projektet till, så begärde jag ordet. Det kunde vara debattinlägg vid diskussioner om motioner och interpellationer eller frågor till andra ledamöter.

För att inte tynga texten här med uppräkning av olika skrivelser hänvisar vi till den bifogade listan över skrivelser, som ju är förtecknade i kronologisk ordning, så att det är lätt att se vad som behandlats under denna mandatperiod. Men några tunga dokument förtjänar att nämnas:

2000-02-24 Yttrande över Vision och Strategi för Uppsala Stad, från Agnetha Sällström Stoppa E4 Väst Kulturpartiet;
2000-03-09 Till Näringsdepartementet: Ett detaljerat yttrande över Vägverkets »Kompletterande utredningar av östliga sträckningar vid Uppsala -underlag för fastställelse av arbetsplan« för ny E4 Uppsala- Mehedeby, delen Uppsala Läby, Dec 1999[182].

Vi fick stadsplanen för den nya stadsdelen Kapellgärdet som sträcker sig från Luthagsleden norrut till Gamla Uppsalagatan mellan järnvägen och Vattholmavägen. Vårt remissvar var mycket positivt till att man, som vi uttryckte saken, »bygger riktig stad« med slutna kvarter med innergårdar.[164] Den stadsdelen växer snabbt och man river t.o.m. fastigheter som hade arkitektoniskt värde och inte så många år på nacken att det kan synas motiverat, annat än av det faktum att markpriserna skjutit i höjden något alldeles oerhört.

Vårt yttrande om Musikens Hus var mycket negativt till placeringen i en gammal välbevarad miljö i östra Uppsala, där det annars inte finns så mycket ursprungligt bevarat. Vårt förslag gick ut på att placera Musikens Hus vid Strandbodgatan i entrén till det nya bostadsområdet i stadsdelen Kungsängen, som höll på att ersätta ett tidigare industriområde vid Fyrisån.[125] Där vid Strandbodgatan, som har esplanadkaraktär, skulle denna monumentalbyggnad ha passat bra och närheten till Resecentrum var mycket god, om än något längre än med dagens placering. Förmodligen hade utsikten från byggnaden på den platsen varit väl så fin.

Vid novembersammanträdet i fullmäktige 2001 argumenterade jag kraftfullt mot bygglovet för det nya polishuset, vars höjd och dominans kommer att påverka stadsbilden sedd från Gamla Uppsala fornminnesområde. 'Staden på slätten' har varit argumentet för liberalerna att ha E4 i ÅrstVäst-läge, vilket borgarna har köpt, men tanken har väl då varit att stadens siluett med de gamla kulturbyggnaderna som signum ska vara det som dominerar i profilbilden. Byggnadsnämnden kontrade med att byggnation av ännu högre bostadshus vid änden av Svartbäcksgatan pågick och de skulle komma att synas ännu mer i utsikten från Gamla Uppsala. - *Det var ju trösterikt!* Det stämmer väl överens med vad vi fruktar kommer att ske: *Så fort man börjat tulla på kulturområdet och dess omgivningar så säger man att det är ju redan så förstört att vi kan fortsätta.*

Vi skrev ett mycket koncist yttrande angående program för Slavsta Etapp II, i vilket vi avråder från att lägga bostäder utefter nya E4.[166] SE4VK:s krav vid försäljningen av Uppsala Energi som gjordes för att sanera kommunens skulder: Stopp för ny upplåning för projekt som man inte hade råd med, har vi diskuterat tidigare.

Bland andra av våra politiska ställningstaganden kan också nämnas Yttrande om resecentrum. Vi föreslog att järnvägen skulle läggas i tunnel sträckan som går inne i staden, för att inte klippa av staden på det sätt den har gjort och fortfarande gör utefter större delen av sin längd.

Under 1999 informerade vi också ARV 25/1, höll ett informationsmöte i Österbybruk med företagarföreningen 22/4 och diskuterade 13 /11 med professorn i ortnamnsforskning, Svante Strandberg om ny E4. Han ansåg att saken var helt klar, eftersom en biotop kan återskapas, men inte Sveriges främsta fornminnesområde. På hösten blev det åter igen aktuellt att granska nya vägutredningar.

Regeringen vill utreda östliga alternativ

1999-09-15 Regeringen fastställer inte arbetsplanen, vill ha redovisning av alternativa östliga sträckningar av E4[168]

Som vi påpekat tidigare, var Regeringen inte okänslig för den omfattande kritiken mot E4ÅV och ville därför ha ytterligare fakta inför sitt ställningstagande. Regeringen har uppenbarligen påverkats av den omfattande debatten om nya E4 och den hårda kritiken mot det valda ÅrstaVästalternativet. Vi hade exempelvis i ett yttrande till Näringsdepartementet begärt att östliga alternativ skulle undersökas[169]. Sådana propåer hade kommit från ett stort antal remissinstanser och privatpersoner.

Vägverkets, i första Lokaliseringsplanen 1992[27] studerade förslag JällaÖst (JÖ), var en motorväg som gick i en östlig sträckning ända upp till norr om Tierp. JÖ motsvarade till stor del det av ARV senare framtagna förslaget JällaÖst Bruksvägen (JÖB)[109] som vi beskrivit, men den tog hänsyn till Tierps önskan om att E4 skulle gå söder om köpingen. JÖ ansågs av naturvårdande företrädare som omöjlig, för att den utövade en betydande påverkan på den s.k. Storskogen. Var det dessa naturvårdare som hade vilselett Vägverket och hävdat att JÖ gick genom tre riksintresseområden i Storskogen som *de facto* inte fanns? (Vi misstänker det, eftersom vi blivit skeptiska mot naturskyddare, efter att ha arbetat med en högaktad sådan, som obekymrad hällde ut radioaktivt kväve i blåbärsskogen utan att sätta upp någon varning - *»Nä, då blir det bara bråk med folk«* - och ohämmat ofarligförklarade biocider tills dess han själv dog i levercancer.)

Regeringen ville emellertid ha en mer förutsättningslös prövning, vilket klart framgår av instruktioner från Ulrika Rosenberg på Näringsdepartementet som deltog i första mötet med en nybildad samrådsgrupp för att klargöra utredningsuppdraget: *»Från regeringen har därför begärts en redovisning av alternativa östliga sträckningar av väg E4. Denna redovisning skall omfatta en studie vad det skulle innebära med en östlig sträckning både lokalt för Uppsala och regionalt för Uppland.«* Ulrika Rosengren påpekade att man från regeringshåll inte tagit ställning för något alternativ. Hon framhåller vikten av att studera östliga alternativ **även i nivån norr om Läby**. Trots detta blev tilläggsutredning av östliga alternativ manipulerad av Vägverket.

Fastän direktivet var uppenbart, styr projektledare Owe Ekman redan i inledningsskedet av Regeringens begärda tilläggsutredning in studien på begränsade vägalternativ genom att ge konsulterna uppdrag titta på alternativa vägdragningar på delen Uppsala till Läby i stället för från Uppsala till Mehedeby. Som vanligt använde Vägverket åter knepet med etapputbyggnad för att begränsa antalet möjliga alternativ.

I oktober 1999 interpellerade vi i Fullmäktige angående arbetsplanen för ny E4, sedan vi upptäckt Vägverkets dribblande. Då regeringen begärt utredning av östliga alternativ tittar Vägverket alltså i stället på västliga alternativ[175]. Och då Agnetha skickar brev till Owe Ekman med begäran om utredning av JÖB, svarar han och framhärdar i åsikten att inga nya östliga alternativ har efterfrågats av regeringen och att tid till något sådant inte finns. Han säger lögnaktigt: »Utredningen skall i huvudsak belysa de östliga alternativen på delen Uppsala-Läby.«[169]

I brev från kommunens representanter i samrådsgruppen till Vägverket konstateras att studien gjorts alltför begränsad och innehåller brister av stor betydelse. »Tyngdpunkten bör ligga på vägens påverkan på landskapsbild och upplevelsen av kulturmiljöerna. ..aspekterna på den dagliga möjligheten till utomhusaktivitet - bostadsnära promenadområden bör på ett tydligt sätt analyseras avseende vägens påverkan.«[185] Dessutom har Vägverket valt att bland de studerade alternativen ta med JällaÖstMitt, vilket var absurt eftersom Mittalternativen vid det laget hade förklarats omöjliga p.g.a. 'Fladdermusdirektivet'. Detta kan man på Vägverket givetvis inte varit omedveten om. Att utreda JÖM var alltså bara ett knep för att vilseleda politikerna.

Däremot ville Vägverket som sagt inte utreda ARV:s förslag JÖB, trots att det uppfyllde alla villkoren inklusive passage av Tierp söderifrån som den orten uttryckt krav på. JÖB hade förordats även av många uppsalapolitiker. Ändå säger Vägverket att »Företagarföreningarnas förslag till vägdragning tillgodoser inte de av Vägverket uppställda kraven på vägens funktion på ett för samhället bättre sätt.« JÖB »tilltalade inte Vägverket,« som deras tjänsteman Lars-Olov Pernler uttryckte saken vid ett markägarmöte beskrivet nedan, sid. 174. Vägdirektör Forsberg hade ju i en debattartikel i UNT 26 oktober 1996 även han avfärdat JÖB. Vägverkstjänstemannen Dan Nordberg ljuger också friskt om JÖB och dömer ut förslaget som orealistiskt. Han svamlar okunnigt om »riksintressen«[69] och genom att påstå att JÖB är samma som Vägverkets förslag JÖM - som man redan valt bort,- avslöjar han att han inte ens tittat på JÖB-förslaget. I själva verket skiljer sig JÖB på väsentliga punkter från JÖM, bl.a. genom att inte gå över fladdermusbiotopen vid Vendelsjön och genom att angöra Tierp söderifrån, vilket ju var ett villkor från Tierps kommun.

Hösten 1999[168] utförde Vägverket med olika konsulter en studie av östliga E4-alternativ som presenterades i en rapport till Regeringen i december 1999.[181] Den baserades på nytt utredningsmaterial framtaget under hösten 1999 av Upplandsmuseet, SGU, Ekologigruppen,[159,171] Anders Erikssons PM om friluftslivet, Näringslivs- och lantbruksenheten, Inregia[181] om strukturpolitiska aspekter, Vägverket Konsult om trafikanalyser och kostnadsanalyser.

I denna utredning redovisas effekten på kulturmiljön, illustrerat av dessa två citat: »Jälla Öst är därmed det sammantaget gynnsammaste alternativet vad gäller miljön vid Gamla Uppsala,« och »Jälla Öst har en entydigt positiv påverkan på miljön vid Kungshögarna p.g.a. kraftigt minskad trafik på väg 290 genom Gamla Uppsala.«

När Vägverket hävdar att en östlig E4 JÖ skulle bli dyrare än ÅV så skarvar de förmodligen friskt. Men om så vore fallet så skulle det inte ha någon större betydelse för Vägverket - om man bara ville - för Vägverket är känt för att göra kostnadsöverskridanden[174].

Rörbyleden

Ett annat knep att få östligt alternativ att se dyrare ut är att vid varje granskning av östliga förslag plocka in en så kallad Rörbyled utefter Uppsalas stadsrand, underförstått att östlig E4 inte avlastar Uppsalas innerstadstrafik eller inte kan utgöra en del av en ringled. På det sättet fördyrar man kraftigt östliga alternativ och konstaterar dessutom att störningen från trafiken blir ungefär densamma som med E4Väst som ringled. I Uppsala trafikplan TP 69 planerades en ringled utefter östra stadsranden, Rörbyleden. I de fortsatta ställningstagandena till E4-korridoren anser utredarna i Uppsala att en E4 ÅV kan användas som ringled så att Uppsala kommun skulle kunna slippa bekosta en Rörbyled.

Detta har förmodligen i hög grad styrt politikernas val mot just E4ÅV. Idag ser vi facit, nämligen att den nuvarande E4 endast i ringa grad kan användas som en tänkt ringled, eftersom påfarterna är så få. Man lät aldrig konsulterna få tillräckligt med tid för att hinna analysera trafikströmmarna till och från city med de olika alternativen, ansåg kommunpolitikern Annika Lindh[106:12]. Den nu byggda E4 kan därför inte utgöra en verkligt effektiv avlastare av innerstadstrafiken. I stället får nu Fyrislundsgatan och Österleden sköta innerstadstrafiken i den östra delen av staden. Fyrislundsgatan har på så sätt blivit en inre ringled och med sina avsnitt genom bostadsområden, uppstår ett nytt 'Tycho-Hedéns-väg-problem', d.v.s. mycket trafik i boendemiljön. I översiktsplanen föreslås Östra Sala backe omvandlas till en tät blandstad längs Fyrislundsgatan med bostäder och lokaler för olika typer av verksamheter. Stora bostadshus är nu under uppförande i anslutning till Gränbystaden.

Rörbyleden var väl lika onödig som de borgerliga politikerna ansåg att Västerleden är! I sitt första ställningstagande till nya E4 i januari 1993 ansåg Länsstyrelsen att Rörbyleden är obehövlig som komplement till östlig E4, som då förordades. Motiveringen var att man under alla omständigheter ska rusta upp Tycho Hedéns väg, och den räcker då som avlastare i innerstaden[14].

Avlastningen av Österleden genom nya E4 har sannolikt också blivit mindre än tänkt. Av/påfarterna på Stålgatan och Fålhagsleden skulle behövas, men problemet med dessa är de svåra markförhållandena med stora lerdjup och en omöjlighet att ytterligare införa en störningsfaktor i omgivande bostadsområden. Vi får verkligen hoppas att man står fast vid att Fålhagspåfarten har tagits bort från projektet!

Påståendet på sidan 113 i Lokaliseringsplanen[27] är helt vilseledande när det sägs där att: »kombinationen Jälla-variant och Rörbyled ger lika stor konflikt med kulturintresset som ett Årsta-alternativ och är därför klart sämre ur miljösynpunkt.« Eftersom Rörbyleden går långt ifrån fornminnesområdet i Gamla Uppsala och utgör fortsättning på Bärbyledens tredje etapp söderut, så stör den endast Vaksala kulturområde - illa nog! Med den planerade Västerleden och E4 i Jälla skulle den inte ha blivit överbelastad med trafik och betydligt mindre störande för bostadsområdena än dagens E4 Årsta-Väst. Den kunde egentligen ha gjorts som en vanlig gata. Då årstaborna köpte sina tomter hade de informerats om att en bussgata skulle gå bakom vallen som avgränsade stadsdelen mot slätten.

Vi i SE4VK har aldrig räknat med en Rörbyled i vår sakliga argumentation, eftersom vi anser att likt förhållandet i Västerås ska den led som avlastar stadens interna trafik vara centralt belägen i staden, nämligen Tycho Hedéns väg med långa av- och påfartssträckor samt helst planskildhet eller eventuellt stora rondeller. I det avseendet håller vi med Miljöpartiet och Vänsterpartiet. Med successivt förbättrade miljöfordon såsom elbilar blir både avgaserna och bullret mindre, så att störningarna av en sådan intern led väsentligt minskar.

När det gäller Jälla-alternativen så tar man till alla knep för att omöjliggöra dem. I kommunikation mellan stadens Tekniske Direktör Bo Björkman och kommunens samrådsrepresentant Britta Eliasson, Planeringsdirektör Carl-Johan Engström och stadsplanerare Stefan Nilsson säger Björkman: »Jag tycker det ser underligt ut om kommunen står som medverkande i en samrådsgrupp, när Vägverket så uppenbart struntat i kommunens synpunkter och åstadkommit en i så hög grad sjuk och tillrättalagd produkt. Hälsningar Bo Björkman«[185]. Han konstaterar vidare »Döm om min förvåning, när jag på KSAU i måndags åhörde föredragningarna och de visade sig vara begränsade till alternativ som var helt ointressanta för Uppsala. Detta har föranlett mig att undersöka vilket direktiv som gavs till Vägverket från regeringskansliet, från vägdirektören till förvaltningen och från förvaltningen vidare till utredarna. **Maken till förvanskning har sällan skådats.** .... Endast en av utredningarna ’Strukturpolitiska aspekter på E4:ans östliga dragningar mellan Uppsala-Mehedeby’ behandlar de alternativ varom utredningsdirektiven handlar och varom man varit överens om vid första samrådsmötet.«

Från Tekniska Kontoret fick Agnetha papper om detta: »*Agnetha! som du kan se är vägverket inte intresserade av kommunens synpunkter. Hälsningar Bo Björkman«*[185].

Vår granskning av denna nya utredningsrapport genererade många synpunkter och kritik: Karta 7 i Upplandsmuseets rapport[181] är försåtligt utförd så att det ser ut som om fler kulturmiljöer skulle påverkas av östligt alternativ än av ÅV-förslaget, men det är bara för att de kommunala intresseområdena är markerade med små skyltar, medan riksintresseområdenas beteckningar nästan försvinner bakom dessa. För att ytterligare förstärka påståenden om östliga alternativets påverkan på naturvärden, har man ritat in ett område som man påstår är »Riksintresse enligt NRL« eller möjligtvis ska det vara »Förslag till riksintresse«, men det går inte att se vilketdera som avses på kartan som ingår i sammanfattningen av utlåtandet, eftersom dessa båda begrepp har getts samma färg. Som påpekats på annan plats i vår bok blev området inte förrän 14 år senare naturskyddsområde och Natura 2000-område - alltså, återigen en vilseledande karta!

Applåder och visslingar! I den nya utredningen av Ekologigruppen har man nu vid den fortsatta inventeringen upptäckt den rika aspskogen i Framskogen, som Jan i tidigare skrivelser påtalat i ÅV-korridoren och undrat hur det kunde vara möjligt att den inte omnämnts. Det var så dags! Ekologigruppen skriver i sin sammanfattning:»Utmed huvudalternativet (ÅV) innebär den största konflikten med naturvården att en gammal aspskog vid Fullerö avverkas. Den hyser mycket höga värden och förekomst av ett flertal rödlistade arter. Objektet exploateras i sin helhet och ingreppet förväntas ge **mycket stora negativa konsekvenser för naturvården**,«[159] (vår fetstil). - Men detta naturområde anser man att man kan offra och köra över helt, medan en liknande aspskog, som man enkelt kunnat gå 100 m väster om med östlig E4, åberopas som anledning till att en östlig E4 skulle förstöra stora naturvärden!

Till slut konstaterar man i denna sammanfattning[181]:»För genomförande av samtliga ovan angivna alternativ utom det projekterade Årsta-Väst-alternativet krävs prövning enligt Miljöbalken[157] samt nyprojektering. Sammantaget bedöms dessa processer leda till en fördröjning på minst 7-10 år.« Owe Ekman påpekade att övergångsregler i Miljöbalken medför att regeringens fastställelse av arbetsplanen bör ske inom år 2000, annars måste omprövning av hela ärendet ske. - Vi tycker att det ju är ***självklart att en i princip nästan 50 år gammal väglokaliseringsplan borde ha prövats enligt modern miljölagstiftning.*** (1965 fanns en arbetsplan för ny E4 upp till Läby med i stort sett samma placering och den hade börjat planeras redan vid senare delen av 50-talet.) - Jo, underförstått: Allt annat än ÅV-alternativet är omöjligt för det tar för lång tid, eftersom det kräver miljöprövning. Varför krävs inte miljöprövning för ÅrstaVästalternativet? Länsstyrelsen har ihärdigt hävdat att E4ÅV inte behövde prövas enligt NRL (som är en del av Miljöbalken), men se, nu plötsligt måste motorvägen prövas om den skulle gå någon annanstans, där den uppenbarligen skulle göra mindre skada! Vilket hyckleri och brist på logik förefaller inte detta vara! Men vi förstår också att sannolikt skulle ÅV inte tåla en prövning enligt Miljöbalken, som stod på tröskeln att införas, utan diskvalificeras p.g.a. sina lagstridiga ingrepp i olika väletablerade skyddsområden! Förmodligen fruktade Vägverket att den inte hade blivit godkänd enligt Miljöbalken.

Påståendet om denna kraftiga tidsfördröjning visar dessutom tydligt att Vägverket brutit mot EU:s direktiv för vägutredningar. Den lokaliseringsutredning som från början utförts och som enligt EG-, senare EU-reglerna skall likvärdigt jämföra MKB för de olika alternativen, har uppenbarligen inte gjort det, eftersom förhållandena i östligt alternativ påstås inte vara kända. Hade man gjort en likvärdig utredning, så hade det inte behövt ta så våldsamt mycket längre tid att projektera ett östligt alternativ. För Vägverket har aldrig något annat än ÅrstaVäst varit aktuellt att ägna tid åt. Vägverkets försummelse var i detta avseende uppenbar - man har helt enkelt struntat i detta EU-direktiv. **Vägverket har alltså sinkat processen genom underlåtenheten att tidigt titta på andra alternativ enligt gällande praxis, sedan har det valt fel vägalternativ och till sist vill det att beslutsfattare och allmänhet inte ska stå ut med att vänta längre!**

Att vägverkstjänstemännen inte tidigare tillräckligt noggrant undersökt de östra alternativen gör dem nervösa, vilket framgår av generaldirektör Brandborns yttrande vid Vägverkets Miljöråds möte september 1995. Han redogjorde för att en politisk svängning är möjlig ända fram till att ett beslut vunnit laga kraft. Det är därför viktigt för Vägverket att vara uppmärksam på Jälla-alternativet och inte ha skygglappar: »Vägverket ska fortsätta med arbetsplan för Årsta-alternativet, men vara observant på opinionen, så vi inte blir överkörda helt plötsligt. Vi måste kunna förse beslutsfattarna med fakta även för Jälla även om vi bara projekterar Årsta.«[241]

Vägdirektör Roland Forsberg höll med om att det var viktigt att lyfta fram fakta även för Jälla-alternativet för att kunna bemöta politiska svängningar. - Luttrade som vi är, tolkar vi dessa uttalanden som att man på Vägverket måste vara redo med negativa sakargument för att kunna vifta bort försöken att få till stånd en östlig E4.

Till den här utredningen av östliga alternativ som regeringen begärde tog Vägverket fram en grundvattenrapport från SGU som inte var undertecknad och där slutsatsen i rapporten strider mot utlåtandet som helhet. Prof Lennart Bäck har ifrågasatt detta och bedömt rapporten som *»undermålig som beslutsunderlag«*[176], se nästa sida. (Om man, som vi är 'brända' av många märkliga erfarenheter av förvanskningar och fusk vi konfronterats av vid olika tillfällen i livet, kan man undra om den här rapporten var ett fuskverk, rent av förfalskad.) Urban Sjelin har skrivit brev till generaldirektören för SGU, Lars Ljung och påtalat dessa missförhållanden.[178] Han fick aldrig något svar.

Synpunkter på SGUs rapport 99-11-12, dnr 08-1281/99
ang. Arbetsplan för E4, Delen Uppsala-Läby.

SGUs uppdrag
Vägverket har av SGU beställt bedömning av konsekvenserna för grundvattnet avseende alternativ Jälla Väst (JV) att jämföras med Årsta Väst (ÅV) samt ett antal sträckningsalternativ mellan ÅV och JV dvs den första 1 milen nordost om Uppsala. I tredje hand fick SGU i uppdrag att granska alternativ Jälla Öst Mitt (JÖM) samt anslutningarna till Uppsala.

Enligt regeringsbeslut skulle alternativa sträckningar mellan Danmark och Läby utredas. Enligt regeringsbeslut från 1994 är dock någon dragning över Vendelsjön dvs mittalternativen inte aktuella vilket innebär att regeringens begäran om kompletterad utredningar år 1999 måste ha avsett andra östliga alternativa dragningar.

SGUs bedömning
SGU som tidigare utrett alternativ ÅV anser att befintliga utredningar är tillfyllest. SGU konstaterar utifrån detta att alternativ JV i likhet med alternativ ÅV får stora konsekvenser för den kommunala vattenförsörjningen och att JV även får svårbedömda konsekvenser för naturmiljön. Detsamma gäller för övrigt även Rörbyleden/Bärbyleden 3. Alternativ JÖM får däremot små konsekvenser för vattenförsörjningen respektive svårbedömda konsekvenser för naturmiljön. Inga ytterligare alternativ utreds.

SGUs samlade bedömning blir "att alternativ ÅV, ur grundvattensynpunkt, är att föredraga framför övriga alternativ. Det faktum att alternativ ÅV i större omfattning än övriga alternativ berör skyddsområdet för Uppsalas grundvattentäkter ändrar inte på denna bedömning."

Min bedömning
1. Vägverket och SGU kan inte anses ha hörsammat regeringens begäran om kompletterande utredningar av alternativa östliga dragningar.
2. SGUs slutsatser är med hänsyn till rapportens innehåll förvånande. En helt motsatt slutsats hade varit fullt logisk.
3. SGUs rapport är inte undertecknad och det framgår inte vem som utfört uppdraget.
4. Min slutsats blir att rapporten är undermålig som beslutsunderlag.

Uppsala den 2000-07-12

Lennart Bäck

Professor
LENNART BÄCK
Rotegatan 13
SE-753 37 UPPSALA
018-22 67 67

Låt oss titta lite närmare på slutsatserna i denna »undermåliga« SGU-rapport som haft stor tyngd i beslutsprocessen:

Den anser att p.g.a. osäkerheten när det gäller en eventuell, oförutsägbar grundvattenpåverkan på 'värdefulla naturobjekt' (som dock inte har någon officiell skyddsstatus) och konsekvenserna för vegetationen är så osäkra, så är det bättre att lägga motorvägen i ett antal skyddsområden för dricksvattentäkter, där skyddsåtgärder kan vidtagas. Påståendet är fullständigt absurt nonsens! Vägverket har byggt hundratals mil vägar genom samma typ av skogsmark och har naturligtvis god kunskap om hur vegetationen påverkas eller inte påverkas.

Rapporten ger intryck av att vara ett skrivbordsverk av någon som inte vågar stå under med sitt namn. Den är ett verbalt hopkok för att ge legitimitet åt ett felaktigt val av E4-korridor. Gissa vem som stod för det tillrättalagda utlåtandet. Efter visst letande i dokumenten hittade vi namnet[177] på den som skrivit rapporten men inte signerat den. - Jo då, Anders Carlstedt, som i sin iver skulle kunna förefalla vara en trogen lakej.

Jämför också vad landshövdingen skrivit om risken för grundvattentäkter med E4ÅV: *»Däremot kan man /med östligt alternativ/ undgå de problem med artesiskt vatten och dålig bärighet som är förknippade med ÅV-alternativet.«*[65]

I skriften 'Påverkan på kulturmiljön i olika vägalternativ' av K. Waern (Vägverket Konsult) och A.M. Westerlind (RAÄ)[149] sägs: Sammanfattande bedömning av västlig och östlig sträckning: *»En östlig sträckning i skogsområdena öster om Fyrisån och Vendelsjön och genom bygderna vid Tegelsmora och Tolfta är det ur kulturmiljösynpunkt bästa alternativet. Det påverkar huvudsakligen utmarksområden till de rika odlingsbygderna och kan dessutom medföra en positiv utveckling i de kulturhistoriskt värdefulla bruksmiljöerna i nordost.«*

Vägverket presenterade sin rapport över tilläggsutredningen i början av januari 2000. Vi började omedelbart att detaljgranska redovisningen som var full av felaktiga data och påståenden. Vi hade gjort ytterligare fältstudier av naturområdena från Danmark till Forsa och utanför Jerkerstorp. Som nämnts ovan, fanns vid Fullerö i den tänkta vägdragningen gammal aspskog, minst lika fin som den i Storskogen. Innan vi blev färdiga med vårt yttrande kom besked från Regeringen, som visade sitt missnöje med Vägverkets ovilja att titta på östliga alternativ, genom att ge verket bakläxa och

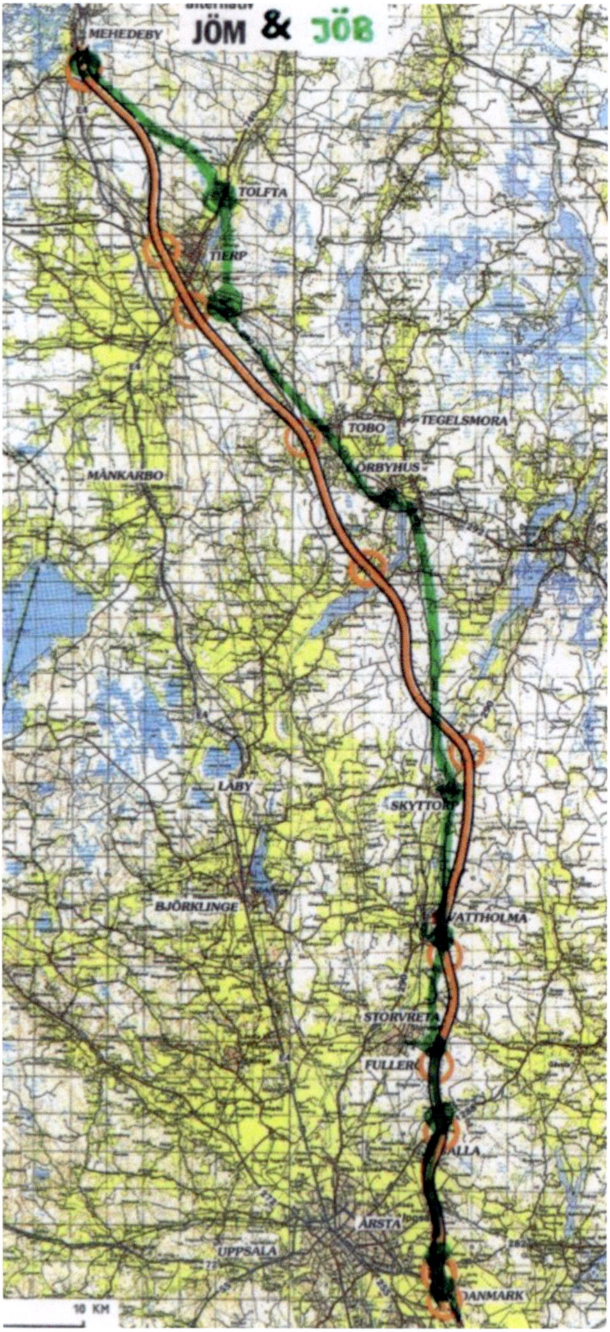

ånyo begära kompletteringar av den tidigare redovisningen med en *»utredning av alternativa östliga sträckningar av väg E4, lokaliserade öster om tidigare studerade alternativ«*.[185] Sammanfattningsvis kan vi påstå att Vägverket då gjorde försök att komma undan genom taktiken att utreda ett för Uppsala helt ointressant alternativ, E4ÖÖ.

JÖB undvek skyddsvärda naturområden

Vägverkets utredning av ett ytterligare östligt alternativ

Denna manöver av Vägverket orsakade oss intensivt arbete för att uppmärksamma RAÄ och kommunstyrelsen på Vägverkets agerande. Vi interpellerade och ställde enkla frågor i KF[179]. Agnetha krävde att få delta i informationsmöten i KS då kommunens representant i Vägverkets samrådsgrupp redogjorde för Vägverkets utredning. Agnetha besökte också Owe Ekman på Vägverket 28 september 1999. Till sist lämnade vi i november 1999 en skrivelse till Vägverket, RAÄ, Naturvårdsverket, Länsstyrelsen i Uppsala län, Uppsala kommun och Tierps kommun samt samtliga ledamöter i Samrådsgruppen för utredning av östligt E4-alternativ, ett *Yttrande till samrådsgruppen med begäran om prövning av Jälla-Öst Bruksvägen (JÖB) tillsammans med planskildhet på Tycho Hedéns väg.*[180]

Vägverket undvek JÖB

Vi kan bara konstatera att vägverkstjänstemännens intressen vid Jälla hindrade dem från att titta på ARV:s utmärkta förslag. I Vägverkets tilläggsutredning fanns inte JÖB med[181]. Denna utredning fingranskades av oss och resulterade i 'Yttrande över Vägverkets Kompletterande utredningar av östliga sträckningar vid Uppsala - underlag för fastställelse av arbetsplan för Ny E4 Uppsala-Mehedeby delen Uppsala Läby, december 1999. Den var en 40-sidig rapport med 15 bilagor, som vi lagt ner c:a 200 timmar på att skriva, och som skickades in till Regeringen i mars 2000.[182, 183]

Föreningen Aktion Rädda Vendel, ARV lämnade likaledes ett mycket sakligt och genomgripande svar som starkt ifrågasätter SGU:s utlåtande som helt missvisande. Att konsekvenserna för grundvatten och vattenförsörjning räknas som små i Vägverkets rapport om ÅV-alternativet, tack vare omfattande skyddsåtgärder diskuteras också i ARVs svar: »Skyddsåtgärderna kommer troligen att utföras med någon form av syntetisk barriär (plastliner). Livslängden hos en syntetisk barriär är oviss. Vissa tillverkare garanterar cirka 70 år. Erfarenheter saknas dock eftersom syntetiska barriärer är en relativt ny produkt. Vidare finns risk för skador på barriären vid installationen. Detta medför att det inte går att garantera vare sig livslängd eller täthet hos ett syntetiskt tätskikt.« »Mot bakgrund av det ovannämnda förefaller konsekvenserna (riskerna) för grundvattnet vara betydligt större för en västlig dragning än för en östlig.« Skrivelsen avslutas med tre yrkanden: »ARV yrkar att regeringen avslår vägverkets begäran om fastställelse av arbetsplan för ÅV, delen Uppsala-Läby; river upp fastställelse-beslutet för ÅV, delen Läby-Mehedeby; Uppdrar åt Vägverket att planlägga ett östligt alternativ i enlighet med JÖB-förslaget.«[184]

Man får hoppas att plastliner inte är av samma material som s.k. gummistövlar, som ju också ska föreställas vara vattenbarriärer. Många av dagens varianter av dessa fotbeklädnader börjar vittra sönder redan efter ett par år, vare sig de används eller ej. Man blir tvungen att ta till de efter svärfar ärvda stövlarna, som trots sina 50 år på nacken - nej, nej, på foten förstås - håller tätt.

I en skrivelse daterad 14 maj 2000 till Näringsdepartementet framför vi synpunkter rörande rapporter från Vägverkets kompletterande utredningar av östliga sträckningar, som ett tilläggsyttrande till vår omfattande skrivelse från i mars. Vi uppmanar **imperativt** att Vägverket skall utreda JÖB.[183] Samma uppmaning har kommit i ett mycket stort antal yttranden till Vägverket från allmänheten såväl som olika organisationer om E4-dragningen, men Vägverket vägrar titta närmare på JÖB-förslaget, trots att det stämmer bättre med Kommunikationskommitténs (KomKom) utredningsdirektiv[89] och svarar helt enkelt: *»Företagarföreningarnas förslag till vägdragning tillgodoser inte de av Vägverket uppställda kraven på vägens funktion på ett för samhället bättre sätt.«*[129]

Redan vid ett möte i Vendels bygdegård april 1995 hade vägverkstjänstemännen avfärdat JÖB. Projektledaren Lars-Olov Pernler från Vägverket hade bemött argumenten om JÖB:s fördelar med orden: »Alternativet tilltalar oss inte. Vi tror helt enkelt inte på en östlig dragning.« Bland annat gav han svar på vendelbornas konstaterande att med JÖB blir färre antal markägare berörda: »Det är inte så viktigt hur många som drabbas av en ny väg. Det viktigaste är på vilket sätt de drabbas.«

— Tyvärr så dyker omedelbart tanken upp att om det bullrar runt hästarna är det värre än runt människorna. — Pernlers attityd och yttrande upplevdes som ett sådant bottenrekord att det fanns deltagare som lämnade mötet snabbt för att inte koka över av ilska.

»Viktigare hur de berörs än antalet.« Lars-Olov Pernler är välkommen att förklara om man kan bli värre berörd än att ens hus måste rivas och man drivs från gården. Då kan han också passa på att upplysa oss om vad matarvägen till Örbyhus Tobo från nya E4 kostade att bygga och hur mycket vatten man pumpar bort vid E4ÅV, plus driftskostnaderna för detta, samt hur mycket ersättandet av förstörda privata vattentäkter har kostat[198]. *»I Årsta väst-alternativet ligger inga vattentäkter i farozonen,«* hade han nämligen påstått på mötet. — *'Vilket bottennapp! Man hade behövt färdas med en djonk för att inte fastna i dybottnarna!'*

Vi kan alltså sammanfattningsvis konstatera att vad Vägverket presenterar för Regeringen, då denna begärt en seriös prövning av östliga alternativ, är en tendentiös och manipulerad rapport[181], som vill göra gällande att värdena på den östra sträckan är större eller i vart fall likvärdiga med den västliga. Och så säger man som slutkläm i rapporten att tidsfördröjningen skulle bli 10 år, om man skulle välja annat alternativ än det av Vägverket valda. Som grädde på fuskmoset hade man placerat in ett km-långt aspskogsområde med texten *»Mycket stora konsekvenser uppstår då JÖM passerar genom aspdominerat gammelskogsområde med mycket höga värden (rödlistade arter)«* exakt på den plats där en östlig E4 skulle med fördel kunnat gå och där man hade ritat den, men där nya stadsdelen Lindbacken nu ligger!

Då vi nu 18 år senare konstaterar att Lindbacken byggts precis i den korridor som avsetts för E4JÖ var vi tvungna att kontrollera var denna aspskog finns. Sommaren 2018 åkte vi därför till Åbytorp och gick därifrån västerut genom skogen för att se om aspskogen ligger öster om Lindbacken. Skogsmarken här var huvudsakligen barrskog - gran och tall på delvis storblockig morän, men ingen aspskog. Inom Lindbacken-området finns några spridda grupper med vuxna aspar, dungar med några tiotals träd i varje men ingenstans hittade vi en sammanhängande kilometerlång aspskog. Åt nordost vid Nygård fanns en tät, nästan ogenomtränglig liten aspskog med enstaka gamla, höga, såväl som låga träd i storblockig moränmark som växte i anslutning till Östhammarsvägen. En ordentlig del av detta skogsparti som gränsade till nybyggnadsområdet var borttaget, nu med lågväxt aspsly.
En mindre aspdunge med några högvuxna aspar och lågt sly, som vittnade om avverkning, fanns strax norr om påfarten till Lindbacken. Allt sammantaget så drar vi slutsatsen att antingen var det skyddsvärda området påhittat

för att omöjliggöra vägdragningen eller så har detta skyddsvärda område till stor del avverkats för att kunna bebyggas, trots att man i stadsplanen för Lindbacken säger att hänsyn tagits till naturvärden i området. I konsekvensbeskrivningen för JÖM sägs att *»Mycket stora konsekvenser uppstår etc...!«* De mycket stora konsekvenserna skulle vi vilja påstå inte är att en kanske obefintlig aspskog skulle få en väg över sig, men att hästskojarfasonerna, d.v.s. lögnen om aspskogen, får mycket stora konsekvenser för Vägverkets trovärdighet och för de politiker som kände till förhållandena! Som en drabbad årstabo uttryckte saken: »Jag har förlorat allt förtroende för

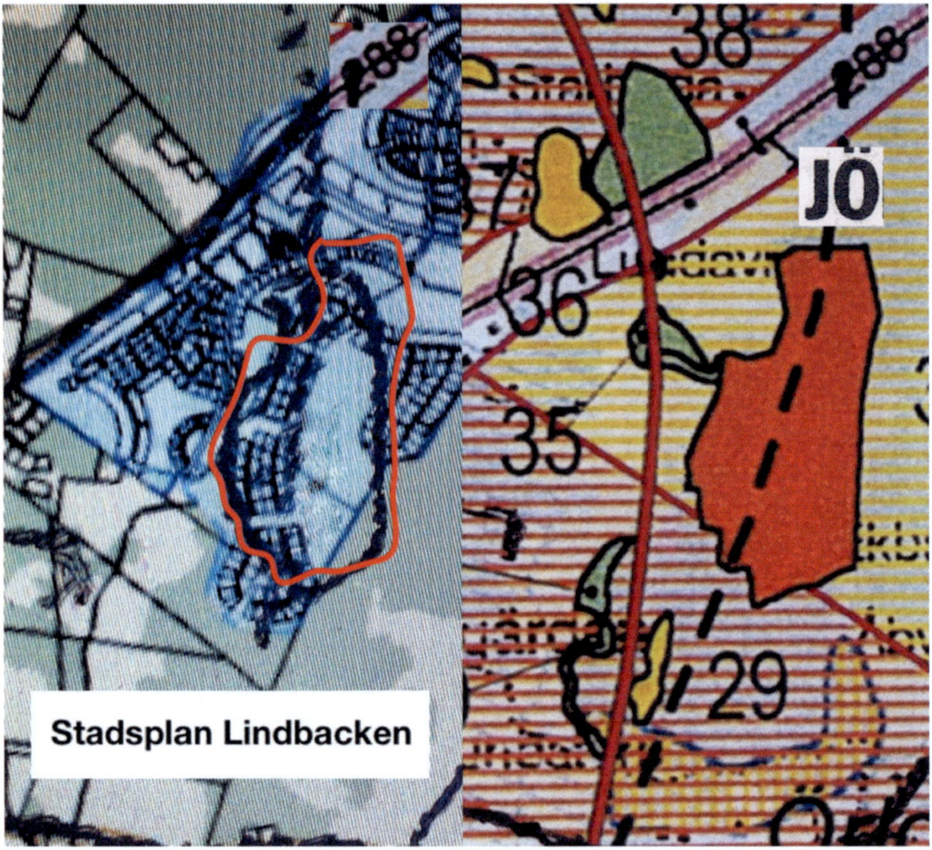

Karta över Lindbacken med aspskogsområdet inlagd från kartan över värdefulla naturobjekt i utredningen av östliga E4-alternativ.

politikerna...Sveriges lagar är bra, men de följs inte av politikerna.« — Det är uppenbart att man tar till vetenskapliga påståenden om det ena och det andra och ljuger eller överdriver fullständigt hänsynslöst för att tysta en opinion.

*

Tillbaka i vår tidskryssning till januari 2000:

Regeringen var ännu inte nöjd med utredningen utan undrade fortfarande om det inte gick att hitta en acceptabel östlig sträckning.

Av taktiska skäl tog Vägverket då fram ett nytt förslag, E4ÖÖ[185], som var så orealistiskt, att Uppsalas tekniske direktör Bo Björkman tyckte det var *»löjeväckande«* (ett uttalande av honom finns citerat nedan), och det förstår vi var utstuderad taktik av Vägverket för att få ÅV att låta bra i jämförelse. E4ÖÖ skulle gå ännu längre österut än något JÖ-alternativ och utredarna tillsatte en samrådsgrupp som bestod av representanter för: Tierps kommun, Vägverket Konsult, Vägverket VMN, Uppsala kommun KSK, Vägverket HK, Länsstyrelsen, U-a Stadsbyggnadskontoret, RAÄ, Naturvårdsverket. (Det slår oss att Vägverket, för att rädda sina intressen i Jälla, alltså hade engagerat en lång rad tjänstemän som tog sin dyrbara tid- och skattepengar - att titta på något så tillrättalagt som E4ÖÖ. Detta vägförslag går på behörigt avstånd öster om Jälla ponnyklubb.)

Från Samrådsgruppens diskussion om förslaget ÖÖ

Anteckningar 2000-03-09: Vägverkstjänsteman Lennart Carlsson framhöll de negativa aspekterna med detta alternativ: »Till skillnad från ÅV-alternativet kan inte den östliga dragningen byggas i etapper.« Han framhöll att dragningar längre österut är svårmotiverat, bl.a. kommer man längre från bebyggelse, vilket innebär att få kommer att nyttja vägen. Han påstod också att prisnivån utgår från samma meterpris som för ÅrstaVäst-alternativet, eftersom de östra alternativen innebär bergschakt och bankar i stor omfattning[185].

- Vi kände oss mycket kritiska till detta påstående, med tanke på att ÅV löper till större del i åkermark med dålig bärighet än exempelvis JÖB! Vi vet nu att ÅV i lös åkerjord krävde 2.388.000 m vertikaldränering av korrugerade plastremsor, och till grundförstärkning behövdes 913.000 m kalkcementpelare och 85 km betongpålar som ska förhindra framtida sättningar, trots att ett nästan 3 dm tjockt asfaltlager lades på vägytans 820.000 m^2.

Dessutom åtgick 850.000 lastbilslass för schaktmassor. ÅV motorvägen har ett 100-tal broar - allt enligt Vägverkets egna uppgifter[186]. JÖB och JÖ gick mycket större sträckor över mark med hög bärighet och i det fall bergschakt ska göras får man material till anläggningen utan att behöva göra fristående stora bergtäkter[199], som man var tvungen göra för att förse E4 ÅV med bergkross - bergtäkter som i sig innebar kraftig miljöpåverkan inte minst på grundvattnet. Östlig dragning skulle också ha krävt avsevärt färre broar. Dessutom skulle man ha sluppit en 8 km nybyggd matarväg från Örbyhus till E4-påfarten, vars byggnadskostnad kunde kompenserat för bl.a. breddning till fyra filer av påfartsväg 288 mellan Uppsala och Jälla.

De tjänstemän som granskade JÖÖ ur kultursynpunkt framhöll återigen att ÅV förstör kulturbygden på ett oacceptabelt sätt och t.o.m. JÖÖ ansåg de bättre totalt sett[31] av det skälet trots att den låg orealistiskt långt bort från staden.

Vägverket angav som ett starkt skäl till beslutsfattarna att: »*Skulle man välja alternativ Jälla är Vägverket inte längre bundet till att bekosta tunnellösningen.*« (När sedan Årsta'Väst alternativet väl fastställts, struntade man i löftet att finansiera tunneln. *Vad ska man säga om sådan lumpenhet?*)

Naturvårdsaspekter

I samrådet deltog ingen representant från Naturvårdsverket. Det föranledde Agnetha att ringa och fråga varför. - Telefonsamtal med Naturvårdsverket 27 februari 2000: »*Det var en resursfråga som gjorde att jag inte närvarade vid samråden. Kulturmiljöfrågorna var så stora i den dragningen (ÅV), så vi behövde inte vara där. Länsstyrelsen har tillsyn över riksintressena.*« Man hade vid det laget även föreslagit Kungshögarna riksintressestatus för naturvården, förutom kulturvården, i syfte att skydda åsområdets speciella natur. I mitten av februari 2000 fastställde Naturvårdsverket vid översyn av riksinstressen att Storskogens naturområde ej är något riksintresseområde.

I rapporten 'Uppsala-traktens naturminnesinventering 1937-1944' utförd av Naturvetenskapliga Studentsällskapet i Uppsala[233] pekas ett urskogsområde ut i en central del av Storskogen. Inventerarna föreslår på 1940-talet att detta område bör fridlysas. Av den medföljande kartan i skriften framgår klart att det inte skulle ha hindrat dragningen av JÖ eller JÖB, som kunde förläggas c:a en kilometer öster om detta område. Samma slutsats kan man dra av en senare studie av naturvårdsintendent Tord Ingmar m.fl. 'Naturvårdsinventering av Uppsalatrakten' från1968.[233]

I själva verket tog vägen i anspråk ett mycket mindre område, 0,3 km^2 av Storskogens totala c:a 15 km^2, och kunde gått utanför den mest skyddsvärda delen av Storskogen, som var ett 1,7 km^2 stort, *föreslaget* riksintresseområde, eller upptogs 2000-08-25 som förslag till Natura 2000 men *ej fastställt* sådant[234]. I remisshandlingar från staden poängteras till Naturvårdsverket att så länge frågan om var E4 ska gå inte är avgjord, kan inte ett naturskyddsområde avgränsas som skulle hindra östlig lokalisation av E4. Statens Naturvårdsverk nämner 1988-12-20 i en förteckning över riksintressen för natur inte Storskogen i Uppsala, utan endast Björklinge Långsjön och den stora mossen Florarna. Likaså kunde JÖB ha gått öster om ett föreslaget Natura 2000- område i Storskogen och endast påverkat en flik av detta. I rapporten 'Förslag till områden som skall ingå i EU:s nätverk av skyddade områden Natura 2000 (slutredovisning av regeringsuppdrag 1998-03-19, 1498/1029/4)' tas inte Storskogen med[234].

Florarna skulle också ha kunnat undvikas effektivt av JÖB. På kartan går JÖ-alternativet 2 km från reservatets närmsta skogsgräns och c:a 13 km från den bortersta. Den öppna mossen börjar ungefär 3 km innanför skogen. Närmaste raststuga ligger 5 km från den tänkta vägen och centrala delen av reservatet med fler anläggningar 8-10 km bort och tjärnen *Fillsartrusket* 6 km från vägen. Jämför detta område, som man besöker någon enstaka gång då och då (eller kanske bara en gång i livet), med Årstaborna och jordbrukare som har motorvägen i sitt bostadsområde på 100-200-300 m avstånd på den öppna slätten dygnet runt.

Eftersom vi gått vilse en gång på Florarna vid studier av den lilla vackra trummande spindeln *Hygrolycosa rubrofasciata,* innan den fått sitt svenska namn Trumvargspindel, men hittade ut därifrån med hjälp av ett mycket svagt ljud från en väg långt bort i fjärran, så kanske man kan säga att ibland kan det vara bra med vägljud - men de måste vara minimalt störande. Vår bedömning är att en motorväg enligt JÖB-förslaget inte hade hindrat att man kunnat höra denna roliga spindels lågmälta trummande bland löven.

För övrigt, ett svagt buller från JÖB på mer än ett par kilometers avstånd stör inte en nutida skogsflanör, för modernt friluftsfolk har alla earpods i öronen med musik, eller för att kunna prata hands-free i mobilen - ett något tillspetsat påstående kanske, för det finns ju fortfarande enstaka människor som är intresserade av sin omgivning. Att uppleva fullkomlig tystnad är något alldeles speciellt som är förunnat få människor i dagens samhälle. Florarna är en av de få platser där det kan vara fullkomligt tyst. Om stadsbor får uppleva en kväll i naturen utan ett uns av vare sig bullerförorening eller mänsklig ljusförorening och ser Vintergatans sprakande stjärnvalv över sina huvuden blir de häpna och alldeles förtrollade. Det är stort!

JÖB passar Kommunikationsdepartementets tankegångar

JÖB var motorväg förbi Uppsala men 2+1 motortrafikled i Norduppland, vilket gjorde den c:a 1 miljard kronor billigare att bygga. Den skulle ha kunnat breddas till motorväg om trafikmängden krävde det i framtiden. De tankegångar som presenteras i skriften om JÖB stämmer väl överens med Ines Uusmans uttalande och forskares konstaterande om smalare fyrfältsvägar[173,252] som effektivt sparar många liv. Det är märkligt att inte kommunikationsminister Ines Uusmann har nappat på den, eftersom enligt Kommunikationsdepartementets pressmeddelande i december 1995 med titeln 'Smal motorväg'[173] sägs: Regeringen har i dag beslutat upphäva Vägverkets beslut att bygga motorväg på väg E4, sträckan Svalarna-Enånger. Vägverket projekterar nu om vägsträckan med en alternativ typsektion fyrfältsväg; en smalare motorväg.- *»Jag tror på idén att bygga längre sträckor av billigare vägar med god trafiksäkerhet i stället för korta sträckor motorväg,«* säger Ines Uusmann. Hon ger ett exempel: Om staten avsätter en miljard kronor för upprustning av en vanlig landsväg (9-metersväg) tar pengarna slut efter c:a fyra mil motorväg. Motsvarande summa pengar räcker till cirka fem mil fyrfältsväg. Investeringen i motorväg leder till att 1,08 liv räddas per år. Investeringen i fyrfältsväg leder till att 1,12 liv räddas per år. Ett av de viktigaste rönen angående trafiksäkerhet som presenterades vid den tidpunkten, är det faktum att det lönar sig mycket bättre att satsa pengar på trafikförbättrande åtgärder än på motorvägar för att rädda människoliv. Man kan rädda c:a 20 gånger fler människoliv på det sättet för samma pengar.

Det är således inte självklart att trafiksäkerheten gynnas bäst av en motorväg. Fyrfältsvägen kan dessutom vara ett alternativ till 13-metersvägen. Mittsepareringen har gjort att 2+1-vägarna är i stort sett lika säkra som motorvägar, fast till en betydligt lägre kostnad. På ett möte med Vägverket om väg 290 februari 2001 redogjorde man för ett nytt direktiv: Cirka 8.000 bilar och däröver bör lösas med 3-fältsväg. På en vägsträcka i Gävle med 3-fältsväg har man inte haft ett enda dödsfall eller svårt skadad. Vägverket räknade som sagt med att ha E4 över Läby som säkerhet om inte pengarna skulle räcka till den norra olönsamma delen av motorvägen. Vägverket kunde i stället ha köpt idén att ha 2+1 väg på norra delen, så som föreslogs för JÖB-alternativet. I synnerhet också mot bakgrund av rekommendationerna i KomKom utredningen[89] 1997 att satsa mer på upprustning av befintligt vägnät än nya motorvägar. Då vi pratade med Vägverkets generaldirektör Brandborn, ansåg han detta vara helt i linje med Vägverkets målsättning. För oss verkar det som om ingenting, som föreslogs i KomKom, kom att förverkligas, vilket förmodligen berodde på att det var andra aktörer än politikerna som egentligen hade makten[90].

Vi träffade professor Ingemar Ahlstrand, som tveklöst stödde vårt E4ÅV-motstånd: *»Vägverket har med sin starka ställning lyckats driva igenom flera projekt där samhällsekonomiska nyttan inte på något sätt motsvarar de kostnader som debiteras staten. Vedabron över Ångermanälven utgör ett illustrativt exempel. Den kostade över 2 miljarder kronor. För detta erhålls en total trafiknytta på cirka 500 miljoner. Höga Kustens naturvärden har skadats oåterkalleligt«*[5].

Väg E4 är riksintresse för kommunikationer enligt beslut 1999-09-10. Denna E4 utgör, som vi tidigare skrivit, del av det transeuropeiska vägnätet (TEN) och det nationella stamnätet. Till skillnad från andra typer av riksintresseområden är detta riksintresseområde *flyttbart* och dess riksintressestatus går inte att på samma sätt åberopa som kritiskt eller prioriterat vid val av lokalisation. Ett TEN ska inte nödvändigtvis, eller borde inte alls ha som sin primära uppgift att minska en stads innerstadstrafik. Själva blandningen av stadstrafik med passerande transittrafik utgör i sig en ökad säkerhetsrisk[26,246].

I debatten om nya E4 användes det fullkomligt felaktiga argumentet att riksintresse stod mot riksintresse i Gamla Uppsala, där fornminnesområdet var det ena och E4 påstods vara det andra. Både Vägverket, kommunen och Länsstyrelsen använde detta argument som byggde, vilket vi tidigare påpekat, på en grov missuppfattning och okunnighet. Eftersom Gamla Uppsala klassats som riksintresse för kultur, men aldrig klassats som riksintresse för kommunikation, så står inte riksintresse mot riksintresse. Enligt NRL 2:6 framgår av första stycket: Formuleringen skall tolkas som att det är förbjudet att förlägga vägen till området. Först när väl vägreservatet fastställts utanför tidigare etablerade riksintresseområden blir vägreservatet i sig ett riksintresseområde[69]. Detta faktum kan inte nog poängteras.

Sammanfattningsvis bedömer vi det som att JÖB hade kunnat dras utan att förstöra friluftsmarker i den utsträckning som personer med specialintresse för friluftsliv ville göra gällande. I stället har nu 410 markägare och flera hundra boende i östra stadsranden blivit mycket negativt berörda av den nybyggda E4. Många av dem har fått vägen alldeles inpå knutarna och väldigt många har fått sina ägor delade av vägen, med åtföljande extra besvär att sköta jorden. Tre fastighetsägare har t.o.m. fått sin bostad riven. Boende som fått nya E4 i sin närhet hotas av ytterligare förstörelse, genom att stadsplanerarna arbetar för att deras närmarker bör klassas som mark för industriverksamhet, eftersom miljön ändå är så förstörd och urbaniserad av motorvägen. Detta gäller särskilt vid befintliga och framtida påfarter som kan utnyttjas av industrietableringar. Risken är helt uppenbar att E4:ans dragningskraft på verksamhetsetablering åstadkommer alltmer störande verksamheter som sprider sig in i det unika kulturområdet - likt en tumör som metastaserar och växer ut till nya platser. Del av området där nya E4 nu går föreslog vi skulle skyddas i Årike Fyris Norr, som ett avsnitt av Uppsala Nationalstadspark, vilket hade varit ett utmärkt skydd mot förstörelsen av motorvägsnära områden i och kring fornminnesområdet.

Trots fördelarna med det utmärkta östliga förslaget JÖB, enligt vad vi beskrivit ovan, fick inte Regeringen tillräckligt med kött på benen för att våga ändra Vägverkets önskemål om ÅV. Regeringen godkände slutligen arbetsplanen för E4 ÅV och den vann laga kraft 2000-05-25[188].

Det var inte fladdermössen

Regeringens beslut att godkänna E4 ÅV-förslaget och ge tillstånd till att den skulle kunna byggas presenterades vid en presskonferens i Uppsala den 30 maj 2000[188]. Vid denna presskonferens var Agnetha närvarande som representant för SE4VK. Denna motorvägsdragning ville riksantikvarien förbjuda, eftersom den stör Sveriges största sammanhängande fornminnesområde i Gamla Uppsala och Vendelbygden. RAÄ hade i en skrivelse ställd direkt till regeringen 18 april åter hävdat att vägen ej bör tillåtas[31].

På denna presskonferens presenterade näringsminister Björn Rosengren Regeringens beslut, men kunde inte på ett sakligt sätt redogöra för på vilka grunder den ignorerat kulturintressena och Uppsalas fullmäktigebeslut om att avslå arbetsplanen. Han uttalade att det valda alternativet var det mest ändamålsenliga och enda tänkbara, för att fridlysta fladdermöss hindrade den alternativa väglokalisationen - *»rätta mig om jag har fel!«*

Agnetha begärde då ordet och förklarade att hänvisning till fladdermössen inte var relevant, eftersom en rent östlig E4 enligt JÖ eller JÖB-alternativen aldrig skulle ha berört den skyddade fladdermusbiotopen vid Vendelsjön. Dessutom hade fladdermössens nyckelbiotop vid sjön inte skyddats utan påverkats genom skogsavverkning.

- Döm om vår förvåning då vi en tid efter denna presskonferens mottog ett brev från näringsminister Rosengren där han förklarade: *»Beträffande fladdermössen är det möjligt att alternativet JÖ eller JÖB inte berör några bestånd. Östliga dragningar har dock flera negativa konsekvenser för naturmiljön.«* — Vi upprepar för läsaren: Vid denna tidpunkt hade naturområdet i Jälla-alternativen JÖ och JÖB inget lagstadgat skydd! Och som vi nämnt ovan hade nya E4 enligt östligt alternativ kunnat läggas på helt acceptabelt avstånd från våtmarken Florarna, som däremot är naturskyddat område.

Vi måste dock ge näringsministern en eloge, eftersom han var den enda av alla de höga beslutsfattare vi kontaktat och informerat, som svarade oss på ett ärligt sätt. Fladdermusbiotopen hade tidigare använts som ett avgörande argument i beslutsprocessen och lett till att såväl den av lands-

REGERINGSKANSLIET

2000-08-14 N2000/5234/IRT

Näringsdepartementet
Näringsministern

Agneta Sällström
Vallhallsväg 12
754 40 UPPSALA

Beträffande E4 Uppsala–Mehedeby.

Jag har mottagit Ditt vykort, som kom till Näringsdepartementet den 20 juni 2000.

Med anledning av presskonferensen den 30 maj vill Du rätta mig på några punkter. Beträffande fladdermöss är det möjligt att alternativen JÖ eller JÖB inte berör några bestånd. Östliga dragningar har dock flera negativa konsekvenser för naturmiljön.

Jag delar inte Din åsikt att några privata markintressen bland Vägverksanställda hindrat någon dragning. De är få vägärenden där så många olika alternativa sträckningar belysts och diskuterats som i just E4 Uppsala–Mehedeby. Sakägare och allmänhet har också i mycket stor utsträckning utnyttjat sina möjligheter att framföra olika argument i frågan.

Regeringen har i en sammanvägd bedömning kommit fram till att de föreslagna arbetsplanerna var den mest fördelaktiga lösningen i E4-frågan. Vårt beslut är fattat och jag finner det inte meningsfullt att ha något ytterligare möte i ärendet.

Med vänlig hälsning

Björn Rosengren

Postadress
103 33 STOCKHOLM
Besöksadress
Jakobsgatan 26
Telefonväxel
08-405 10 00
Telefax
08-411 36 16
E-post: registrator@industry.ministry.se
X.400: S=Registrator; O=Industry; P=Ministry; A=SIL; C=SE

hövdingen önskade ÅVM, som den av många remissinstanser förordade JÖM hade ifrågasatts av naturmiljöskäl. För att tillgodose de regionala önskemålen hade då ett rent JÖ-alternativ med passage norr om Vendelsjön varit det givna förslaget, eftersom fladdermusbiotopen på intet sätt påverkades av detta. Men landshövding Jan-Erik Wikström valde i stället bort vägens viktiga funktion som transportled för de östligt belägna bruksorterna och förordade ett rent ÅV-alternativ.

Av näringsminister Björns Rosengrens memoarer[252] framgår tydligt att han hade en tuff match med Vägverket för att få verket att strikt följa politiskt tagna beslut. - Här följer några citat ur hans bok »Mitt i steget«, som belyser detta när han säger: »Jag satt med en myndighet som på eget bevåg överprövade de politiskt fattade besluten.«

»Sedan 1997 var nollvisionen ledstjärnan för svenskt trafiksäkerhetsarbete. Det var på sitt sätt en orimlig, nästan utopisk, idé om att ingen skulle dödas i trafiken. Rätt använd kunde den å andra sidan vara ett riktmärke som sporrade oss att nå så långt som möjligt. Jag hade under alla omständigheter ingen ambition att ersätta nollvisionen som hade klubbats i Sveriges riksdag bara ett år innan jag tillträdde. Ett delmål för nollvisionen var att antalet trafikdöda skulle vara högst 400 år 2000. Det var med det målet i sikte som jag delade ut anslag till Vägverket ... 6,5 miljarder för fysiska trafiksäkerhetsåtgärder, men vägverket hade andra idéer«...»Den plan för trafiksäkerhetsförbättringar Vägverket lade fram försökte inte ens få pengarna att räcka till så många räddade liv som möjligt.«

»I sak handlade det om att sätta vajerräcken mellan körbanorna på vägar som växelvis hade en och två körfält, snarare än att bygga dubbelfilig motorväg. Vajerräcken var oerhört kostnadseffektiva och alla fakta pekade på att de sänkte trafikdöden avsevärt.«

Under större delen av 90-talet fortsatte kraftmätningen mellan näringsministern och Vägverket. Expressens motorjournalist följde uppmärksamt diskussionen och ansåg att Vägverkets generaldirektör Jan Brandborn borde sparkas. Rosengren kallade på våren 1999 upp Jan Brandborn och förklarade att nollvisionen och dess delmål låg fast, att *Vägverkets trafiksäkerhetsplan* hade en så felaktig inriktning att den måste göras om och att regeringen inte kunde anslå några miljarder till verket om pengarna användes på ett ineffektivt sätt. Rosengren tog fram ett elvapunktsprogram för trafiksäkerheten som han förankrade i regering och riksdag.

Han skriver: »Det blev ett viktigt styrdokument för att få verket att sluta obstruera.«... »Om verket inte verkställde vad vi hade kommit överens om skulle jag 'vidta andra åtgärder'«.

— Hade Uusman och näringsministern trots allt inte kunnat stå emot Vägverkets vilja att bygga 4-filig motorväg hela sträckan mellan Uppsala till Mehedeby, fastän den norra delen inte alls var lönsam? Blev Rosengren lurad av Vägverket att ett östligt alternativ var omöjligt, sedan verket *låtsats* utreda alternativa östliga dragningar som regeringen efterfrågade? - förmodligen på Rosengrens initiativ.

Det Rosengren skrivit styrker oss i tron att det var Vägverket som ville ha motorväg hela sträckan mellan Uppsala och Mehedeby, inte Regeringen som hade begärt det, som vägverkstjänstemännen påstod. Dessutom stärker det oss i tron att Socialdemokraterna i Uppsala genom att uppvakta departementet gett grönt ljus för E4ÅV för att komma till ett beslut. Annars kanske Rosengren hade följt det av Uusmann signalerade nya planerna för trafikpolitiken[89] och tittat närmare på ARV:s Jälla Öst Bruksvägen (JÖB).

Den juridiska vägen

Vattendomstolen

När det genom den politiska processen inte gick att stoppa vägen, hoppades vi in i det sista att den juridiska prövningen i Miljödomstolen (Vattendomstolen) av Vägverkets ansökan om dispens från vattenskydd vid vägens ianspråkstagande av vattenmiljöer och grundvattenkänsliga ingrepp skulle kunna stoppa detta uppenbart miljökränkande byggprojekt. Urban Sjelin lade ner ett mycket omfattande arbete på att dokumentera det stora hot mot grund- och ytvatten som motorvägen utgör vid flera platser utefter vägsträckningen, exempelvis trafikplatsen vid Arvidsbo och övergången av Samnan, Fyrisån, Husbybäcken och Tassbäcken.

Bland mycket annat utförde Urban med tillkallad expertis egna mätningar av markens beskaffenhet vid Husbybäcken och kunde konstatera att Vägverket presenterat helt felaktiga uppgifter om geologin. Urban hade tagit hjälp av statsagronom Gösta Berglund vid Hydrotekniska avdelningen på Lantbruksuniversitetet i Uppsala. Denne konstaterar i sitt utlåtande i april 2002 att tidigare, vid en mycket beskedlig rensning utefter bäcken, orsakades en erosion så att en hel liten sjö bildades där marken spolats bort. *»Avsaknaden av sådana strukturelement som exempelvis torv eller pappersgyttja gör att vi här har att göra med en erosionsbenägen jordart. Vid en lätt rensning i bäcken 1982 vällde gjyttjehaltigt vatten upp och bortförde stora mängder markmaterial - så stora mängder att markytan sjönk med c:a en meter på en yta av c:a ett ha. Stopp på flödet fick man först sedan man spontat upp en vägg runt det värsta uppflödet. Jämfört med den försiktiga grävning som gjordes 1982, är det nu tänkta ingreppet för väg och brobygge våldsamt. Konsekvenserna för marken och vattendraget är mycket svåra att överblicka.«* Jämför Länsstyrelsens oinitierade beslutsyttranden om »Ej betydande miljöpåverkan av vattenverksamhet etc.«

Vid vårt styrelsemöte 19 sept 2003 rapporterade Urban om fiskinventering i Husbybäcken. Vägverket påstod att det inte fanns någon fisk där i bäcken, efter att en konsult gjort undersökning och inte lyckats finna några. Urban hade därför tagit konsulten med sig och gått dit med sina fiskeredskap och på kort tid dragit upp fem stycken fiskar, för att visa hur man skulle göra! (Konsulter brukar ju som bekant ta bra betalt. Det tycks inte alltid vara värt pengarna - fast det beror ju vid närmare eftertanke på vad man vill ha svar på.) Urban hade också kontaktat en expert på Världsnaturfonden (WWF) för att få dennes synpunkter på hotet mot bäckens bestånd av bäckröding[187]. Eftersom vi hyser bäckröding i källbäcken vid vårt sommarhus[187] Mollerud och känner till dess miljökänslighet, hade vi särskilt uppmärksammat problemet med bäckrödingen.

Den 2-3 maj 2002 höll Vattendomstolen offentlig förhandling i Uppsala tingsrätt om tillståndsprövning i tre av ärendena. Eftersom Agnetha utanför sitt politiska arbete åtagit sig att vara ombud för markägare i Vattendomstolen[187] och Urban som privatperson med mark i norra delen av E4-dragningen själv gjort en anmälan, deltog de i rättegångsförhandlingarna och lade fram alla fakta om Vägverkets felaktiga uppgifter.

Ur yttrande i miljömål i Vattendomstolen: »*Med vilseledande underlag har Vägverket fått en arbetsplan godkänd. Nu accepterar inte sakägarna, som jag företräder enligt fullmakter, att varje liten vägtrumma eller brobygge prövas var för sig, utan ansökan enligt miljöbalken hos tingsrätten ska gälla motorvägsprojektet i sin helhet. När det gäller de hydrologiska förhållandena har ett otal varningar framförts från lokalbefolkningen. Såväl i närheten av åsarna som i slättområdena finns grundvatten under övertryck. När täta lager punkteras, till exempel i samband med vägbyggande, kan utströmmande grundvatten orsaka problem. Det kan innebära att grundvattentillgångarna minskar och även ge lokal markerosion. Problemen kommer som på beställning - och därmed kostnadsökningarna. Ett exempel på missbedömning av grundvattenförhållandena utgör bergtäkten i Månkarbo*«[199].

Trots de logiska resonemangen vi förde och trots vårt påpekande om Vägverkets bergtäkt i Månkarbo där grundvattnet punkterats och trots fallet med Husbybäcken, för vilket utlåtande från både WWF och kritisk hydrologisk expertis förelåg, lämnade domstolen Vägverket tillstånd att utföra anläggningarna med vissa villkor rörande när och hur arbetet skulle utföras. Efter en tuff utfrågning av Vägverkets representant och kritiska kommentarer från rättens sida beviljades Vägverket dispens i samtliga fall. Vi har därigenom förstått att Miljöbalken är till för att underlätta miljöförstörande ingrepp snarare än att förhindra dem. Genom att Vägverket och Regeringen fastställt arbetsplanen för nya E4 var det bara för Miljödomstolen att godkänna, något som i sin tur gav regeringsbeslutet legitimitet.

Så här i efterhand förstår vi att denna typ av miljöprövningar som krävs enligt 11 kap Miljöbalken kommer in i bilden endast för att reglera, hur vissa ingrepp på platser med ömtåliga miljöer ska skyddas på bästa sätt, genom förebyggande åtgärder. Å andra sidan hade Vägverket och Länsstyrelsen för att påskynda besluten aktivt argumenterat mot och undvikit att göra mer utförliga prövningar enligt NRL 2kap§6, 4kap§2 eller 8kap, något vi påtalade inför Miljödomstolen. Man tycker då, att i en sådan situation borde Miljödomstolen kunnat underkänna vägalternativet tills en prövning enligt NRL utförts. Man tycker som lekman också att den här typen av prövningar borde ha ingått i upprättandet av MKB, så att ett bakslag beträffande tillstånd inte kom som 'jästen efter degen'. Det är uppenbart att förfaringssättet gör det extra svårt för domstolen att stjälpa hela projektet.

Vi citerar här vad vi skrev till Miljödomstolen angående punkten FÖRETAGETS NYTTA OCH NEGATIVA INVERKAN: »När vägverket redovisar nyttan med företaget hänvisar man till vägen som helhet, i vilken respektive broanläggning ingår. På samma sätt måste man se till *helheten* när man bedömer företagets negativa inverkan. I MKB för den aktuella motorvägen konstateras att *»Motorvägen innebär mycket stora ingrepp i kulturmiljön och skadar delvis de områden av riksintresse för kulturmiljövården som berörs.«* Och RAÄ konstaterar att förståelsen för de historiska sambanden i kulturmiljön förhindras.

Även då man ska bedöma nyttan måste man utgå från syftet med vägen som är att fungera som europaväg till Norrland med god standard, trafikkapacitet och trafiksäkerhet och koppla ihop större orter till europavägnätet. Det syftet uppfylls mycket bättre om inte vägen samtidigt fungerar som lokalgata till Uppsala, som den nu projekterade E4 är tänkt göra, utan vägen i stället går i en alternativ sträckning längre österut som inte kräver de broöverfarter, som nu begärs prövade. **Den logiska slutsatsen är att nyttan av företagen således är obefintlig, för de är inte nödvändiga att utföra**, eftersom annat vägalternativ med fördel kan väljas. Skadeeffekten däremot är irreparabel.

Vi hade haft förhoppningar att den juridiska vägen att pröva vår sak skulle vara framkomlig, men det blev härmed ett tydligt bakslag. Urban Sjelin hade tidigare en erfarenhet av synbart parodisk, men ändå logisk lagtolkning av en juridisk instans: Vid ett styrelsemöte 1998-03-10 berättade Urban att han inte fått svar från Tierps kommun på en fråga han ställt, utan kommunen hade meddelat att *de inte tänker svara*. Han skrev därför till justitieombudsmannen, JO och klagade över kommunens ohörsamhet. Han fick då följande svar från JO: »*Eftersom kommunen svarat att de inte tänker svara, så har de svarat.*«

Överklagande i Regeringsrätten - en fars

Ifrågasatta beslut: Regeringens beslut (Näringsdepartementet) den 25 maj 2000, I15 N1999/201/IRT, I16 N1999/282/IRT, d.v.s. fastställelserna av arbetsplanerna för E4 mellan Uppsala och Läby och Läby och Mehedeby.

Vår begäran om rättsprövning av Regeringsbeslutet och yrkande om inhibition[189] gjordes av oss i augusti 2000.

Talan i Regeringsrätten ägde rum 28 februari 2001 kl 9.30-16.30.

Agnetha förde talan för 53 sakägare och 37 övriga berörda. Advokat Per Björkman, som var den jurist som stoppat Norra länken genom nationalstadsparken vid Bellevue i Stockholm, förde talan för ARV[189] och Staffan Westerlund, professor i Miljörätt vid Uppsala Universitet, förde talan för familjen Borgenstierna på Sätuna gods[189].

När Regeringsrätten började förhandlingarna sa domaren till tre närvarande tjänstemän från Vägverket (verksjuristen Anders Bengtsson, projektledare Owe Ekman och Hans Frisk) att detta är ett **enpartsmål**, så ni behöver inte säga någonting eller svara på frågor.

Vi berättade systematiskt om allt fusk i utredningen, visade exempel med overhead-bilder av *förvanskade kartor* i E4JällaÖst-korridoren, med riksintresseområden som inte existerade, samt påtalade den *allvarliga jävssituationen* som rådde då Vägverkets tjänstemän skulle ta ställning till JällaÖst-korridoren. Viktiga *lagöverträdelser* som vi påpekade gällde grundlagsenliga Regeringsordningen 1974 om det kommunala självbestämmandet, fornminneslagens stadgande om utrymme omkring ett fornminne, med ett litet men dock intrång i det gränslinjebestämda fornminnesområdet, EG-direktivet 1985 som inte följts vid upprättande av MKB, exempelvis hade aldrig modifierat 0-alternativ ingått, Väglagens stadgande om §13: *Vid byggande av väg skall tillses att vägen får sådant läge, utförande samt att ändamålet med vägen vinnes med minsta intrång och olägenhet utan oskälig kostnad, samt intrång i vattenskyddsområden.*

Efter mer än fem timmars presentation (varvid ett av regeringsrättsråden somnade) vände sig domaren till Vägverkets tjänstemän och sa: »Vad säger ni om dessa presenterade påståenden?« - De hade tigit under hela sessionen hittills, men rodnat alltmer tills de liknade en klase mogna tomater. Då svarade de kort och gott: »*Det är inte sant!*« Den lilla domstolslokalen var full av medlemmar tillhörande SE4VK-partierna i Uppsala och Tierp samt ARV, som kan vittna om denna fars.

När vi sedan mottog protokollet från rättegången stod allt vi presenterat under 5 timmar avkortat till en och en kvarts A4-sida, ett poänglöst, ojusterat protokoll med i huvudsak oväsentligheter vad gällde framförda fakta. Där stod även vägverkstjänstemännens svar skrivet på slutet, **fastän de hade tillsagts att inte delta i processen.** Inte ett ljud om förfalskade kartor där man flyttat skyddsområdenas gränser i beslutsunderlaget för att kunna lägga in vägkorridoren i lagskyddade områden. Advokat Björkmans påtalande av att ett grovt miljöbrott hade begåtts då Vägverket i Månkarbo bergtäkt punkterade det artesiska grundvattnet, så att en sjö uppstått med ständigt rinnande vattenflöde, beskrevs på ett sätt som förtog allvaret i dessa framförda fakta.

Staffan Westerlund vidhöll att någon miljökonsekvensbeskrivning (MKB) enligt EG-direktivet 1985 inte utförts. Vägverket säger i sitt svaromål att de *utgått ifrån* att bestämmelserna i väglagen överensstämmer med EG:s direktiv angående MKB och de bestrider någon försummelse.

Domstolens slutsats var att inget fel begåtts i beslutsgången som lett fram till Regeringens beslut att anta Vägverkets plan för ny E4. Domen föll 9 juli 2001. Regeringsrättens dom är ytterligare ett praktfullt exempel på hur juristernas tolkning av lagen strider mot den allmänna rättsuppfattningen. Konsekvensen av rättens slutsats blir att alla de felaktigheter vi påpekat inte skulle ha påverkat beslutsunderlaget. Varför har Vägverket då medvetet manipulerat materialet??

Med tricket att låta en fråga gå till Vägverkets representanter och ta hänsyn till deras lögnaktiga svar i domslutet från Regeringsrätten, slog juristerna undan fötterna på oss, då vi ville gå vidare till Europadomstolen, där endast enpartsmål tas upp till behandling. Regeringsrätten fick med sitt förfarande det aktuella målet att se ut som ett tvåpartsmål mellan oss och Vägverket, något som ordförande inledningsvis hade förklarat att det <u>inte</u> rörde sig om.

Dessutom var domstolsprotokollet märkligt daterat. Förhandlingarna var 28 februari och protokollet undertecknades inte förrän 29 juni varefter det delgavs oss så sent efter, att vi upplevde att det inte fanns någon tid att överklaga, ens om vi förstått konsekvenserna av Regeringsrättens fint att få det att se ut som ett enpartsmål från början och sedan låta Vägverksfolket gå i svaromål, så att det blev ett tvåpartsmål som därmed inte platsade i EU-domstolen.

Resultatet av vårt äventyr i Regeringsrätten blev en ny *grundstötning i tung dybotten*. Denna dom bevisar att lagen är till för att underlätta i stället för att hindra ingrepp i skyddade områden i den besvärliga situation som uppstått med Vägverkets orubbliga krav. Vårt intryck var att rätten inte tog ärendet på allvar. Att ett av regeringsrättsråden somnade var ju i sig anmärkningsvärt och kan tas som bevis på att domstolen inte tog vår klagan seriöst.

Vi borde ha tagit detta allvarligare än vi förstod under själva rättegången. Nyligen fanns i publikationen Dagens Juridik en rapport med titeln »Nämndeman som beslutade om utvisning sov under rättegången - måste göras om.«

»Nämndemännen röstade för att den 20-årige mannens asylansökan skulle avslås och att han skulle utvisas till Afghanistan. Migrationsöverdomstolen slår dock fast att nämndemannen sov under rättegången och att domen därför ska rivas upp.«

»Det strider mot rättssäkerheten att en av de personer som haft en avgörande röst avseende utgången i målet inte varit mentalt närvarande under hela förhandlingen«[189].

Vi hade satt stor tillit till att Regeringsrätten skulle reagera på det som vi såg som uppenbara lagöverträdelser och fusk i beslutsmaterialet. Även miljöpartiet gjorde bedömningen att via höga rättsinstanser skulle E4ÅV dömas ut. I mars 2001 skrev Mats Bergfors (mp) en reservation i Miljövårdsrådet i samband med yttrande om Vägverkets förstudie angående anslutning av väg 55 till ny E4: »Det socialdemokratiska regeringsbeslutet dikterar en västlig motorväg i mycket skyddsvärda natur- och kulturområden och i omedelbar närhet till bland annat villaområdena i Slavsta och Årsta. Beslutet är ett utmärkt exempel på bristen på respekt för den kommunala demokratin och kommunalt självbestämmande som den socialdemokratiska regeringen numera har som praxis. .....Vårt ställningstagande grundar sig på att de som överklagat beslutet i regeringsrätten och EU-domstolen **får rätt, om inte politiskt styrd rättsröta råder.**« (Vår fetstil) Liknande yttrande i frågan lämnades från Gamla Uppsala kommundelsnämnd, undertecknat Siw Björkgren (mp)[16,141]. Miljöpartiet försvarade in i det sista det kommunala beslutet avslå arbetsplanen. Då Uppsala kommunstyrelse 27/9 2000 § 225 avseende E4-planeringen tog beslut om åtta punkter med olika åtgärder för att förbereda för E4 i västlig dragning[140] och bevis och justerat protokoll anslogs på kommunens anslagstavla, överklagade Mats Bergfors (mp) detta till Länsrätten 2/11 2000. Han anser att flera av att-satserna strider mot kommunens tidigare fattade beslut mot E4 och begär inhibition[140].

Prövning i Europadomstolen

Partiets ordförande Agnetha Sällström har utanför det politiska arbetet dessutom helt utan att begära någon ekonomisk ersättning - precis som vid överklagandet i Regeringsrätten - bistått ett 50-tal markägare i vägreservatet med en anmälan till Europadomstolen för de Mänskliga Rättigheterna. Anmälan mot Sverige för beslutet om fastställelse av arbetsplan för omläggning till motorväg av E4 Uppsala-Mehedeby, har motiverats av att beslutsprocessen bygger på förfalskat och missledande utredningsmaterial. De handlingar som Europadomstolen begärt att få efter anmälan skickades in den 16 juni 2002[190].

I pressen har förkommit påståenden som: »Markägare vill ha skadestånd. Miljonkrav: Europadomstolen prövar anmälan.« UNT 7/10 2003[190]. Även om så påstås i en tidningsartikel, var ändamålet med vår prövning i EU-domstolen endast att försöka stoppa vägen. Någon begäran om skadestånd har inte varit aktuell för oss att driva. (Däremot har Urban Sjelin, företrädare för SE4VK i Tierp, också fört handläggningen av E4-projektet till Europadomstolen och begärt skadestånd för de markägare som inte fått sin sak prövad.)

Så fort vår begäran om prövning i EU-domstolen var färdig, levde den processen sitt eget liv. Sedan kunde vi inte göra så mycket mer i vägfrågan. Vi fick då mer tid att ägna åt alla andra politiska frågor och åt våra lokala politiker och deras förehavanden.

Av svaret från EU-domstolen[190] i december 2003 framgår att man mycket riktigt tolkade protokollet från Regeringsrätten som om målet varit ett tvåpartsmål och därmed avgjorts i högsta instans i Sverige och därför inte kunde stoppa vägen, fastän juristerna fann relevanta skäl till att ifrågasätta den. Hade det varit ett enpartsmål hade Sverige kunnat få backning på vägdragningen enligt EU:s beslut. Regeringsrätten i Sverige måste ha vetat om detta när domaren sa att detta är ett enpartsmål, men utformade processen och protokollet till ett tvåpartsmål, trots att ena parten inte skulle säga något. EU-domstolens huvudfunktion är att övervaka att alla medborgare har en möjlighet att få sin talan rättsligt prövad i respektive lands högsta juridiska instans. I vårt fall hade vi i alla fall fått komma till tals inför Regeringsrätten, Sveriges högsta domstol, vilket avgjorde att EU-domstolen inte ansåg att den behövde granska fallet. Att Regeringsrätten inte brydde sig om det vi upplevde som rättsvidrig hantering av vägfrågan, utan ansåg att de berörda lagarna har ett stort tolkningsutrymme inom vilket Vägverket hållit sig, är en annan sak.

Det är ju djupt tragiskt att en grupp vanliga, hederliga medborgare ska uppleva rättsprocesserna som farsartade och främmande för sunt förnuft. Jämför vad en advokat skrivit i Svenska Dagbladet 12/7 2010 om »Rättsröta i Regeringsrätten«[189].

Ju djupare vi hade trängt in i Vägverkets beslutsunderlag, hantering av ärendet och hela processen, desto mer av manipulerade kartor och utredningar med tillrättalagt innehåll har vi funnit. Det kan liknas vid när man hittar en vacker karljohansvamp i skogen som ser läcker ut, men när man skär itu den är den genomstungen av mask! Trots att vi kritiserat Vägverkets underlag och beslutsprocess med oerhört tunga fakta och tydliga sakskäl, har man vägrat gå i svaromål. Allmänheten har fortlöpande fått information om processen i vackra broschyrer med fakta och motivationer för besluten. I en liten informationsfolder 'E4 Uppsala-Mehedeby' utgiven av Vägverket finns detaljerade uppgifter om bygget[186].

Särintresse eller samhällsintresse

Egenintressen

Ordet egenintressen är inte svårt att förstå, men vad menas egentligen med särintressen. Orden är inte direkt synonyma, eftersom exempelvis intresset att vårda sin hälsa, som givetvis är ett egenintresse, knappast kan ses som ett särintresse, när det ligger i samhällets intresse att medborgarna i görligaste mån värnar om sin hälsa.

Vi blev av Vägverket beskyllda för att motarbeta vägen p.g.a. våra särintressen, ungefär som *'no way in my backyard'*. Eftersom upptakten till hela den här historien var vägens dragning i känsliga och skyddsvärda områden av samhälls- och allmänintresse såsom kulturvård, vattenvård och markvård och bevarande av oersättliga historiska monument, så är det inte uppenbart att skälet till att vi arbetade mot denna vägkorridor och förordade en annan med mindre påverkan på nämnda områden var 'särintressen'. Vad som däremot framkommit sedan vägen väl blivit till, är att en rad solklara egenintressen styrt vägvalet, i många fall av - som vi tolkar det - uppenbart jäviga beslutsfattare, som påverkat hela processen. Vi ska i detta avsnitt närmare granska det vi vill benämna just egenintressen.

Särintressen och samhällsintressen: »*Paret Sällström vet inte vad särintresse är,*« skriver kommunalråden Hedberg (m) och Nordlund (fp)[151] och kallar vårt engagemang i motorvägsfrågan för »*Sällströms särintresse«,* fastän vi aldrig påtalat de eventuella störningarna i Gamla Uppsala villaområde, där vi då bodde, utan konsekvent argumenterat för skyddandet av det omistliga riksintresseområdet för kultur i Gamla Uppsala och dess för sammanhanget betydelsefulla omland[25]. Visserligen fick vi våra promenadvägar avklippta och en ständig svag ljudridå över bostadsområdet, men vi var ju med vårt ursprung i Stockholm väl tillvanda vid trafik. Vi har därför endast argumenterat för skyddandet av riksintresseområdet för kultur i Gamla Uppsala. Om moderater anser att detta engagemang är särintresse, då vet vi inte heller vad moderater är. Att anse att kulturbevarande skulle vara särintresse har vi aldrig förväntat oss av M-politiker, vilka åtminstone i sin propaganda har en framtoning av värdekonservatism.

Den i Uppsala tongivande folkpartistiske politikern Harald Nordlund framhåller 1995 att kultur är ett av de »*ben välfärden vilar på*«[150]. Och i debatten 1997 om att rädda Bäverns gränd skriver Harald Nordlund: »*Att invänta och avvakta de uppoffringar trafiken förmodas kräva är enligt vår mening, ett oansvarigt förvaltarskap av det arv vi fått och som vi förväntas föra vidare,«.....»Trafikfrågorna är viktiga men inte med automatik överordnade andra ställningstaganden. Ibland måste också kulturen tillåtas få högsta prioritet*«[150]. Det är uppenbart att för dessa politiker är begreppet särintresse väldigt töjbart. Vårt parti hade mer än 600 medlemmar och 3.326 väljare med röster i alla kommunens valdistrikt. I valet 1994 tyckte alltså 2,9% av väljarna att stoppa motorvägen genom fornminnesområdet var en så viktig fråga att de valde bort alla andra politiska frågor och röstade på Stoppa E4Väst. Inte konstigt att vi är stolta över att så många delar »*paret Sällströms särintresse*«. Två frågor till nämnda debattörer: 1. Hur många måste man vara för att det inte längre ska kallas 'särintresse'? 2. Hur naiv och okunnig eller fräck får man vara som kommunalråd i Uppsala? Att anse kulturbevarande för särintresse är lika korkat som om man ansåg skydd av skogsmark för friluftsliv vara ett särintresse: »*Nordlunds, Jonssons, Axelssons och Erikssons särintresse*« - hur stolligt skulle inte det vara?

Man undrar om det bara är politiskt hopkok när man så lätt kan ändra sig och bortse från vad man sagt och skrivit tidigare. Harald Nordlunds utläggningar om kulturens stora betydelse är sådant politiskt munväder, som man sedan kan raljera över när det visar sig att han egentligen inte bryr sig om seriösa argument till kulturvärdenas försvar. Harald Nordlunds kluvna jag i »kultur-Harald« och »miljö-Harald« har Stefan Wårdsäter från Gamla Uppsala Hembygdsförening fyndigt skrivit om: »Kultur i 110 km/tim?«[55]. Wårdsäter frågar sig, hur Nordlund, som hyllar kulturen som »*andlig källa, som impulsgivare och inspirationskälla,*« kan tycka att beslutet om Årsta-Väst-alternativet, som strider mot NRL, är en seger för miljön?

Om Hedberg och Nordlund hade sagt att Sällströms intresse är att motverka att beslutsfattares privatintressen korrumperar dem, så hade de träffat rätt - Annars är bara slagordet '*särintresse*' ett slags soptunna man vräker andras argument i, när man inte kan bemöta sakliga argument och ingenting själv har att säga. Etiketteringen '*särintresse*' är alltså typiskt lumpet politiskt ljugande och bluff för att desinformera oinsatta väljare.

Det märkliga är också att Länsstyrelsen ursprungligen i januari 1993, innan den pressades av Vägverket till att acceptera ÅV, hade precis samma intresse som det av de nämnda kommunalråden etiketterade »Sällströms särintresse«. Medan Länsstyrelsen då hänvisade till olika §§ i Naturresurslagen, så talar alltså moderaten Hedberg och folkpartisten Nordlund om »Sällströms särintressen«. Trots att hela den samlade kulturexpertisen säger nej till vägen, har vi alltså beskyllts för att det bara skulle vara vårt särintresse som står mot vägen. (Endast det gula på nedanstående karta är riksintressen för kulturvården.)

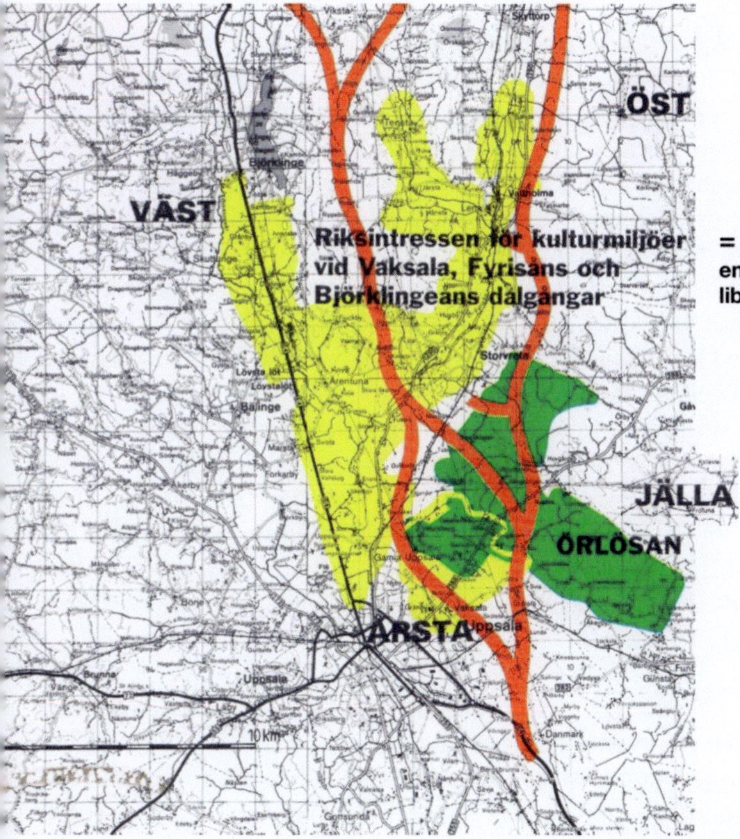

= "Sällströms särintresse" enligt moderaters och liberalers fikonspråk

Visst finns bland partiets väljare många av dem som berörs av nya E4 personligen och får sitt boende påverkat. Hur ska man kunna begära att människor, som valt att bo i stadens ytterkant med naturen utanför, ska acceptera att få boendemiljön sönderbruten av stress inpå knutarna, ett ständigt trafikbuller dygnet runt och promenadmarkerna avskurna, när inte ens vägverksfolk som projektledaren Lars Olof Pernler med Ponnyklubbens marker och åkeriägare som förre ordföranden i Uppsala Åkeriförening, Leif Karlsson, boende i Jälla och engagerad i gruppen Rädda Vaksala, accepterar motorvägen, utan gör allt för att försöka få den lokaliserad någon annanstans, trots att de kan få en egen påfart till motorvägen i nära anslutning till sin verksamhet?!

Det var populärt bland företrädarna för ÅV-alternativet att använda sig av ordet 'särintresse' så fort någon av de c:a 400 drabbade argumenterade. Vid ett informationsmöte som Vägverket höll i Gamla Uppsala, ansåg Vägverkets projektledare Pernler att kritik mot ÅV bara är särintressen. Pernler hade således den ohemula fräckheten att tala om andras särintresse, när han av eget privat intresse kämpade med alla medel för att hindra vägen att gå i östlig dragning, där hans dotter bodde och hans stolthet ridskolan skapats. Anton Andersson har ett debattinlägg där han påpekar Pernlers särintressen i Jälla, medan samme Pernler samtidigt skyller motståndet mot ÅV för särintressen[56]. Svenska språket har ett bra uttryck för detta. Vi säger rätt och slätt: »*Den som nämndet klämdet!*«

Gruppen Bevara Vaksala[53] - som för övrigt inte bryr sig om Vaksala kyrkomiljö - anser också att det endast är särintressen som ligger bakom försöken att hindra vägen i fornminnesområdet och säger att »*markägarnas särintressen kan inte få hindra en väg av nationellt intresse*«. Deras åsikt är bra att känna till, för att om Rosengren hade velat förlägga vägen till en östlig sträckning, så hade de, i logikens namn, inte argumenterat emot vägen utifrån sina särintressen.

Kommunalråden Hedbergs och Nordlunds insändare »Sällströms särintressen« tog priset i ovederhäftighet[151]

Vi svarade på den på vår hemsida, eftersom inte UNT tog in vårt svar. Vi sa bl.a. att vi sträckte på oss eftersom vi hade 600 partimedlemmar som enligt Hedberg och Nordlund stöder »Sällströms särintresse«. Vårt svar publiceras här i sin helhet där vi diskuterar de två fraktionerna av Moderaterna, de värdekonservativa respektive penningmoderaterna som debattören AnnBritt Grünewald kallar »betonghäckar«[143]:

Vi blev som bekant påhoppade av kommunalråden Gunnar Hedberg och Harald Nordlund, som på ledarsidan i Upsala Nya Tidning hävdade att motståndet mot E4 Årsta-Väst bara är "Sällströms särintresse". Vi hade ganska snabbt ett svar inlämnat till UNT, d v s inom fyra, fem dagar, men har sedan förgäves väntat på att få det publicerat. Tur att Stoppa E4 Väst:s hemsida finns där vi förhoppningsvis kan få våra synpunkter införda. Det är ju märkligt att UNT inte tog in vårt svar när Hedberg och Nordlund angripit oss på ett mycket ovederhäftigt sätt.

Svar på Gunnar Hedbergs och Harald Nordlunds inlägg 961203 om "Sällströms särintresse"

Har det inte föresvävat parhästarna Hedberg och Nordlund att det är egendomligt att nästan 2/3 av fullmäktiges ledamöter har röstat på det som de båda kommunalråden i sitt debattinlägg vill låta påskina är "paret Sällströms särintresse", ett nej till motorvägen i västligt läge? Vi skulle verkligen kunna sträcka på oss. Men sanningen är ju den att det inte är något särintresse utan i stället ett samhällsintresse att inte gå genom fornminnesområdet med en motorväg. Fakta är ju också att det inte är "paret Sällström" utan ett fullmäktigeparti med 3.200 väljare som prioriterat denna viktiga fråga framför andra politiska frågor - en väljargrupp som liksom vi anser att trafiken inte alltid skall få diktera villkoren och köra över bl a kulturintressena.

Vi har i vårt inlägg 961122 huvudsakligen velat förmedla följande tre synpunkter:

1. Att begreppen sär- respektive allmänintresse kan ses ur många olika perspektiv i tid och rum och vara svårdefinierade. (Det illustreras av att Hedberg och Nordlund påstår att E4 Jälla-Öst-Bruksvägen är ett särintresse trots att den är samhällsekonomiskt mycket mera lönsam än E4 Årst-Väst. Är det inte i logikens namn samhällsintresse att hålla nere vägkostnaden och få mer pengar över till exempelvis omsorg och vård!?)

2. Att det är ett samhällsintresse att få en "pulsåder" till Norrland.

3. Att det vid ställningstagandet i den här frågan finns ett samhällsintresse av större dignitet, för då vi talar om **att bevara fornminnesområdet i Gamla Uppsala intakt, handlar det om både vår egen och kommande generationers rätt att få ha ett historiskt nationalmonument oförstört.**

Det budskapet förstod inte de "kulturbevarande" moderaterna och folkpartisterna. Det var ju tur att det tidigare hade gått hem hos de andra i fullmäktige. Vi har vid vårt inträde i politiken koncentrerat oss på en fråga av samhällsintresse och tillfört debatten nya synpunkter och kompetens. Är det rätt att säga att ett enfrågeparti som engagerar sig i ett samhällsintresse representerar "särintresse som saknar motstycke"? Eller ska ni tala om "helhetsperspektiv" när ni får hela kulturvården emot er? Eller är vägen "naturanpassad när den stänger av närheten till naturen för alla boende i östra Uppsala? Frågan om detta slags politiska ordvrängeri tänker vi inte fördjupa oss i här, eftersom vi vet att det av förståeliga skäl står väljarna upp i halsen.

Jan och Agnetha Sällström
Stoppa E4 Väst

Vitala samhällsintressen

Jordbruksnäring och boende samt kommunikation tillhör alla tre kategorin samhällsintressen. Om en jordbrukare får sitt jordbruk stympat och sin bostadsmiljö kraftigt försämrad och vederbörande kämpar emot med näbbar och hötjugor, då är det av egenintresse, men knappast ett särintresse, eftersom vederbörande ingår i ett större samhällsintresse. Hur många jordbrukare med 'egenintresse' ska drabbas innan man skulle tala om ett hotat samhällsintresse i stället för att slentrianmässigt kalla det särintressen?

Vi är idag väl medvetna om att Sverige inte har några marginaler när det gäller jordbruksförsörjning i ett krisläge. Vid tidpunkten då vi började arbeta politiskt i Uppsala kunde man läsa klara varningsord om världens trytande livsmedelsförsörjning: Forskargruppen Worldwatch Institute i Washington menar att bara om några årtionden kommer världens befolkning inte att ha tillräckligt med livsmedel[191]. En internationell rapport från Oxfam i juni 2018 konstaterar att många av de människor som producerar den mat vi i Sverige importerar inte själva kan äta sig mätta! »*Nu går var nionde person till sängs utan att ha fått tillräckligt med mat enligt FN:s livsmedelsprogram WFP*« rapporterar UNT hösten 2018[192]. »*Rapa på du välfärdssverige*« sjöng protestsångaren Roland von Malmborg redan på 60-talet! Är det inte skam att lägga en motorväg över stora arealer av några av de bästa åkerjordar vårt land har - de marker som med sin fruktbarhet lade grunden till den rikedom som kom att ge upphov till Sverige — när ett mycket bra alternativ fanns?

Är Agenda 21 ett särintresse? — Ja, naturligtvis, varje individs egenintresse att levnadsbetingelserna inte förstörs, således något som varje individ ska eftersträva att efterleva. Ändå är det samtidigt inte bara också ett samhällsintresse utan ett globalt intresse. Man skulle kunna säga att det globala intresset inte i alla lägen går att skilja från egenintresset. Om vi inte lyckas förändra vår ohämmade rovdrift och slutar förorena vår värld, kommer vi med stor sannolikhet oåterkalleligen att förstöra våra livsmöjligheter på planeten jorden. Vid den ekologiska katastrof som hotar kommer vi att få se människor fly i miljontals och försöka ta sig till beboliga platser i andra områden och länder än deras egna, som först blir obeboliga. Vi drar slutsatsen att allt detta ofrånkomligen leder till oerhört våldsam politisk oro och krig med stort mänskligt lidande.

Hedberg förlöjligade oss också för att vi i något sammanhang sagt att privatbilism kan betraktas som särintresse. Det kanske låter löjligt för oss i vårt bekvämlighetssamhälle att man skulle kunna betrakta privatbilism som särintresse, men det beror ju på omständigheterna. I överbefolkade städer på andra platser i världen och i fattiga länder kan privatbilism mycket väl ses som ett privilegierat särintresse, om miljöförhållandena är sådana att bilismen måste hållas nere (och det verkar de ju vara över hela världen om man ska tro ovan nämnda vetenskapsmän) eller om den skulle ta alltför stora resurser i anspråk av en hotande resursbrist - eller i gamla stadsmiljöer där det helt enkelt är för trångt i gränderna. Enligt en undersökning utförd vid Göteborgs Universitet om attityder hos folk till åtgärder för att förbättra stadsmiljön tyckte fler än hälften av de tillfrågade att det var ett ganska eller mycket bra förslag att »*Förbjuda privatbilism i centrum av större städer*« (med mer än 100.000 invånare)[195]. Dessutom är det viktigt att reducera trafiken i staden för att minska hälsofarliga avgaser. Forskning pekar på att vi idag i Sverige har minst 4.000 för tidiga dödsfall orsakade av bilavgaser. I Europa som helhet talar man nu om över 79.000. Man skulle ha önskat större flexibilitet i tankeförmågan hos kommunalrådet Hedberg!

Om staden ska bygga en väg av nationellt allmänintresse och beslutsfattarna för att skydda sina egna hus och marker väljer en massa annat folks ägor och gårdar, fastän den vägsträckningen är sämre... då är väl just det vi tycker man kan kalla egenintresse eller kanske särintresse?

Hoten och branden

Det är inte ovanligt att politiker hotas i uttalanden från missnöjda personer. Som vi tidigare nämnt har forskning om detta visat att ett betydande antal politiker utsatts för hot av olika grad och karaktär, speciellt i valtider[84,211]. Vi utgjorde inget undantag, speciellt som vi kritiserade en av många efterlängtad och omhuldad motorväg. Flera av partiets politiker upplevde hotfulla uttalanden från 'gatans parlament': - »Du, jag var på fest igår - det finns folk som inte skulle dra sig för att använda vapen mot er. Var försiktig när du är ute och går och passa dig på övergångsställen - ha gärna kniv med dig!«

Jag som partiledare för Stoppa E4 Väst utsattes för förtäckta mordhot och kommentarer av typen »sådana som du borde dö,« och »Den här kvinnan måste stoppas nu!«

- Telefonen ringer och Hitchcocks filmmusik går på och någon säger »Du är utvald!« Sekvensen musik och hotfullt uttalande upprepas flera gånger.

Beskyllningar att partiet var orsak till olyckor och skador på Tycho Hedéns väg eller andra platser var inte ovanliga. Ett av syftena med att förbättra äldre vägstråk, på vilka trafiken ökat, är ju att nedbringa antalet dödsoffer i trafiken. I synnerhet på mötesfria vägar blir säkerheten störst trots att det går att hålla högre hastighet. **Eftersom vi aldrig motsatte oss en ny förbifart av motorvägsstandard (något många av våra motståndare inte velat uppfatta) är diskussion om detta inte relevant i den här redogörelsen** - men ändå vill vi här berätta hur den nya motorvägen i alla fall indirekt hjälpt två nödställda kort efter det att den tagits i bruk.

En bil med två personer kommer på den nya motorvägen körande i sydlig riktning över slätten utanför Torkelsbo i Vendel. Plötsligt får de se att ett hus 200 m bort står i lågor. Utan att tveka stannar de bilen på den smala vägrenen och rusar över fältet fram till den brinnande byggnaden och lyckas där hjälpa två boende ta sig ut med några få föremål, innan huset är helt övertänt. Branden hade föregåtts av ett stort antal olika typer av trakasserier i form av förstörd ytterbelysning, utspridda spikar på vägen, sönderskurna bildäck, förgiftning av djur, sabotage av fiskdamm och dricksvattenbrunn, stulen övervakningsutrustning m.m., sammanlagt ett 50-tal polisärenden. Huset som drabbades av vad som misstänktes vara en mordbrand brann ner till grunden. Det tillhörde partiledaren för SE4VK i Tierp.

Första spadtaget

Den 9 september 2002, deltog näringsminister Björn Rosengren vid en ceremoni i Uppsala då vägbygget invigdes genom att han tog det första spadtaget. Vi befann oss på väldigt skönt avstånd från Uppsala och deltog inte vid denna 'sorgliga' ceremoni, men tänkte: *»En stor förlust för Sverige! Det borde inte glädja någon att man bygger en motorväg i Sveriges vagga, på en plats där riksantikvarien säger att den borde förbjudas. En sorgens dag för kulturminnesvården. Nästa offer på trafikens altare blir Tanumshede, som tillhör världsarven. Därtill är det här ett stort nederlag för demokratin. En stor besvikelse på Sverige som rättsstat.«*

Länsstyrelsen godkände arbetsplanen - följdes kraven?

Nej! Precis som miljöpartisterna Anders Ekström och Per Otto Sylwan misstänkte skulle ske[60], kom aldrig kraven att uppfyllas som utlovat. Vägdirektör Forsberg förklarade att det inte är möjligt, utföra nedgrävning av motorvägen 2-5 m vid passage i fornminnesområdet p.g.a. hög grundvattennivå. Även att flytta vägen 50 m österut omöjliggjordes av den stora transformatoranläggningen, som man ju visste fanns då man utlovade att flytta vägen ur det gränslinjebestämda fornminnesområdet. Så bristfälligt gjord var miljökonsekvensbekrivningen, men *det* sade Forsberg ingenting om.

Riksantikvarieämbetet protesterar[30] och kulturnämnden i Uppsala gör en anmälan till Vägverket[205] om detta avtalsbrott. Vi har fått Länsstyrelsens justerade protokoll från mötet 30 oktober 1996[114], då man godkände arbetsplanen för ny motorväg E4 ÅV och alltså gick helt emot Uppsala kommunfullmäktiges ståndpunkt två dagar tidigare. Hur kunde Länsstyrelsen godkänna arbetsplanen när de nio kraven för att vägen skulle få gå i ÅV-läge inte var uppfyllda? Jo, det är det som är finessen med politik: Att man kan fatta ett politiskt beslut om att kraven är uppfyllda fastän de inte är det.

Av kravet att ha ett östligt eller åtminstone ett mittalternativ för att tillgodose de regionala behoven blev en utlovad tvärväg (vid tidpunkten då Länsstyrelsen godkände arbetsplanen ännu utan upprättad arbetsplan för denna tvärväg) genom kulturbygden i Vendel som förbinder Örbyhus via väg 709 med den tilltänkta E4. Resultatet blev att Örbyhus fick 2-6 km längre resväg än idag till Uppsala eller 7-9 km längre än om JÖB hade byggts. Med denna »regionala satsning« är Länsstyrelsen tillfreds. Beträffande järnvägstunneln i Gamla Uppsala nöjer man sig med att konstatera att löften om tunneln finns och att en MKB över nydragningen upprättats samt att Banverket håller på att upprätta en järnvägsplan. Varför tror Länsstyrelsen att man ska få en tunnel i gamla Uppsala av Vägverket som inte uppfyllt några andra krav? Är det löftet mer bindande än löftet att gräva ner vägen, att flytta den i reservatet, att välja ett mittalternativ etc? Kan regeringen tolerera att Vägverket använder sina pengar till Banverkets angelägenheter? Det är något som kanske landshövdingen med sina underhandskontakter kände till?

Mest hårresande är accepterandet av det brutna löftet om åtgärderna med motorvägen i Gamla Uppsala fornminnesområde. Länsstyrelsen konstaterar att de uppsatta villkoren[58,30] inte går att genomföra, men finner att med tunnelns hjälp blir de beräknade bullervärdena mindre än idag och därför anser man kraven uppfyllda! Ändå säger Vägverket sedan upp avtalet med Banverket om finansieringen av tunneln![204]. Utan att skämmas deklarerade Vägverket het enkelt att det bryter avtalet med Banverket om att stå för merkostnaderna för en tunnel i gamla Uppsala[204].

Och de visuella konsekvenserna berör man ej alls. Inte heller lyssnar man på sin egen expertis, representerad genom länsantikvarien, som till protokollet uttalat ett avståndstagande: »Trots de mycket ambitiösa studierna i arbetsplanen med att söka eliminera ingrepp i och skador på kulturmiljön samt trots den s.k. 'helhetslösningen' i Gamla Uppsala bedömer jag, med stöd av miljökonsekvensbeskrivningen, att en utbyggnad av E4:an i enlighet med arbetsplanen inte är förenlig med de materiella och immateriella värdena i kulturlandskapet och därmed inte med kulturmiljövårdens riksintressen.«

*

När slutligen järnvägen genom Gamla Uppsala skulle göras om, skulle en upprepad 'demokratisk' procedur genomföras. Man ska ansöka hos Länsstyrelsen för medgivande, ha möten med föräldrar i skolan och berörda - samma visa som alltid. Medbestämmande tror folket. Men! Allt var ju redan klart då motorvägsbeslutet togs på Länsstyrelsens nio villkor i december 1993[58] för att motorvägen skulle få gå där den nu går. Vägen skulle grävas ner och järnvägen skulle ledes i tunnel[203]. Skolan skulle bli kvar.

I de diskussioner som följde på att Vägverket deklarerade att det bryter avtalet med Banverket om tunneln i Gamla Uppsala[204], så kröp även sanningen om sambandet mellan muséet och tunneln fram. Att ett sådant samband skulle existera har hela tiden förnekats av beslutsfattarna då vi tidigare hävdat det, men nu, i en skrivelse till regeringen åberopar både kommunen och Länsstyrelsen sambandet och begär en tunnel bekostad av Regeringen.

Av Länsstyrelsens ställningstagande till alternativ Årsta-Väst i skrivelse 1993 framgår att ett villkor är att *»motorvägen sänks ned under markytan på föreslaget sätt för att minska bullret« (2-5m),* vilket man inte uppfyllde. Detta villkor var bara ett 'skohorn' för att få vägen dit man ville[205]. Landshövdingen avgjorde genom att stå vid Kungshögarna och titta på vägverkstjänstemän som viftade med skyltar i den tänkta vägkorridoren.

Tredje valet till Fullmäktige

2002 var ett ödesmättat år för partiet och dess huvudfråga. Beslutet att starta byggnation av ny E4 Årsta Väst var ett stort bakslag för våra politiska målsättningar, men också för demokratin, vilket påpekats i bl.a. en insändare av partirepresentanten Jarl Lundin: »E4-dragningen gav demokratiunderskott«[196].

Vid partiets årsstämma i mars 2002 bestämdes att partiet skulle ställa upp i valet i september. Stämman fastslog att partiet, som under den gångna mandatperioden arbetat som ett flerfrågeparti, skulle gå ut under namnet KULTURPARTIET Stoppa E4 Väst, med budskapet att vara ett alternativ för dem som tröttnat på de etablerade partierna. Partiledarskapet skulle övertas av Jarl Lundin efter årsskiftet, 2002/2003, eftersom jag då trädde tillbaka av flera orsaker: whiplashskada, hotbilden mot mig som politiker och att jag ville bo i USA, där Jan fått ett förordnande som 'Visiting Professor' vid ett neurologiskt forskningslaboratorium på University of Rochester i New York.

Självklart fortsätter partiet sin kamp i E4-frågan och sina andra åtaganden. Först ska vi läsa motiveringarna i domslutet från Regeringsrätten, sedan går vi omgående till EU-domstolen. Sakägarna har inte haft någon motpart. Vägverket har systematiskt vägrat lyssna på ett konstruktivt sätt. Vi ser det som att det råder en Vägverkets diktatur. Vägkommunikationsintresset väger tyngre än allt annat. Ändamålet helgar medlen, och alla människor, oberoende av profession, således även jurister, är så inne i tanken på nyttan av vägar, att de ser mellan fingrarna i sina tolkningar, vad gäller allt det vi tolkar som kränkningar av lagar och vad gäller bristerna i beslutsprocessen som vi påtalat. Vi får inte glömma att **RAÄ entydigt sagt att motorvägen i denna sträckning bör förbjudas p.g.a. den skada den gör i det fornminnesområde som har högst status i landet**. Därmed har RAÄ förordat den lösning som vi har föreslagit, JÖB, som sparar kultur, miljö och vatten[109].

Innan vi lämnade för USA, skickade vi in vår klagan till EU-domstolen den 17 juni 2002, som vi nämnt i avsnittet om de juridiska prövningarna.

Valrörelsen startade i slutet av augusti 2002 och leddes av Jarl Lundin. 27/8 deltog han i en valdebatt på Grand och 12/9 på Katalin. En modern form av valdebatt kom till användning då Jarl Lundin 10/9 chattade på nätet med UNT:s läsare.

VAL TILL KOMMUNFULLMÄKTIGE

Stoppa E4 Väst

KULTURPARTIET

Du får bara markera en av dessa kandidater.

☐ 1 Jarl Lundin, Balders väg 11
☐ 2 Gun Mases, Hemringe, Gamla Uppsala
☐ 3 Birgit Andersson, Kättsta, Ärentuna
☐ 4 Anders Kemi, Dagermansgatan 6
☐ 5 Yvonne Edling, Kättsta, Ärentuna
☐ 6 Gustaf af Ugglas, Fyrisvall, Ärentuna
☐ 7 Anita Andersson, Forssa, Tensta
☐ 8 Fredrik Eriksson, Flotä, Vattholma
☐ 9 Eira Casenberg, Henry Säldes väg 8
☐ 10 Rolf Berglund, Rabarbergatan 23
☐ 11 Fredrik Gustafsson, Marielundsgatan 3 C
☐ 12 Lahja Sevéus, Eksätravägen 128
☐ 13 Erik Skogh, Kättsta, Ärentuna
☐ 14 Ingbritt Henriksson, Vaksala kyrkväg 31
☐ 15 Max Brandt, Heidenstamsgatan 41
☐ 16 Inger Branteström, Fasma gård
☐ 17 Wyn Brown, Östa, Storvreta
☐ 18 Jan Andersson, Forssa, Tensta
☐ 19 Louise Wennerholm, Fantebo, Viksta
☐ 20 Stefan Persson, Norr-Vallby, Viksta
☐ 21 Louise Guézennec, Svanbergsgatan 5
☐ 22 Anders Alm, Travenberg, Tensta
☐ 23 Mats Lindgren, Lings väg 92
☐ 24 Jörg Fitz, Björkhult, Björklinge
☐ 25 Sven-Åke Jansson, Bredåker, Gamla Uppsala
☐ 26 Ellinor Malmquist, Hurtigs gata 63
☐ 27 Bengt Pettersson, Kavelbro, Björklinge

Uppsala
0098—03897

Vänd

☐ 28 Åke Eriksson, Vitkålsgatan 89 C
☐ 29 Bo Lindström, Liss-Sandbo, Skyttorp
☐ 30 Kjell Wennerholm, Fantebo, Viksta
☐ 31 Mats Malmquist, Hurtigs gata 63
☐ 32 Niklas Fjärstedt, Svartgrind, Viksta
☐ 33 Dick Lindström, Gröndal, Björklinge
☐ 34 Torsten Andersson, Forssa, Tensta
☐ 35 Hans Carlsson, Hemringe, Gamla Uppsala
☐ 36 Anders Edling, Kättsta, Ärentuna
☐ 37 Stefan Lindström, Gröndal, Björklinge
☐ 38 Bertil Pettersson, Tomtebo, Björklinge

0098—03897

Valstugan kom inte till användning den här gången, men partiet höll torgmöten, på Forumtorget, Stora torget och i Årsta centrum. Vid dessa möten har Birgit, Jarl, Gun och Yvonne deltagit. En särskild satsning gjordes i Gamla Uppsala och Årsta med utdelning av partiinformation. Hos Yvonne packades valsedlar för samtliga 180 vallokaler i kommunen.

I en UNT-intervju den 29 augusti, »Inlägg inför kommunalvalet 2002« klargjorde Jarl Lundin att SE4VK satsar i valet på följande viktiga frågor: Bostadsbyggandet; Barnomsorgen; Äldreomsorgen; Skolan; Kollektivtrafiken; Kulturen. Huvudfrågan är och förblir dragningen av trafiklederna E4 och Bärbyleden och skyddet av Uppsalas vattenförsörjning som är allvarligt hotad av båda ledernas dragning.

Valdagen, den 15 september, följdes av sedvanlig valvaka i Storgården. Redan tidigt under valvakan stod det klart att partiet inte kunnat hålla ställningarna utan skulle förlora sin plats i fullmäktige. Väljarna gav inte partiet förtroendet att fortsätta i Uppsala. Även om vi kände besvikelse, så måste vi erkänna att resultatet är logiskt och inte särskilt överraskande. Vägfrågan var avgjord. Rosengren hade redan tagit första spadtaget - typiskt valfläsk!

Partiet fick i detta val bara 370 röster i Uppsala och förlorade därmed platsen i KF. Valrörelsen hade inte heller varit lika omfattande som tidigare gånger. Den politiker som framför allt givit partiet dess profil i Uppsala, Agnetha Sällström, fanns inte längre med och valsedelns första namn var inte tillräckligt känt för uppsalaväljarna.

Ändå kan man tycka att det har hänt så mycket som retat upp väljarna och kunde göra att de ville pröva något nytt: sjunkande förtroende för politikerna p.g.a. avslöjat fiffel; energiverkets utförsäljning till staten som resulterade i höjda taxor; fortsatt svagt grepp om ekonomin så att upplåningen fortsätter; skandalen kring Stora torget; nedläggningen av Tunåsens sjukhem som nästan 16.000 uppsalabor i en namninsamling protesterade mot; exproprieringen av villabebyggelse i Gränby; förstörelsen av grönområden i Östra Uppsala; sveket av Socialdemokraterna som lovat stoppa E4 ÅV genom att bearbeta regeringen - listan kan göras längre. Partiets inriktning rörde också omsorgsfrågor som borde attraherat väljarna.

Märkligt nog hade man på kommunens hemsida tagit bort hänvisning till vårt partis hemsida sedan juli under valåret. Om detta hade bidragit till färre röster kan man ju inte veta. Varför den var borttagen vet vi inte heller - var vi redan borträknade? Det var ändå tråkigt att konstatera att väljarna inte vågade satsa på ett nytt alternativ, trots att de nya ledarna hade mycket bra politiskt program för samtliga frågor. Inte heller i Tierp tog systerpartiet med Urban Sjelin något mandat.

*

Så blev det snart dags att reva seglen på vår politiska äventyrsseglats. Vi hade inte nått den hamn vi tänkt oss, men stött på massor av bottenkänningar - så sjökortet hade klarnat på många punkter.

Vårt arbete har inte varit förgäves. Att arbeta med uppsalapolitiken har gett intressanta inblickar i *demokratins dilemma*, d.v.s. effektivt styrande genom tjänstemannabeslut och underhandskontakter mellan dem och politikerna, i stället för en långsamt mognande beslutprocess genom demokratiska ställningstaganden. Även om vi inte nådde rätt slutdestination upptäckte vi »Klarhetens ö«, som vi ska berätta om längre fram.

Som ny i politiken har jag fått beröm och stor beundran även av meningsmotståndare för att jag varit så duktig. Många har prisat min rättframhet och menat att det är vad som behövs i det politiska livet. Vi har offrat oräkneliga dagar - nätter med för den delen - åt att skriva våra inlagor och granska olika dokument, remisser och skrivelser, framför allt Vägverkets utredningsmaterial.

Partiet i Uppsala lades sedan i 'malpåse' d.v.s. det är vilande men ännu ej upplöst. Vi ville fortsätta att existera för att få facit på många av de frågor som vi brottats med under den politiskt aktiva perioden. Partistödet som SE4V och SE4VK fått i Uppsala har, förutom valkampanjerna 1998 och 2002, gått till att bekosta tryckning och utgivning av den här boken. Ett bidrag på 6.500 kr lämnades också till ARV för att hjälpa till med deras stora kostnader för framtagande och tryckning av JÖB-förslaget, och advokatkostnad i samband med rättsprövningen i Regeringsrätten. Agnetha, som biträdde alla vid prövningar i Miljödomstolen, Regeringsrätten och EU-domstolen, ville inte ha betalt för sitt arbete eller för att författa begäran om rättsprövningarna - inte ett öre. (Detta var på den tiden det fortfarande existerade s.k. ören. Nu kan man ju rätt och slätt enklare skriva inte en krona.) Vi ville att de som drabbades av vägen skulle känna att vi arbetade för dem, inte för oss och eventuella ekonomiska förtjänster, som vi inte var intresserade av, vad än våra borgerliga belackare inbillade sig

Byggtiden - rapporterade händelser, förstörda brunnar

Markersättningar - Du kör på lånad mark

Förhandlingarna om markersättning gick till en början oerhört trögt. Delutbetalningar gjordes dock i förskott, innan uppgörelserna var klara. Vägverkets anbud upplevdes som ett modernt baggböleri, men Vägverkets förhandlare Torsten Lasu betraktades ändå av de flesta markägarna vi varit i kontakt med som en rekorderlig och förstående person. Han var 'gammal i gården', kom till Vägverket i början på 70-talet, men gick i pension under pågående förhandlingar innan allt var avklarat. Det orsakade att någon enstaka gjord överenskommelse tappades bort.

Det är här lämpligt att berätta om reglerna för 'markinlösen', som i själva verket innebär att markägaren fortfarande äger marken och betalar fastighetsskatt för denna, men Vägverket arrenderar marken på obestämd tid till den tidpunkt då vägen läggs ner eller 150 år. I Väglagens §30-32 regleras den s.k. Vägrätten, som uppkommer genom att väghållaren, i detta fall Vägverket, upprättar en godkänd och fastställd arbetsplan för vägen. Under den tid vägrätten består kan Vägverket *»tillgodogöra sig alster och andra tillgångar som kan utvinnas ur marken eller skog,«* med andra ord ta grus, stenmaterial och jord för vägbyggnation, bullervallar och annat och sälja eventuellt virke.

Flera markägare har av byggfirman fått ett papper att skriva under som heter »Nöjdförklaring«, där de skall bekräfta att de är tillfreds med de åtgärder som utförts. Ingen garantitid utlovas. Enligt bestämmelserna får markägarna som tvingas släppa till mark på grusåsen för vägdragningen bara ersättning som för impedimentmark, trots att Vägverket kan ta ut värdefullt grus vid vägskärningen. Vem kan känna sig nöjd med det? Vägverket köper också upp jordbruksmarker innan vägbyggandet för att kunna byta marker med de markägare de tar jordbruksmark av. Lagfart för markägarbyten är då också en utgiftspost för markägarna.

Givetvis har markägaren inte laglig rätt att säga upp Vägrätten, som Vägverket betalat en klumpsumma för. Eftersom fastighetsägaren får pengarna vid ett tillfälle, blir skatten på denna nyttjanderättsavsägelse förhållandevis stor. För dem som inte råkat ut för en sådan transaktion låter förfaringssättet lagvidrigt, men som om detta inte vore nog absurt, så kan det hända att de ekonomiska ersättningarna sitter långt inne och det kan dröja mycket lång tid innan de betalas ut.

Två av markägarna i byn Hemringe vars bostadshus måste rivas för att de låg där vägen skulle gå fick nybyggda ersättningshus. Även i E4:ans norra del revs en gård i Svanby och ägarna tvingades bort.

Vägverket konstaterar att brunnsproblemen kom som en överraskning, *eftersom de litade på de utredningar som gjorts på projekteringsstadiet.* (Anders Carlstedt hade ju lugnat både oroliga fastighetsägare och tydligen också Vägverket.) De drabbade är inte lika förvånade, eftersom de varnat Vägverket i förväg. Frågan är om de däremot är förvånade över att Vägverket inte lyssnat eller om de, liksom vi, förstår att har Vägverket bestämt sig för något, så lyssnar dess tjänstemän inte. De farhågor som gjorde att de styrande i Tierps kommun initialt sa nej till E4ÅV besannades. »*Vattnet sinar längs E4-bygget*« lyder en rubrik i UNT augusti 2006[198]. Att Vägverket säger 2006 i tidningsintervju att man blev överraskad av problemen med grundvattnet är bara tomt prat, eftersom man redan i början av 2005 och långt tidigare har konstaterat att grundvattenfrågan är det största problemet vid E4-passagen i Vendel, där man av denna anledning ännu i början av 2005 inte hade valt exakt var E4Väst-korridoren skulle gå på en sträcka som är inemot 10% av hela projektet. - »*Det är väldigt svårlösta problem. Det skulle vara väldigt allvarligt om vi skulle punktera vattenådern och förändra trycket,*« säger Owe Ekman, som dock räknar med att Vägverket kan lösa problematiken inom de alternativ som nu projekteras[198]. Han konstaterar också att den instans, Länsstyrelsen, som i april 1992 initierade ett regeringsbeslut om skydd för Björklinge Långsjöns avrinningsområde nu gett grönt ljus för att nya E4 ska gå igenom samma marker[198].

Vägverket drar slutsatsen att det finns platser där man måste pumpa bort grundvatten för all framtid. Det gäller t.ex. tunnelbygget för väg 712 under nya E4. I det fallet har ett tiotal brunnar fördyrat anläggningskostnaden för vägen med omkring en miljon för att man tvingats borra nya brunnar[198]. Enbart Urban Sjelins förstörda borrade brunn i Läby kostade Vägverket inemot 800.000 kr. att få ordning på. En annan aspekt är att det finns risk för **sättningar i leran som vägen byggts på,** p.g.a. sänkt grundvattentryck. Kan det fenomenet förklara de sprickor i vägen som uppstått efter en relativt kort tids användning[209] och de marksprickor som konstaterats i Årsta, hos Berglunds som vi kommer till längre fram?

Månkarbo bergtäkt, som blev badsjö.

Även den fortlöpande driftkostnaden för vägen ökar genom behovet av eldrivna pumpstationer, som ju också utgör en potentiell trafiksårbarhet vid driftstörningar. Vi har försökt få uppgifter från Vägverket på hur mycket vatten som pumpas bort på nya E4 med anslutningar och underfarter men ännu inte fått några siffror på volymer respektive kostnader.

Från VA-chefen i Tierp, Alf Carlsson, föreligger vissa uppgifter om hur en vägunderfart kan orsaka stora grundvattenutsläpp som måste pumpas bort. Följande siffror har inte med nya E4, att göra, utan rör den tidigare befintliga Västra vägporten: under 1995 pumpades där 46.300 kubikmeter bort[198]. Oron över att Tierps grundvattenförsörjning ska ta skada av nya E4 var skälet till att Tierp till en början sa nej till E4ÅV[40]. Det var ju inte orealistiskt tänkt när man ser facit[41,198]. Det allvarligaste är att man pumpar bort en dyrbar naturresurs, alltså dricksvatten. Varför erbjuder inte Vägverket CocaCola att köpa vattnet som de kan buteljera och sälja för 1000x tillverkningspriset som 'Vikingavatten' med drakhuvud, hjälm, horn och allt på etiketten. Det företaget strävar ju målmedvetet efter att lägga under sig all världens vatten och har samma anda som Vägverket, d.v.s. ett ganska stort mått av 'modern moral'.

Fler episoder under själva vägbyggandet:

Broraset vid Bärbyledens byggnation över Fyrisån[7], p.g.a. att man pålat för grunt utan att nå fast grund, har vi redan berättat om.

Mycket mer pålning än beräknat blev nödvändig även vid E4-bygget på åkermark. Urban berättade att en vägmaskin höll på att rasa ner i kvicklera vid byggnationen på slätten utanför hans hus i Torkelsbo. Då grävmaskinisten gick ut för att titta sjönk denne ner i leran och fick dras loss. Det rådde samstämmighet bland grävarna, att de aldrig varit med om så löst grundmaterial. När broläget vid Vendelvägen byggdes hade Vägverket beräknat fyra dagar för att slå ner stolparna, men det tog i verkligheten åtta veckor. Man har t.ex. fått sätta kalkpelare hela vägen vid Fyrisåns passage vid Fyrisvall ända upp till Edlings i Kättsta. Dessa består av kalk och cement och gjuts direkt i marken, 60 centimeter i diameter och sex till åtta meter djupa.

Markägarna konstaterade att vägen borde bli väsentligt dyrare än de belopp som angavs under beslutsprocessen. Stora extra kostnader måste rimligtvis ha tillkommit för ytterligare pålning med kalkpelare och för vertikaldränage för att förstärka marken där vägen drogs över lermarker med mycket djupa och lösa lerlager, inte minst i tidsödande arbetskostnader.

Vid pålningen 200 m bort från Urbans brunn orsakade markvibrationerna och själva gungningen av det översta marklagret ovanpå flytleran att brunnsröret gick av. Skadan åtgärdades på ett så okunnigt sätt att det tog flera år innan hans pumphus och vattenförsörjning hade återställts och han fått ersättning. Dessutom blev han misshandlad när han kritiserade den klåpare som byggde anläggningen som skulle ersätta den förstörda. Vid sakkunnig besiktning visade den sig ha 31 fel och fick sedermera rivas.

Punktering av grundvattnet

Vägverket hade en bergtäkt lokaliserad strax öster om den del av Uppsalaåsen som slutar 2-3 km söder om Månkarbo i Tierps kommun i Uppsala län[199]. Landskapet är här relativt flackt med uppstickande lägre bergpartier och låga hällar mellan talrika större och mindre blötmarksområden. Större vattendrag och sjöar saknas helt inom en radie av 4-5 km från täkten. Verksamheten bestod av avtäckning, borrning, sprängning, skutknackning, krossning, sortering, upplagshantering samt transporter till och från täkten och eventuellt asfalttillverkning. Man begärde tillstånd att ta ut 7 miljoner ton bergmassa under en tioårsperiod med fyra brytningsfaser. Inom verksamhetsområdet planerades också för mottagning av jord- och schaktmassor till efterbehandling av täkten. Bergtäkten avsågs drivas under grundvattennivån, men Vägverket ansåg att någon påverkan på närmast belägna vattentäkter inte skulle märkas.

Efter en tids brytning, som endast omfattade en av de fyra planerade brytningsomgångarna, råkade man punktera grundvattnet. Bergtäkten i Månkarbo fylldes då till en 'badsjö' av artesiskt vatten. Detta miljöbrott engagerade företrädare för SE4VK, dels för att vi ansåg att Uppsalas vattenförsörjning kan påverkas, dels för att det påvisar Vägverkets nonchalans för vårt grundvatten[199]. Vägverket hade inte uppfyllt de krav som ställts i täkttillståndet och polisanmäldes därför av Urban Sjelin. Vi tog i januari år 2000 vattenprover för att genom fluoridanalys fastställa om det är grundvatten i den bildade täktsjön. Dess fluoridhalt visade sig vara 0,7 mg per liter (ppm), vilket visar att det är djupvatten eftersom ytligt markvatten brukar ha högst 0,2 ppm och oförorenat regnvatten 0[197]. (Om man grovt räknar med att fluoridhalten i det grundvatten som fyllt badsjön också skulle vara 1 ppm, som Uppsalas vatten från djupa källor, så betyder det att vattnet som fyllt 'badsjön' skulle vara 70% grundvatten och 30% nederbörd som normalt är fluoridfritt.) Hade Vägverket sökt tillstånd enligt 4kap1§ Vattenlagen för detta kontinuerliga bortförande av grundvatten? Flödet i täkten beräknades av en konsult vara 1,5-2 liter per sekund. I det stora hela kan det tyckas vara en mycket ringa miljöpåverkan, men det är det sammanlagda knipsandet här och där av våra miljöresurser som till slut leder till den hotfulla situation som jordklotet befinner sig i.

Agnetha besökte den 31/1 2000 Miljökontoret och Tekniska kontoret i Uppsala för att påkalla tjänstemännens uppmärksamhet på Vägverkets miljöfarliga verksamhet. Urban Sjelin anmälde ärendet till Tierps kommun. Agnetha ringde till byrådirektör Lennart Lindberg på Länsstyrelsens Miljöenhet och frågade efter Vägverkets redogörelse för bergtäkten. Vägverket hade då ännu inte förklarat hur de skulle tömma bergtäkten. Enligt Lindberg är det Tierps kommun som ska agera, men Länsstyrelsen står ju faktiskt över kommunen när det gäller miljöövervakning. Han ville ha våra analyssvar på vattenproverna. Vi talade om vår skyldighet att anmäla till allmänna åklagaren, eftersom det är ett miljöbrott, en skada på grundvattnet. Informerade också SGU:s chef Lars Ljung om problemet med grundvatten, och ett par tjänstemän på Uppsala Miljökontor. De följer ärendet liksom Tierps miljökontor. Man skickade dit en dykare för att kontrollera att det inte fanns deponerade föremål på botten, eftersom det såg ut som olja på vattnet. Således har åtminstone fem personer vetskap om badsjön så att de kan ta sig ett sommardopp!

Täkten kom inte till fortsatt användning som bergbrott, för man kunde inte torrlägga den. Däremot blev den populär för ungdomar som badade där, trots att det råder förbud att beträda platsen. Annars kan de ju bada i en ny likadan bergbrottssjö, som senare har skapats invid motorvägen nordväst om Tierp i samband med motorvägsbygget, och som godkänts av kommunen som badsjö. Den kan vi, även om vi inte gjort några analyser, på goda grunder anta, också är fylld av grundvatten, eftersom den är hela 25 m djup. Den kallas Trollsjön och har nu inrättats med utrustning och välkomnats som en riktig badsjö för tierpsborna[219]. I den har till och med en bil fått sig en dykning från 10 meters höjd ner i sextonmetersdjupet.

Ett av Vägverkets argument har varit att den 'gamla E4'-dragningen gick på Uppsalaåsen genom vattenskyddsområden och E4ÅrstaVäst skulle ge mindre intrång i sådana områden och vara mindre känslig för eventuella stora utsläpp vid en olycka, eftersom den går på leråkrar som i sig är ett slags tätskikt och att man vid vägkonstruktionen över grusåsar skulle använda geomembran och s.k. Bentonit-mattor,[200] som är täta för oljespill samt att man har uppsamlingsbrunnar/dammar av spillvatten. Det är visserligen korrekt, men argumentet är irrelevant när man hade ett alternativ E4 JÖ som i avsevärt mindre grad än E4 Väst skulle gå över skyddsvärt område. För skydden är inte 100%-iga. Ny forskning visar att lera är avsevärt mer genomsläpplig än man tidigare trott och kalkylerat med,[201] särskilt om man har påverkat den på olika sätt vid byggnationen.

Även bentonit har sina svagheter. Beroende på val av typ och kvalitet kan den i olika grad påverkas och åldras av vägsalt och surhetsgrad i porvattnet och risk finns för permanenta förändringar som följd av cyklisk uttorkning/bevätning och tjälning/upptining och hög temperatur. Kemisk omvandling av bentonitmineralet till andra mineral kan ge upphov till en hundrafaldig ökning av genomsläppligheten och total förlust av expanderbarheten och därmed självläkningsförmågan[200].

Som vi redan påpekat tidigare kan man av ett brev från landshövdingen till statsrådet Görel Thurdin daterat 1994-08-09 förstå att han kände väl till svårigheterna med markerna i ÅV-korridoren, när han skriver: »Däremot kan man undgå de problem med artesiskt vatten och dålig bärighet som är förknippade med ÅV-alternativet.« Han har med Vägverket studerat ytterligare västliga alternativ ÅVV, väster om Uppsalaåsen mellan Läby och Månkarbo. En översiktlig miljökonsekvensbeskrivning för dessa alternativ har upprättats. Av Vägverkets egna skrivelser framgår att man var mycket medveten om problemen med vattnet och den dåliga bärigheten på ÅV alternativet. Då Littorinahavet bildats efter istiden rådde som nu västliga vindar. Grusåsarna efter istiden fungerade som vågbrytare och orsakade att lera ansamlades på östra sidan åsen. Detta mäktiga lerlager fungerar som ett lock för grundvattnet i åsen. På västra sidan åsarna ligger marken 20 m högre och sjöarnas vatten där ligger högre än slätten på andra sidan åsen. Därför står grundvattnet under starkt tryck på östra sidan om åsen, men lerlagret hindrar det att rinna fram, ända tills leran punkteras, som vid djupa grävningar vid vägunderfarter och dylikt. Då rinner grundvattnet upp som artesiskt vatten och kan vara svårt att stoppa. Ett exempel är vid underfarten i Märkelsbo där vattnet ständigt rinner fram och måste pumpas bort[198]. På grund av att grundvattnet där är järnhaltigt, har pumparna behövt bytas flera gånger. I det området har ett 30-tal brunnar påverkats och vattnet har blivit surare och korrosivt. Vägverket har tvingats borra nya brunnar.

Problem med den färdiga vägen

Man kan ju tycka att eftersom vägens dragning tagits fram av professionella experter (?) och bedömts av ett otal rättsinstanser: Uppsala Tingsrätt, Miljö- och Naturresursdepartementet, Vattendomstolen, Regeringsrätten och EU-domstolen, så borde ju helt enkelt inte denna vägdragning kunna vara fel eller beslutad på annat än korrekt sätt. Men alla dessa instanser var uppenbarligen oförmögna att lyssna till det vi och alla berörda hade att säga om de falsarier och jävsintressen som dolde sig bakom de vackra tryckta dokumenten. Eller var förklaringen att juristerna är så vana att se en massa sådant här och mycket värre saker i anslutning till den här typen av beslut, så de tyckte att det vi hade att komma med bara var bagateller och futtigheter som de mycket väl kunde se mellan fingrarna med?

Eller är det så som vi anser oss ha konstaterat, att alla lagar tycks vara utformade så att man kan kringgå dem. Väl uttänkt, ja, rent finurligt! På så sätt kan man hänvisa till att man tagit hänsyn till lagen vid bedömning av ett projekts laglighet.

Tekniska problem med E4 - dålig bärighet

»Smalare väg sparar 100 miljoner« lyder en rubrik i *UNT Ekonomi* 7 oktober 2003[207]: »Smalare körfält pressar priset på nya E4 med 100 miljoner kronor. Samtidigt ska slitstark betong ersätta asfalt från Uppsala till Björklinge.« Varje körbana har krympts 25 cm och även vägrenen har krympts 75 cm på var sida. Totalt blir vägen 3,5 m smalare än normalt på sträckan Björklinge - Mehedeby, 5,5 mil[207], vilket sägs spara 100 miljoner utan att försämra trafiksäkerheten. Dessutom minskas mittremsans bredd väsentligt. (Det påminner om den smalare väg som ARV:s JÖB-förslag innehöll, men som Vägverket ansåg vara omöjlig.) Tidningsreportaget fortsätter: »Mellan Uppsala och Björklinge gör Vägverket en långsiktig besparing genom att bygga vägen i betong. I byggskedet ökar kostnaden med 30 miljoner kronor jämfört med normalvägen, men den ska i gengäld hålla i 80 år.« - Vilken glädjekalkyl, utbrister vi, när vi nu ser facit: att den nya vägen fått sättningar efter knappt 6 år och att på delsträckor måste nu ytbeläggningen ersättas.

»Nya E4:an har redan spruckit,« lyder en rubrik i *Ny Teknik* i augusti 2012[209]. »Reparationerna av betongvägen mellan Uppsala och Björklinge påbörjades i måndags. .....Arbetet väntas pågå i ungefär fyra veckor....*Trafikverket tror att sprickorna har uppkommit på grund av sättningar i mar-*

ken.« Uttrycket *'vad var det vi sa,'* är alltid lika trist att höra, för det låter så drygt och skadeglatt på något sätt. Men i detta fall är det verkligen på sin plats, så mycket som motståndarna till det valda vägalternativet har varnat Vägverket för markens bristande bärighet - i synnerhet som de personer som mest varnade i detta avseende var bönderna som i generationer haft kunskap om denna gamla sjöbottens förrädiska egenskaper.

Det märkliga är att tvärtemot den i UNT, oktober 2003[207], ovan nämnda »fördyringen« på 30 miljoner vid anläggning med betong, skrev *UNT* april 2002[207] att projektledaren Owe Ekman uppskattar att man sparar flera miljoner på att använda betong för att man inte behöver lika mycket bergkross som fyllningsmassa i vägbanan - alltså en kostnadsminskning i stället för fördyring? »Det handlar om stora mängder berg som inte behöver brytas, så även miljön sparas«, säger Ekman. Är detta sant refererat av UNT, så kanske vi här har förklaringen till att betongen spricker: **Man kan inte snåla med mängden fyllningsmassa när man gjort valet att bygga vägen över nästan bottenlös lera[208].** Man skulle kunna ta till ännu ett trist uttryck, *»snålheten bedrar visheten«,* för att beskriva den uppkomna situationen.

Betongens egenskaper prisades ur flera synpunkter i Vägverkets informationsfolder[186]: »E4 mellan Uppsala och Björklinge, 24 km, blir betongväg. Betong är dyrare att lägga än asfalt, men blir billigare i längden, eftersom den inte kräver lika mycket underhåll; Betongen är slitstark och deformeras inte; Beläggningen på nya E4 beräknas hålla i 40 år, med en omslipning.«

Den för Vägverket nytillträdde generaldirektör Skogö skriver i brev till oss att *»jag har fullt förtroende..«* - Vad annat kunde han säga, stackarn, men han borde inte ha haft fullt förtroende. Inkompetens hos Vägverkets projekterare måste man i stället säga, inte beträffande kunskapen om betong, som kanske under andra omständigheter är en bra beläggning, men beträffande val av vägkorridor över gamla sjöbottnar med flytlera. Nu kostar det skattebetalarna ytterligare 30 miljoner att reparera vägen, för att Vägverkets beslutsfattare inte velat ta till sig jordbrukarnas kunskap om markförhållandena. Om Vägverket inte fick pengar för fördyrningar orsakade av glädjekalkyler (= tekniska möjligheter att bygga var och vad som helst, när det passar!) eller beslut mot bättre vetande, kunde man utan att uttrycka skadeglädje säga: »*De får skylla sig själva!*« Nu får de givetvis skattepengar och kan därför upprepa tokigheter utan att rodna.

Kanske man redan innan visste att betongen skulle spricka, som man påstår att man gjorde när betonggolvet i det nya Musikens Hus i Uppsala fick sprickor trots att det kostat cirka 580 miljoner att bygga. »*Det är mindre antal sprickor i golvet mot vad vi trodde att det skulle bli,*« säger Gabriel Vikholm, projektledare på fastighetskontoret till UNT i september 2007[210]. (I själva verket visar det väl helt enkelt på att man inte låtit betongen härda tillräckligt på rätt sätt!) — Hur som helst, så anser vi att till kalkylen för den slutliga kostnaden för E4-bygget skall läggas kostnaderna för dessa vägreparationer, eftersom de kommit så tidigt efter att vägen tagits i bruk. Då framstår i det historiska perspektivet det östliga vägalternativet på fast mark som så mycket mer ekonomiskt. Man brukar säga att man tagit sig vatten över huvudet när något går över styr. Beträffande Vägverkets omfattande behov av pålningar och de, trots detta uppkomna vägsprickorna, skulle man kunna säga att: »*De har tagit sig vatten under fötterna.*«

Tusentals bitar av filt från formarna för kalkpelare förorenar jordarna och fastnar i jordbruksredskapen.

Bullerproblem

Urban berättade om 'bullerupproret' i Vendel. Motorvägen alstrar avsevärt mer buller än beräknat, p.g.a. att Vägverket dels installerat varningsräfflor i asfalten utefter körsträckan, trots att det inte ingått i arbetsplanen eller miljökonsekvensbeskrivningen, dels gjort vägbanan 25 cm smalare på varje sida för att spara pengar. Den smalare vägbredden medgavs av det förhållandet att det inte är så hög trafiktäthet på den delen av E4. Detta medför att framför allt den tunga trafiken mycket ofta råkar köra ut på räfflorna i kurvorna eller vid omkörningar, vilket resulterar i ett mycket kraftigt störande ljud. Detta buller som innehåller kraftigt infraljud hörs långt över den öppna slätten och är känt för att kunna vara snabbt sövande och ha negativa hälsoeffekter. Urban Sjelin var först med att klaga hos Vägverket 2007, men sedan folk förstått orsaken till bullret hade klagomålen växt till en folkstorm och gett eko i media[212]. Miljöinspektören i Tierp fick löfte av Vägverket att bullrets störande effekt skulle utredas med hjälp av en konsultfirma. Tiden gick och ingenting hände mer än att befolkningen klagade.

Efter två års väntan föreslogs till Tierps kommunstyrelse att Vägverket skulle förläggas ett vite om 200.000 kr om de inte presenterade en utredningsrapport med förslag på åtgärder. Utredningen bekräftade att ljudet från vägräfflorna upplevdes som mer störande än övrigt trafikljud vid samma totala ljudnivå. Räfflorna i vägbanan ger upphov till kraftiga vibrationer, som p.g.a. att asfalten ännu är mjuk orsakar tvättbrädesstruktur i själva vägbanan, vilken långsamt sprider sig in i vägens körfält en bra bit innanför de ursprungliga räfflorna. Även väg 700 har försetts med räfflor. Projektledaren Pernler har försvarat de smala vägbanketterna med brist på pengar, en klen ursäkt. Hade man byggt JÖB hade man inte haft brist på pengar! Den saken poängterades i ARV:s E4-förslag JÖB.

Det här är ännu ett exempel på Vägverkets brist på kompetens och hur 'snålheten bedrar visheten' - ett ordspråk som faktiskt håller genom alla tider. Här skulle man spara in 100 miljoner på vägbredden, för att kunna bidra med 200 miljoner till Banverkets tunnel i Gamla Uppsala, eller vad? Trodde man inte på att regeringen ville ha motorväg hela vägen - var det i själva verket inte ett önskemål från regeringen, utan från Vägverkets tjänstemän själva, som i så fall förstod att de kanske inte skulle få nog med pengar för vägprojektet.

Årstaborna störda som förväntat

Störda boende, som man räknade med vid Tycho Hedéns väg skulle bli mindre störda, har nu ersatts av alla störda vid motorvägen och den nya inre trafikleden Fyrislundsgatan. Den senare har blivit högtrafikerad i brist på av/påfarter till nya motorvägen, vilket gör att nya E4 inte i någon större grad kan ta hand om Uppsalas interna trafik, fastän man just valt ÅrstaVästalternativet för det syftet.

Färska klagomål på bullersituationen i Årsta har framförts av villaägare som inte vill utsätta sina barn för motorvägens tilltagande buller och avgaser, bland dem det tidigare kommunalrådet Lena Hartwig (s). »**Buller från E4 oroar boende i Årsta,**« SVT Uppsala, sänt och publicerat 19 juli 2019 [248]: »I radhusen på Vitkålsgatan i Årsta bor människor granne med E4. Dagligen påverkas de av bullret från motorvägen. Under flera års tid har boende försökt att få problemet åtgärdat – utan resultat. Uppsala kommun menar att ljudmätningar som gjorts ligger inom gränsvärdet, och hänvisar samtidigt till ett riksintresse.«

Boende ifrågasätter utlåtande

– »Bullret har ökat över tid.«

Husen är byggda på 70-talet. E4 invigdes år 2007. Sedan dess har trafiken ökat – i takt med den även ljudnivån. För tillfället finns en bullervall längs vägen – men den har ett cirka 200 meter långt hål.

– »Där går ljudet rätt in. Den befintliga vallen stoppar en del ljud och vår vilja är att den byggs ut så att hålet blir igentäppt,« säger Sandra Jardemalm, som bott i radhusen i 10 år.

Enligt Boverket bör ljudnivån vid en husfasad inte överstiga 55 decibel.

– »Jag använde Arbetsmiljöverkets buller-app och lät den ligga ute en hel dag. Då fick jag ett medelvärde på 65,8 och som mest 90 decibel,« säger Sandra Jardemalm.

Uppsala kommun hänvisar dels till att deras ljudmätningar ligger i linje med gränsvärdet, och dels till ett utlåtande från Länsstyrelsen som menar att en bullervall skulle påverka sikten mellan Vaksala kyrka och Vaksala sockens odlingslandskap.

– »Personligen kan jag tycka att gränsvärdet är högt. Men vi kan varken gå emot mätningen eller riksintresset, säger Rikard Malmström (mp), ordförande i Gatu- och Samhällsmiljönämnden.«

Men grannarna ställer sig frågande till utlåtandena.

– »Ljudnivån ökar ständigt. Jag tror inte att kommunens mätning stämmer överens med den nuvarande nivån...«

Vi håller med efter att ha sett förhållandena hos Branteström längre norrut utefter nya E4, som gjort egna korrekta mätningar och uppmätt toppvärden på 87dB och vars son begärt att få ekonomisk ersättning för byte till treglasfönster, utan att Vägverket brytt sig. Åter igen vill vi citera vad Länsstyrelsen skrev 1993 om ÅV-motorvägen nära Årsta: *»Området rymmer ett stort antal boende och dessa kommer att bli utsatta för ökat trafikbuller och ökade utsläpp av föroreningar från trafiken. Tung nattrafik kommer att passera nära bostadsbebyggelsen. Årsta-alternativet innebär således att en ny störningskälla skapas.«*

- Ändå valde Länsstyrelsen det alternativet, applåderat av de borgerliga politikerna som prisade *»Uppsalas framgångar«* och *»prov på handlingskraft!*[117]*«*

Hur skall man lösa det här problemet? Jo, eftersom Vägverket ville ha ÅV för att få motorvägen lönsam genom att den kunde fungera både som transitled och lokalgata, är lösningen solklar. Som på alla bostadsnära lokalgator sänker man hastigheten! 50 km/tim vore perfekt för att få ner bullret, 40 km/tim är ju också populärt bland beslutsfattare. Risken för kökrockar vid Gränbyavfarten minskar då också väsentligt. Det är bara för Trafikverket att agera kvickt, eftersom dess föregångare Vägverket orsakat problemet.

»Gilla läget!«

Till Lena Hartwig kan vi bara säga att man ska *'gilla läget',* så som hon sade till oss när vi opponerade oss mot Vägverkets oåterkalleliga beslut om ÅV, då vi agerade för ett stort antal markägare, vilka fick sin miljö bullerförstörd utan bullervallar - många av dem mjölkbönder vars betande kor nu hela tiden utsätts för bullernivåer långt över de stadgade 65dB som är tillåtet inne i ladugården.

För att lösa problemet med Vaksala riksintresseområde är det väl bäst att fråga föreningen Bevara Vaksala om råd, eller resterna av Vägverket som använde den gruppen som rådgivare vid val av E4ÅV.

Risk för mer buller?

Så sent som 2000-11-10 fanns i UNT en not om att Försvarsmakten ansökt om miljöprövning för flygbuller motsvarande en halv division Jas Gripen för F16:s del. Det gällde en nyinrättad flygstridskola förlagd till Uppsala[213]. Vi motsade oss detta och fick tackbrev från boende i Löten. *Nedläggningen av F16 var nämligen ett skäl till att man kunde acceptera motorvägsbullret i Gamla Uppsala, eftersom flygbullret försvann.* Totalt sett skulle inte bullersituationen förvärras. Flera år senare, då det blivit borgerlig majoritet, dök ett ärende i Byggnadsnämnden upp om att göra F16:s flygfällt till en civil lågprisflygplats, stött av nämndens ordförande Liv Hahne (m). - Nu diskuterar man att öppna flygplatsen för lågprisflyg. Liv Hahne utfrågad: »Varför var frågan så viktig för dig?« - »Personligen tycker jag att frågan är viktig att få civilflyg i Ärna. Bra för Uppsala. bra för Norduppland.«.... - . ... »en kupp... man får kalla det vad man vill. Ärendet togs in i sista minuten.« Som ordförande i Byggnadsnämnden fungerade Liv Hahne (m) omväxlande med Monica Östman (s) beroende på om det var borgerligt eller socialdemokratiskt styre. Som parhästar omväxlade de som ordförande respektive vice ordförande. Hur bra är detta ur demokratisk synpunkt? Båda dessa politiker var väl medvetna om att man tagit flygbullret med i besluten om E4:s förläggning i västligt läge och accepterat den för att flyget lagts ner. Men nu, januari 2020, begär Försvaret att F16 ska starta upp på nytt!

Vattenproblem

Hur mycket vatten som kontinuerligt pumpas bort under alla broarna vid E4ÅV har vi, som tidigare nämnts, aldrig fått svar på. Men det är stora mängder, och en märkbar grundvattensänkning sprider sig allt längre från vägens mitt. Vid Märkelsbo pumpas enligt Urban Sjelin oerhörda mängder vatten utöver de av vattendomen tillåtna! I Vendel börjar vattenflödena att ändras. Ett flertal bekymmer med vatten ur olika aspekter har rapporterats av de drabbade jordbrukarna, t.ex: dräneringstrummor som lagts för högt så marken blev sur, utnyttjande av markägares dräneringssystem utan lov, felaktigt dräneringsgrus (för fint), avklippta dräneringssystem, förstörda vattentäkter, stora mängder bortpumpat vatten vid underfarter där man borrat flera meter djupa dräneringsbrunnar. Det berömda Vaxmyrakärret (målat av Bruno Liljefors) har torkat ut. Urban berättade att på den plats där en vägmaskin höll på att rasa ner i gjyttja vid byggnationen utanför hans hus, står nu en hög nivå markvatten med blockerad ytvattenavrinning.

Vägverket har uppmanat markägare att höra av sig om vattnet. De tar prover och analyssvaren tycks vara korrekta, enligt Urbans kontroll med oberoende analys. Vi poängterade att år 2003 fastställde WHO gränsen för fluorid i tjänligt dricksvatten till 1,5 ppm. Vi rekommenderar att man ändå inte använder vatten med så hög fluoridhalt till barn som får modersmjölkersättning p.g.a. risk för »*fläckar på tänderna*« - som tandläkarna kallar det - men som **inte alls är några »fläckar på tänderna«, utan är platser med sämre mineraliserad emalj på grund av lätt fluorförgiftning av barnet**[197], s.k. emaljfluoros. I denna emalj kan färgpigment från födan tränga in och ge missfärgning. Ingen ska acceptera vatten med högre halter. Redan vid 1,0 mg /L påvisas emaljfluoros hos barn. Ett eventuellt samband mellan såväl hög som måttlig fluorid och skelettcancer hos ungdomar har påvisats[197]. Även kalvar drabbas av fluoros i bettet. Det finns 250 olika vetenskapliga studier som antyder att högt fluoridintag under barnens fostertid och första levnadsår kan påverka deras intelligens negativt[197]. Ett par nya stora studier stadfäster detta definitivt. Fluorid ska *bara* användas *på* tandytan där bakterierna då hämmas[197].

Besök hos drabbade markägare

Hemringe fårgård

Vi besökte 6 juni och 18 oktober 2018 Gerd och Per Agne Gustafsson. Deras fårgård i den urgamla byn Hemringe har varit i familjens ägo i fyra generationer. Hemringe by är ett kommunalt kulturmiljöintresse och gården ingår i projekt Markernas Mångfald. Gerds gård har ett stort kulturhistoriskt värde och Länsstyrelsen beviljade anslag för upprustning av ett lerhus från 1800-talet, som är ett av de få kvarvarande i Uppland.

För minst så där en 60 år sedan började man på prov staka ut E4 över markerna ett stycke öster om deras gård. Den skulle gå vid Vittulsbergssidan och alltså längre österut än nu och det var anledningen till att Gustafssons valde den plats där de byggt sitt nya bostadshus på ett betryggande avstånd från vägen, som de trodde. Dottern flyttade in i den tidigare mangårdsbyggnaden. Men den slutliga av landshövdingen godkända vägkorridoren kom i stället att gå rätt genom byn. - Ett par av bostadshusen i byn måste rivas. Det blev förbittrad ordväxling mellan grannar vid diskussionen med Vägverket. Byn blev splittrad fysiskt, men också socialt. Deras förtvivlan var gränslös. Gerd hade en dröm att hon hällde bensin på sig och skulle tända på, men så vaknade hon upp kallsvettig och kände att den enda som blir lidande av en sådan aktion skulle vara hon själv. Och hon kom till besinning och förstod att det enda rätta hon kunde göra var att försöka acceptera och göra allt så lite krångligt som möjligt.

Hennes mamma blev sjuk av sorg, och djupt deprimerad, och måste få vård. Brunnen förstördes, trädgården skövlades och bullret gör att man inte kan sitta i trädgården eller ha fönstren öppna. Landshövding Jan-Erik Wikström ville inte vara inblandad - »*har ingenting med det att göra,*« ringde han upp Gerd Gustafsson och sade, sedan hon skrivit i pressen att han röstat för vägförslaget med sin utslagsröst. Hur ska man tolka det? Det kan bara begripas om han egentligen inte velat ha denna väg, men hade känt sig tvungen att följa Vägverkets krav och egentligen ville lägga skulden på Vägverket. Vid ett möte i Jälla deklarerade naturvårdsintendent Tord Ingemar (fp) att vi måste offra Hemringe, något han i och för sig var ledsen över. Man slaktar Hemringe och miljön i Gamla Uppsala fornminnesområde för att inte Storskogen ska påverkas - dock, ju inte förstöras! Nu talar vi om ett Gamla Uppsala fornminnesområde där Sveariket grundades, således en plats att skydda, medan det finns otaliga stora skogsmarker i Uppland, som exempelvis Upplandsleden går igenom, där friluftslivet kan frodas.

Den immateriella störning som buller utgör, det som gör att man inte kan sitta i trädgården etc. hos Gerd, kan ej värderas i monetära termer förrän huset ska säljas och huset blir svårsålt p.g.a. oljudet. Huset är så nytt, fint och exklusivt med gamla timmermaterial och detaljer, så Vägverket ville inte riva det för att det skulle vara för dyrt att bygga upp ett nytt lika dant. Nu är värdet lågt p.g.a. kontinuerlig bullerstörning.

Vägverket tänkte också bygga en vägbro över nya E4 mitt framför huset, vilket skulle totalförstöra den gamla gårdsmiljön. Tord Ingemar rådde Gerd att ringa Upplandsmuseet för att få hjälp med att bromsa förstörelsen. Gerd ringde Håkan Liby på Upplandsmuseet och förklarade situationen med motorvägen och bron som man ville bygga på hennes gård som en förbindelsebro mellan den ituskurna byns två delar. Liby inspekterade och skrev att *på det bestämdaste fick inte bron byggas där Vägverket ville.* — Åtminstone det respekterades.

Vägverkets förhandlare för ersättningar, Torsten Lasu var mycket vänlig mot Gerd, som i alla fall med sitt förstående och förlåtande sätt försökte vara medgörlig. Han skickade julkort till berörda markägare som han förhandlat för, men han sa till Gerd att han klarade inte av att skicka till dem, för det kändes som ett hån att önska en god jul när man förstört så ohyggligt för dem!

Men Gerds och Per Agnes bekymmer var inte slut för det, även om stämningen i byn med tiden lugnade ner sig något. I UNT 23 oktober 2007 fanns rubriken »Markägare måste skatta för E4«[214].

När E4:an byggdes försvann över 80 % av tomtmarken till Gerd Gustafssons extra gårdshus. Men Skatteverket vill att hon fortsätter att betala fastighetsskatt som om tomten var lika stor som tidigare.

- »*Där kom ju nästa chock, jag äger fortfarande marken till torpstugan 850 m² som är betongtäckt E 4:a, så jag ska betala fastighetsskatt för den marken och sånt tror man inte är sant!*«

Gerd anser inte att hon ska behöva betala fastighetsskatt för mark som hon äger men inte kan använda för att Vägverket beslagtagit den, men Skatteverket har ingen större förståelse för problemet. Eftersom tomten var drygt 1000 m² från början tillhör hon en viss kategori i skattetabellen. När nu tomtens storlek minskat med över 80 % tillhör hon fortfarande samma kategori, enligt Stefan Johansson som handlade Gerds ärende hos skatteverket: »Grundreglerna är ju på det viset att allt under 1000 meter i det här fallet saknar betydelse, så är det tomter som är 1000 eller 100 så påverkas inte värdet enligt reglerna för fastighetstaxeringen, helt enkelt. Vi går ju helt efter de regler som finns och vi har ju följt grundreglerna i det här fallet.«

När Vägverket hörde om Gerds problem med Skatteverket hjälpte man till att skriva en överklagan. Varför Gerd fortfarande äger marken och inte Vägverket som ju faktiskt använder den, beror på att Vägverket bara tagit marken i anspråk.

Då nya vägar byggs köper Vägverket inte upp marken från fastighetsägarna, marken tas bara i anspråk. Torsten Lasu som är fastighetsvärderare på Vägverket förklarade: »Den mark vi tar, det är en form av nyttjanderätt. Skulle vägen försvinna nån gång i framtiden, nu är det svårt eftersom det är en motorväg, men låt oss säga en byväg, skulle vägen försvinna ja, då får markägaren kostnadsfritt tillbaka marken och den återställs till ursprungsskick, till åkermark till exempel.«

För marken som Vägverket tog i anspråk kompenserades gården genom att erbjudas mark på annat ställe. Efter många turer gav sig skatteverket och justerade ner taxeringsvärdet på det lilla huset för att kompensera för dess extremt störningsutsatta läge. Vägverket hade tidigare gett en ekonomisk kompensation för den skadade boendemiljön. Fortfarande hänger oron över dem eftersom de fått motorvägen så nära och planer finns på att använda del av deras mark, om en ny trafikplats behövs till motorvägen.

Då Vägverket tog skogsmark i anspråk fick markägarna bara ersättning för skogen som för impedimentmark, d.v.s. obrukbar mark. Sedan kunde Vägverket sälja virket de tog ner och de kunde ta ut sten och grusmaterial till stora värden, utan att ersätta markägaren ytterligare för dessa tillgångar. Vad sägs om det!? Det här har vi sagt på andra ställen i boken, men det förtjänar att upprepas för det är ju så orättfärdigt och fräckt att det behöver upprepas många gånger! Och vi kan också upprepa att det är ett privilegium att få susa fram på en motorväg.

Besök hos Yvonne och Anders Edling i Kättsta

De bor i en bygd med 3.000-åriga anor. När motorvägen gått över Fyrisån vid Fullerö passerar den vidare över slätten, där bullret fritt kan sprida sig. Edlings hade mycket oväsen, svårt vara i trädgården och ute på ägorna. Bullret kom förstås från den över 2 km långa E4-sträckan över den öppna Uppsalaslätten men också från E4:s överfart över den närbelägna länsvägen mellan Ärentuna och Östa. I dennas underfart hade vatten samlats i snösmältningen så att den blev ofarbar. Vägverkets pumpanordning för att hålla viadukten torr var underdimensionerad, men Vägverket skyllde i stället på att Edlings hade för små dräneringsrör för sina åkrar. Påståendet var absurt, och oförskämt, eftersom Edlings inte har några skyldigheter att ha sådan dränering att en av Vägverket nyanlagd viadukt på stort jorddjup ska hållas torr. Edlings konstaterade att motorvägen är byggd på slätten där landskapet är som lägst.

Storspoven som med sitt somriga lockropsspel var ett med landskapet har försvunnit och när vägen byggdes vidare över gården upp mot Buddbo förstördes Buddboskogens kärr vid anläggningsarbetet. Vid en sprängning störtade stora mängder vatten ut som inte det naturliga diket klarade av, utan åkermarkerna blev vattensjuka. En damm för smutsigt vägvatten var dessutom underdimensionerad. Med tanke på att man konstaterat att tusentals ton mikroplast sprids från svenska vägar är detta mycket olyckligt. Ny forskning visar att regnvatten på vägarna för med sig föroreningar ner i marken mycket snabbt. Trycket ökar på Trafikverket, kommunerna och andra aktörer att förbättra reningen av dagvatten som sprider mikroplaster ut i naturen[201].

Edlings hade fått ekonomisk ersättning genom Torsten Lasu. Denne hade också lovat dem ersättningsmark, men den kom bort p.g.a. att Lasu gick i pension och hans efterträdare gav ersättningsmarken åt en annan hårt drabbad jordägare. Ersättningen Edlings fick i en klumpsumma fick de betala skatt för, vilket ju blev betydligt högre skatt än den skatt de skulle fått betala per år för skördeinkomsten från den marken.

Anders Edling framhöll att Sven Erik Olsson på Lantbruksnämnden, som varit välvillig gentemot Vägverkets västliga förslag, kritiserades hårt efteråt av jordbukarna, men han försvarade sig och hävdade att han fått helt felaktiga uppgifter från Vägverket. Anders påstår att de stora bolagen som ägde skog i den östliga vägkorridoren redan hade accepterat en östlig E4-dragning, som han ansåg att Lantbuksnämnden borde ha stött.

Stenkastarna - det är inte bara huliganer som kastar sten

Hos Edling i Kättsta fanns en vibrationsmätare uppsatt under det pågående vägbygget för att registrera om nivåerna på markskakningarna skulle kunna bli skadligt höga för gårdens byggnader. En dag tog entreprenören ner mätaren på förmiddagen och på eftermiddagen sprängde man. En av sprängningarna orsakade långväga stenregn och Anders klagade, men arbetarna hävdade att de använt skyddsmattor. Efterföljande sommar gick hans slåttermaskin på en sprängsten som skadade den kraftigt. Edling var mycket upprörd över entreprenörernas frimodighet och fräckhet: »De tyckte de kunde göra vad de ville på gården, när Vägverket väl fått grönt att ta marken för vägen i anspråk.« — Även om Vägverket lagt beslag på en markkorridor för vägen hade de ju ingen rätt att klafsa fram överallt utanför detta område.

Edlings fick också sin vanliga vattentäkt förstörd och ersättningsbrunnen ger ett vatten med 2 mg fluorid per liter vatten (2ppm), vilket som sagt är otjänligt vatten för både människor och kreatur[127].

Även på en annan gård hade entreprenören helt regelvidrigt slarvat med skyddsmattor så att stenarna yrde vid sprängningen och hade utgjort ett potentiellt hot och kunnat skada människor och djur. För att undvika en polisanmälan kom arbetsbossen med ett kuvert med pengar - underförstått att 'vi lägger locket på.' Hur många andra har fått brev med pengar?

Sprängningarna var alltid en risk och i det fall sprängsten flög iväg kunde ett bra stort område av träden i en skogsmark bli förstörda, fastän det kanske inte ens syntes. Små sprängstenar kan tränga in i virket utan att man ser det. När man senare sågar i träden för att avverka eller vid brädsågning och hyvling i sågverket kan sådana stenar förstöra sågklingor och hyveljärn, vilket orsakar stora merkostnader. Sågverken vägrar ta emot sådant virke för bearbetning.

Besök hos Branteströms i Fasma

Jan och Inger var sig lika. Gården blev delad mitt itu av vägdragningen. De har nu sålt gårdens marker men behållit en stor tomt kring sitt bostadshus. De var ordentligt störda av vägbuller som gjorde att de inte kunde ha fönster öppna eller sitta i sin trädgård. Fredagar var trafiken värst störande. De hade skaffat en egen ljudmätare och vid huset uppmätt ända upp till 80dB från vägen. Inomhus var det ganska tyst tack vare treglasfönster. De hade snabbt fått ersättning för sina markförluster och erbjudits ersättningsmark för förlorad skog. Branteström berättade att när hans far hade gården fällde Vägverket träd på hans marker på 50-talet för att kunna göra mätningar för ny E4. Trots att motorvägen går inpå knuten har Branteström 9 km körsträcka för att kunna komma på den nya motorvägen. Båda sönerna Joachim och Mikael Branteström bor kvar i sina respektive hus och är också bullerstörda. Hårdast drabbad är Mikael på Södernäs som har vägen mycket nära. Han ville att Vägverket skulle bekosta byte till treglasfönster i bostadshuset, men det blev avslag. Skamligt! Hans brunn som också blev förstörd ersattes dock med en ny.

Dåliga viltstängsel

Godset Sätunas jägmästare konstaterar att viltstängslen är dåligt utförda och inte hindrar viltet. Bl.a. är maskorna för stora. Han konstaterar: »Vi har pratat för döva öron i många år.« Ändå har Vägverket kalkylerat med fyra-fem mil viltstängsel för den nya vägen. Trots detta har vildsvin orsakat bekymmer eftersom de kan ta sig under stängslet.

Besök på Kavelbron hos Ulla och Bengt Pettersson

De fick anslutningsvägen mellan Björklinge och motorvägen i sitt närområde och fick därigenom en ökad trafikstörning. Denna anslutningsväg från samhället Björklinge till motorvägen är 6 km lång. Rimligtvis väljer många björklingebor oftast att ta den snörräta ’gamla E4:an’ in till Uppsala om de inte har för avsikt passera förbi Uppsala söderut. Vi lade märke till att motorvägen söder om påfarten är påtagligt knagglig.

Besök hos Anita och Torsten Andersson i Forsa

18 oktober. De hade inte drabbats så hårt, mer än att de fått kraftigt ökad trafik på vägen mot Björklinge, som samtidigt är matarväg till motorvägen från samhällena längre österut. Motorvägen ligger så långt bort att bullret från den bara blir störande utomhus vid speciella vind- och väderleksförhållanden. Genom E4:ans dragning hade de fått ett litet åkerskifte oåtkomligt för att bruka och hade då valt att plantera gran på detta. Men det krävdes tillstånd från Jordbruksverket så Vägverket tillhandahöll ansökningsformulär från Skogsstyrelsen, som Torsten skulle använda för att ansöka om att få plantera igen detta skifte. Den värsta olägenheten med vägen för dem var att jaktvårdsområdet delades av och blev till ett västligt och ett östligt. De var tvungna att ansluta sig till båda jaktvårdsområdena för att kunna jaga som tidigare och fick därigenom dubbla årsavgifter.

Vi erinrar oss att när kommunen röstade hösten 1995 om östligt eller västligt E4-alternativ och det östliga avslogs, överklagade Lennart Ehn från vårt parti beslutet i Länsrätten, med motivering att en av de röstande politikerna varit jävig, eftersom han hade sina jaktmarker i den östra korridoren.

Överklagan gällde jäv enl 5 kap 20§ Kommunallagen. Lennart Ehn ansåg att kommunfullmäktiges beslut skulle ogiltigförklaras. Han kände till att jägarnas allmänna uppfattning var att de inte ville ha vägen på sina skogsmarker. De vill att jakthundarna skall kunna hitta hem själva. Länsrätten avslog överklagandet, utan hänsynstagande till denna sanning[216] och det faktum, som snart sagt varje man känner till, att intresse för och värnandet om jakt har en mycket stor betydelse för många män. Jaktintresse och snabb förflyttningsförmåga ligger djupt förankrat i människans biologiska beteende som egenskaper, vilka under evolutionen gett människoarten framgångar.

Ehn hade redan tidigare dåliga erfarenheter av hur beslutsfattarna följer sina egna beslut och hur de tolkar lagarna så att det passar deras syfte. Han hade gjort en anmälan mot hur Österleden byggdes mot det av staden tagna planbeslutet och den trafikstörning som uppstått p.g.a. det, utan att bli uppmärksammad[215].

Besök hos Hans Eklund i Karby

Där han nu bor i fädernegården blev inte motorvägen värre för honom än om den gått i ett mittalternativ över Vendelsjön. Jakten blev helt förstörd. Hans framhöll att markägaren bara får betalt för 80% av marknadsvärdet — 20% får man stå för själv.

På hans marker där vägen skulle dras fanns en gammal kallkälla c:a 50 meter <u>utanför</u> vägreservatet. Vägverksfolket, som inte alltid var så noga med hur de stövlade omkring på böndernas marker, råkade av slarv hugga ner den blommande lövskogen kring kallkällan, trots att inte vägen skulle gå där. Den här platsen var förknippad med en rik historia och Vägverkets ansvarige tjänsteman blev olycklig över misstaget. Att återskapa det som röjts bort var omöjligt, så Vägverkets Lennart Carlsson kompenserade Hans Eklund genom att en åkermark tillskapades genom dräneringar och jordfyllnad, vilket kostade Vägverket 350.000:-.

Pengarna som ARV fick över, när kampen mot motorvägen var till ända, gick tillbaka till Vendels hembygdsförening i form av anslag till en film som presenterar Vendelbygden: »*Vendeltid är nu*«, med dokumentärfilmaren Bengt Jägerskog.

Besök hos Rolf och Tuulikki Berglund, Rabarbergatan i Årsta

Ibland bullrigt, framför allt vid blöt väderlek eller vid vind från öster. Rolf hade helt förlorat all tro på svensk demokrati: »Lagarna är bra, men de följs inte!« Årstabornas skrivelser hamnade i en, av Stefan Nilsson, låst låda och kom inte fram förrän långt senare. Vägverket kunde säga: »Ingenting nytt har framkommit.«

Vid Vägverkets samrådsmöte i Brantingskolan fick Rolf aldrig ordet vid diskussionen, fastän han upprepade gånger begärde det. Mötesordföranden Lennart Carlsson kände till hans inställning i vägfrågan och ville inte ge honom möjlighet framföra den. Även Urban Sjelin var med på mötet och fick heller aldrig ordet, precis som Berglund säger. Rolf begärde en oberoende konsult för markundersökning, men det gick inte Vägverket med på. Då vi besökte honom påpekade han att det uppstått egendomliga sprickor i marken bakom huset, som vetter mot vägen som går 200 meter längre bort, men är avsevärt lägre belägen än tomten. Genom att sticka ner handen i ett synligt hål i jorden kunde Jan följa en uppenbar spricka långa stycken, fastän den innan denna test i stort sett varit dold i gräset. Det var absolut inte fråga om något sorkhål.

Markspricka hos Berglund

Fenomenet bör följas upp för att kunna klargöra anledningen till sprickan. Är den orsakad av samma fenomen som åstadkom jordskredet i Munkedal på väg E6[6]? Motorvägen är ju i långa stycken byggd på mark som i vissa avsnitt skulle kunna karakteriseras som kvicklera.

Många av fastighetsägarna var kunniga när det gällde att göra egna bedömningar av mark- och grundförhållanden m.m. Nyström på Rödbetsgatan i Fålhagen gjorde exempelvis vibrationsmätningar 1999 med en B&K spektrumanalysator på två olika djup, 50 och 150 cm vid sin bostad i Årsta, då bussar passerade i grannskapet. Han fann att området är vibrationskänsligt och han konstaterar att lågfriktionsleror utan vattentillskott får en flytande karaktär genom att ta upp energi från vibrationer. Det finns en potentiell risk för marksjunkning på tomten, med de följder det kan få för huset. Var det den typen av skada som uppträtt hos Berglund som marksprickor?

Leran är mycket förrädisk, något Vägverket fick erfara då de lagt upp en stor överflödsmassa av lera på marken utanför Nyby. Denna massa tryckte på underliggande lera så att marken och lerhögen började flyta ut som en koskit. Men nergrävd i marken låg den grova elkabeln från ställverket i Bredåker, som förser stora delar av Uppsala med el. Man insåg snart att det var risk för att kabeln skulle dras loss från anläggningen, då den blev alltmer spänd, så man blev tvungen gräva upp den och se till att den blev avlastad, annars hotades Uppsala att bli utan el.

S t a d e n

Att bevara intrycket av Uppsala som »Staden på slätten« var ett av Fp/ Liberalernas hjärteargument för alternativet E4 Väst, som de ansåg skulle utgöra en avgränsning av stadsbebyggelsen åt öster. »Staden på slätten« får inte bli staden som fyller ut slätten. Uppsala skulle kunna förbli en 'Slättens konung' som pendang till 'Mälardrottningen' Stockholm[217]«. Föreningen Vårda Uppsala tänker helt tvärtom: »Motorvägen i JällaÖst bevarar staden på slätten.« I själva verket visar sig 'staden-på slätten-argumentet' vara rent nonsens. Det framgår av alla husbyggen på båda sidor om motorvägen som nu gradvis tillkommer. Snart är hela området innanför E4 vid Slavsta ner till Kumla utfyllt av bostäder och företag. På andra sidan finns det strategiska området för villastadsdelen Skölsta som börjar dryga kilometern bort.

Många företag ser trafikströmmarna som en guldgruva. De är beredda att betala de högsta markpriserna för att hamna närmast avfarterna. »*Runt infarterna till Uppsala samlas företagen som bin runt honungsburken*« - eller 'som flugor runt spyor', de små surrande varelserna, kunde man ju alternativt säga om man är kritisk till trafik i köpcentra invid bostadsområden eller ogillar den typ av bebyggelse i stadsranden som brukar prägla motorvägspassager. För att citera Stefan Wårdsäter i Gamla Uppsala hembygdsförening: »Om 20-30 år kommer sannolikt bensinmackar, husvagnsfirmor, rörfirmor o.s.v. att ha invaderat bygden med sina plåtlador«[111].

- Företag flockas runt nya E4. »50-75 intressenter har begärt att få tillgänglighet till mark i anslutning till av/påfarterna,« meddelar mycket riktigt Uppsalas exploateringschef Örjan Almesjö, i ett UNT-reportage om nya E4 9 december 2006: »Nu öppnar vägen till förändring.«[144] Vidare framhåller han: »Kommunen strävar efter en viss stil på de byggnader som hamnar närmast intill. Stora lagerlokaler är mindre önskvärda vid vägkanten«[144]. - Det stämmer dåligt med verkligheten! Den strama och trista byggnationen som Gränbystaden står för skämmer i vårt tycke delar av stadsranden.

Vi frågar oss: »Klär sig östra stadsranden i svart för att den fått sorg p.g.a. motorvägens nära placering?« - Här vid mötet mellan land och stad fortsätter klossbyggarnas fyrkantiga formspråk. Det börjar bli populärt med organisk odling, inte minst sedan man förstått att mullrika jordar gynnar ett myller av organismer som bidrar till växternas näringsupptag och grödans kvalitet plus binder mycket koldioxid. *När ska även arkitekturen få ett mer organiskt formspråk?* Måste märkesvaru-arkitekturen vara så torftig?

Från köpcentrum till ny stadskärna

Tillväxten är hög i Uppsala, antalet invånare ökar med nio procent om året, och marknadstillväxten ligger en bra bit över 10 procent. - *»Uppsala har varit ett kulturellt och kommersiellt centrum ända sen universitetet grundades på 1400-talet. Men, ett nytt Uppsala är på väg att skapas med handel,* *kontor, bostäder, kultur, lärande och service i en dynamisk mix. Stort affärscentrum planeras utefter nya E4 vid Gränby. Lägg 2020 på minnet. Då ska Uppsalas andra stadskärna vara på plats. En regional milstolpe ochen historisk händelse.«* Så presenterar företaget Atrium Ljungberg sina satsningar och miljardinvesteringar i östra Uppsala intill motorvägsanslutningen till Östhammarsvägen. »*Arbetet med att skapa Uppsalas andra stadskärna är påbörjat - och med det skriver vi historia i en av Sveriges snabbast växande städer. För Atrium Ljungberg är Uppsala en prioriterad marknad där vi satsar stort - fyra miljarder investeras etappvis de kommande åren. Gränbystaden är en av de mest expansiva delarna av Uppsala och inom några år sannolikt helt integrerad med Uppsalas innerstad. Med ett läge intill E4 och med täta busslinjer är det redan nu lätt att ta sig till Gränbystaden. Förutom handelscentrum planeras för 450 nya bostäder vid Gränby Entré och Park.«*[228]

— En kärna ligger definitionsmässigt i centrum av en bebyggelsekoncentration. Rent logiskt förebådar planerna ovan att bostadsbebyggelse kommer att krypa ut runt om över slätten. Man kan inte kalla sig »kärna« om man ligger i periferin!

Motorvägen framför stadsrandens siluett.

Högt etableringstryck vid vägen.
Det föreligger verkligen en stor risk att det efter en tid av tryck från intresserade exploatörer blir så 'urbaniserat' i anslutning till fornminnesområdet att myndigheterna plötsligt resignerar och argumenterar som när Kulturnämnden i ett samrådsyttrande 4/10 2002 om Vattenverkets placering i Gränbyparken i utsikt från det omgivande kulturlandskapet, skrev: »Detta kulturlandskap är av riksintresse för kulturmiljövården. Med anledning av att byggnaden kommer att få en stor och hög volym samt att det valda läget är förhållandevis högläntt är risken stor att Vattenverket kommer att bli ett dominant och iögonfallande inslag i den känsliga landskapsbilden. Området är dock att betrakta som urbant och kommer under snar framtid att kraftigt förändras av E4:s och Bärbyleden 3:s anläggningar samt den eventuella bebyggelsen för trafikservice direkt nordväst om Österleden. Med anledning härav kan kulturnämnden acceptera den nu valda placeringen av vattenverket«[148]. — I korta ordalag: Miljön är redan så förstörd att ingreppet är acceptabelt.

Vid nya utredningar av vägalternativ så sent som år 1999-2000 på begäran av Regeringen inför dess beslut om vägen, drar utredarna samma slutsats: »Vägsträckan i Årsta Väst löper tätt inpå Uppsala som är en av landets mest expansiva städer…I Uppsala stads vision för de närmaste 15 åren sägs att staden skall växa inom den nuvarande yttre ramen I ett, låt säga, femtioårsperspektiv är det dock inte säkert att en fortsatt expansion mot slätten och Vaksalabygden kan undvikas«[149]

Det blir då, som vi misstänker ingick i långtidsplanerna från kommunens sida, att vägen blir en ny stadsgata, som det varnas för i ovan nämnda rapport: ….»eller en väg som på sikt kan bli en urban trafikled där lokaltrafik och fjärrtrafik blandas…..Jämför E6 i Halland som passerar kuststäderna på respektfullt avstånd«[149].

I remisshandlingen Riktlinjer för utformning av vägens närområde Ny E4 Uppsala-Läby sägs i förordet: »Byggandet av E4 mellan Uppsala och Mehedeby kommer att öka exploateringstrycket i anslutning till den nya vägen.« - Sant! Reklamen har redan hittat dit. Förfulande industri- eller affärsreklam sprider sig långsamt ut mot slätten både öster- och västerifrån.

KAKELUGNAR KAMINER
KORT VÄG
TILL LÅNGA ÅK
ÅRETS
NYHET
2018!
SPÖKJAKTEN
NÄSTA AVFART
BYGG max
UPPSALAS STÖRSTA
TRAMPOLINPARK!
WASA PELLETS
TACO BAR

Eftersom de grova intrången i riksintressena enligt Vägverket betingas av nytta för Uppsala lokaltrafik - *ej av nödvändigheten för europavägsfunktionen* - så kommer Uppsala att kunna hävda mera nyttointressen och ytterligare kränka fornminnesområdet. Men sådana självklara riskeffekter tar man inte med då man gör en miljökonsekvensbeskrivning vid valet av vägkorridor. Så här står det i Lokaliseringsplanen för ny E4, delen Uppsala - Mehedeby[27], sidan 115: »Inverkan på tätortstillväxt, miljöeffekter av eventuell sekundär bebyggelseexploatering längs ny väg samt inverkan på en långsiktig hållbar regional utveckling har inte rymts inom de analyser som förväntas redovisas i MKB dokumentet.« — *Eftersom det heter 'konsekvensbeskrivning', så skulle man ju som läsare förvänta sig att även långsiktiga konsekvenser skulle ha beaktats!*

Då konsultföretaget Inregia uttalar sig om »Strukturpolitiska effekter av väst- eller östliga alternativ« har dess konsult inte fattat den självklara poängen med en långsiktig utvecklingsmöjlighet, som är så oerhört betydelsefull för vägens funktion[181]. En västlig lokalisation genom kulturskyddat område är fel val, *eftersom kulturområdet enligt lagen inte får exploateras för den typ av verksamheter som en motorväg drar till sig.* Rimligtvis hade konsulten lätt kunnat tänka ut denna enkla sanning, men har antagligen inte velat påtala den. I stället för att fokusera på fördelar för mer östligt belägna småorter i norra Uppland som skulle gagnas av östlig E4, hakar denne bara upp sig på nyttan av Tierp-Uppsala stråket, men det är ju redan så väl tillgodosett genom den spikraka 'gamla E4:an', att fördelen där med nya vägen knappast är märkbar. Man kan med oro undra över hur länge kommunen kommer att stå emot trycket av industri- och affärsetableringar i anslutning till E4.

-»Planerna på ny E4 förbi Uppsala har funnits sedan mitten av 50-talet, i huvudsak längs den sträcka som blir verklighet nu efter 50 år. Frågan är hur länge det dröjer innan den nya motorvägen anses ligga för nära staden,« frågar sig journalisten i ovan nämnda UNT-reportage, december 2006[144]. När förre vägdirektören Sidklev sa att denna väg byggs först, för att sedan ska nästa väg gå bortom Åby och Jälla, förstod han att Uppsala växer till en storstad som i ett längre tidsperspektiv kräver en ny förbipassage. E4Väst blir då en stadstrafikled.

Vi gräver upp 'hunden' - Facit

Bebyggelsen sprider sig österut

Uppsalas nya stadsdelar byggs nu öster om motorvägen vid Jälla och i Svia-Skölsta. I stadsdelen Lindbacken i.Jälla finns en del mycket påkostade villor. Här byggs nu Uppsalas 'nya Kåbo'. Självklart kommer bebyggelse att fortsätta att etableras mellan E4 Väst och Jälla. Vid alla åkerholmar på den nu öppna jordbuksslätten uppstår bostadskoncentrationer:

Vaskesta nybyggnation 6-7 villor;
Vallby annons: Anebyhus och Kungshus;
Skölsta: JM 300 villor; Småa 80 villor; Skölsta Äppelbyn Widerlöv & Co Fiskarhedenvillan 32 villor.

Redan byggs det också mycket bostäder och verksamhetsfastigheter i Vittulsberg och ner mot Jälla på östra sidan E4.

Man kan förstå att vinstintressena har blivit enorma för de familjer som har kunnat sälja mark. Eller de som ska sälja invid nästa transitled. Det är inte alltid så att man arbetar för att bevara sina jordbruk eller marker, utan man kan se dem som en framtida investering - förutsatt att vägen inte hamnar precis över dem, för då arrenderar Vägverket dem i 150 år enligt Väglagen, som vi beskrivit ovan, och det ger endast en liten bråkdel av de pengar som försäljning av dem kan inbringa. Detta var vad som nu drabbade bönderna och andra markägare i E4ÅV-dragningen.

Facit på Vägverkstjänstemännens agerande - egenintressen. Några av de tjänstemän som vi här talar om har börjat arbeta på Vägverket i Uppsala samtidigt i början på 1960-talet, då man började utlinjera lokaliseringen av en ny E4. Owe Ekman var 1961-64 elev på Vägverket. Arbetade 1965 som biträdande vägtekniker och sedan som vägingenjör 1966. Pernler dök upp på Vägverket 1961. Han gjorde karriär och var 1962 projekteringsbiträde, 1963 biträdande vägtekniker, 1964-69 vägtekniker och blev 1970 ingenjör. Thomas Hedman var 1963 praktikant, blev elev 1964 och vägtekniker 1966. Björn Rosengren var 1965-69 anställd som byråingenjör vid Statens Vägverk och 1968 tog han ingenjörsexamen i Stockholm.

Pernler avancerade i graderna och blev projektledare för E4-projektet (jfr sid 52) samt utsågs på våren 1996 till ny chef för Avdelningen för beställning och byggande vid Vägverket region Mälardalen. Han hade då från årsskiftet 94/95 varit ställföreträdande chef på samma tjänst.

Vid den snabba handläggningen av en gång/cykelväg fram till infarten till Jälla Ponnyklubb uppenbaras Pernlers beslutsposition vid Vägverket[71]. Han hade ordnat den genom att använda pengar som var avsedda för arbeten i Läby (gångbana) och Bälinge (busshållplatser), alltså på helt andra platser.–Han är väl förtrogen med Vägverket, eftersom han kom dit redan 1961 som stakningsbiträde vid markering av ny E4, som vid den tidpunkten projekterades i ungefär samma sträckning som dagens ÅV utanför stadsranden. Då han 1986 lät uppföra »sin« ridskola i Jälla måste han ha varit övertygad om att motorvägen inte skulle gå där. Det är osannolikt att han inte skulle haft något ord med i laget vid ÅV-beslutet och kunnat påverka.

Under möten i Fullmäktige, som på agendan hade något ärende om lokaliseringen av ny E4, fanns på åhörarplats Vägverkets projektledare Lars Olof Pernler från Jälla Ponnyklubb. Han följde förhandlingarna. Ibland verkade han nervös, när debatten gick hög om olämpligheten av den västliga dragningen och fördelarna med den östliga framhölls. Varför var han nervös? Jo, som vi kunde räkna ut det så hade han intresse i det östliga alternativets reservat att skydda sitt skötebarn ponnyklubben i Jälla, där han är ordförande och även hans familj är engagerad.

Vid Gamla Uppsala Hembygdsförenings informationsträff på Mattsgården i juni 1995 med Vägverket representerat av Owe Ekman och projektledare Lars Pernler, **avfärdades kritik mot ÅrstaVäst och E4Väst av Pernler såsom särintressen** med orden: »Vägverket är professionellt på att sortera fram särintressen och att ej låta sig styras av dessa.«[56] Med Riksantikvarieämbetets uttalanden: »Det är därför RAÄ:s bestämda uppfattning att en dragning av ny väg E4 enligt den aktuella arbetsplanen **ej bör tillåtas**« och »RAÄ förordar en fortsatt utredning av en östlig dragning,« ringande i öronen, är Pernlers yttrande på mötet ingenting annat än en ren oförskämdhet, som tyder på att han själv har stora privata intressen att bevaka!

»Sån tur för Pernler att hans särintresse sammanfaller med *'Vägverkets motvilja'* mot att förutsättningslöst utreda en motorvägsdragning enligt Jälla-Öst-bruksvägen,« skriver en lyssnare från detta informationsmöte[56].

Vägmotståndarnas påtalande om Pernlers jäv uppmärksammades även centralt i Vägverket. På ett möte med motståndare till Vägverkets val av E4-ÅrstaVäst-alternativet rapporterades att Karl Aulin, chefsjurist vid Vägverket i Borlänge, sagt att Pernler är tillsagd att inte finnas i förgrunden. I svar på ett brev från Thomas Wallby om jävsförhållandet har Karl Aulin givit försäkran om Pernlers oförvitlighet och säger: »Från regionens sida är förhållandena kända. Min uppfattning är att jäv inte har förelegat och inte kommer att uppstå. Pernler är väl medveten om situationen, varför han själv, efter information till undertecknad, valt att inte agera i E4-frågan vad gäller beslut om alternativa sträckningar eller i andra frågor där misstankar om jäv kan uppkomma. I sin roll som ställföreträdande avdelningschef kan han dock komma i kontakt med E4-projektet i andra frågor, t.ex. upphandlingar och konsulttjänster, vilket jag inte betraktar som arbetsuppgifter som faller inom jävsbegreppet.« - Vi har en helt annan uppfattning: *att ha befogenhet att välja konsulter är mycket bra, för då kan man hitta de personer som delar ens uppfattning.* Pernlers uppgift att anlita konsulter kan ha lett till valet av 'ja-sägare' bland dem[146].

Av Vägverkets miljökonsekvensbeskrivning[64] framgår på sidorna 136 och 110 att vägverkstjänstemannen Thomas Hedman varit samrådsansvarig för avsnitten Uppsala-Läby och Läby-Mehedeby. (Vi har anledning att komma tillbaka till Thomas Hedman vid den fortsatta granskningen av hur Vägprojektet påverkats av jävsintressen). Vid ett besök långt senare på Vägverket 2002-12-06 hos generaldirektör Skogö framförde vi kritik mot att Thomas Hedman varit ensam samrådsansvarig, trots att han har uppenbara intressen i korridoren för östlig E4. Owe Ekman, som var närvarande förnekade att Hedman varit ensam samrådsansvarig och att det var tryckfel.

Skogö lovade höra av sig om detta, men gjorde aldrig det. Vi tar det som bevis på att uppgiften i samrådsrapporten att Hedman varit ensam samrådsansvarig från Vägverket, Region Mälardalen, Uppsala är korrekt och att Ekmans påstående var falskt. Och när vi konstaterar att Thomas Hedman står som ensam samrådsansvarig, slås vi av frågan: »Varför sammanställer Vägverket självt svaren från berörda och olika offentliga samrådsmöten i stället för att använda en oberoende part som sammanställer argumenten för att få större objektivitet i samrådsdokumenten?« — Med nu rådande system kan det oerhört lätt bli så att den eller de tjänstemän som sammanställer svaren selekterar de synpunkter som passar Vägverkets och sina egna syften och försöker förringa de som är besvärande.

Bostäder över aspskog och kryp

I juli månad 2001 dyker följande ärende i Stadsbyggnadskontoret upp till behandling: »Underlag för detaljplaneuppdrag, planområde Vaksala-Lunda,« som rör planer på 100 småhus i Jälla på sydöstra sidan om Östhammarsvägen,[147]. I samband med tre olika fastighetsägare har ett detaljplaneunderlag för ett område i Vaksala Lunda arbetats fram. Det planlagda området för Lindbacken, Uppsalas nya stadsdel, omfattar marker som tillhört kommunen, och Alvar Svärling samt den gamla av staten ägda, men nyligen privatiserade länsfängelsetomten, som köpts av Lars Almquist, tjänsteman vid Statens Fastighetsverk. Kommunen och de två privata ägarna har sålt planområdets mark för bostadsbebyggelse till exploateringsföretaget *Lindbackens Fastighets HB,* som ägs av investerare i Stockholm och har 82% av byggrätterna; 18% har kommunen och företaget Kanfast.

Mindre än två år efter det Vägverket presenterat en rapport där man konstaterar att det är omöjligt lägga E4 över ett naturområde med gammal skyddsvärd aspskog med rödlistade arter, har man linjerat upp planerna för villabebyggelse i ett område som splittrar den skyddsvärda aspskogen med rödlistade kryp, numera till stora delar nedhuggen?! - »Så mycket var den värd.« - Ni som bosätter er där, passa er så ni inte får något rödlistat i sänghalmen! Varför har inte Sten Jonsson och de andra naturvännerna stoppat Lindbacken som tar bort marker för vildlivet och krypen?

Då beslutet tagits om E4ÅV finns ett reportage i *UNT* 2001-10-18 med rubriken: »E4-beslut banar väg för nya villor. Bostadsområde planeras vid Jälla. Markägare kan göra ekonomiska klipp.« -I detta tidningsreportage av Kjell Hedlund visas en karta som avslöjar att precis där Lindbacken nu planeras skulle E4 Jälla-Öst eller JÖB ha gått. Den här kartan anser vi förklarar mer än flera sidor text varför östlig E4, som var den ur Agenda 21 och en rad andra synpunkter bästa dragningen, till varje pris skulle stoppas.[2]

Nytt UNT-reportage i maj 2013: »Här byggs en ny stadsdel på landet. Ute på landet i ett naturskönt område rullar lastbilar på nybyggda vägar. Lindbacken ska få över 700 bostäder«...»kostar merparten av husen 4,5-5,2 miljoner kronor. Uppsala kommun....kallar området ny stadsdel«.... »Kommunen är del i projektet, bygger huvudgatan och säljer tomter...«.

»Uppsala kommuns planchef Ulla-Britt Wickström konstaterar att bostadsområden som 'satelliter' är undantag i kommunens strategi,«[218]

- Jaså? Hur kom det sig att kommunen ändrade uppfattning på den punkten? Är inte egentligen Storvreta en satellit? Nu tillkommer Svia-Skölsta, Fullerö hage, Bergsbrunna-Sävja, och Funbo-Gunsta.

I översiktsplanen för ÖP 90[26], som rör hela kommunen under 90-talet, markeras inte området som tänkbart område för bostadsbyggande. Då hade man en Jälla-Öst-korridor för motorvägen. I 'Uppsala 2020 - Vision och strategi för Uppsala stad' Förslag till beslut 2000-07-31, då E4 ÅrstaVäst fastställts två månader tidigare, sägs: »Öster om staden byggs den nya E4:an, vilken skapar en tydlig gräns för stadsutvecklingen öster ut.« - Här nämns ingenting om den nya stadsdelen Lindbacken. Tvärtom framhåller man: »Det är samtidigt god hushållning att utnyttja befintlig infrastruktur. I stället för att lägga investeringar i helt nya områden kan resurserna användas till att förbättra befintliga områden,«[222] underförstått att i stället ta parker och gårdar i stadskärnan i anspråk för ny bebyggelse, vilket vi inte tycker verkar genomtänkt i en stadskärna där trafiken anses bekymmersam.

Som representant för Gamla Uppsala Hembygdsförening deltog Agnetha i februari 2002 i det årets Disting, som bar namnet »C framåt«. Vid presentationerna konstateras att Uppsalas expansion *österut* är det enda tänkbara. »Det är stopp vid Lunsen, stopp vid Mälaren« (d.v.s. söderut); »nu måste vi bygga österut.«

Landshövding Ann-Cathrine Haglund säger: »Landsting, Länsstyrelse, kommuner ska verka för den infrastruktur som vi bestämt« och Margareta Rönnblom, som kallades stabschef, ansåg att »den samsyn och samverkan som vi har haft har gett effekt« - avseende E4 och Bärbyleden som hon framhåller är i hamn. Vidare ombyggnad av stationsområdet och järnvägen i G:a Uppsala ska genomföras 2004-2015.

Frågan gäller kompakt stad eller utbredd stad. Mäklaren Solweig Sohlberg, Mäklarhuset Nordström & Partners i Uppsala, ordförande i Mäklarsamfundet, ställer frågan: »Hur får vi fram fler bostäder i Uppsala? Det är ju nästan bara österut man kan bygga, och nu har äntligen E4 och Bärbyleden kommit. Ett nytt Kåbo vart 20:e år. Så här ser talangfulla människor ut idag, inte som de som arbetade på Uppsala Ekeby.« (Hur mycket är villorna på Kungsängen värda idag, som de arbetarna knåpade ihop till? Svar: 5-8 miljoner - inte så illa!)

Landshövding Haglund sammanfattar: »Dom utan appell! Kan låta som ett skämt, men är väldigt viktigt och allvarligt. Viktigt att alla håller ihop. Gå härifrån med en gemensam agenda!«

När vägdirektör Sidklev sa att ÅV motorvägen byggs först, för att nästa väg sedan ska gå bortom Åby och Jälla, kan man förstå att markägare har vädrat morgonluft, d.v.s. förstått att deras marker stiger i värde som potentiell tomtmark.

Hypotes: Vägverket har utfört ett systematiskt manipulerande för att undvika de jäviga tjänstemännen Pernlers och Hedmans egna marker. Med tanke på allt det fusk som begåtts av Vägverkets högsta chefer, vilket framgått av omfattande skriverier i dagspressen och höga chefers avpollettering, bl.a. generaldirektör Örtendahl, så är det inte förvånande om det även på lägre nivå i beslutshierarkin bland tjänstemännen förekommit oegentligheter. Låg moral i toppen har en tendens att sippra nedåt genom tjänstemannakåren och förgifta hela verket. Med den 'kulturen' i ledningen av Vägverket kan man ju fråga sig om oärligheten spritt sig. De förvanskade kartorna i utredningsmaterialet av E4 tyder på det.

Här byggs »Uppsalas nya stadsdel Lindbacken«[218]

På ett 110 hektar, c:a 2 km x 500 m, stort område växer en hel liten stadsdel nu alltså upp vid Jälla intill länsväg 288, Östhammarsvägen, en dryg halvmil från Uppsalas centrum och på andra sidan det omgivande slättlandskapet. Byggnationen pågår för fullt då detta skrivs och år 2020 väntas 720 bostäder vara klara. Här finns Skogstorpets förskola, och Lindbackens skola bredvid var färdig hösten 2018 och rymmer 600 elever med tillagningskök och en ny idrottshall. En ICA Närabutik ligger centralt belägen. Sommaren 2013 startade inflyttningen i de första nya bostäderna i Lindbacken. I annonser talas om modernt och extremt smakfullt... när det enligt vår uppfattning *i stället* borde sett genuint ut, passande i den lantliga miljön. 'Smaken liksom baken delad' brukar man ju säga och vi är väl lika mossiga som de naturmarker som skulle skyddas.

I Lindbacken anläggs också parker, fastän denna stadsdel har 75.000 km² skogsmark runt om för sitt friluftsliv. Men detta tycker vi i och för sig är bra och det visar på en förståelse för den typ av 'nära friluftsliv' och möjlighet att vila blicken på växande grönt, som de flesta människor behöver, och som möjligheten att få i Uppsala stadskärna gradvis hotar att förstöras genom de förtätningar, s.k. »stadsläkning«, som pågår i Uppsala stadskärna och som de flesta folkliga remissinstanser är emot.

Planeringen för ytterligare villor, rad- och kedjehus på obebyggd mark närmare Jälla gård och lantbruksgymnasiet på andra sidan väg 288 pågår också, vilket man kan läsa i UNT oktober 2014[218]. Planerna för det tänkta bostadsområdet »Jällaberg« har avstannat då kommunen ställt sig tvekande.

Är det lämpligt med bostäder så nära en anläggning för hästar?

I Stadsbyggnadskontorets Programsamråd för bostads-området Dnr 2001/20021-1 sägs under punkten Miljö och hälsa [220]: »Djurhållningen på Gränby gård innebär krav på visst avstånd mellan nya bostäder och gården.« Även i nybyggnadsplanerna för bostäder i Asplunda i södra Uppsala påtalas att tillräcklig distans skall hållas till Lurbo ridskola p.g.a. allergirisker. Det är känt att häst-antigen är kraftigt allergiframkallande hos vissa individer. Samma restriktioner måste väl även gälla vid planeringen av Lindbacken? Närheten till ridskolan och hästhagarna skulle kunna skapa problem, samtidigt som den erbjuder en attraktiv fritidsverksamhet.

Mer bostadsbyggande på andra sidan slätten i Svia-Skölsta[221]

Hur ser det ut vid Svia, som ligger i ett grönområde mitt ute på slätten 2,5 km öster om motorvägen vid Årsta? Flera hundra nya tomter på markerna Svia 3:5 och Svia 9:1, Svia 2:8, 2:13 och Svia 8:1. Planområdet är beläget ca 6 km från centrala Uppsala och är på ca 57 hektar. Marken är i huvudsak i privat ägo. Sandbergs familj som ägare till Svia 9:1 säljer nu tomter. Vid detaljplaneringen konstaterades: »ingen betydande miljöpåverkan, så ingen MKB behövs.« Fullmäktige antog planen 30 januari 2011. Plan för en ny, ordentlig tillfartsväg från Vaksala till Skölsta vann laga kraft i juni 2012.

På fastigheten Svia 9:1 som tillhört Lennart Sandberg (c) och övertagits av hans son planeras c:a 130 tomter norr och söder om Svia byväg. En mindre del av fastighet 1:38 tas i anspråk till förskola. Plangenomförandet innebär ett förhållandevis stort tillskott av bostäder, vilket ger såväl ökade skatteintäkter som kommunala serviceåtaganden.

En ytterligare detaljplan för Skölsta vann laga kraft 2014, och den gör det möjligt att bygga ny bostadsbebyggelse på 350 tomter, småhus i varierande storlek. I planen ingår också plats för skola/förskola, närbutik, elnäts- och pumpstationer för vatten-och avloppsanläggningar och utjämningsmagasin för dagvatten. Planområdet är stort och kommer att byggas ut under en längre tid, sannolikt minst 5-10 år. Utbyggnaden börjar i väster med huvudgator och bostadskvarteren söder om Svia byväg. Exploateringen kan sedan genomföras norr om Svia byväg och vidare österut, sedan söderut för att till sist avslutas på höjden i nordost. Kommunen är huvudman för allmän platsmark (gator, parker, naturmark) inom planområdet. Potentialen av marken har uppskattats till 2.000 tomter på sikt.

Man behöver ju inte tala om särintressen, vilket kanske faller en på läppen när man tänker på aktionsgruppen Bevara Vaksala med centralfiguren Lennart Sandberg. Det går ju rent av bättre att tala om privatekonomiska intressen. Hundratals tomter i miljonklassen. Då vill man inte höra något gnäll mot E4 ÅrstaVäst med krav på östlig dragning.

»Staden på slätten ska bevaras, därför behövs E4 i stadsranden för att utgöra gränsen för expansionen österut.« Hur går detta ihop med Sandbergs och andra sviabors byggnationer utanför motorvägen? För att låna Sandbergs eget kraftspråk skulle vi kunna säga om detta argument: »*Vilket jävla dravel!«*[53]

I visionen 2020 för Uppsala talar man om förtätningar i staden och har tack och lov tagit bort det grovt vilseledande uttrycket »*stadsläkning*«. I denna vision, antagen i september 2000, nämns inte ett enda ord om den nya stadsdelen Lindbacken, fastän detta stadsområde växte ut på mycket kort tid efter att Regeringen fastställt E4:ans dragning i västligt läge. Inte heller den nya stadsdelen Fullerö Hage, som nu växer upp norr om Gamla Uppsala med 200 nya bostäder i våningshus och 300 radhus, nämns i visionen. Man måste vara en mästare i okritiskt tänkande för att inte komma på tanken att det fanns ett samband mellan 'förbudet mot E4 Öst' och planerna på Lindbacken och Svia-Skölsta och de stora ekonomiska klipp som där nu görs.

Hur kan det komma sig att det i dokumentet Vision och Strategi för Uppsala Stad 2000-02-24, från stadsplanerarna, inte ett ljud nämns om planerna på Lindbacken, som vid det laget måste varit långt framskridna med tanke på hur snabbt detaljplanen för byggnation sedan fanns. I Vision sägs endast att E4 ska utgöra en tydlig gräns mot bebyggelse österut.

I Sammanställning av remissyttranden på 'Förslag till Vision och strategi för Uppsala stad' 2000-03-27, sid. 24, säger Uppsalahem: »Det är ytterst angeläget att planer tas fram så att nyproduktion av bostäder kan komma igång. Steget från vision till handling måste därför bli kort«[222]. Lindbacken måste vara rekord i snabb handling, som realiserades innan visionen ens hunnit formuleras, d.v.s. snabbare än ljuset. Vid KF:s septembermöte 2000 föreligger Slutversion 2000-08-08 av Uppsala Vision 2020 som förslag att antas av KF. Visserligen ligger gränsen för det område som visionen omfattar precis i slättens östra rand strax väster om ponnystallet, som ju egentligen borde ingått i visionen som idrottsanläggning för ungdomar, speciellt flickor. Men det gör ju det visionära seendet ännu besynnerligare när man ett år senare talar om Lindbacken som Uppsalas nya stadsdel.

Uppsalas expansion med nya bostadsområden

Uppsala expanderar med rasande fart och har en befolkningsökning på några tusen om året, så bostadsbehovet är skriande. Överallt i centrala stadsområdet tas obebyggd mark i anspråk för bostadsbyggen, ofta på bekostnad av behövliga grönområden[224]. Under de kommande åren har Uppsala kommun planerat för att flera tusen bostäder ska byggas.

Nu har vi sett resultatet av pratet om »staden på slätten« - ingen bebyggelse av Uppsala utanför randen mot slätten. Vägen skulle utgöra stoppet för expansionen österut. Nu har i stället Uppsala fått en väg som kommer att bli en bra fyrfälts lokalgata i framtiden, precis som de tidigare E4-lederna, och Uppsalas nya stadsdelar planeras och byggs vid Slavsta, Lindbacken, Jälla, Svia Skölsta och Gunsta.

Detaljplan för Södra Gunsta, diarienummer 2012-020040, vann laga kraft 2016-06-21. Syftet med planläggningen är att möjliggöra ny bostadsbebyggelse i form av flerfamiljshus, radhus, kedjehus och enfamiljshus i södra Gunsta. Planen omfattar cirka 300 nya bostadsenheter och en ny gatustruktur. Bostäderna ska anslutas till kommunalt vatten och avlopp. Planområdet omfattar cirka 21 hektar. Den flacka åkermarken omvandlas till ett småskaligt bostadsområde med inslag av sparade åkerholmar.

I skriften från Chalmers Tekniska Högskola, *Förändringar av stadens markanvändning till följd av förbifarter*[70] konstateras: »Om transitleden byggs för nära staden, blir den förr eller senare kringbyggd av framför allt bostäder, så att nya störningsproblem uppstår.« Exakt det som Chalmers-undersökningen visar håller på att bli besannat för nya E4. I ett yttrande från byggnadsnämnden till Vägverket framhåller nämnden att den av Vägverket vill ha reda på den exakta väglokalisationen av nya E4, så att man kan stadsplanera området för bostäder. I arbetet med översiktsplanen för staden diskuteras att marken mellan Österleden och E4 bebyggs och det kan ställa nya krav på förbindelser än vad tidigare utredningar visat. - Som så ofta är fallet när man bygger nya vägar för att få bort störande trafik från bostadsområden, *planeras strax nya bostäder i anslutning till de nya vägarna!*

Vi är inte ute efter att kölhala duktiga entreprenörer. Ärliga, handlingskraftiga entreprenörer är ryggraden i ett lands näringsliv. Vi har bara velat förstå varför det var omöjligt lägga vägen på den plats de flesta förordat. Och den bilden har börjat klarna, när man ser hur marker som ligger i eller nära den vägkorridor där östliga alternativ av E4 skulle ha gått i stället har exploaterats för stadsbebyggelse. I oktober 2018 var det dags för den första inflyttningen i radhus och villor i Fullerö Hage norr om Uppsala. År 2007 började en annan duktig entreprenör, Vahik Abrami, som köpt motorvägsnära mark, planering av ett köpcentrum i Fullerö. Abrami, som hade en restaurang utefter gamla E4, förstod att den verksamheten skulle tyna bort då nya E4 tagits i bruk. Han agerade då i god tid för att kunna flytta och etablera en verksamhet vid den nya motorvägen[225]. — Tänk om Pernler hade resonerat som Abrami och i god tid flyttat sin verksamhet i stället för att bidra till bortmanipulerandet av det vettigaste E4-motorvägsalternativet JällaÖst. —

Planerna på ett köpcentrum vid motorvägsavfarten i Fullerö förkastades. Kommunen ville inte ha en ny externhandelsanläggning. Köpcentra ökar trafikmängderna. Biltrafiken ökar med 200-1200% enligt beräkningar utförda av Chalmers tekniska högskola. (Men det skulle enligt Uppsala byggnadsnämnd inte öka trafiken i Brillinge då Gränby Centrum byggdes ut[138,139]). En stormarknad i stadsranden drar till sig konsumenter från stadens alla delar. Är det ett samhällsintresse att handel ska bedrivas så långt bort från boende att man måste vara bilberoende för att åka och handla? Inte enligt skrivelsen *Dags att handla: Stormarknad eller stadskärna?* Rapport från *Kommunförbundets Konferens i Växjö* 12-13 november 1998[226], som Örjan Nilsson (m) och Jan Sällström (sE4vk) skrev efter Miljö- och Hälsoskyddsnämndens studieresa till Linköping och Växjö: »Kommunerna bör vara restriktiva med att tillåta nya externa centrumanläggningar som kan urholka stadskärnans livskraft och negativt påverka försörjningen med dagligvaror i bostadsområden.«

Under temat »Är staden hotad idag?« talade Jans tidigare klasskamrat, stadsarkitekt Erland Ullstad i Växjö och nämnde *»grovt vandaliserade stadscentra«* p.g.a. intresset att höja trycket på stadskärnan. En viktig fråga i diskussionen var: Hur ska man bevara 'Den vitala staden'?[226, 227]

Vahik Abrami. som i dag stolt kan visa upp den nya stadsdelen som växer fram vid E4-avfarten mot Storvreta säger: »Det här är en långsiktig satsning. Min förhoppning är att mina barn ska ta över företaget. Det är det som driver mig. Jag kan se framför mig hur mina barnbarn och barnbarnsbarn går omkring i området och stolta konstaterar att det här har farfar och morfar gjort. Den tanken gör mig väldigt glad.« — Vi förstår honom väl. Vi visar själva stolt upp byggnader för barn och barnbarn som Jans farfars far uppfört i Stockholm på många platser, offentliga byggnader och bostadsfastigheter. På samma sätt kommer vägverksfolket, speciellt de av tjänstemännen som anser sig vara 'pappa' till nya E4, att stolt kunna visa upp den 8 mil långa motorvägen för sina ättlingar och skryta över att den här föreslog, projekterade och byggde vi trots omfattande motstånd. Men någonting som hela Uppsala kan skryta över gemensamt för all framtid är Gamla Uppsala fornminnesområde och stråket upp till Vendel. Hur betydelsefulla handlingskraftiga entreprenörer än är, får inte det kulturområdet förstöras av brist på måttfullhet, hänsyn och förstånd.

Brist på stadsnära grönområden (från SE4VK:s hemsida 1998)

»Norra och östra bostadsområdena i staden har en i olika utredningar väl dokumenterad brist på grönområden och friytor[224]. Staden omges på denna sida av brukad jordbruksmark som anses hindra aktivt friluftsliv och naturupplevelser. Boende i randområdet upplever dock en stark närvaro av den levande bygden, dess rymd och natur med lärksång över de vidsträckta fälten. Därtill kan den som vill, ta sig ut längs dikesrenar och stigar sommartid, och vintertid praktiskt taget var som helst, och uppleva friheten i det öppna landskapet. Vid snöförekomst sträcker skidspåren ut sig tätt som tecken på ett livligt friluftsliv. Detta har inte uppmärksammats i Vägverkets tidigare utredningsmaterial, där de negativa effekterna på friluftsliv, promenad- och närströvområden utefter ÅV-alternativet förringats på ett sätt som vi betraktar som medvetet vilseledande, för att underlätta etablering av vägen i området.

Den planerade motorvägen förstör totalt denna friluftsmiljö och blir en mycket effektiv barriär för tusentals uppsalabor boende i nämnda stadsdelar. Det minsta man kan begära är att antalet gång/cykel-passager blir större än vad som redovisats idag, så att rörelsefriheten vintertid någotsånär bevaras. Den visuella miljön och landskapsbilden blir ohjälpligt förstörd. För bullermiljön kan vissa åtgärder vidtas, men inte överallt. Vi anser att Vägverket ska använda den typ av vägbeläggning som mest effektivt dämpar bullret. Vi hävdar vidare att Vägverket vid bullerberäkningar skall ta hänsyn till det sammanlagda buller som orsakas av vägen och verksamheten vid flygflottiljen, för såväl dygnsmedelvärden som toppvärden. Om bullret beräknas överstiga Naturvårdsverkets och Hälsoskyddsnämndens normer, skall vägen över huvud taget inte planeras in i området. Enligt Länsstyrelsens kravspecifikation för att acceptera E4 ÅV-alternativet skall motorvägen gå nedgrävd 2-5 m vid exponeringen för fornminnesområdet. I det presenterade förslaget till arbetsplan är vägen nedgrävd som mest 1,5 m, vilket kommer att resultera i ökad bullerspridning från vägen och störning i utsikten från fornminnesområdet. För att inte det alltmer tilltagande politikerföraktet ska öka ytterligare, kräver vi att vägen grävs ned på överenskommet sätt och att övriga krav till punkt och pricka fullföljs.«

*

Bot mot brist på grönområde?

»Öster om Fyris finns bara 1% grönyta - sämst i Europa. Om de små stegens tyranni får fortsätta har vi snart inga nyanser av grönt kvar,« skriver Marcus Hedblom tillsammans med tre andra forskare i Ekologi, Biologi och Miljövård. »Faktum är, att över hälften av alla besök som görs i svenska skogar sker i tätortsnära skogar. Svenskarna vill att ett grönområde skall finnas inom 300 meter från bostaden för att inte kvällspromenaden skall ställas in.«[145]

Östra Uppsala har en påtaglig och uppmärksammad brist på grönområden, sägs det på olika håll i diskussionen vid stadsplaneringen. Likväl plockar man en bit av det lilla som finns här och där, nu och då. Ett exempel utgör omvandling av ett stycke av Lerdammsparken i Gamla Uppsala till verksamhetsområde av olika slag, »dock inte störande industri, plan 2014.« Fallet illustrerar på ett elegant sätt gången i beslutsprocessen:

> Områdets syfte
>
> Först konstaterar man att i stadsplanen står, att området är till för att vara just grönområde. Det är också en del av Riksintresseområde för kultur, Vaksala K36. I området finns identifierade värden för rekreation, friluftsliv och natur. Därefter gör man en behovsbedömning utifrån Förordningen (1998:905) om miljökonsekvensbeskrivningar, för att avgöra om man *behöver pröva planärendet* enligt Miljöbalken (MB).
>
> Behovsbedömning
>
> En behovsbedömning, daterad 2012-05-31, har upprättats. Sammantaget visar bedömningen att platsens identifierade värden som naturmark, rekreationsområde och friluftsområde endast påverkas i mindre omfattning. Riksintresset för kulturmiljö bedöms inte påverkas av planen.
>
> Miljöbalken 3, 4 och 5 kap
>
> Planen berör riksintresse för kulturmiljö (K36 Vaksala) enligt MB 3 kap 6 §. Planen berör inte riksintressen enligt miljöbalkens kapitel 4 eller miljökvalitetsnormerna enligt kapitel 5.

Miljöbedömning enligt miljöbalken 6 kap
Miljöbalken 6:11–6:18 och 6:22 tillämpas om ett genomförande av en detaljplan kan antas medföra en betydande miljöpåverkan (EU-direktiv 2001/42 EG).

Motiverat ställningstagande
Med utgångspunkt i behovsbedömningen är kommunens samlade bedömning att ett genomförande av detaljplan för del av Lerdammsparken inte medför betydande miljöpåverkan enligt MB 6:11 och att en miljöbedömning enligt MB 6:11–6:18 inte krävs.

Naturmiljö, Rekreation och friluftsliv
Naturmiljön inom planområdet kommer nästan helt att försvinna. Gräs- och buskmark samt en liten del av skogen intill lerdammarna kommer att tas ned, hårdgöras och bebyggas. Natur- frilufts- och rekreationsvärdena i närområdet kan komma att försämras i mindre utsträckning. Byggnaderna kommer antagligen att synas från vissa sträckor av stigarna i området.

Länsstyrelsen delar kommunens bedömning och framför i samrådsyttrande daterat 2012-06-21 att planens genomförande utifrån en sammanvägd bedömning inte kan antas medföra en betydande miljöpåverkan. (Roland von Malmborg kunde lika väl ha sjungit: *»Knipsa på du Välfärdssverige!«)*

För att kompensera den ängslika natur som togs i anspråk av byggnation föreslår planen *plantering av träd*....

Så går det till!! Vi har ett bättre förslag i denna digitala tidsålder: Skippa parker och annat sådant tjafs och ha skärmar med natur, sus och fågelkvitter i stället. De är ju platta och bra och kräver inte så mycket dyrbar tomtmark. De kan ju rent av monteras på husväggarna, så kan man bebygga hela markytan. Varför inte? — *»De flesta människor lever nu i urbana miljöer bland idel artefakter och får sin stimulans i en virtuell värld.....allt är planerat och allt blir slätt och ägnat att slås med motorgräsklippare,«* ur Gubbas Hage av Kerstin Ekman. En utmärkt idé är sedan att ordna löparrundor med nostalgisk kolstybb och motionsattiraljer på hustaken, så kan man ytterligare exploatera gröna markytor — genialiskt eller hur?

Bergtäkter

Den kraftiga byggverksamheten i och kring Uppsala behöver grusmaterial. Därför startas flera bergtäkter i kommunen. En planeras i Onslundaskogen (Skanska). En bergbrotts-ansökan har fått avslag i Grönviken-området. I stället har man riktat blickarna mot Framskogen inte långt från den redan hårt drabbade byn Hemringe. Tre markägare har där sökt tillstånd att få etablera en bergtäkt och deponi med återvinning. Villaägarna runt om säger ett mycket bestämt nej 2018-03-05.[253] Det är groteskt att förlägga en sådan 'industriverksamhet' till Framskogen som nu får allt mer bebyggelse av bostäder och som utgör ett närströvområde för detta bostadsområde och Fullerö nya stadsdel. Här vore i stället en utmärkt lokalisation av Uppsalas nästa stadsdel »Tallbacken«. En avsevärt bättre lokal för bergtäkten är i anslutning till Rörken och Hovgården vid Jälla, där de redan pågående verksamheterna, avfallsdeponi och motorbana, har urban karaktär.

Det allvarligaste är att det sökta området ligger inom vattenskyddsområde för Uppsala. En bergtäkt här löper risk att ge upphov till samma miljöbrott som Vägverkets bergtäkter i Månkarbo, där man punkterat grundvattenspärren, så att artesiskt vatten rinner fram och ödslar bort grundvattenreserver[199]. Om man accepterar en deponi här kan man på sikt råka ut för samma problem som i Erstorp[73] omnämnt på sidan 55.

Fängelsetomterna: Egendomliga fastighetsaffärer

I UNT 10/2 1995 rapporteras: »Regeringen fäller avgörandet, Uppsala får nytt fängelse«; I UNT:s Årskrönika 28/12 1995 sägs om *Februari:* - »De gamla planerna på ett nytt fängelse i Uppsala aktualiseras. Fängelset ska ha plats för 120 intagna och ligga vid Jälla. Det beräknas vara klart 1997-98.«[229]

— Colorado, högplatå i Klippiga Bergen 2015: -»Ser du där framme går en ensam liftare, här ute i snålblåsten. Vi kan väl skyffla ihop prylarna i baksätet så får han nog plats.« - »Ska vi?« - »Ja, du kommer väl ihåg hur mycket vi liftade när vi var unga och ute och tältade, t.o.m. med bebis, potta och barnvagn.« - »OK!«

- *»Hello!«.... »Jag är på vandring från mexikanska gränsen tvärs över USA till Canada. Jag går i ensamhet för att försöka få ro i sinnet. Jag blev enrollerad i amerikanska armén för tjänst i Irak och Afghanistan. Det lät spännande att få möta andra länder och jag blev lovad att få se intressanta* *platser och en massa annat lockande. Det enda jag har sett är trista kaserngårdar, militärförläggningar och exercisfält plus en massa lidande, som jag inte orkar tala om. När jag till sist inte var bunden av mitt åtagande så vill jag försöka glömma.«*

- Vi har inte åkt långt, så meddelas på en tydlig skylt, att man inte ska ta upp liftare, eftersom ett stort Centralfängelse ligger i närheten och det skulle kunna vara rymlingar, som försöker lifta. — Tankarna far runt. Den här mannen verkar inte vara någon brottsling, och eftersom han vill till nästa lilla stad en mil bort så är han väl knappast en förrymd intern. Vi har ju redan berättat att vi skall till Kalifornien, så då vore det väl bättre för honom att vilja hänga med vidare och komma längre bort.....

- »Varför drar du upp den där händelsen då vi håller på att skriva om E4?«

- »Jo, jag kom att tänka på hur underligt det är, att man i diskussionen om E4 vid Jälla aldrig har anfört som skäl emot det alternativet, att vägen skulle komma för nära det nya fängelset, vilket inte är bra ur säkerhetssynpunkt. Friluftsmarkerna har varit argumentet, aldrig fängelset.«

- »Ja, det stämmer...Man kanske visste om att det inte skulle bli något fängelse och hade helt andra planer. Eller också har man andra säkerhetsarrangemang i Sverige, vem vet! Länsfängelset på Dag Hammarskjölds väg låg ju mitt i smeten.«

- »Ja, det är sant. - Det gamla Länsfängelset är en kulturskyddad byggnad från 1859-62, som ägdes av staten, men som lades ner som fängelse. Egendomligt var det ju ändå förstås, att det planerade nya fängelset på tomten i Jälla inte nämndes i debatten. Det stärker vår hypotes om att det var de vid den tidpunkten dolda planerna på Lindbacken som hindrade den vettigaste dragningen av vägen.«

En motion från centern lades i KF 2001-10-29 om att uppdra åt kommunen att ta kontakt med Kriminalvårdsstyrelsen och begära att fängelset lokaliseras till Uppsala[229]. I motionen framhöll c-politikern Lars O. Eriksson att fängelsebygget skulle innebära stora statliga investeringar som skulle ge många permanenta arbetstillfällen i Uppsala, enligt motionären för ca 200 personer. Denna motion *blev liggande i nästan 2 år utan att bli behandlad och besvarad.* Det var först när det anställdes en tjänsteman från Västerås på kommunförvaltningen, som tog tag i allt gammalt obesvarat material från KF och fann den bortglömda motionen. Fängelsetomten hade sålts redan 1999, alltså långt innan motionen skrevs och fängelset hade i stället byggts i Västerås och tagits i bruk.

Tjänstemannen hade en god förklaring till varför fängelset byggts i Västerås i stället för i Uppsala. Västerås kommun hade varit alert och tidigt arbetat på att få fängelset, medan politikerna i Uppsala hade sovit och missat chansen, trots att de långt tidigare hade haft en utredare från kriminalvårdens centrala myndighet i Örebro på besök för att diskutera fängelsets placering i Mälardalen. Varför sov man? Var det för att man planerade stadsdelen Lindbacken? Varför meddelade man inte motionären att planerna på ett fängelse redan var överspelade sedan länge, då han lade sin motion, eftersom det gamla fängelset lagts ner redan 1998 och sålts till Kjell och Mikael Petterssons Fastigheter AB.

I tidningsreportage i UNT av Kjell Hedlund, då beslut tagits om E4ÅV, visas en karta som avslöjar att precis där Lindbacken nu byggs i Jälla skulle östlig E4 ha gått[2], som vi nämnt tidigare. Dessutom har som en ren slump Lars Almqvist, anställd vid Statens Fastighetsverk, fått köpa 313.000 m² mark av statliga Specialfastigheter AB, d.v.s. fängelsetomten, för 815.000 kronor, d.v.s. 2 kronor och 60 öre per kvadratmeter, och den kan nu exploateras för villabebyggelse. Almqvist hävdar att det var en ren spekulation. Han visste inte om motorvägen skulle gå där eller ej. Tomten var utannonserad av en mäklare i Stockholm enligt Almqvist.

Grovt orättvisa markersättningar

— Det är ju fullständigt groteskt att medan vissa markägare kan sälja tomter för 10-tals miljoner, får andra markägare sin mark tagen i besittning av Vägverket, sin bostadsmiljö totalförstörd och ingen möjlighet att få inkomster från den typ av klipp som vissa exploatörer kan åstadkomma åt sig. I samhällsplanerna bestäms vad som ska bli industriområde, park och naturreservat eller vägreservat. Det känns oacceptabelt orättvist mot vissa markägare. Det är uppenbart att dessa markägare för övertagen mark i **stadsnärhet,** där det finns potentiella möjligheter att få väldiga belopp om marken i stället exploateras för bebyggelse, **måste kunna få rejäla ersättningar,** som är i paritet med de som exploatörerna kan få ut! Annars har de väl berättigade skäl till att känna sig lurade och orättvist behandlade.

Agnethas samtal med Vägverkets samrådsansvarige, dec 2015.

På flygresan hem från en semester i Turkiet satt jag bredvid Thomas Hedman, som arbetat på Vägverket och varit ensam ansvarig för de offentliga samrådsmöten som hållits för att uppfånga markägarnas och uppsalabornas åsikter om de olika vägalternativen. Då vi pratade, framkom att han varit mer än så - det var han, enligt egen utsago, som föreslagit den sträckning som kallades ÅRSTA-VÄST och som blev den Vägverket fastnade för.

Vi hade varit 14 dagar på samma gruppresa i Turkiet, men inte förrän han sa att han jobbade på Vägverket 'ramlade polletten ner' och vi kände igen varandra. Han sa att han hade förespråkat E4ÅV, för den är bäst ur trafiksynpunkt och för att kommunen fick en ny avlastningsgata. Han ville bygga ut Fålhagsleden, för att bättre utnyttja E4 som avlastningsväg för innerstadstrafiken. Han sa att det är väldigt sankt där den skulle gå, men att de helst hade velat gräva ner vägen.

Jag sa vad jag tyckte om valet av hydrogeologen Anders Carlstedt - stora fuskaren i Erstorps-målet. Eftersom Carlstedt sa att det skulle gå att gräva ner, fick de igenom beslutet för E4ÅV och sedan grävdes den inte ner, som det skulle göras, helt enkelt för att det inte gick. Jag berörde också valet av den jävige konsulten Bent Syse i Ängeby, och Hedman förnekade ingenting.

Han förklarade, att i längden var det trafikarbetet som var bästa besparingen. Kostnaderna för arkeologiska utgrävningar var mindre betydelsefulla. Han sa att det var tvunget att »*ha mod i sina beslut*«. Politikerna, menade han, var för okunniga för att kunna ta sådana beslut. Jag svarade, att varför ordna medbestämmandemöten om beslutet är taget på Vägverket redan på 60-talet? Det finns ju då ändå ingen demokrati, så det hela blir ett spel för gallerierna. (— Jag borde ha svarat att teknokraterna är för enögda och okunniga och tunnelseende för att kunna ta sådana känsliga beslut.)

Sedan nämnde han att han haft planer och velat köpa fängelsetomten, som låg granne med hans föräldrars och kusinernas fastigheter i Jälla. - Han var enligt min enkla slutsats således synnerligen involverad i att inte vilja lyssna på argumenten för något Jälla-Öst-alternativ. - Men fängelsetomten gick hans näsa förbi och såldes utan någon uppmärksammad utannonsering till Lars Almqvist. Denne tjänsteman vid Statens Fastighetsverk hade enligt Thomas velat köpa det gamla Länsfängelset på Dag Hammarskjölds väg i centrala Uppsala men blivit »lurad på konfekten«. I stället fick »någon Johansson«[229] köpa fängelset på Dag Hammarskjölds väg för en billig penning. Därför fick Almqvist köpa fängelsetomten som kompensation, då han kände sig förfördelad, eftersom han velat köpa det nedlagda Länsfängelset. Så framställde Thomas Hedman saken.

- Det hela ger en icke helt ogrundad känsla av att korruption kan ha förekommit. Hedmans intention att köpa den statliga fängelsetomten ger näring åt hypotesen att han ville vara med om att skapa ett bebyggelseområde i Jälla.

Lars Almqvist fick, enligt Thomas Hedman, köpa fängelsetomten för 800.000 kronor, men sedan sålde han den marken till ett konsortium för 34 miljoner. Hur gick detta till!?? Fanns Almqvist med också som aktör vid Vägverkets genomförande av planerna för var motorvägen skulle gå? Hur kunde man så groteskt undervärdera den mark som tillhörde svenska staten, d.v.s. hela Sveriges folk? Vi har senare kontrollerat siffrorna. Köpeskillingen var 815.000 och försäljningen gav 32.000.000.

Lars Almqvists yrkesmässiga inriktning de senaste åren har varit vård, underhåll och ombyggnad av kulturhistoriskt värdefull bebyggelse. Han har varit anställd av Statens Fastighetsverk, där han förvaltat många av pärlorna inom vårt byggda kulturarv. Sedan 2005 driver han även egen verksamhet med inriktning på underhåll och ombyggnadsprojekt.

Under temat »*Uppsala Marknad glöder - Men håll borta gnället« t*alade han 2015 på Musikens Hus i Uppsala för NAI-Svefa där han presenterades som senior rådgivare, VD för verksamheten Norden. Det var lätt att säga *håll borta gnället!* Han hade ju själv verkligen inte mycket att gnälla över. NAI-Svefa var landets ledande och största fastighetskonsult och fastighetsvärderare. Han talade även i Musikens Hus 16/2 2017 på ett möte med temat »*Uppsala är på offensiven. En heldag om fastighet och utveckling i Uppsala med omnejd. Stadens planer börjar ta form för hur Uppsala ska växa till en storstad«.*

Demokratins dilemma

Gräsrotspolitik

Några läsare skulle kanske kunna tro att vi hör hemma på vänsterkanten när vi kritiserar moderaterna så hårt, och de kanske tycker sig ha fått det bekräftat när de läser att Agnetha deltog i en motion tillsammans med Jens Ericson (v) och Mats Bergfors (mp) om inrättande av en lokal för information om mejerihistoria och kvinnors lönearbete i det kvarter där mejeriet legat.[230] Vår tanke med mejerimuseet var att det är viktigt vad man ser med sina egna ögon för att påminna sig hur tungt arbetande kvinnor och män gnott för att hålla igång samhällsmaskineriet genom tiderna. Det ger upplevelser som leder till vidare intresse, tankar och engagemang. Idén att ha en kvartershörna med information om vad som varit i kvarteret var vettig, ungefär som det står statyer som minnesmärken här och var i staden, där olika militära försvarare eller slaktare har utfört sina blodiga uppdrag.

Men man ska inte dra förhastade slutsatser. Vår hårda kritik mot moderaterna skulle ju kunna vara så som talesättet säger: '*Den man älskar agar man.*' Någon annan kunde kanske tro att vi hör hemma på den konservativa högerkanten, som talar oss så varma för historiska värden och gamla tiders arkitektur och kulturminnesmärken. Strängt taget är vi inte några 'kantiga' personer, utan har tagit oss an ett centralt problem - d.v.s. tjänstemanna-styret som kör över politiska och sakkunniga beslut om värdefulla skyddsområden. Vi håller oss till den lila färgen som blivit vår partifärg och kritiserar dem som kritiseras bör, oberoende av partitillhörighet eller lojalitet till någon viss politisk fraktion på höger/vänsterskalan.

För övrigt händer det också att moderaterna röstar med vänstern. Omröstning om arbetsplanen för E4 ÅV 28 oktober 1996 ska vi sent glömma, och vi har ju nämnt det förut. Då röstade de med vänstern för ombyggd Tycho Hedéns väg. Det var visserligen i syfte att sabotera ett möjligt kommunalt beslut om att säga ja till en östligt val av E4, JÖB, men man kan ju aldrig så noga veta. Det föranledde oss att skriva en insändare där vi undrade om kommunalrådet Gunnar Hedberg (m) egentligen var förtäckt kommunist, eftersom han också gladde sig mycket över att få sälja Uppsala Energi till statliga Vattenfall. Eftersom vi i partiet samlat personer med olika politisk uppfattning från höger till vänster var det högt i tak för åsikter i olika frågor. En av medarbetarna som inte var moderat hade roligt åt denna fundering över Hedberg och framkastade: »moderaterna är förtäckta socialister. De vill ha marknadsekonomi och privatiseringar av samhällets infrastruktur och talar om bidragsnarkomaner då arbetslösa behöver hjälp, men så fort det blir katastrofläge ska samhället ställa upp och betala bankgarantier, konkurshjälp eller gigantiska samhällskostnader då avfallet skall skyddas i århundraden eller då hela städer måste läggas i malpåse efter kärnkraftsolyckor!« — *»Nalta att funder på,«* som gammelmormor sa.

Har läsaren förresten tänkt på att moderaterna, som anses stå för integritet, försvar, kultur, historiskt bevarande m.m., är det parti som exproprierar skyddsklassade områden, lägger ner försvaret, föreslår medicinska tvångsåtgärder och rivningar etc, så fort det luktar pengar.

Vi skyr ytterligheterna, såväl vänster- som högerextremism. Som den kände amerikanske filosofen och författaren Wendel Berry konstaterar, att ett kommunistiskt system eller ett rent hårdkapitalistiskt system leder till samma resultat med ekonomisk maktkoncentration hos ett fåtal - en *plutokrati* - de rikas välde.[231] Vad det handlar om i tillvaron är inte frågan om socialism eller kapitalism etc. utan om *realism*. Det är orealistiskt att tro att ständig resursslukande tillväxt är något som kan fungera i längden och vara hållbart - möjligtvis om man sänker pengarnas värde så att tillväxten bara skenbart ökar genom att de hanterade penningbeloppen hela tiden växer i storlek. Det är också orealistiskt att ha så stora sociala skillnader i samhället och i den globala samhällskroppen, att vissa människor svälter och hat uppstår som blir drivfjäder för terrorism och olika sorters krigshandlingar.

Demokratifrågor

Hela den här boken skulle man nog kunna säga handlar om demokratifrågor. Demokrati är inte lätt, för folkviljan kan vara lika spretig som väl politiken. De styrande kan lätt hamna i onåd hos väljarna, men det är oftast i samband med att man upptäcker att de inte styr för samhällets bästa utan prioriterar sitt eget välbefinnande.

Politikerförakt

I början av året 1996 pågick i *UNT* en debatt om 'politikerföraktet'. Inlägget från SE4V av Agnetha Sällström, bar den träffande rubriken »Politikernas förakt för folket«.

Ibland var det svårt att tillhöra ett enfrågeparti och inte få delta i debatten om andra frågor, när man satt sprängfylld av synpunkter. Ett exempel var då moderaten Erik Hagströmer interpellerade om arbetsfria vederlag för avdankade politiker och kommunala tjänstemän i chefsställning. Hans utomordentligt välformulerade interpellation har han all heder av[3,236].

Jag reagerade starkt negativt till ett KF-ärende 98/105 med titeln: »Översyn av bestämmelserna om ekonomiska förmåner till kommunens förtroendevalda«. Jag anser ordet *»förmåner«* helt missvisande när man diskuterar ersättningar för utfört arbete eller förlorad arbetsinkomst. Det kan visserligen ses som en förmån att få förtroende att representera folket i en beslutande församling, men några andra slags förmåner i form av arbetsfria vederlag under lång tid utgör bara grund för politikerförakt och demoralisering av arbetsmoralen i hela samhället. Ärendet var i praktiken inte alls en fråga om *»ekonomiska förmåner«* utan handlade snarare om att »hålla ersättningarna på en sådan nivå, att den ekonomiska förlust som ett politiskt uppdrag ofrånkomligt medför, kan accepteras av den enskilde förtroendevalda.« Det är enkelt att förstå att man som politiker måste kunna få en rimlig ekonomisk kompensation, men det är viktigt att det inte går över styr. Det är naturligtvis inte främst för att man inte ska reta upp människor till ökat politikerförakt, utan det är för att *man inte ska trycka ner människorna i skorna.* Uttrycket ekonomiska förmåner togs senare bort.

Den 26 oktober 1998 slutade Erik Nilsson (s) efter 40 år som politiker. Han hade då suttit som KF-ordförande under mandatperioden 1994-1998. Då han lade ner klubban för sista gången höll han ett tänkvärt tal och poängterade demokratins stora betydelse i samhället: *»... jag vill ändå säga att vi på den gamla tiden levde mera i symbios med väljarna. Innehållet i den kommunala verksamheten var mer gripbart än det är i dag...«*[142:4]

Erik Nilsson var en mycket kulturintresserad person och vi stötte ihop med honom på Ferlin-sällskapet där vi också är medlemmar.

Vad som är det väsentligaste är att uppehålla sitt engagemang och sin politiska övertygelse, så att man inte bara halkar in i ett slentrianmässigt flockbeteende. Man vill inte gärna behöva instämma i krönikören AnnBritt Grünewalds uttalande: »Det jag har sett av politisk erfarenhet hos människor har snarare deformerat än utvecklat dem. Det politiska livet tycks ställa såna krav på anpassning att det personliga engagemanget uttröttas under resans gång. Dom verkliga profilerna tystnar, och kvar på toppen blir alltför många utslätade maktförvaltare«[143].

På KF:s sammanträde 1 mars 1999 fanns en motion av Leif Åberg (kd) om åtgärder mot politikerförakt 1997:862[237]. Han ställer frågan: »Vem lyssnar?« Motionen gäller framför allt Budgetdebatten: *»En vanlig syn i fullmäktige är att mindre än hälften och ibland bara 20-25 av de 81 ledamöterna är på plats, vilket ordföranden också genant påpekat många gånger. Resten dricker kaffe, har egna små sammanträden eller talar i telefon...«* - Hans beskrivning av sammanträdena i KF är precis det vi också klagat över och som kommenterats av allmänheten, då de TV-sända sammanträdena visats[142:6&7].

Åberg ville att: »en projektgrupp skulle undersöka hur man skall minimera och motverka politikerförakt samt tjänstemannavälde och stelbent byråkrati.« (Han kunde ha lagt till självbestämmande politiker, bl.a. Byggnadsnämnden som gärna vill upprätta detaljplaner med enkelt planförfarande, även då berättigad kritik från berörda enligt lagreglerna ska leda till en beslutsgång genom kommunfullmäktige[123]. Ett praktexempel på vanstyre och en skamfläck för kommunen är ett ärende som beskrivs i KF handlingarna 1999 SerA nr 81-85. Liv Hahnes självsvåldiga beteende m.m. beskrivs utförligt och det framgår tydligt att kommunen struntar i sina egna bestämmelser och beslut[123].)

- Vi hade tidigare erfarenhet av att byggnadsnämnden inte följer de av Regeringen fastställda stadsplanerna. Mitt emot vår villa i Gamla Uppsala bodde Gertrud i sitt pittoreska röda hus på en vacker hörntomt. Hon brukade cykla iväg frampå förmiddagen för att bege sig till äldrevården och läsa tidningen för *»de gamla«*, som hon uttryckte det. Hon var ju själv bara 90 år. Till slut föll även hon offer för liemannens framfart. Hon hade testamenterat sitt smultronställe till sin frikyrkoförsamling och drömde om att pastorn skulle få bo på den vackra skogstomten, eller att behövande mammor med barn kunde få en fridfull plats. Kyrkan drömde annorlunda, och sålde stället till en exploatör, som lät brandkåren ha brandövning och få snabb rivning av huset, för att sedan stycka upp marken i tre tomter med byggrätt. Det var bara det att utefter ena tomtgränsen mot en väg fanns ett 14 m brett reservat som inte fick bebyggas enligt stadsplanen — för att bevara områdets skönhet och gröna karaktär. Exploatören började lägga grunden till de tre monteringsfärdiga villorna som han beställt och då upptäckte vi, att man lagt en tomt på området som inte fick bebyggas. Vi överklagade då bygglovet, där Byggnadsnämnden inte ens noterat att man gjort undantag från stadsplanebestämmelsen. Byggherren skrattade och menade att han var van vid att sådana bagateller behövde man inte bry sig om. Till slut kontaktade vi bostadsministern och förklarade situationen plus framförde vår åsikt att Sverige ska med lag byggas. Två dagar senare anlände brevet från Bostadsdepartementet till byggherren om inhibition av bygget. Han fick riva den tredje felplacerade grunden.

28/3 2002 kom ett brev till de politiska gruppledarna[142:1] om att försöka begränsa sina interpellationer - frågor om beslutsunderlaget inför olika beslut. Diskussion uppstod om man skulle kunna införa att tidsödande interpellationer inte behövde besvaras. Uppskjutning av ärenden och interpellationer under möte efter möte upplevdes som brist på demokrati, eftersom inga svar på uppkomna frågor gavs – ett slags förhalning. Dessutom är det inte svårt att inse, att om man vill att ledamöterna ska försöka begränsa sina inlägg, så vore det ju bra om de andra ledamöterna lyssnar och inte sitter med ryggen till och småpratar. När de gör på det sättet tvingas man ju ta om sitt inlägg, vilket blir ett ödslande med för skattebetalarna dyrbar tid. Ett exempel var då jag under en grundlig genomgång förklarat anledningen till vårt ställningstagande mot den västliga E4-lokaliseringen och gruppledaren för moderaterna säger att han inte begripit vad jag menar - förmodligen sagt på pin kiv - varpå jag åter begär ordet och långsamt och tydligt säger om precis vad jag just sagt de senaste 10 minuterna för att han ska förstå. Om han inte ville förstå argument mot västlig E4, så förstod han nog i alla fall att han gjort bort sig.

En motion[142:3] som kan citeras i detta sammanhang inkom till KF i mars 2002 med titeln *Motion om åtgärder för att stärka den demokratiska beslutsprocessen i Uppsala kommun,* skriven av Elisabet Andersson (kd): »Det är inte enbart en talares fria rätt att uttrycka sin åsikt som är en mätare av demokratin. Det är även en frågeställares rätt att få sin fråga behandlad i rimlig tid som utgör demokratifråga.« .....»Ett annat demokratiskt problem är att reservationer från olika remissinstanser inte kommer med i föredragningen till fullmäktige. Om inte någon i kommunstyrelsen reserverar sig tappas reservationerna bort på vägen till fullmäktige. Varför inte låta redovisningen av nämndernas yttranden också omfatta reservationerna? Debatten i fullmäktige skulle på det sättet tillföras både mer sakkunskap och mera stimulans....Det skulle också bidra till en livaktigare demokrati, om människor vet att deras åsikt beaktas även om den tillhör minoriteten.«

Jag var med i Demokratiberedningen där man diskuterade en motion som kommit in i juni 2002 om öppna kommunstyrelsesammanträden. Det är märkligt att jag som gruppledare för ett parti inte kunde få sitta med på möten i Kommunstyrelsen *som passiv åhörare*, då vägfrågan behandlades för att ge beslutsunderlag för den beslutande fullmäktigeförsamlingen. Detta framförde jag i Fullmäktige som en enkel fråga och betonade att det var dåligt ur demokratisk synpunkt, när inte jag fått vara med och höra vad de diskuterade om i detta beslutsförberedande organ, KS, då motorvägen stod på agendan. De svarade att de skulle låta juristerna komma med sin åsikt om detta. Det var oerhört sporadiskt som jag fick tillträde till något KS-möte.

Demokrati är svårt och om inte annat tidsödande. För att hålla nere sammanträdestiderna i KF och därmed också kostnaderna, föreslogs hösten 2000, och genomfördes, att ett debattinlägg inte fick ta mer än 4 min[142:1]. Detta beslut motverkade sitt tidsbesparande syfte, så tillvida att i stället för att kanske prata sex minuter och bli färdig, avbröts talaren och måste gå upp en andra gång och kanske en tredje, eftersom sammanhangen gick förlorade i presentationerna[142:2].

Låt oss göra experimentet att varje svensk ska få framföra sina synpunkter i fyra minuter för att få göra sin röst hörd. Eftersom vi blivit 10.200.000 svenskar, och över på det, så skulle den behövliga tiden bli minst 10.200.000x4 minuter, vilket motsvarar 680.000 timmar eller 28.333 dygn eller 77 år. Visserligen skulle kanske nästan 4.000.000 minuters presentation vara i form av barnjoller, eller barnprat om vad som helst eller *»jag vill ha den!«* men även utan detta skulle det gå åt c:a 70 år. Visst är det svårt med demokrati! (Det är i alla fall bra att 'Ring P1' finns, så att den som vill och har tur att komma fram får framföra sin mening ett par minuter.) Nu är det ju faktiskt så, att detta är anledningen till att vi har den representativa demokratin med våra allmänna val, så att vi åtminstone någon gång då och då under vårt vuxna liv får uttrycka våra åsikter, även om det då sker genom valda 'ombud' d.v.s. våra politiker. **Det är därför det är så viktigt att vallöftena följs så ärligt som möjligt.**

Hur ser en gräsrot på saken

Onekligen väckte vägfrågan ett enormt uppbåd av gräsrötter, och suset i det uppstickande gräset ven starkt. — *Utan ett uns av hänsynstagande kändes det som. Väljarna ska vara delaktiga, men säger de nej så är de inte längre önskvärda.*

Förmodligen uppfattades bara gräsrötterna som ogräs som helst skulle väck. Åtminstone ansågs vi vara 'bråkmakare' av alla som ville komma till skott med vägbygget. Detta svek och manipulerande kan aldrig nog betonas i denna bok. Det underliga är att man kan rösta om allt. Det verkar som om det går att rösta om huruvida vattnet rinner si eller så eller om det är han- eller hon-kön. Jämför med vad vi tidigare skrivit om Erstorp där man röstade om huruvida folk var sjuka på riktigt eller ej.

Den slutsats vi kan dra av vårt politiska äventyr är att gräsrotspolitik är svårt, därför att när ärendena kommer på bordet för den demokratiska behandlingen, så är allting så väl förberett att besluten i princip redan är tagna. Den politiska processen går ut på att först välja de utredare, som man redan innan vet att de kommer att skriva det man vill ha av dem; steg två att övertyga väljarna om att det är de som bestämt, genom att låta dem yttra sig i medborgarmöten och remissutlåtanden - från vilka man plockar det som passar in i ens beslut och så långt som möjligt negligerar alla negativa synpunkter - samt slutligen framhålla att motståndarna bör 'gilla läget'.

Att allt var på förhand bestämt av ett fåtal beträffande nya E4 kom vi ganska snart underfund med, och vi misstänkte att stora vinstintressen låg bakom, som så ofta är fallet. Varför skulle man lyssna på oss med våra 3.326 röster, när man inte brydde sig om medborgarprotesten mot nedläggningen av Tunåsens sjukhem, då 15.724 medborgare under parollen »Rädda Tunåsen« ville få gehör för sitt krav, men kördes över[232]. Väl att märka är att även andra politiker än vi upptäckt att besluten tycks vara tagna redan på förhand. I en interpellation våren 1998 i KF av Gunnar Hedberg (m), Harald Nordlund (fp) och Lars-Gunnar Eriksson (c) påtalar de detta missförhållande, sedan de upptäckt att beslut tas över deras huvuden av ordförandena i kommundelsnämnderna (tillsammans med tjänstemän?)

Alldeles för få ärenden bordläggs när nya synpunkter att beakta kommer i dagens ljus, vilket omöjliggör för partigruppen att diskutera en gång till, innan ledamöterna röstar. Måste varje ledamot ändå rösta som partiledaren, skulle det ju räcka med att gruppledaren tryckte på ja- eller nej-knappen å gruppens vägnar, så slapp man kosta på så många ledamöter som sitter av tiden. Det skulle bli billigare för skattebetalarna. Partipiskan viner alltför ofta. **I frågor som inte är ideologiska kunde var och en i fullmäktige få rösta efter eget förstånd, erfarenhet och egen uppfattning. Varje medborgare skulle då bättre kunna identifiera sig med sitt parti.**

Det fanns t.ex. många i varje partigrupp som inte ville se vägen i Skandinaviens största sammanhängande fornminnesområde och i blickfång från Gamla Upsala högar, men ändå blev det partipolitiskt vid röstningarna - de borgerliga för, de andra mot. Ändå fick s-gruppens och kommunfullmäktiges ordförande Annika Lindh beslutet av majoriteten att inte godkänna arbetsplanen för västlig E4 att kallas ett »nonsensbeslut«, vilket visar att demokratin inte betyder ett dugg.

Kanske är det så att politikerföraktet uppstår när politikerna inte kan stå emot att tjänstemännen styr och inte följer politikernas beslut och lagar och förordningar utan i stället manipulerar efter sitt eget gottfinnande.

En intressant avhandling som visar på glappet mellan planering och praktik är boken: Vägskäl - Miljöfrågan, subpolitiken och planeringsidealets praktik av Sofie Storbjörk: »Behovet av översiktlighet, demokrati och miljöhänsyn är ideal som hyllas av både tjänstemän och politiker men som rymmer en mängd olösta frågor. Utifrån en rad intressen som i praktiken är svåra att förena, har olika parter – myndigheter, politiker, intresseorganisationer, aktionsgrupper och enskilda – gjort anspråk på ett och samma landskap.«

Författaren har i sin avhandling visat hur motsägelsefull miljöfrågan blir när man ska avgöra vad som är en god miljö. En mängd olika miljöintressen – att bevara värdefulla miljöer, minska utsläppen, främja en god boendemiljö med flera – kom att spelas ut mot varandra vid planeringen. Bedömningarna kring de olika miljöintressena gick tydligt isär, inte minst mellan olika experter och myndigheter. Miljöfrågan framträder som en spelplan för argumentation där alla parter kunde hävda att deras ställningstaganden i någon mening främjade 'miljön'. Studien granskar också försöken att demokratisera planeringen för att fånga in nya aktörer och deras perspektiv. I intervjuer med planerare, politiker och representanter för intressegrupper framträder olika demokratiideal och olika synsätt på samrådens form och innehåll[245].

Cirkelbevisen

Länsstyrelsen har vid en första genomgång av de olika vägalternativen sagt att det valda alternativet ej bör komma i fråga: Det är oacceptabelt för grundvattenskydd och intrång i fornminnesområdet. Vägverket har beslutsrätt vid val av alternativa projekt. Vägverket är sedan den instans som laglighetsprövar sitt beslutade vägval. Detta hänvisade Miljödomstolen till då den skrev: »Detta har prövats enligt Väglagen.« Länsstyrelsen, vars politiker i en kovändning tvingades att acceptera den dragning som *ej skulle komma i fråga,* är också kontrollmyndighet vad gäller MKB och att uppställda krav efterlevs av Vägverket. I praktiken har det betytt att Länsstyrelsen blundar för vad man tidigare sagt.

Då Regeringen fastställer Arbetsplanen skriver den: »Regeringen erinrar om att hushållningsbestämmelserna i 2 och 3 kap NRL skall tillämpas vid prövning av projektet enligt bl. a. väglagen«, underförstått annars gäller inte fastställelsen. I nästa instans, vid överprövningen, åberopar Vägverket att det *har prövats enligt NRL* och godkänts i samband med att Regeringen fastställde planen.

Regeringens beslut laglighetsprövas av Regeringsrätten, en juridisk instans tillsatt av Regeringen själv. Systemfelet vid kontroll av beslutsfattandet är att det är samma instans som fattat ett beslut som, om detta beslut överklagas, ska avgöra om beslutet är juridiskt korrekt. Ett av de stora problemen är alltså att beslutsfattarna granskar och avgör själva om deras beslut är förenliga med lagarna. Det är som om tjuven själv skulle vara sin domare. Av Regeringen tillsatta jurister ska avgöra om Regeringen fattat rätt beslut om tveksamhet råder, som i vårt fall. Då vi överklagade till Regeringsrätten var juristerna så fullständigt ointresserade av vårt ärende, att de inte ens följde reglerna för ett enpartsmål som vårt.

Glöm inte bort Västerleden i stadsringen

Under rubriken Vägbyggnadsföretag i Stadsbyggnadskontorets kartarkiv finns förslag FXIVb4: Utdrag av styrelsen för Uppsala stads byggnadskontors protokoll den 10 sept 1957. Ärende: »Fråga om anordnande av eventuella statskommunala beredskapsarbeten. I ärendet förelåg följande arbete från byggnadschefen att för sin del, i enlighet med byggnadschefens förslag medgiva att arbetet med väg genom stadsskogen från Västerleden till Döbelnsgatan finge utföras såsom statskommunalt beredskapsarbete.«

Västerleden planerades alltså redan1957 precis som ny E4. På Generalplan för Uppsala 1967 finns den detaljerat inritad.[9]

Kommunfullmäktige beslutade 25-26 januari 1993 bland annat:

att inrikta trafikplaneringen på att realisera en stadsring med Bärbyled 1-2 (etapp 2 i en sydlig dragning), med Bärbyled etapp 3 som ansluts till E4 ÅrstaVäst, Tycho Hedéns väg, Stålgatan, Kungsängsleden ochVästerleden;

att ett vägreservat läggs ut eller andra restriktioner anges i översiktsplanen för en Västerled, för att ge handlingsfrihet för ett eventuellt förverkligande;

att stadsringen ska vara en ingående förutsättning i den fördjupade översiktsplanen för staden.

I linje med kommunfullmäktiges beslut har gatukontoret dessutom arbetat fram en konsekvensutredning om Stadsringen. Vi har en skrift 30x42,5 cm, halvcentimertjock, med titeln Stadsringen i Uppsala - Konsekvensutredning April 1994, utgiven av Uppsala Gatukontor, innehållande en analys gjord av VBB-VIAK: »*Stadsringens främsta uppgifter är att minska biltrafiken i innerstaden för att förbättra miljön, minska antalet olyckor och förbättra förhållandena för gång-, cykel- och busstrafiken.«*[238] Västerleden föreslås där utformad som trafikled mellan Kungsängsleden och Bärbyledens trafikplats i Berthåga, förlagd i tunnel under Flogsta-Ekeby, Eriksberg, Stadsskogen och Polacksbacken. På avsnitten över Ekebydalen och över Rosendalsfältet föreslås vägen nedschaktad ca 3-4 meter.

'Västerledsutredningen' kalkylerade med en trafikökning på mellan 40% och drygt 50% fram till 2010. Den skickades på remiss (GN dnr 154/94) till nästan 100 instanser varav c:a hälften inte svarade, däribland fyra av de politiska partierna. SE4VK skrev ett utförligt remissvar med sammanfattning att vi förordade nedgrävd Tycho Hedéns väg med planskilda korsningar och avvisade planen på en Västerled. Stadsringen diskuterades åter igen våren 1995 och lades väl sedan vilande[240] - men precis som ny E4 planerades 1960 och sedan vilade tills det var dags att börja bygga den 1990-95 enligt den långsiktiga planen som presenterades i brevet från 1965, kommer Västerleden säkert att dyka upp igen rätt vad det är, för att om inte annat ge byggföretagen nya uppgifter. I de borgerligas trafikuppgörelse, »helhetslösningen« från juni 1992, har liberalerna gått med på att man reserverar ett markområde i stadsplanen för Västerleden, trots att det tidigare helt tagit avstånd från tanken på en västerled.

I Uppsalas trafikplan 90, kompletterad 1992 skriver man: »Västerleden sträcker sig mellan Kungsgatans södra anslutning till Kungsängsleden och Enköping/Bärbyleden vid Flogsta. Västerleden bildar därmed en sydlig förbindelse av riksvägarna 55/72 till E4 söderut, samtidigt som stora delar av gatunätet i västra stadsdelarna avlastas, vilket förväntas höja trafiksäkerheten avsevärt.«[49] Västerleden eller Sydvästlänken, som den nu kallas, kanske blir nästa stridsäpple. Fortlöpande har den politiska diskussionen om Västerledens/Sydvästlänkens roll för att lösa innerstadstrafikens problem diskuterats. Exempelvis ansåg Olof Stroh vid Upplandsmuseet att 0-alternativet för E4 kompletterad med en utbyggd Västerled skulle bäst lösa Uppsalatrafikens problem och samtidigt spara »*mycket stora miljövärden öster och norr om staden*«[242]

Det senaste planerna är att ha en västlig spårförbindelse mellan Gottsunda centrum och Sävja-Bergsbrunna, där man planerar en ny tågstation. Regeringen kommer att medfinansiera nybyggnationen av spårvägen 'Ultunalänken' med 900 miljoner kronor. Beslutet är en del i 'Uppsalapaketet', som bland annat innebär en satsning på fyra järnvägsspår mot Stockholm och en hållbar utbyggnad av Uppsala, ny tågstation vid Bergsbrunna och en ny kollektivtrafiklösning som är robust och har hög kapacitet. Som motprestation åtar sig Uppsala kommun att säkerställa att det byggs 33 000 nya bostäder i de södra stadsdelarna, utmed spårvägen 'Ultunalänken'.[243]

I och med den prejudicerande effekten av placeringen av E4ÅV mot kommunens och andra tunga instansers vilja, finns inga hinder för Västerleden eller någon annan väg i Sverige. Vägverkets intresse väger tyngst. Som stora miljövänner var skälet till vårt engagemang att försöka stoppa vägen i Skandinaviens största sammanhängande fornminnesområde, att förmå Vägverket att kunna böja sig för andra intressen än kommunikationsaspekten och respektera kulturvärdena.

Sex miljoner i månaden, hävdade Vägverket 2007, blir vinsten med en ny E4 i förbättrad säkerhet och kortare restid m.m. Det motiverade att man öppnade vägen tio månader i förväg på sträckan Uppsala till Läby. Hela tiden under debatten om placeringen av nya E4 har det allt överskuggande bekymret varit att man måste besluta det Vägverket vill, annars kan man inte hålla tidsplanen. Låt oss med dessa osannolika vinstsiffror i tankarna gå tillbaka i tiden och göra tankeexperimentet att vägen byggts då det fanns en arbetsplan1965. Då skulle motorvägen ha betalat sig själv tills idag, eftersom det handlar om 42 x 12 månader x 6 miljoner är lika med 3,3 miljarder! Vilken försummelse av Vägverket att inte bygga vägen då - eller vem eller vilka det då var som inte kom till beslut - förmodligen saknades pengarna eller så bedömde man att trafikintensiteten inte var tillräckligt stor för att motivera en motorväg.

- Sådär kan man väl inte tänka, säger säkert mången. Penningvärdet var ju ett annat och trafiken mycket mindre. - OK, men även om, grovt räknat, antalet fordon var kanske hälften så många, så var trafikdöden fem gånger så stor, bl.a. beroende på låg förekomst av bilbälten och i flera avseenden mindre trafiksäkra fordon. Penningvärdet i fråga har ju urholkats kontinuerligt till oigenkännlighet, men det påverkar inte påståendet i princip, eftersom vägbygget då var så mycket billigare samtidigt som den kalkylerade vinsten också var proportionellt mindre.

Konstaterande slutsatser

Europavägens syfte: En transitväg i det Europeiska vägnätet TEN för säker och effektiv transport mellan orter.

Vägverkets önskemål:
1. Motorväg (vare sig det är trafikekonomiskt motiverat eller ej) för trafiksäkerhetsförbättring och till en del av sträckan motiverad med tillräckligt hög trafik samt 'monument-intresset';
2. Etapputbyggnad om pengarna skulle tryta (tidigare dålig erfarenhet);
3. Blanda in lokala stadstrafiken för att få lönsamhet på en olönsam väg. (Detta är, som vi tidigare påpekat, ett systemfel i planeringen);
4. Åstadkomma ett prejudicerande beslut om att få rätt att köra över tunga kulturintressen.

Kommunens önskemål:
En E4 utanför stadsbebyggelsen för att bli av med genomfartstrafiken och få den på behörigt avstånd;
Även tankar på att få en av staten betald del i ny stadsringled för avlastning av innerstadstrafiken.

Partiet SE4VK:s önskemål:
En passage av motorvägsstandard i JÖB-läge förbi Uppsala, längre norrut 2+1 eller fortsatt motorväg ;
Skydda ett unikt sammanhängande kultur- och fornminnesområde från vägens intrång;
Följa Väglagens krav att så få som möjligt skulle påverkas samtidigt som vägens syfte som transitled uppfylldes. Följa Agenda 21 och bevara jordbruksmarker och grundvatten.

Vi representerade inte bara en hoprafsad protesträrelse utan en i allra högsta grad kunnig skara som framförde på solid kunskap förankrade sakliga argument och bidrog med konstruktiva förslag, som i princip var genomförbara (inte bara fantasifoster). En rörelse som följde de av samhället uppställda demokratiska reglerna och tillvägagångssätten för att framföra sina protester och sitt budskap genom den politiska vägen.

Men vi var inte vindflöjlar, således dåliga politiker. Vi får väl sjunga på den vackra och inlevelsefulla Sinatra-låten 'My Way' och säga »*We did it our way!*«

Vår taktik var kunskapsbaserad, att granska beslutsmaterialet och påpeka brister i faktaunderlaget så väl som olika formaliafel: Alla de egendomligt felaktiga kartorna och bildmaterialet hävdar vi är grova formaliafel i beslutsprocessen. Till den formella biten borde också höra bortdribblandet av löftena i Gamla Uppsala. Vägverket har inte visat att inget annat alternativ kunnat väljas som inte kränkt riksintresseområdena och NRL. Väglagen är således inte uppfylld. Hur kan man tolka det så, att det vägval som stör mest, är det som vinner sitt syfte med minsta möjliga störning. Man kan tydligen tolka hur som helst!

Så fort beslutet var taget om E4, men långt innan själva byggandet började, satte Vägverket igång att bygga om Tycho Hedéns väg med avfarter, så att trafiksituationen betydligt förbättrades. Ändå hade man enträget hävdat att någon ombyggnad av Tycho Hedéns väg inte gick att göra innan motorvägen var färdigbyggd. Man ställer sig frågan: Har Vägverket låtit olyckor, som gått att undvika med enkel ombyggnad, vara påtryckningsmedel för att driva fram ett beslut om E4 ÅV?? Olyckorna på Tycho Hedéns väg var alltid i fokus vid hotandet av oss politiker i partiet SE4VK.

Kommande protestgrupper, enfrågepartier eller andra kan lära av denna historia att de hela tiden måste försöka genomskåda allt *manipulerande* som kontinuerligt pågår och allt tillrättalagt ordval som används för att få beslut och manövrer att se nödvändiga och rumsrena ut. Korta eller icke-existerande remisstider, förslag på alternativ som är löjeväckande och som får det, av jäviga tjänsteman valda alternativet, att se ut som det enda vettiga, är andra knep. Finns det kanske en hemlig handbok i hur man missleder beslutsfattare för att få sin vilja igenom? Vi kan ju skriva ett förslag till en sådan.

Manual i lurendrejeri

En liten 'lathund' för beslutsfattare som vill få igenom sitt vägbeslut mot bättre vetande:

1. Välj ett vägavsnitt som ligger mitt i den önskade vägsträckan och fastställ det först. Därefter måste avsnitten norr och söder om detta gå till en förbindelsepunkt, vilket gör att antalet tänkbara korridoralternativ krymper till ett fåtal eller endast ett.

2. Om det finns något svårt ställe så undvik det ända till slutet och lös alla lätta konfliktpunkter runtomkring. Till slut så kan man konstatera att det är bara det här svåra stället som kvarstår och alltså finns inget alternativ utan det måste offras.

3. Hävda med bestämdhet att de som sätter sig emot beslutet gör det av egenintresse eller särintresse, så man behöver inte ta hänsyn till dem. Detta är alltid bra att ta till, i synnerhet om förslaget som motarbetas har tillkommit på grund av ens eget särintresse.

4. Förhala länge, men låt ärendet fortsätta i stillhet. När det har gått lång tid med många turer, kan man mycket lättare driva igenom det genom att åberopa att vi kan inte sitta i långbänk längre. Det påminner om barnet som får ett nej när de vill att mamma ska köpa glass. Efter åtskilligt tjat och upprepade »*Nej!*« från mamman säger barnet: »*Men mamma när ska du bestämma dig?*«

5. Välj konsulter som man av erfarenhet vet är pålitliga ur uppdragsgivarens synpunkt och känner av vad uppdragsgivaren helst vill höra.

6. Välj konsulter som har ett egenintresse av att hindra ett alternativ man vill undvika.

7. Ta fram något eller några helt löjliga alternativ som är så omöjliga att det alternativ man vill ha framstår som jättebra vid en jämförelse, fastän det också är i princip omöjligt

8. Förringa påverkan av den vägkorridor som man vill genomdriva. Exempel: I Vägutredning för E4 delen Läby-Månkarbo kritiserar Uppsala Byggnadsnämnd utredningen: »Konsekvensbeskrivningen för korridor VÄST är något missledande: Under rubriken *'Landskapet'* står att den övervägande terrängtypen som passeras är skogsmark.« - Det är inte fallet, menar Byggnadsnämnden och fortsätter: »Ungefär halva vägsträckan ligger i ett smalt, öppet stråk med en lång radda av små gårdar. Området är finskaligt och småbrutet och skulle miljömässigt slås sönder av en

storskalig motorväg. Gårdarna följer kanten av åsens västsida. Många har namn som slutar på boda, vilket tyder på att de ursprungligen varit fäbodar. Även om området inte har speciella miljökvaliteter är det intressant och skyddsvärt, då den typen av jordbruk/kulturlandskap är ovanlig i Uppsala«[244].

9. Justera om kartorna efter behov, men på ett så omärkligt sätt som möjligt. Områden som inte klassats som riksintresse kan ges andra namn med ordet »intresse« i och färgas röda, så att det ger intryck av att vara blockerade. Man kan också nagga lite i kanten av skyddsområdena och hävda att detta är en minimal påverkan, men tyvärr nödvändigt. Vi har flera exempel på 'anpassade' kartor.

10. Uppförstora och fokusera på ett litet, relativt obetydligt intrång och gör ett komplicerat problem av det för att sedan lösa det problemet så att alla känner sig lättade, fastän huvudproblemet kvarstår i princip oförändrat. Ex E4:s intrång i Gränbyparken, som bidrog till att framkalla ett regeringsbeslut.

11. Erbjud någon åtgärd för att mildra intrångets skadeverkningar. När man väl fått grönt och påbörjat bygget så konstaterar man att tyvärr gick inte åtgärden att realisera av orsaker som inte gick att förutse. Jfr villkoren som kom bort.[30, 204,205]

12. Arbeta stenhårt på att argumentera emot genomgripande miljöprövningar som kan äventyra projektet. Motivera med att tiden är knapp och att pengarna avsedda för projektet riskerar att gå till annat. Hänvisa till att Väglagens krav på miljöprövning räcker, som exempelvis landshövding *JE Wikströms* agerande genom brev till *Görel Thurdin*.[65]

13. Framhåll att det i alla fall blir så mycket bättre med det nya än det vid tidpunkten rådande förhållandet, så det är ingenting att gnälla över att det kunde ha blivit ännu mycket bättre.

14. Ge så korta remisstider som möjligt ur anständighetssynpunkt och knappt det. Gärna också korta utredningstider för konsulterna som får brådska på och inte hinner göra ordentligt jobb.[106:6, 206]

Klarhetens ö

Efter en politisk ’seglats’ i mer än åtta år nådde vi i alla fall ett från början oväntat mål för vår färd då vi kom fram till »Klarhetens ö«, som kom att ge oss slutpoängen i den här berättelsen:

Ur resans dimmor och frågetecken om vem det egentligen är som bestämmer klarnade bilden. Det blev uppenbart att besluten är redan tagna av tjänstemän med underhandskontakter i god tid innan man planerar att verkställa dem. Sedan när man väl vill starta kvarstår bara att undanröja eventuella politiska hinder för de gamla planerna, inte minst protesterna från »gräsrötterna med strån som sticker opp«, som trodde att de skulle få vara med i beslutsprocessen. Ett av sätten är att använda ’morot och piska’ plus samma simpla metod som kommersen använder sig av: skapa en känsla av att »det är bråttom att passa på för just nu gäller erbjudandet.«

Bengt Bylund skriver i *UNT* 29/3 2005:...att: »efter 50 års långbänk förvandlades E4 genom Uppland från en helvetisk bromskloss till en flytande pulsåder för rikstrafiken,« — **Men, det var ingen 50 års långbänk! Det är ett missförstånd att tro. Med det vi avslöjat i den här boken kan vi avfärda myten om »långbänk i beslutsprocessen« om vägens tillkomst.** Påståendet om förseningar användes lögnaktigt av Vägverket som ett av de tyngsta argumenten för att få ett godkännande av dess val av ÅV — I själva verket hade **Vägverkets utredare redan bestämt var vägen skulle gå och att vägprojektet skulle starta mellan 1990-95, vilket det sedan gjorde.** »*Planerad byggstart 1990-1995,*« skrev konsult-företaget VBB i sitt utlåtande i ett brev daterat 1965,[131] se sid. 137. Man skulle visserligen kunna tro att det blev en drygt 3 månaders försening från 9 februari 2000 till 25 maj 2000, då Regeringen efterfrågade utredning av östliga alternativ före godkännande av arbetsplanerna för projektet. Frånsett att denna lilla fördröjning i så fall berodde på Vägverkets egen förskyllan genom att man valt en sträckning som stred emot lagstadgat skydd för kulturminnesvården, så framgår det att även under den tiden fortsatte projekteringen av ÅrstaVäst-alternativet utan avbrott.

I själva verket hade Vägverket bara malt på med projekteringar och upprättande av arbetsplaner för sitt redan valda vägalternativ från planerad start 1990, som om inga hinder och protester alls funnits. 1992 låg arbetsplanen klar med ÅV som enda tänkbara vägval.

Att vägen inte kom till då den projekterats på 60-talet berodde helt enkelt på att Vägverket inte fick pengar till bygget då, för det var för lite trafik för att motivera en motorväg. - När halva vägsträckan, den norra delen, ännu 50 år senare inte hade trafik nog för att vara samhällsekonomiskt lönsam, hur skulle vägprojektet då kunnat vara lönsamt för så länge sedan?

Då detta skrivs är motorvägen färdigbyggd, invigd sedan flera år, i full gång och vi kan alltså i backspegeln se att Vägverket och stadsplanerarna, redan fyra årtionden innan den s. k. demokratiska politiska beslutsprocessen började, hade bestämt var vägen skulle gå och sedan fullföljde sitt beslut, när de ansåg tiden vara mogen 1990-95. Det fanns inte mycket utrymme för den demokratiska processen.

Vid Södertörns Högskola har en vetenskaplig studie över beslutsprocessen i detta motorvägsärende utförts av Malin Larsson från Institutionen för Livsvetenskaper, Miljö- och utvecklingsprogrammet[254]. Resultatet av studien - som stämmer väl med våra beskrivna erfarenheter — visade att »besluts- och samrådsprocessen har varit bristande i demokrati och hänsynstagande av de olika aktörernas åsikter, har varit dåligt från projektörens, i det här fallet Vägverkets, sida. Vägverket har genomfört projektet utifrån dess egna preferenser och har i stort sett inte givit några kompromisser till de andra aktörerna. Allmänheten känner sig missnöjda och besvikna, det var många som drabbades hårt av vägens sträckning. Kommunerna och Länsstyrelsen fick känslan av att det har pågått en informell process hos Vägverket som har varit avgörande för det tagna beslutet om vägens dragning.«

Konsekvenser av vägvalet

Skulle vi försöka ge oss på en utvärdering av konsekvenserna av det aktuella vägvalet så blir det väldigt ofullständigt. Vi har t.ex. ingen statistik på den nuvarande nyttjandegraden av olika vägar som ingår i helhetsprojektet, vilket är ett måste för att bedöma i vilken grad innerstaden har avlastats och vad vägen betyder regionalt. Vi har bara konstaterat att det märkligt nog vid upprepade tillfällen har blivit trafikstockningar vid avfarterna från nya E4 vid Gränby-motet så att bilar som ska lämna E4 inte kommer av, något som innebär en allvarlig trafikfara. Vägverket har tvingats sätta upp varningsskyltar för köbildning! Det är, som vi förstår, uppenbart en följd av **systemfelet** att blanda lokal- och fjärrtrafik på det sätt Vägverket gjort med sitt vägval. Jämför vad planarkitekt Bengt Löfberg skrev till Uppsalas beslutsfattare i ett brev med titeln *»Hjälp mig slippa bli medskyldig till 'Det perfekta brottet'!«* angående Bärbyleden 3. Han framhåller att denna trafikled skall inte anslutas direkt till Österleden, för man kan inte av trafiksäkerhetsskäl blanda genomfartstrafik och lokaltrafik. De olyckor man då kan åstadkomma är trafikplanerarna skyldiga till, men bilisterna får skulden.[246]

Då debatten gick på högvarv om nya E4, frågade man: »Vad ska vi göra med stockningarna på Vattholmavägen?« Nu måste man fråga sig: »Vad ska vi göra åt stockningarna på motorvägen?« Innan det händer köolyckor måste problemet vid Gränbyavfarten rättas till! **Det är dags att i tillägg till varningsskyltarna begränsa hastigheten.** Förmodligen framtvingar det att ytterligare en avfart måste skapas vid Fålhagsleden eller Stålgatan där mängder av boende då kommer att bli störda, vilket var en av anledningarna till att vi sa nej till Fålhagsleden. En annan lösning blir förstås Sydvästlänken, västra delen av Stadsringen, som gör att färre bilar behöver åka till Gränby för att komma på E4. Den är för närvarande helt avfärdad, men kanske ändå kommer att tvingas fram av ett sannskyldigt behov.

Uppenbarligen är även motorvägsanslutningen för Fullerö-Storvreta underdimensionerad så att trafikköer uppstår. Man planerar att bygga en ytterligare avfart lokaliserad till Hemringe, där redan grovt sargad kulturmiljö och hårt drabbade markägare fått ytterligare nära gårdsmark planlagd för framtida väganläggning av en skrymmande motorvägsanslutning för ett planerat industriområde, som i sig utgör en stor oro för ytterligare förstöring av kulturvärdena!

En av de betydelsefullaste konsekvenserna av att vägen är färdig är, att eftersom man fått ett beslut om vägens lokalisation och det ju är definitivt genom att den också byggts, har man kunnat planera ny bostadsetablering, nya stadsdelar. Man har också kunnat inrätta ett naturreservat i Storskogen. Men detta är ju oberoende av vilket alternativ man hade valt.

Något att tänka på för er som värnade om naturreservat som begränsande faktor för Uppsala: den prejudicerande effekten av att man fick gå in i

Gamla Uppsala fornminnesområde i stället för i en dragning som inte gick genom skyddsområden av den digniteten, gör att några skyddsområden i praktiken inte finns. *Nästa gång är det något skyddsvärt naturområde som stryker med.*

Något positivt? Naturligtvis är det bra att vi fick en transitväg med trafiksäkrare standard förbi centrala Uppsala. **Det pläderade vi ju hela tiden för.** Då nya E4 varit i bruk i 10 år kunde man konstatera att inte en enda olycka med dödlig utgång ägt rum på vägen, vilket är stort, men sannolikt oberoende av vilket vägalternativ man valt.

Det borde ligga i statsmaktens och Vägverkets intresse att på ett vetenskapligt sätt följa upp konsekvenserna - positiva och negativa - av det genomförda vägprojektet. Hur blev det ur alla de olika framförda aspekterna? En sådan utvärdering kan sedan ligga till grund för att stärka kvaliteten i beslut för framtida liknande projekt. Man borde ha sådana dokumentationer allt eftersom, vart 5:e eller 10:e år framåt i tiden, för att få ökad kunskap i sådana frågor som trafikplanering och väglokalisering i och omkring städer, eftersom man brukar göra upp stadsplaner många decennier i förväg.

Vi kan inte på något sätt påstå att den här genomgången utgör en sådan vetenskaplig systematisk utvärdering av vägens effekter, men den kanske kan ge ett litet bidrag till en sådan utvärdering.

Bland det mest positiva var att det kom till pengar för att göra de arkeologiska utgrävningar som ’rika Sverige’ inte annars skulle anse sig ha råd att utföra. Perspektiven breddas!

På baksidan av skriften *Gamla Uppsala - centralplats och omland 1998, Arkeologisk förundersökning på Ostkustbanan*[247] sägs: »Gamla Uppsala är ett av Sveriges mest kända fornlämningsområden, Det kan nästan kallas ett nationalmonument och har som ett sådant speciell status, såväl i den arkeologiska forskningen som i folkmedvetandet. Enligt den norröna traditionen skall svearikets centrum ha legat här och ett antal namngivna sveakungar skall ha begravts här, kanske i de tre Kungshögarna. Adam av Bremen som verkade på 1000-talet och som skrev Hamburg-Bremens stifts historia, beskriver dessutom Gamla Uppsala som ett religiöst centrum, där svearnas riksblot genomfördes, då såväl människor som djur offrades.

Men trots att Gamla Uppsala är mytomspunnet är den arkeologiska kunskapen om platsen förhållandevis ringa. Kunskapen och uppmärksamheten har framför allt fokuserats kring monumenten i den östra delen av fornlämningsområdet, den del som i stort sett är känd som Kungsgården. Förmodligen har denna utgjort kärnan i Uppsala Öd, det godskomplex som kungen disponerade för sin försörjning. I den östra delen, den egentliga byn, har tidigare få och mycket begränsade arkeologiska observationer gjorts. Man vet därför ganska litet om hur den bebyggelse som funnits här relaterar sig till den som man vet funnits i anslutning till de större synliga monumenten…«

Genom de noggranna arkeologiska utgrävningarna som sedan följde för motorvägen och järnvägens tunnelbygge har utan tvivel kunskapen om Gamla Uppsalas forntid ökat högst väsentligt - men samtidigt till priset av att området till en del skändats. En belysande genomgång av de arkeologiska fynden och tolkningen av dessa finns i två välskrivna, jättespännande och mycket läsvärda böcker: *Försvunnen värld* av författaren och journalisten Maja Hagerman[249] och *Gamla Uppsala. Människor och makter i högarnas skugga* av arkeologen och vetenskapsjournalisten Kristina Ekero Eriksson[250]. Läs dem och känn hur vyerna vidgas, när vi varseblir - genom några små bitar av ben, sten och metall och krukskärvor som kan dateras med dagens förunderligt sinnrika tekniker - hur våra förmödrar och förfäder levat, verkat och kämpat i tusentals år på platsen där ***vi*** nu bor!

Krukor

En kruka mer eller mindre
En kruka mindre och mer
Fast form och sirater skifta
Är grundämnet likväl ler.

Vi människor liknar krukor
En del är små och grå
En del är stora och fina
Och ses med beundran på

Men alla ha samma öde
Att bli till skärvor och grus
Då kommer det ej på fråga
Om krukan var grå eller ljus

Anna Halling[255]

Dedikation

Den här skriften tillägnas alla de över 400 markägare som fick sina marker eller sina boendemiljöer berörda av nya E4:a mellan Uppsala och Mehedeby, trots att lagen föreskriver att en väg skall lokaliseras där den gör minst skada och goda alternativ fanns som tog avsevärt färre gårdars mark i anspråk - alla ni som fick era bruksmarker uppdelade, eller rentav hus rivna, plus alla boende i Uppsala stadsrand där en ständigt brusande väg med sitt buller gjorde intrång i er miljö. Kort sagt alla ni med privata egenintressen, felaktigt kallat särintressen, att skydda era fastigheter och er boendemiljö, ni som var så många att ni tillsammans borde räknats som ett samhällsintresse - var går gränsen? Vi gjorde så gott vi kunde att ändra det beslut som på förhand uppenbarligen redan var fastspikat och försänkt så att spikarna inte gick att dra ur.

Lös gåtan

När man läser Länsstyrelsens motiveringar januari 1993[14] för östligt E4-alternativ, framstår dess slutliga val av E4ÅV alternativet som fullkomligt gåtlikt. Det blir skickliga undersökande journalisters uppgift att försöka hitta lösningen på denna gåta. Det finns inte en punkt där inte Länsstyrelsens uppfattning från början var densamma som vi i denna bok hävdar var det bästa alternativet och i slutänden gör Länsstyrelsen precis tvärtom!!

Tack till följande

Ett tack till alla dem som tidigt hade förstått vad som höll på att hända och som redan långt tidigare än vi börjat kämpa och sedan gjorde gemensam sak med oss. Tack till alla som förstod vårt budskap och stödde oss på olika sätt i våra försök att få vinden att vända: Gamla Uppsala Hembygdsförenings E4-grupp, Upplands hembygdsförbund, Kulturföreningen Vita Fläcken, ARV Aktionsgruppen Rädda Vendel[1] och alla andra involverade som arbetade för kulturmiljöns bevarande.

Ett stort tack till Per och Gunnel Helge för er omsorgsfulla granskning av manuskriptet och för de betydelsefulla synpunkter ni framfört samt för all den uppmuntran och moraliska stöd som ni bistått med!

Nalle Remnelius, Remnelius Marknad Art Production i Malmköping gav det bokomslag vi designat ett extra lyft. Det tackar vi varmt för!

Bildregister

1. Bokens framsida: Skolplansch från skolmuseisamlingen i Mariebergsskolan, Vendel. Offsettryck från målning av M. Richter. Svenska. Skolmaterialförlaget Gunnar Saitz AB, Stockholm. Foto Marit Lundkvist Reyes
2. Sid. 3, 8, 60 och bokens baksida: Backsippa på Tunåsen vid gravfältet i Gamla Uppsala. Foto Jan Sällström.
3. Sid. 15. Bärbyleden genom Tunabergskolonin. Foto Jan Sällström.
4. Sid. 22. Karta över Årsta Väst- och Jälla Öst-alternativens sträckning närmast Uppsala inritade på friluftskarta över Uppsala.
5. Sid. 24. Karta över Årsta Väst och Jälla Öst-alternativen Uppsala till Mehedeby. Ur Vägverkets utredningsmaterial Ny E4 genom Upp sala län, Lokaliseringsplan, 1992[27], sid.70.
6. Sid. 36. Skogsområden i Uppsalas Närhet. Från informationsfolder om Upplandsleden, Upplandsstiftelsen.
7. Sid. 47. Felaktig karta i Vägverkets utredningsmaterial, Ny E4 genom Uppsala län, Lokaliseringsplan, 1992[27], sid.119. Områden felaktigt angivna som »Riksintresse för friluftslivet«.
8. Sid. 51. Vilseledande karta över riksintresseområden för kultur i Uppsala. Ur Vägverkets Miljökonsekvensbeskrivningar: Arbetsplan för ny E4 Uppsala-Mehedeby, delen Uppsala-Läby, Vägverket juni 1996[64], sid. 35. Korrigeringar utförda av Jan Sällström.
9. Sid. 54. Karta över östligt E4-alternativ som visar var personer, som kan ha påverkat beslutsprocessen, har sina intressen. Fotomontage av Urban Sjelin på karta ur ARV:s skrift E4 JÖB 1996[109].
10. Sid. 59. SE4V:s informationsmöte i Storgården. Fotograf okänd.
11. Sid. 62. SE4V möte. Fotograf okänd.

12. Sid. 63. Agnetha valtalar. Fotograf okänd.

13. Sid. 83. Gamla Uppsala kyrka och Kungshögar i höstskrud sedda från nordväst. Foto Jan Sällström.

14. Sid. 88. Karta över »Årike Fyris Norr« © Pehr Mikael Sällström.

15. Sid. 90. Fyrisån med Valsgärdes gravhögar från söder. Blyertsteckning av Olof Thunman 1928[233].

16. Sid. 92. Sjösättning av järnåldersbåten EMBLA 1991. Foto Jan Sällström.

17. Sid. 115. SE4VK Programinformation för Kulturnatten 1998.

18. Sid. 172. Jämförelse mellan E4 vägalternativ Jälla-Öst-Mitt (JÖM) och ARV:s förslag Jälla-Öst-Bruksvägen (JÖB). Fotomontage av JÖB utfört av Jan Sällström på Vägverkets karta ur lokaliseringsplanen 1992[27].

19. Sid. 176. Aspskog i Lindbacken. Fotomontage Uppsala kommuns webkarta över Lindbacken tillsammans med karta från Vägverkets utredningsmaterial för Östliga alternativ, dec 1999[170].

20. Sid. 197. »Sällströms särintresse«. Fotomontage på karta ur Lokaliseringsplanen[27] Vägverket 1992, sid. 7.

21. Sid. 211. Månkarbo bergtäkt, som blev badsjö. Foto Gunnel Jansson.

22. Sid. 230. Markspricka hos Berglund i Årsta,.Foto Jan Sällström.

23. Sid. 232-233. Uppsala stadsrand, Gränbystaden. Foto Jan Sällström.

24. Sid. 234. Vägreklam i Uppsala stadsrand. Foto Jan Sällström .

25. Sid. 235. Vägreklam i Uppsala stadsrand. Foto Jan Sällström.

26. Sid. 243. Lindbacken Uppsalas nya stadsdel. Foto Jan Sällström.

27. Sid. 244. Äppelbyn Skölsta, ny stadsdel. Foto Jan Sällström.

28. Sid. 274. Varning för köbildning. Trafikverkets vägmärke.

29. Sid. 338. Partiet SE4V:s mobila valstuga. Foto Sonja Åkerman.

30. Sid. 339. Författarna Agnetha och Jan Sällström. Foto Lennart Polheimer.

Förteckning över SE4V:s och SE4VK:s skrivelser, yttranden, motioner och remissvar under mandatperioderna 1994-1998 och 1998-2000

(Om inte författaren nämns är inlagorna skrivna av Jan och/eller Agnetha Sällström för partiet.)

1994-03-11 Överklagande till Miljö- och Naturresursdepartementet. Ärende från Jan och Agnetha Sällström Uppsala: Begäran om prövning enligt 4:e kapitlet NRL för en planerad vägsträckning i Uppsala. Dnr M94/1015/7,1994-03-14.

1994-06-13 Remissyttrande över lokalisering av museum i Gamla Uppsala till Stadsbyggnadskontoret.

1994-10-25 Angående ärende SBK 94/590-2 Detaljplan för Tingsslätten, Gamla Uppsala, Dp 100T Uppsala kommun, undertecknat Rolf Åkerman och Agnetha Sällström.

1994-11-16 Agnetha Sällström, Stoppa E4Väst om ”Detaljplan för Tingsslätten, Gamla Uppsala Dp100T.

1994-11-16 Agnetha Sällström, Stoppa E4Väst om budgetering av medel för omläggning av matarledningar i anslutning till Tycho Hedéns väg (och samtidig förberedelse för planskild korsning med Vaksalagatan. Denna del avslogs av KF.)

1994-11-29 Interpellation i KF (1995/147) av Agnetha Sällström angående lokaliseringsplan för ny E4 genom Uppsala län för delen Uppsala-Läby.

1994-11-29 Till Byggnadsnämndens ordf.: Enkel fråga i KF angående Gamla Uppsala skola.

1994-11-30 Reservation till ärende 215 Försvarsmaktens ansökan om verksamhet vid Upplands Flygflottilj F16, Uppsala kommun. (I reservationen finns ett allvarligt stavfel. I stället för ”av-isning” står ”anvisning”, vilket försvårar förståelsen av texten. I den muntliga beslutsargumentationen har givetvis rätt ord använts.)

1994-12-05. Till Kommunfullmäktige, Uppsala. Reservation angående beslut taget 1994-11-29 om detaljplan för Tingsslätten, Gamla Uppsala, Dp100'T.

1994-12-30 Till Länsstyrelsen i Uppsala Län: Överklagande av Uppsala kommunfullmäktiges beslut 1994-11-29 att anta detaljplan för Tingssätten, Gamla Uppsala Dp 100T.

1995-02-23 Interpellation i KF (1995/147) av Agnetha Sällström angående utbyggnaden av Gränby Centrum utan samtidig planering av Österledens sträckning i samband med ny E4-dragning.

1995-02-23 Interpellation i KF (1995/146) av Agnetha Sällström angående ny E4-dragning med planerat intrång i skyddsområdet ”Björklinge-Långsjöns avrinningsområde”, som har stor betydelse för Uppsalas dricksvattenförsörjning.

1995-03-12 95/187 Motion av Agnetha Sällström (sE4v) Kommunalt nej till E4 enligt Årsta-Väst-alternativet.

1995-03-31 Remissyttrande över konsekvensutredningen april 1994 ”Stadsringen i Uppsala”.

1995-04-20 Motion 95/288 av Agnetha Sällström (sE4v) om ett kommunalt nej till Bärbyledens tredje etapp.

1995-05-12 Till Vägverket: Remissyttrande över Vägutredning Läby-Månkarbo mars 1995.

1995-05-14 E4 Väst - en omöjlig vägdragning. Debattartikel av Jan och Agnetha Sällström som använts som bilaga till olika yttranden.

1995-05-16 Agnetha Sällström Till Tekniska Beställarnämnden, ärende K3 Rivning av byggnader på fastigheten Löten 1:4 del av, Vattholmavägen.

1995-05-17 Agnetha Sällström Till Tekniska Beställarnämnden, ärende G1 Yttrande över Vägverkets utredning för ny E4, delen Läby-Månkarbo. (Med en reservation som föreslår alternativt yttrande.)

1995-05-17 Jan Sällström Till Naturvårdsnämnden angående ärende 9, 1995-05-18, dnr 95:38 Yttrande över VV:s utredning för ny E4, delen Läby-Månkarbo.

1995-06-20. Reservation till KF 1995-06-12, ärende 94, Vägverkets utredning för ny E4, delen Läby-Månkarbo.

1995-06-22 Begäran om prövning enligt Naturresurslagens 4 kap 2§, lagen (1987:12) om hushållning med naturresurser mm av planerad motorväg mellan Uppsala och Mehedeby.

1995-08-28 Reservation till ärende 106 i KF 1995, rörande E4ÅV i jämförelse med JÖB.

1995-09-28 Reservation i Tekniska Beställarnämnden mot beslut att avslå begäran om folkomröstning, ärende F2 95-09-28.

1995-09-28 Tekniska Beställarnämnden. Reservation mot beslutet, ärende G4 950928.

Nov 1995 Ny E4 motorväg genom Uppland i belysning av Agenda 21. Skrivelse från Agenda 21:s Trafikgrupp undertecknad av Lars Bagge, Guy Bastin, Per Hultén, Yvonne Edling, Gunnel Jansson, Ewa Jönsson och Franzi Wagenberg-Stam, med delskrivelser från SE4V:s representanter i trafikgruppen.

1996-03-22 Yttrande angående detaljplan. Dp 43H kvarteret Örnen, Bäverns gränd.

1996-03-26 Årike Fyris Norr (ÅFN) Förslag till ett samlat säkerställande av landskapet kring Gamla Uppsala Fornminnesområde av Pehr-Mikael Sällström.

1996-04-03 Till departementsrådet Bengt Arwidsson, Naturresurs-och trafikmiljöenheten vid Miljödepartementet, Stockholm, angående planerad ny motorväg E4 mellan Uppsala och Mehedeby från Jan Sällström. Påtalar de vilseledande kartorna i Vägverkets utredningsmaterial.

1996-04-25 96/320 Interpellation av Agnetha Sällström (sE4v) om kommunalt bidrag till finansieringen av ett vikingamuseum i Gamla Uppsala.

1996-04-25 96/321 Interpellation av Agnetha Sällström (sE4v) om beräkning av trafikflödena på ny E4 med tillfarter.

1996-04-25 96/322 Interpellation av Agnetha Sällström (sE4v) om Fålhagsledens anslutning till ny E4.

1996-05-03 Till Vägverket, attn Owe Ekman. Yttrande över förslag till arbetsplan för ny E4 genom Uppland sträckan Danmark-Fullerö.

1996-06-27 Reservation i TBN till ärende G1. "Höjning av parkeringsavgifter för att täcka underskott från Park and Ridepakeringen.

1996-07-02 Till Tekniska Kontoret. Synpunkter på TBN:s förslag till yttrande för Uppsala Central och östra stationsområde.

1996-07-03 Till Tekniska Beställarnämnden, attn Bo Björkman. Synpunkter på "Nationalstadsparker, SOU 1996:38. Slutbetänkande av utredning om nationalstadsparker".

1996-08-13 Stoppa E4 Väst. Till Kommunstyrelsen i Uppsala.Yttrande över "Nationalstadsparker, SOU 1996:38. Slutbetänkande av Utredning om Nationalstadsparker.. Med bilaga Årike Fyris Norr. Behandlades i KF 1996-09-30.

1996-08-13 Till Tekniska Beställarnämnden ärende F1. Reservation till TBN:s yttrande över Uppsala Central och östra stationsområdet.

1996-08-16 Yttrande i KS: Synpunkter på Översiktsplan för Uppsala Central och östra stationsområdet.

1996-09-03 Begäran om inhibition av utställning av arbetsplan för väg E4 Uppsala-Mehedeby. Årstabornas skrivelser har utelämnats (de hade vidarebefordrats till Uppsala kommun). Besvarat av Roland Forsberg 96-09-11 med ett konstaterande att det inte finns formell skyldighet att ha dem med vid utställelsen, men att de är registrerade och finns tillgängliga för den myndighet som har att fatta beslut om en eventuell fastställelseprövning hos Vägverket. Vår skrivelse föranledde ingen ytterligare åtgärd från deras sida.

1996-09-13 Till Owe Ekman, VV Region Mälardalen från SE4V: Yttrande och nej till godkännande av arbetsplan med MKB för ny E4 genom Uppland, sträckan Uppsala-Mehedeby, delsträckan Danmark-Läby.
Överklagan att inte årstaborna finns med.

1996-09-18 Agnetha Sällström till Regeringsrätten: Överklagande av Vägverkets beslut att avslå begäran om inhibition av utställning av arbetsplan för ny E4 genom Uppland och förnyad utställning efter komplettering av utställningshandlingarna, därtill begäran om inhibition av det fortsatta arbetet med att sammanställa inkomna synpunkter på vägplanen tills utställningen slutförts på korrekt sätt.

1996-10-17 Reservation i TBN:s yttrande över Detaljplan för ombyggnad av Ostkustbanan genom Gamla Uppsala.

1996-10-22 Tekniska Beställarnämnden. Reservation till TBN:s yttrande över Detaljplan för ombyggnad av Ostkustbanan genom Gamla Uppsala.

1996-10-22 Yttrande till KF över detaljplan Dp 100U för ombyggnad av Ostkustbanan genom Gamla Uppsala.

1996-12-10 Enkel fråga till KF angående planeringen av Bärbyledens tredje etapp och nya E4.

1996-12-10 Motion av Agnetha Sällström i KF om inrättande av ett skyddsområde i anslutning till Fyrisån norr om Uppsala, ett ”Årike Fyris norr”.

1997-03-03 SE4V, yttrande över MKB till Vägverket. Svar på kommunikation från Vägverket om arbetsplanen.

1997-05-20 Samrådsyttrande över Agenda 21; Agnetha Sällström för SE4V.

1997-05-21 Reservation i Miljö och Hälsoskyddsnämnden, Jan Sällström, ärende 15: Den föreslagna nationalstadsparken i Uppsala. Remiss från KS dnr 96:338.

1997-06-17 Reservation i TBN, Ärende GN6: Den föreslagna nationalstadsparken i Uppsala. Remiss från KS dnr 96:338.

1997-06-17 Reservation i TBN, Ärende GN7: Remissyttrande om Kommunikationskommittén betänkande. Förslag till texten i anslutning till stycke 6, beträffande det föreslagna stödet till anläggningar för produktion av etanol. Fakta presenteras som leder till påståendet: *”Det statliga stödet bör således koncentreras till stöd för produktion av metanol i stället för utbyggnad av etanoltillverkning.”*

1997-08-21 Reservation i TBN angående: Remiss Dnr 1997-268. Lokalutredning för skola och barnomsorg.

1997 sept. Informationsbrev till lärare och elever i Gamla Uppsala skola. (Angående trafikplanernas hot mot skolan).

1997-09-17 Kommunbesvär mot TBN:s arbetsutskotts beslut att tillsätta efterträdare till Lennart Nilsson som gatukontorets chef ett år före dennes pensionering.

1997-09-24 Till Vägverket i Borlänge. Överklagande om beslut om fastställelse av arbetsplan för omläggning till motorväg av E4 Uppsala till Mehedeby, delen Läby-Mehedeby. Ärende PP30A96:10283. Samma skrivelse till Kommunikationsdepartementet.

1997-10-08 Reservation mot beslut taget i KF 97-09-29 i ärende SerieA 106 ”Museum i Gamla Uppsala”.

1997-10-27 Reservation av Ewa Jönsson till beslut om Nationalstadspark bil. D§203 till KF:s protokoll.

1997-10-29 Kommunbesvär enl. 7 kap §1 ”Museum i Gamla Uppsala”.

1997-11-07 Agnethas svar på Tekniska beställarnämndens yttrande 97-10-23 med bilagor, målets aktbilaga 21angående kommunbesvär i TBN, Mål nr. 2341-97.

1997-11-20 Reservation i TBN till ärende FA4, TBN1997-11-20 ”Försäljning av kommunala fastigheter,” TBN 1000/95 313. Angående försäljning av Storgården i Gamla Uppsala.

1997-12-18 Till Länsrätten i Uppsala län. Mål nr. 2703-97 rotel 5 Ang. Laglighetsprövning enligt kommunallagen 1991:900.

1998-01-29 Reservation i TBN om förbud mot trafik med tunga fordon på väg 694, (Ärnavägen).

1998-01-29 TBN ärende VI 97-01-29. Reservation till TBN:s yttrande över ansökan om medgivande att få saluföra och överlåta avloppsslam med förhöjda kopparhalter för användning inom jordbruket TBN61/98.

1998-01-30 Till Byggnadsnämnden: Programsamråd för kv. Gerd och Siv.

1998-02-27 Remissvar till Gatu- och naturavdelningen vid Tekniska Kontoret angående rapporten ”Cyklisterna i Uppsalatrafiken”.

1998-05-15 Yttrande över Detaljplan DP 70AZ för Ostkustbanan, delen S:t Olofsgatan - Tycho Hedéns väg, Uppsala.

1998-06-23 Synpunkter vid bedömning av E4 Årsta-Väst framförda vid möte på Kommunikationsdepartementet 98-06-23.

1998-10-25 Till Kommunikationsdepartementet: Yttrande över förslag till arbetsplan för ny E4 genom Uppland. Sträckan Danmark-Läby ärende K97/3429/3 och sträckan Läby-Mehedeby, ärende K97/4950/3. Agnetha Sällström som ombud för Christina Aronsson.

1998, 12-13 nov: Dags att handla: Stormarknad eller stadskärna? Rapport från kommunförbundets konferens i Växjö. Signerad Jan Sällström (sE4vk) och Örjan Nilsson (m).

1998-12-10 Reservation till KF-ärende Ser A nr 123, Förslag till budget för Uppsala kommun 1999 med planeringsramar 2000-2001.

1998-12-14 Reservation i KF mot att välja ordförande i KDN som ej bor i det aktuella området.

1998-12-15 Reservation till KF-ärende Ser A nr 139. Förslag till detaljplan till del av Höganäs-området Dp 36P Uppsala kommun.

1998-12-15 Reservation till KF-ärende Ser A nr 138 Valärenden.

1999-03-05 Till Näringsminister Björn Rosengren, Regeringskansliet. Begäran om uppvaktning.

1999-03-31 Till Regeringskansliet, Näringsdepartementet: Yttrande i ärende angående fastställande av arbetsplan för omläggning till motorväg av väg E4 Uppsala-Mehedeby, delen Uppsala-Läby.

1999-05-31 Reservation till ärende 1999 Ser.A nr. 59, Bokslut för Uppsala kommun och ärende nr. 61, Budgetramar 2000-2001 för Uppsala kommun.

1999-09-17 Till Stadsbyggnadskontoret. Yttrande över detaljplan Dp 96 AK kvarteren Vitlöken och Björnbäret.

1999-10-18 Interpellation angående arbetsplanen för ny E4 (om Vägverkets dribblande att då regeringen begärt utredning av östliga alternativ tittar de i stället på fem västliga alternativ). Ärende 1999/149 i KF.

1999-10-20 Enkel fråga angående samlingsstyre ställd till KF.

1999-11-21 Remissyttrande från SE4VK till Vägverket, RAÄ, Naturvårdsverket, Länsstyrelsen i Uppsala län, Uppsala kommun och Tierps kommun samt samtliga ledamöter i *Samrådsgruppen för utredning av östliga E4-alternativ* inför samrådsmöten 24 och 25 november 1999: Yttrande till samrådsgruppen med begäran om prövning av Jälla-Öst Bruksvägen (JÖB) tillsammans med planskildhet på Tycho Hedéns väg.

1999-11-30 Yttrande till Byggnadsnämnden angående detaljplan för kvarteret Tor, Dp 42E.

2000-02-24 Yttrande över Vision och Strategi för Uppsala Stad, från Agnetha Sällström Stoppa E4 Väst Kulturpartiet.

2000-02-24 Till KF: Enkel fråga till KS ordf. Annika Lindh (s) angående samråd mellan Vägverket och Uppsala kommun om utredning av alternativa östliga dragningar av ny E4. Agnetha Sällström (sE4vk). (Agnetha räknar upp de beslut som tidigare tagits: Nej till Bärbyledens tredje etapp; nej till arbetsplanen för E4 enligt Årsta-väst alternativet; ja till förbifart av motorvägsstandard; ja till planskilda korsningar på Tycho Hedéns väg och frågar om dessa beslut ska följas av samrådsrepresentanterna från kommunen?) Svar från Annika Lindh (s) 2000-03-27 KS-2000-0173 till detta KF ärende Ser A nr 71: ”ja.”

2000-03-09 Till Näringsdepartementet: Yttrande över Vägverkets ”Kompletterande utredningar av östliga sträckningar vid Uppsala, underlag för fastställelse av arbetsplan” för ny E4 Uppsala- Mehedeby, delen Uppsala Läby, Dec 1999. En 40-sidig rapport med förteckning av referenserna 1-21 och bilagorna 1-15.

2000-05-14 Skrivelse till Näringsdepartementet: I. Tilläggsyttrande till yttrande 2000-03-09; II. Yttrande över Vägverkets rapport ”ny E4 Uppsala-Mehedeby alternativa östliga sträckningar, kompletterande utredning, april 2000”; III Sammanfattande synpunkter på val av E4-alternativ med påfarter. Dessa yttrande görs även å Christina Aronssons vägnar och har använts till ärendet i Stockholms Tingsrätt. Aronsson har dessutom skrivit ett brev till Tingsrätten, som ligger tillsammans med vårt dokument; 5 bilagor.

2000-06-02 KF, Agnetha Sällström: Enkel fråga till Annika Lindh. angående beslutet i KF1996-10-28 om nej till arbetsplanen för E4 ÅV, var ett nonsensbeslut.

2000-11-29 Motion nr 01/206 i KF av Jens Ericsson (v), Agnetha Sällström (sE4vk) och Mats Bergfors (mp) om inrättande av lokal för information om mejerihistoria och kvinnors lönearbetshistoria (behandlades i KS 2000-08-67).

2001-01-12 Yttrande över skrivelser PP 20 2000 om planerade brobyggen för ny E4 genom Uppland.

2001-02-28 Begäran i Regeringsrätten om rättsprövning av regeringsbeslut och yrkande om inhibition. Med korrespondens från advokat Per Björkman.

2001-03-08 Brev till Eva Bäckström, Regeringsrätten med delar av det material vi visade och framförde vid de muntliga förhandlingarna.

2001-03-08 Yttrande till Byggnadsnämnden över program för förnyelse av Kungsängen.

2001-04-01 Som ett förslag på KF-sammanträde till åtgärd för att eliminera risken för en ny låneskuld: öppna dörren vid budgetdiskussionerna för det samarbetsparti SE4VK som finns i KF. Avslag, varpå Agnetha begärde votering: Alla ledamöter av S, M, Fp och Kd avslog; alla Mp var positiva; två centerpartister var positiva (Lars O Erikson och Ann Christine Eriksson), Lars Gunnar Eriksson avslog och Björn Leifler avstod att rösta, Fem V avstod, tre V avslog.

2001-04-23 Reservation mot beslut i ärende 92, 23 april 2001: Förstudie för anslutning av väg 55 till ny E4.

2001-05-28 Reservation till KF ärende 2001 Ser A nr. 126. Förslag till detaljplan för Viktoria, Uppsala kommun Dp 96AM (en expropriation ifrågasätter jag.)

2001-05-28 Reservationsyttrande till ärende 117 och 118 i KF (om att vi inte kan göra en budget, eftersom vi inte har tillräcklig insyn.)

2001-06-30 Yttrande till Byggnadsnämnden angående detaljplan för Rosen dalsfältet.

2001-07-02 Yttrande till Byggnadsnämnden angående programsamråd för utbyggnad av vattenverk i Galgbacken, Gränby och Ultuna.

2001-07-03 Yttrande om Gränby Backar: Förkastar helt planerna på exploatering.

2001-10-05 Till Stockholms Tingsrätt Avd. 9 Miljödomstolen, Stockholm: Yttrande i miljömål M187-01, M193-01 och M227-01, om ansökan om tillstånd att bygga broar för ny E4 genom Uppland. (med handskrivet följebrev till kopierande handläggare). I denna handling finns Christina Aronssons brev daterat 2001-10-04 och en Fullmakt för Agnetha att representera henne.

2001-12-20 Klagomål angående brott mot den Europeiska Konventionen för de Mänskliga Rättigheterna, artikel 6:1och 8:1 samt tilläggsprotokollet 1952, artikel 1, orsakat genom Sveriges regerings beslut 25 maj 2000, nr I15 och nr I16 och Regeringsrättens dom i mål 5297-5298-2000; 6267-2000, 2001-07-09.

2002-01-07 Yttrande över översiktsplan för Uppsala stad ställd till Stadsbyggnadskontoret, Planeringsenheten.

2002-01-28 Reservation till ärende 10 KF 2002-01-28 Investeringar i nya vattenverk.

2002-02-26 Samrådsyttrande över ny 70kV kraftledning och flyttning av befintliga 70kV kraftledningar till följd av ny sträckning av E4 med anslutning Bärbyleden. Till Transelectric Skog och Mark AB. Skrivet som ombud för Ewa Jönsson, Dennis Jönsson och Joachim Jönsson.

2002-03-08 Yttrande till Vägverket över ”Riktlinjer för utformning av E4:s närområde.”

2002-05-03 Mål 187-01 Samnan; 193-01 Fullerö; 227-01 Sävastabäcken. Yrkanden: ”De sakägare jag företräder och jag själv yrkar följande” (Ref187).

2002-05-27 Yttrande till Stadsbyggnadskontoret angående program för Slavs ta Etapp II.

2002-06-17 KF-ärende SerA nr 194 bestämmelser om ekonomiska ersättningar till kommunens förtroendevalda (ERS 03). Agnetha Sällström (sE4vk) håller ett anförande.

2002-06-17 Ansökan i Europadomstolen om prövning av Sveriges regerings beslut 25 maj 2000, nr 115 och nr 116.

Dessutom c:a 100 debattinlägg i pressen eller på hemsidan.

Referenser

Referenserna är dels olika skriftliga originalhandlingar från den politiska verksamheten, dels bok- eller tidskriftshänvisningar samt en mångfald tidningsreportage från dagspressen, huvudsakligen Uppsala Nya Tidning, UNT. Uppgifterna i pressen ansvarar respektive skribent för, men nämnda tidning brukar vara sakligt korrekt i sitt uppgiftslämnande.

1. Del av Tiundaland - Vendel. Ett inlägg och debatten mot en planerad motorväg - E4 Väst, korridor Öst samt matarvägar, av Anton Andersson 1995, föreningen ARV.

2. UNT 18/10 2001: *"E4-beslut banar väg för nya villor. Bostadsområde planeras vid Jälla. Markägare kan göra ekonomiska klipp";*
och
Uppgifter från Fastighetsregistret rörande Vaksala Lunda 23:1 Fängelsetomten.

3. Girighet hos tjänstemän 9 exempel
UNT 16/1 1996: Politiker tjänar upp till 463.000 per år;
UNT 20/1 1996: Fallskärmsavtal synade. Sju politiker i Uppsala får 19 miljoner;
UNT 23/1 1996: Gamla chefer får miljonbelopp;
UNT 26/1 1996: Revisorer ska syna fallskärmar;
UNT 2/2 1996: "Fallskärmar måste diskuteras" i kommunfullmäktige efter interpellationer av Erik Hagströmer (m) och Jan Ulmander (c). *"återskapa förtroendet för den politiska styrningen i Uppsala";*
UNT 7/2 1996: Krogbesök 'praxis' i ledningen;
UNT 9/2 1996: Flera krogbesök i ännu ett bolag;
UNT 16/2 1996: Kortet med vid många krogbesök;
UNT 9/3: 1996: Elva chefer kan få pension före 65;
Upplandsnytt, Granskning, Publicerat onsdag 21 september 2011 kl 04.45: 21 tidigare politiker i länet har inkomstgaranti, utan krav på att söka nytt jobb.

4. Peter Arvidsson: "Åsdjäveln biter tillbaka." Lokalbefolkningens upplevelse av händelserna vid tunnelbygget genom Hallandsåsen. Styrelsen för psykologiskt försvar, Rapport 175:2 ISSN 1401-2537.

5. Ingemar Ahlstrand: Höga kusten Vedabron. Erfarenheter och iakttagelser av beslutsprocessen för infrastrukturinvesteringar. Bilaga 3 i Statskontoret 1996:2. Stockholm, sid. 262.

6. UNT 21/12 2006: Flera skadade efter jordskred. Bohuslän. Vägbanan på E6 gav vika - Tiotal bilar hamnade i lermassorna;
och
Bohuslänningen 23/1 2009: Smårödsraset kostade en halv miljard. *"Kostnaden för vägraset på E6 i Småröd söder om Munkedal blev mycket högre än beräknat";*
och
Statens Haverikommission, Rapport RO 2009:01 Jordskred vid vägbygge E6 i Småland, O län, den 20 december 2006;
och
Statens Haverikommission. 20/2 2009. *"En jättehög med 17.000 m³ lermassa var upplagd vid Småröd. Marken under bestod av kvicklera, som började röra på sig vid det höga trycket från lerdepån."*

7. **Bärbyledens broras 5 poster**
UNT 22/2 1995: Dramatiskt broras på Bärbyleden. Bärbyledsbro rasade i Fyrisån. Under arbetet med att fylla på betong började den 900 ton tunga konstruktionen sjunka för att slutligen rasa ihop. Man fick slita hårt för att få upp formen och all armering men värre var det med betongen som var på väg att

brinna. För att inte bli sittandes med en enorm betongklump tvingades man kalla in brandkåren som kunde spola bort den. Lyckligtvis kom ingen till skada under raset. *"Lerlagret på den gamla sjöbottnen under Fyrisån visade sig nu vara mer förrädiskt än vad brokonstruktörerna ens anat, som bottenlös kvicksand när det kom en tyngd på 900 ton"* Man hade pålat ner till 18 m djup, men berget under leran låg på 28 meter;
och
UNT 23/2 2005: Extra nattskift vid Bärbyledsbygget. Kantrade bron rivs i rekordfart. Haveriet snabbutreds;
och
UNT 17/3 1995: Nya pålar klarar brons gjutform? *"I stället för 18-meters träpålar pålas det nu med betongpålar i Fyrisån ända ner till berg på 30-32 meter för att klara.."*;
och
UNT 26/4 1995: Andra försöket på Bärbyleden. Bärbyledsbron gjuten, den här gången gick det bra;
och
UNT 28/12 1995: Årskrönika, med bl.a. bild på broraset.

8. Lokal agenda 21 Uppsala (**5 poster**).
Trafik och transporter. Förslag till handlingsprogram;
och
Uppsalas Agenda 21. Utgångspunkter för en god miljö och en hållbar utveckling. Antagen av kommunfullmäktige 27/10 1997;
och
Statens offentliga utredningar SOU 2003:31. Slutbetänkande från Nationalkommittén för 'Agenda 21 och Habitat. "En hållbar framtid i sikte." 10 år med Agenda 21 i Sverige - vad har vi lärt oss och vart är vi på väg? Stockholm 2003. 6PA1-WKH-RKTX;
och
Multimobil. Flexibelt regionalt transportsystem av Per Hultén 1993-95;
och
Ny E4 motorväg genom Uppland i belysning av Agenda 21. Yttrande från lokala Agenda 21, Trafikgrupp. Jfr ref 66.

9. UNT 25/10 1967: Generalplan för Uppsala. Karta som visar stadsplanen;
och
UNT 21/12 1967: Gatunämnden: Trafikledsplanen för Uppsala "orealistisk". Miljardprojekt ger kraftig skattehöjning - Planen siktar mot år 2010.

10. UNT 11/6 1991: Historiskt klubbslag Bärbyleden får nordlig dragning: *"Efter årtionden av diskussioner, uppvaktningar och utredningar kunde Uppsala kommunfullmäktige på måndagskvällen klubba igenom planen för den nordliga dragningen av Bärbyleden."*

11. Avtal 1992-06-15: Mellan Centerpartiet, Folkpartiet liberalerna och Moderata samlingspartiet har följande överenskommelse träffats beträffande trafikplan för Uppsala kommun. (Fem punkter: Bärbyled syd, Bärbyled 3 ansluts till E4 ÅV, Vägreservat för Västerled, Kungsängsleden byggs ut till fyrvägsstandard, Kungsängsbron breddas, Stadsringen kompletteras genom utbyggnad av Stålgatan och trafikplanen förs in i översiktsplanen). Undertecknat Per-Axel Engblom (c), Harald Nordlund (fpl), Gunnar Hedberg (m);
och
UNT 18/6 1992: Enighet om sydlig Bärbyled. Om den borgerliga uppgörelsen i den borgerliga kommunledningen;
och
UNT 19/9 1992: Fp vill inte bygga Västerled. Om den borgerliga uppgörelsen - Helhetslösningen för trafiken.

12. UNT 30/10 1992: Fackelkedja mot sydlig Bärbyled. Från texten under bilden: *"Tillsynslärare Kjell Johansson 2:a från vänster i fackelraden påminde om den över 20 år långa kamp han varit med om att organisera mot en sydlig Bärbyled."*

13. UNT 3/11 1992: Nytt klartecken till Bärbyled Syd.

14. Länsstyrelsens skrivelse 1993-01-29, dnr 120-7265-92. Svar till Vägverket rörande Lokaliseringsplan för E4 Uppsala-Mehedeby.

15. "Morot och piska" framgår av: Besvarande av interpellation av Liv Hahne (m) och Terry Carlbom (fp) om Bärbyleden. KF Ser. A Nr 104, 1991-05-27;
och
Leif Åbergs (kds) reservation till KF i juni 1995 §94 Vägutredning för E4... och §95 Prövning av lokalisering av ny E4 ....

16. Förstudie: Anslutning av väg 55 till ny E4. Vägverket, VMN 101265, januari 2001. (Se också ref. 141.)

17. Nytt ljus över Långhundraleden: Bygder, båtar, natur. Arbetsgruppen Långhundraleden, Vallentuna 2011 (utgivare); medverkande: Alm, Göran (författare). ISBN 978-91-633-8925-2.

18. Arkeologi och miljögeologi i Gamla Uppsala. Studier och rapporter I. Editor: Wladyslaw Duczko. Uppsala 1993. ISBN 91-506-0973-4;
och
UNT 27/3 1995: Nya fynd i Gamla Uppsala. Svenska historien skrivs om. (Om utgrävningarna i Gamla Uppsala av bl.a. Wladyslaw Duczko.)

19. Frölund, P och Schütz B. (red): Bebyggelse och bronsgjutare i Bredåker och Gamla Uppsala. (Med bidrag av: Eriksson, T., Danielsson. E., Jonsson, L., Ranheden, H., Risberg, J. & Scheutz, M.) Arkeologisk undersökning. Fornlämning 134, 596 & 599, Uppsala socken, Uppland. Upplandsmuseet rapport 2007:03, Avdelningen för arkeologiska undersökningar. ISBN 978-91-85618-89-7.

20. Riksantikvarieämbetet Fornminnesavdelningen. Förslag till ny gränsbestämning av fornlämningarna i Gamla Uppsala. Skrivelse till Kulturmiljöenheten vid Länsstyrelsen i Uppsala 1992-01-27, undertecknat av Riksantikvarie Margareta Biörnstad. (Innehåller en beskrivning av områdets historiska betydelse);
och
Länsstyrelsen i Uppsala Rättsenheten. Beslut 1993-06-17 Gränsbestämning av fornlämningarna i Gamla Uppsala. Beslut: *Länsstyrelsen fastställer med stöd av 2 kap 2§ lagen (1988:950...nya gränser för fornlämningsområdet i Gamla Uppsala.*

21. Riksantikvarieämbetet (RAÄ) 1993-05-11. Yttrande till Vägverket om ny E4 genom Uppsala län... *"ÅVM medför enligt RAÄ:s mening påtaglig skada för två riksintresseområden "*... Förordar JÖM... Bengt O. Johansson och Jan-Erik Tomtlund.

22. Landsantikvarie Stig Rydh, Upplandsmuseet. Miljökonsekvensbeskrivning och lokaliseringsplan för ny E4, delen Uppsala-Mehedeby. Till Byggnadsnämnden i Uppsala 1996-09-16 SBK 96/518:2.
"Från ren kulturhistorisk synpunkt vore emellertid ett JÖ-alternativ att föredra...till brutna samband inom en gammal kulturbygd kan fogas, att vissa miljöer även åsamkas en direkt skada som äventyrar deras fortbestånd."
"Landsantikvarien kan inte undgå att betrakta riksantikvarieämbetets senare ställningstagande till den s k helhetslösningen som mindre väl överlagd";
"Förslaget bör bli föremål för prövning enligt 4 kap NRL. Landsantikvarien avstyrker för sin del att denna sträckning kommer till utförande."

23. Stålhane, Bertil: Barbari eller Civilisation. Nazibolsjevismen och vår kultur. Bokförlaget Natur och Kultur, Stockholm 1940.

24. Kommentar: Jag var inne på Digital Inn, Mac-butiken och framförde ett problem jag har med att de några år gamla Mac-datorfiler, som jag har, inte går att öppna på min nyköpta MacBook Air. De kunde inte hjälpa mig, utan hänvisade till att söka service på nätet. Skandalöst! Jag har ju sedan 90-talet hållit mig till Apple-datorer för att de skulle vara säkrare mot hackning och kapningar. Apple utvecklar ju datorns möjligheter kontinuerligt och erbjuder uppdateringar hela tiden, men vad spelar det för roll vad man kan utföra idag om det är borta i morgon! Datatekniken är lika efemär som politiken.

25. Kulturminneslagen. Räkna med fornlämningar. Riksantikvarieämbetet 1989, 4:e uppl. ISBN 91-7192-765-4.

26. Översiktsplan 1990, ÖP 90, för Uppsala kommun antagen av Kommunfullmäktige 1990-06-12, §158, med samrådshandling 1989-05-05 M:4. **I samrådshandling för Uppsala ÖP90 sägs: *"Vägverket bedömer alternativ 'Skölsta' som mest realistiskt att genomföra med hänsyn till opinionsbildningar."* Angående Årsta-alternativ sägs: *"E4 i detta läge torde medföra ökad blandning av lokal och regional trafik vilket är olämpligt med hänsyn till olika trafikrytmer,"*** (vår fetstil).

27. Ny E4 genom Uppsala län. Lokaliseringsplan för delen Uppsala-Mehedeby, två delar: En kartdel och en redovisning av plan och profil. Vägverket, Eskilstuna 1992-08. En stor mängd olika alternativ presenteras: ÅV, ÅVM, ÅVMÖ, ÅVÖ, JV, JVM, JÖM, JVMÖ, JVÖ och JÖ.
"Lokaliseringsplanen har som syfte att utgöra underlag för beslut om terrängkorridor inom vilken det skall vara möjligt att ta fram en arbetsplan för utbyggnad till motorväg på sträckan Uppsala-Mehedeby."
"Lokaliseringsplanen skall även ge underlag för prioritering av vägobjektet i den nationella vägplanen för åren 1994-2003";

(Vår kommentar: Varför alla dessa alternativ, när man redan från början, 1960, har sagt att vi ska bygga en motorväg mellan Uppsala och Läby, och de enda alternativen som uppfyller det villkoret är E4ÅV och JV. Av utredningens kartor framgår i all sin tydlighet att om man inte uppställer kravet att man ska börja bygga en väg till Läby, så är alternativet JÖ det absolut bästa ur regional synpunkt med sin effektiva försörjning av östliga bruksorterna. 1987 presenterade Vägverket 19 alternativ, varav nio utnyttjade den befintliga gamla E4 Tycho Hedens väg med förbättrad standard och kringfart förbi Björklinge; tio förslag går förbi på slätten utanför östra Uppsala, på olika avstånd från bebyggelsen, några nära Årsta, andra närmare Skölsta/Jälla. Fem av dessa ansluter norr om Uppsala till gamla E4, fem utgör nybyggd väg hela sträckan upp till Läby. Inte ett enda rent östligt förslag finns med vid den sammanställningen. *"Vägverket bedömer alternativ 'Skölsta' som mest realistiskt att genomföra med hänsyn till opinionsbildningar."* Angående Årsta-alternativ sägs *"E4 i detta läge torde medföra ökad blandning av lokal och regional trafik vilket är olämpligt med hänsyn till olika trafikrytmer."*

28. Riksantikvarieämbetets yttrande 1994-03-07 (511-926-1994) till Regeringen, Miljö- och Naturresursdepartementet. Fråga om prövning enligt 4 kap. 2§ lagen (1987:12) om hushållning med naturresurser mm av planerad ny sträckning av väg E4 mellan Uppsala och Mehedeby i Uppsala och Tierps kommuner…. *"I likhet med Länsstyrelsen anser RAÄ dock att den dragning med benämningen Jälla-Öst-Mitt totalt sett är bäst och föredras om tunnelbygget för järnvägen kunde åstadkommas utan en koppling till E4 i Årsta-läget"* Enligt RAÄ:s mening torde en prövning enligt NRL ..vara angelägen för att klargöra frågan om Vägverkets och Banverkets gemensamma åtaganden rörande Gamla Uppsala-området. RAÄ har också den allmänna uppfattningen att nya järnvägsspår som innebär en mer omfattande påverkan av kulturmiljön regelmässigt bör prövas enligt 4 kap NRL Ett sådan förfarande kan vara ett bra arbetsinstrument i avsaknad av en Banlag knuten till NRL…….Erik Wegraeus och Jan-ErikTomtlund.

29. Riksantikvarieämbetets yttrande 1998-01-26 till Vägverket (500-5431-1997) om "Förslag till Nationell plan för vägtransportsystemet 1998-2007". Då E4 Uppsala-Mehedeby kommenteras sägs: *"RAÄ* *har tidigare accepterat denna vägsträckning enligt det så kallade "alternativ Väst" mot bakgrund av den planerade samlade lösningen för Ostkustbanans och E4:s sträckning förbi Uppsala högar. Förutsättningarna för denna planering synes nu delvis ha ändrats, samtidigt som det bör ifrågasättas om en sträckning enligt det nu överklagade beslutet verkligen innebär det lämpligaste alternativet med hänsyn till de mycket stora kulturvärdena i området som helhet. Vi föreslår därför fortsatta studier som grund för en ny lokaliseringsprövning."* Christina von Arbin och Ann Mari Westerlind. I den slutliga handläggningen har även riksantikvarien Erik Wegraeus, överantikvarien Keith Wijkander, avdelningschefen Per-Magnus Nilsson och enhetschefen Karin Schibbye deltagit.

30. Riksantikvarieämbetet Remissyttrande 1999-01-12 till Regeringen (500-5422-1998), Kommunikationsdepartementet: "Angående prövning av arbetsplan för väg E4, delen Uppsala-Läby, Uppsala och Tierps kommuner, Uppsala län"*...."Det är uppenbart att de särskilda villkor i fråga om skydd för kulturmiljön som uppställdes som krav för att en västlig dragning av vägen i enlighet med vägverkets förslag*[58] *skulle kunna accepteras, inte har uppfyllts.* Sammanfattning: *"RAÄ anser att det aktuella förslaget till vägdragning innebär påtaglig skada på områden av riksintresse för kulturmiljövården och medför att stora skador uppstår på andra känsliga kulturmiljöer.* ***RAÄ:s bestämda uppfattning är att en dragning av ny väg E4 enligt den aktuella arbetsplanen ej bör tillåtas och att vägverket bör ges i uppdrag att utreda ett östligt alternativ,*** *"* (vår fetstil). Undertecknat Erik Wegraeus och Per-Magnus Nilsson. Uttalat angående Vägverkets fortsatta arbete med ÅV trots att arbetsplan för ÅV inte godkänts av Uppsala kommun.

31. Riksantikvarieämbetet 2000-04-18 Ny E4, sträckan Uppsala-Mehedeby - kompletterande information. (Yttrande, 332-4621-1999, om tilläggsutredningen av JÖÖ): "Väg ÖÖ berör varken odlingsbygden eller bruksbygden, mer än marginellt, men tillför genom sin dragning i gränsområdet mellan de två bygderna positiva utvecklingsmöjligheter främst för bruksområdet vilket även skulle gynna de kulturhistoriska värdena." - *"Väg ÅV kommer att dras fram genom kärnan av den unika odlingsbygden och bl.a. försvåra och i vissa fall omöjliggöra förståelsen och upplevelsen av dessa för svensk historia så betydelsefulla bygder. Väg ÅV berör inte och befrämjar inte heller utvecklingen av bruksområdet..." "Väg ÅV bedöms medföra allvarliga och för kulturmiljövården oacceptabla skador på riksintressena Vaksala samt Fyrisåns och Björklingeåns dalgångar."*

32. Valsgärde 1, 2 & 4 / Museum Gustavianum Archaeological Research Group (MGAF). Museum Gustavianums arkeologiska forskningsgrupp (medarbetare), Uppsala universitet (utgivare).
ISBN 978-91-980955-0-0. Uppsala, Uppsala universitet: 2013
Serie: Valsgärde studies, Acta Musei Gustavianum Regiæ Universitatis Upsaliensis.

33. Beredskapsenheten vid Länsstyrelsen Yttrande (120-7265-92) 1993-11-26 ang. Lokaliseringsplan för E4, delen Uppsala-Mehedeby. Ing-Britt Englund, t.f. Försvarsdirektör;
och
Beredskapsenhetens Skrivelse (120-7265-92) 1993-11-29.

34. Jan Helmer Gustafssons yttrande: "Val av E4-alternativ, delen Uppsala- Mehedeby," PM till Länsstyrelsens Kommunikationsenheten från Länsstyrelsens Kulturmiljöenhet 1993-12-01.

35. Tord Fagerberg, Länsstyrelsens Planenhet 1993-11-24, Länsstyrelsens promemoria (120-7265-92) "Sammanvägda slutsatser": *"En JÖM-dragning som länsstyrelsen förordat är den ojämförligt bästa för en nationell och regional väg genom länet med hänsyn till de utomordentliga fördelarna med dragningen vid en total sammanvägning. Den bästa långsiktiga hushållningen torde bli störst både på lång och kort sikt."*

36. Landstingsstyrelsen: Yttrande till Vägverket (dnr 9209-595) 1992-12-21 Lokaliseringsplan för E4 delen Uppsala-Mehedeby av Ingvar Karlén och Lennart Moberg: .."och därför förordar Landstingsstyrelsen JÖM.

37. Kommunledningskontorets yttrande över remiss av lokaliseringsplan för ny E4, delen Uppsala Mehedeby. Tjänstemannaförslag 1992-12-15. (Jämför de borgerliga politikernas slutsats ref. 38.)

38. Borgerliga politikernas förslag, vid Uppsala Kommunfullmäktiges decembermöte: Yttrande över remiss av lokaliseringsplan för ny E4, delen Uppsala-Mehedeby 1992-12-14. (Jämför tjänstemannaförslaget ref. 37.) KF med borgerlig majoritet förordar ÅV i sitt yttrande dec 1992 till Vägverket, undertecknat Terry Carlbom (fpl).

39. Yttrande 1996-09-18 över miljökonsekvensbeskrivning för E4. Remiss från kommunstyrelsen, dnr 95/160 Miljö- och hälsoskyddsnämndens tjänstemän föreslår politikerna att avstyrka det förslag till utbyggnad av E4 som beskrivs i MKB. Undertecknat Carl-Lennart Åstedt, Miljödirektör och Agneta Peterson, Utredningssekreterare;
och
Anhållan om förlängd remisstid för yttrande om arbetsplan och MKB för ny E4 delen Upppsala-Läby. Skrivelse till KS och Vägverket 1996-09-23 jnr 9354502 från Miljökontoret;
och
Miljö- och Hälsoskyddsnämnden avstyrker MKB för E4ÅV 1996-09-25 Åsa Domeij (ordf.) Motivering: *"Det har inte visats att det är möjligt att genom beslut enligt väglagen uppfylla de planeringsnormer för vägtrafikbuller som en modern vägplanering kräver."*
"Den otillfredsställande handläggningsordningen med ofullständigt underlag och kort handläggningstid ger också anledning att avstyrka förslaget. Dessutom är miljökonsekvensbeskrivningen ofullständig, eftersom olika alternativ till lösningar inte utretts." (Remisstiden var för kort för att kunna yttra sig om Bärbyleden som också ingick i ärendet.)

40. Tierps kommunstyrelse: Yttrande, 1992-11-10, över lokaliseringsplan för E4, delen Uppsala Mehedeby av ordf. Bengt Olov Eriksson (s) och Ola Leife;
och
KF i Tierp Bengt-Olov Eriksson, 1995. Citat ur ref. 44: *"Vi motsätter oss en västlig dragning av E4:an som med största sannolikhet medför att grundvattennivåerna skulle på ett mycket negativt sätt påverka kommunala vattentäkter. Även regionalpolitiska skäl talar emot en västlig dragning,"* undertecknat kommunalrådet Bengt-Olov Eriksson (s).

41. UNT 27/2 2002: "Vägverket vill leda bort grundvatten." Vägverket ansöker om tillstånd hos miljödomstolen för att leda bort grundvatten vid den nya trafikplatsen i Svanby strax utanför Tierps köping. (Carlstedt hade gett grönt ljus för dragningen där. Han hade varit hydrogeolog i det vägavsnittet[72].)

42. Östhammars kommun, Kommunstyrelsens arbetsutskott. Förslag till yttrande över lokaliseringsplan för E4, delen Uppsala-Mehedeby 1992-09-29, ÄDN 91-1094, DPL 034-351. (Nämns bl.a. att Årstaalternativ "tenderar att med tiden komma att ligga för nära Uppsala");
och
UNT 4/12 1992: Ny E4-sträckning. Östhammars kommun förordar alternativ JÖM.

43. Uppsvenska Handelskammarens ställningstagande (3 referenser)
Uppsvenska Handelskammaren förordar Jälla-alternativet i brev till Kommunstyrelsen Uppsala Kommun, beträffande remiss E4 dragning. 1992-11-18 (92:282) *"...Trafikkommittén var enig i detta förslag som också skall framföras i ett yttrande till Vägverket och de olika kommunerna redan inom en vecka,"* VD Ola Carlsson;
och
Angående Ny E4 genom Uppsala län, Lokaliseringsplan Uppsala-Mehedeby. Brev till Vägverket 1992-12-23 med Handelskammarens ställningstagande genom VD Ola Carlsson;
och
UNT 4/12 1992: Centerråd: E4-yttrande kan fälla trafikuppgörelse. *"Genom att förorda Jälla-alternativet för den nya E4:an säger Uppsvenska handelskammaren nej till den trafiköverenskommelse som träffats i Uppsala kommun."*

44. Norduppländska företagares yttrande för JällaÖ-alternativ (5 referenser)
Lantbrukarnas Länsförbund 1992-12-15 Seth Wallin;
och
Brev till Vägverket 1992-12-27 (dnr 120-7265-92) beträffande remiss E4 Uppsala-Mehedeby från Ö-T-V företagarförening (Örbyhus, Tobo, Vendel);
och
Länsstyrelsen i Gävleborgs län 1993-01-07 yttrande till Vägverket (dnr 121-12898-92): JÖ och JÖM *"för regional utveckling"*;
och
1995-02-28 Brev från Företagarföreningarna i Norduppland till Roland Forsberg, Vägverket Betr. NyE4 Uppsala-Mehedeby. (5 underskrifter och kommunalrådet Bengt-Olov Eriksson (s) i Tierp citerad. Alternativ JÖM förordas);
och
1995-03-31, Företagarföreningen i Norduppland, representerande Örbyhus, Tobo, Vendel, Tierp, Österbybruk Gimo och Skärplinge.

45. Gamla Upsala Hembygdsförening (1993-11-29) Viola Uppsäll, skrivelse till Länsstyr, Dnr 120-7139-93; med bilagd skrivelse av Stefan Wårdsäter: Angående ny E4 genom Uppsala län och Vägverkets "Kompletterande PM med fördjupad miljöstudie av passagen vid Gamla Uppsala enligt alternativ Årsta väst." Gamla Upsala Hembygdsförenings E4-grupp 93-11-24 till Länsstyrelsen dnr. 120-7139-93;
och
Brev till Hembygdsförbundets informationssekreterare från Gamla Upsala Hembygdsförenings E4-grupp 1995-08-12 Eva och Stefan Wårdsäter;
och
1996-09-10 Till Vägverket: Med anledning av arbetsplan för ny E4 Uppsala-Mehedeby får Gamla Uppsala Hembygdsförening lämna följande besvär;
och
1997-03-04 *Föreningens bemötande av Vägverkets svar på besvärsskrivelsen 1996-09-10:* "Gamla Upsala Hembygdsförening protesterar starkt mot planerna på att bygga E4:a väst genom den unika kulturbygden i Gamla Uppsala." Skrivelse till Vägverket 1997-03-04 genom Stefan Wårdsäter.

46. G:a Uppsala Hem och Skola, 1993-11-30 Skrivelse till Länstyrelsen. Dnr 120-7139-93. Sören Wiktorsson: *"För övrigt finner Gamla Uppsala Hem och Skola Förening hela den här historien mycket märklig ur demokratisk synvinkel. Vägverkets tjänstemän har fortsatt att utreda en dragning av E4:an (alt. ÅV) som i princip ingen av remissinstanserna förordat. Varför? Man utreder en tågtunnel under Gamla Uppsala åt Banverket. Varför? Man påtalar även för Riksantikvarieämbetet att om man får genomföra denna dragning av Ostkustbanan, så frigörs mark för byggnation av ett länge efterlängtat arkeologiskt museum. Varför? Kan det vara för att Vägverket enbart ser alternativet ÅrstaVäst som det optimala ur sin synvinkel. Det vore djupt tragiskt om Vägverket på detta sätt kan få igenom ett beslut som nästan ingen har förordat tidigare."*

47. Fyrisåns Vattenförbund, Uppsala. Dec 1992. Remissvar angående Lokaliseringsplan för E4, delen Uppsala-Mehedeby. Maud Wallsten.

48. Sveriges Hembygdsförbund: Yttrande till Vägverket över arbetsplan för ny E4 delen Uppsala-Mehedeby 1997-03-05 Göran Furuland;
och
UNT 2/6 1995: Heldag om miljön i Gamla Uppsala. "Sista ordet om E4 ännu inte sagt." Sveriges Hembygdsförbund och Gamla Uppsala Hembygdsförening har inbjudit alla tunga instanser: Vägverket, Banverket, RAÄ, Länsstyrelsen, länsantikvarien, landsantikvarien, Uppsala kommun, Sveriges Hembygdsförbund och Arkeologiska institutionen vid Uppsala Universitet. Här framkommer hålvägens dragning, Örtendahls svängning, 200-miljonersfördyringen med tunneln och att RAÄ uttryckt sig luddigt. *"Man köper en nedgrävd järnväg till priset av en motorväg här. Det är priset,"* summerade f.d. landshövding Hans Alsén, ledare för rundabordssamtalen.

49. Gatukontoret Trafikplaneavdelningen 1992-05-26: "Kompletterande underlag för trafikplan för Uppsala" (kompletterar Trafikplan -90.) GN 124/90 PM 550.

50. **Tabell 1. Sammanfattande, utförlig lista över instanser som förordat östligt E4-alternativ som bästa vägval för olika aspekter.**

•Fyrisåns Vattenförbund Uppsala. Dec 1992[47].
•Riksantikvarieämbetet (RAÄ) 1993-05-11 yttrande till Regeringen och Vägverket[21]
•RAÄ 1994-03-07 yttrande till Regeringen och Vägverket[28]
•RAÄ yttrande 1998-01-26 till Vägverket[29]
•RAÄ 1999-01-12 Remissyttrande till kommunikationsdepartementet: *"Det är uppenbart att de särskilda villkor i fråga om skydd för kulturmiljön som uppställdes som krav för att en västlig dragning av vägen i enlighet med vägverkets förslag[58] skulle kunna accepteras, inte har uppfyllts. ....Det är därför RAÄ:s bestämda uppfattning att en dragning av ny väg E4 enligt den aktuella arbetsplanen ej bör tillåtas. RAÄ förordar en fortsatt utredning av en östlig dragning [30].. "*
•RAÄ 2000-04-18 *"ÅV bedöms medföra allvarliga och för kulturmiljövården oacceptabla skador på riksintressena Vaksala samt Fyrisåns och Björklingeåns dalgångar."*[31]
•Beredskapsenheten Länsstyrelsen (1993-11-29) Ing-Britt Englund t.f. försvarsdirektör 120-7265-92[33].
•Länsstyrelsens Kulturmiljöenhet (1993-12-01) Jan Helmer Gustafsson[34].
•Länsarkitekten Tord Fagerberg, Planenheten 1993-11-24[35].
•Landstingsstyrelsen (1992-12-21) Ingvar Karlén & Lennart Moberg[36].
•Miljöpartiet de Gröna (1993-12-13) Per Otto & Anders Ekström[60].
•Uppsala kommunledningskontor (921215) *Jälla-alternativet JÖ/JÖM*[37].
•Socialdemokraterna i Uppsala[79, 87].
•Uppsalapartiet SE4V, SE4VK 1994-2002.
•Tierpspartiet SE4VK 1998-2002.
•Östhammars kommun: *"med tanke på färjetrafiken från Hargshamn och trafiken i övrigt från kommunen är det angeläget att anslutningen till länsväg 288 till E4 sker vid Jälla."* Ref UNT 4/12 1992[42].
•Uppsvenska Handelskammaren[43]. Dess Trafikkommitté hade tagit ett enig beslut om förslaget som norrut förordar östliga alternativet JÖM (Handelskammaren representerar MoDo skog, Mälarskog, Domän Skog, Uppsalabuss, Länsstyrelsen, Korsnäs, Karlit, Lastbilcentralen, Konsumentföreningen och Stora Cell.) Ola Carlsson VD för Uppsvenska Handelskammaren: *"Det blir mer mark över för ett industriområde utmed E4. Vi ser bara vad som är bäst för transporter och näringsliv"* skrivet 1992-12-23 till Vägverket Region Mälardalen. (Observera att detta brev är skrivet efter de borgerligas uppgörelse i Uppsala[11] om att förorda ÅV-korridoren, vilket förebådade att den uppgörelsen kunde tänkas brista[43].) Handelskammaren varnade också för att projektet skulle komma att dra ut på tiden om man inte valde det östliga förslaget, eftersom man kunde förutse att det skulle bli ett starkt motstånd mot en förläggning i anslutning till riksintresseområdet för fornminnesvården[43].
•Gamla Upsala Hembygdsförening i olika yttrande till Länsstyr Dnr 120-7139-93: Viola Uppsäll (931129) och Stefan Wårdsäter (1995-03-10 och 1995-08-12) [45].
•Sveriges Hembygdsförbund1997-03-05 Göran Furuland 1:e vice ordf. och ordf. i Natur- Miljökommittén[48].
•Nyby Egnahemsförening
•G:a Uppsala Hem och Skola, Sören Wiktorsson 93-11-30 Skrivelse till Länsstyrelsen[46].
•Föreningen Vårda Uppsala vidhåller Jälla 1996-09-10 genom Mats Wahlberg och Anna Nilsén i skrivelse om arbetsplanen för E4ÅV[113].
•Uppsala kommun. I ÖP 90[26] avsätts ett brett reservat för E4 nära Skölsta /Jälla när det var socialdemokratisk majoritet. Uppfattningen ändrades under den borgerliga majoriteten 1991-93 till ett rent Årsta-Väst-alternativ. 1994 åter s-löften om att arbeta för mer östligt alternativ på visst avstånd från Årsta och Vaksala[87].
•Tierps kommun: *"Vi motsätter oss en västlig dragning av E4:an som med största sannolikhet medför att grundvattennivåerna skulle på ett mycket negativt sätt påverka kommunala vattentäkter. Även regionala skäl talar emot en västlig dragning."* Kommunalrådet Bengt-Olov Eriksson, 1995[40] (1996 hade han ändrat sig med motivering att östlig inte gick att bygga söder om Tierp! Hade Vägverket lurat i honom det?)

•Länsstyrelsen Upplands län januari 1993, E4 i fornminnesområdet i princip oacceptabel. Förordar östlig dragning[14].

•Företagarföreningen i Örbyhus-Tobo-Vendel[44].
•Företagarföreningen i Tierp[44].
•Företagarföreningen i Gimo[44] .
•Företagarföreningen i Skärplinge[44].
•Företagarföreningen i Österbybruk[44].
•Länsstyrelsen i Gävleborgs län 1993-01-07 för regional utveckling[44].

•Centerpartiet var emot västlig E4 p.g.a. det stora ingreppet i jordbrukslandskapet och påverkan på partiets väljares egendomar och verksamhet. C hade sedan motorvägsfrågan kom upp på 1960-talet enträget förespråkat ett östligt Jälla-alternativ, men vid den borgerliga trafiköverenskommelsen juni 1992 var C tvunget att acceptera ett västligt alternativ förbi Årsta. När så Länsstyrelsen i januari 1993 förordat ett Jälla-alternativ, röstade C med sluten omröstning vid stämman i februari 1993 åter fram ett östligt alternativ. Den tunga c-politikern Lennart Sandberg splittrade sedan centern, genom att i stället börja förespråka västlig dragning för att skydda sina marker mot det östliga alternativet[53].

• K. Waern Vägverket Konsult, A.M. Westerlind (RAÄ) säger vid jämförelse av västliga och östliga alternativ i rapporten "Påverkan på kulturmiljön i olika vägalternativ": Sammanfattande bedömning av västlig och östlig sträckning: *"En östlig sträckning i skogsområdena öster om Fyrisån och Vendelsjön och genom bygderna vid Tegelsmora och Tolfta är det ur kulturmiljösynpunkt bästa alternativet"*[149];
och
50 Tabell 2 <u>Tillägg till ovanstående tabell 1, med fakta som också talar för JÖ och JÖB</u>

•Bullerstörning: blir mindre i skogsmark än över den öppna slätten JÖ;

•Trafiksäkerhet. Avsevärt mindre risk för drivsnö, halka och dimbildning i skogsmark än på den öppna slätten.
•Tidsaspekten: JÖ, JÖB (eftersom dessa har minst konflikt med äkta skyddsområden - inte påhittade sådana - kan beslut om byggnation gå snabbare);
•Risk att Vaksalaslätten bebyggs - "staden-på-slätten-begreppet" tvingas överges; (risken är mycket påtaglig med ÅV och har i viss mån redan börjat);
•Bra läge för industrimark utan kultur/naturskydd vid påfart (Rörken, redan urbaniserat område) JÖ, JÖB;
•Misshushållning av fungerande kommunikationsstråk
Det faktum att nya motorvägen och den gamla kungsleden Drottning Kristinas väg går sida vid sida med 1-2 km avstånd får anses vara en misshushållning med mark för kommunikationsleder, vilket har påpekats av arkitekt Ingvar Ekemark[120] och KF-ordförande Bengt Olof Eriksson i Tierp[40]. Eftersom vägskötsel är dyr så kommer Vägverket för att spara pengar frestas att minska bredden på den oerhört väl fungerande gamla E4, vilket leder till lägre trafiksäkerhet på den vägen, som alltfort kommer att ha ganska mycket trafik.

51. UNT Debatt 31/8 1998: "Gräsrotsparti som sticker opp," presentation av SE4V KULTURPARTIET inför valet 1998.

52. Uppsala Kommunfullmäktiges protokoll 25-26 jan 1993, §15. Om stadsringen.

53. Protestgruppen Bevara Vaksala, 4 poster
UNT 7/3 1990: *"Ingen E4 här, tack!"* Gruppen Rädda Vaksala protesterar med 700 som samlats (på bilden syns lite drygt 100). *"Moderaterna och socialdemokraterna enade sig för ett tag sedan om att E4 bör gå ute vid Skölsta. Nu har de ändrat förslaget en aning och vill låta vägen gå öster om Jällaskolan och följa skogsbrynen i stället för att gå rakt över åkrarna";*
och
UNT 13/3 1993: E4 över Jälla splittrar centern. *"E4 vid Jälla en katastrof!";*
och

UNT 21/11 1994: Bevara Vaksala vill ha Årsta Väst. Aktionsgruppen Rädda Vaksala har ombildats till förening med namnet "Bevara Vaksala" som arbetar för att E4ÅV genomförs. 70-tal medlemmar med Lennart Sandberg ordf (Svia Mellangård), Ingela Hedman Karlsson kassör (Backabo) och Lars-Göran Back sekreterare (Svia byväg 50). Lennart Sandberg lovprisar ÅV i reportaget;
och
Föreningen Bevara Vaksala: Brev till Vägverket region Mälardalen 8 oktober 1994, angående E4 Väst (Årsta-alternativet): *"Inom den nybildade föreningen Bevara Vaksala anser vi det synnerligen angeläget att omedelbart verkställa det fattade beslutet avseende E4 Väst (Årsta-alternativet)."*

54. Uppsala Ponnyklubb, UPK i Jälla. **Åtta dokument**, däribland klubbens stadgar och avtalen med kommunen, som sammanfattas nedan:
Medlem i Svenska Ridsport Förbundet. Bildad 5 oktober 1971 som en ideell förening. Privat svenskt ägande med flera anställda. Tomträtt 1967 till Vaksala Lunda 5:8. Areal 58.220 m^2. 1987-88 uppfördes ridanläggningen. För att stödja ridsporten som fritidsaktivitet, framför allt för ungdomar och flickor, ställde kommunen upp med ränte- och amorteringsfritt lån på 5.000.000 i slutet av 1986 för uppförande av anläggningen, plus medgav borgensåtagande på stora banklån för inköp av hästar. Villkoren reglerades tydligt i UPK:s avtal med kommunen. År 1990 blev kostnaderna för kommunen 600.000 kronor som belastade kulturnämndens budget;

I revisionsrapporten för 1991 framkommer anmärkningsvärda saker, exempelvis ett varu/driftsvinn i storleksordningen 110.000-145.000 och underlåtenhet att försäkra i verksamheten och oregerlig bokföring så de exakta beloppen ej går att fastställa, samt ohörsamhet vad gällde revisorernas krav på inventarieförteckningar m.m. Revisorerna yrkade därför på att styrelsen inte skulle beviljas ansvarsfrihet. (Detta lättsinne påminner oss direkt om med vilket lättsinne Vägverket förvanskat sitt beslutsunderlag för E4 bl.a. genom att lägga in tre rödmärkta riksintresseområden i Storskogen, för att kunna hävda att riksintresse stod mot riksintresse när det gällde intrånget i Gamla Uppsala fornminnesområde.) Vi har ändå en viss förståelse för att entusiaster, som helt och fullt går in för sina hästar, sin ridsport och det stimulerande ungdomsarbetet, kanske inte är världens bästa på kontorsgöromål och annat trist pappersarbete, utan ger sina vänner hästarna och ungdomarna mer uppmärksamhet än bokföringen. Men med tanke på att hotet om att missbruk av reglerna i avtalet kunde medföra att lånet kunde förfalla till betalning och försätta verksamheten i omedelbar konkurs, borde det ha avskräckt att slarva eller göra oegentligheter. Man kan leka med tanken att om UPK hade upphört kanske det hade varit fritt för en JÖB dragning av motorvägen, som vägverkstjänstemännen så omsorgsfullt förhindrade;
och
Styrelsen 1995.

55. UNT Läsarnas Forum14/8 1993: "Kultur i 110 km/tim?" Av Stefan Wårdsäter.

56. UNT Läsarnas forum 7/9 1995: "E4 och särintressen" av Anton Andersson, Vendel. (Vid informationsträff i Mattsgården i Gamla Uppsala ansåg projektledare Lars Olof Pernler att kritik mot E4ÅV var bara särintressen. Här ger A. Anderson svar på tal.)

57. UNT 12/9 1995: "Är en förolämpning". Svar på debattinlägg av föreningen Bevara Vaksala" av Ingbritt och Gunnar Henriksen i Vaksala kyrkby: *"Byt namn till Sabba Vaksala - Bevara Svia!"*

58. Villkor som Landshövdingen ställt till Vägverket för att acceptera E4ÅV preciseras i skrivelse 1993-12-16 till Vägverket från Landshövdingen i Uppsala Län "Lokaliseringsplan för E4, delen Uppsala-Mehedeby": **1.** "Motorvägen flyttas 50 m österut i korridoren; **2.** Motorvägen sänks ner under markytan på föreslaget sätt för att minska bullret; **3.** att den i den nationella väghållningsplanen angivna tidsplanen för byggstart kan hållas; **4.** att en sträckning enligt alternativ mitt väljs norr om Uppsala för att tillgodose de regionalpolitiska intressena; **5.** att största hänsyn tas till mer preciserade kultur- och naturmiljösynpunkter i det fortsatta utredningsarbetet, varvid särskilt skall beaktas; **6.** att en helhetslösning kan åstadkommas som även omfattar utbygganden av Ostkustbanan; **7.** att Ostkustbanan dras i ett täckt tråg förbi Gamla Uppsala; **8.** att utbyggnaden av motorvägen och järnvägen tidsmässigt och finansieringsmässigt kan samordnas samt; **9.** att en MKB för byggandet i Gamla Uppsala upprättas." (Jämför referens 203-205);

och
Gamla Uppsala, åtgärdsplan för utbyggnad av E4 och Ostkustbanan. Information från Länsstyrelsen till Vägverket 1994-05-30, dnr 120-2812-94.
Planenheten anser det vara en betydelsefull åtgärd att flytta kommunens råvattenintag från Storvad till en intagspunkt uppströms Samnans utlopp på grund av risken för diffusa och koncentrerade föroreningsutsläpp från en eventuell framtida E4 enligt ÅV. För att helt eliminera risken för föroreningsläckage från E4 bör övervägas att flytta åvattenintaget ytterligare ovanför Fulleröpassagen av E4.

59. Styrelseprotokoll från Länsstyrelsens styrelsemöte 1993-12-03, då landshövdingen med sin utslagsröst fick igenom ÅV. Se §53 Lokaliseringsplan för E4 Uppsala-Mehedeby dnr, 120-71-39-93. Reservationer till beslutet finns med. Landshövdingen hade redan beslutat om vad som Länsstyrelsens styrelse i efterhand sedan skulle godkänna;
och
Brev till Vägverket 1993-12-03 med redogörelse för Länsstyrelsens nya beslut: *"Utifrån detta accepterar Länsstyrelsen en dragning av E4 i ett västligt läge förbi Uppsala under förutsättning att utredningens förslag till helhetslösning förbi Gamla Uppsala kan genomföras. Norr om Uppsala kvarstår dock kravet på en dragning enligt mitt-alternativet för.... Länsstyrelsens ställningstagande är således förenat med ett antal villkor..... Dessa villkor är..."*[58].

I denna skrivelse åberopas tidsplanen som hinder för en östlig E4: *Enligt Länsstyrelsens bedömning är det emellertid inte möjligt att med erforderlig snabbhet kunna genomföra ett byggande av E4:a i en östlig sträckning.."* Detta påstående avslöjar att Vägverket inte har utfört lokaliseringsutredningen med MKB enligt EG-direktivet 1985, som säger att alla de föreslagna alternativen skulle ha utretts med likvärdig noggrannhet.

60. Yttranden från Länsstyrelsens politiker angående Landshövdingens agerande och Länsstyrelsens tvära kast (5 referenser):

1. Vänsterpartiets reservation i Länsstyrelsen till beslutet 1993-12-03 att acceptera E4ÅV, genom Stephen Pettersson. Motivering: Dåligt utrett, ett grovt ingrepp i kulturmiljön och boendemiljön i östra Uppsala: *"För dem som lever och verkar i östra Uppsala har länstyrelsen med sömngångaraktig säkerhet lyckats förorda det allra sämsta alternativet";*
och
2. Miljöpartiet de Gröna, Uppsala län, yttrande till Regeringen Naturresursdepartementet 1993-12-13, statsrådet Görel Thurdin: Framställan om överprövning av beslut i Länsstyrelsens styrelse i Uppsala län om dragning av E4 genom länet. Från Anders Ekström och Per Otto Sylwan.
(Här påtalar Mp för regeringen Länsstyrelsens bristande demokrati.)
<u>Citat ur skrivelsen</u>:

"1993-12-03 tog styrelsen för Länsstyrelsen i Uppsala län sitt senaste beslut om hur man anser att dragningen av den till motorväg utbyggda E4 skall göras genom länet. Frågan avgjordes genom votering och landshövdingens röst kom att bli utslagsgivande....."

"Det finns anledning till allvarlig formell kritik beträffande Länsstyrelsens senaste E4-beslut. Beslutet i fråga har tagits på ett synnerligen tunt underlag som inte sänts ut i förväg till ledamöterna. En så bristfällig hantering av en mycket viktig fråga är ett hot mot den demokratiska processen."

"När det gäller beslutsunderlaget, en skrivelse till Vägverket, så innehåller detta en rad mycket väsentliga krav. Dessa krav borde givetvis <u>vara tillgodosedda före ett beslut</u>. Var och en med en smula politisk erfarenhet vet att det inte finns några som helst garantier att denna typ av 'önskelista' någonsin kommer att bli tillgodosedd i efterhand. Det är förvånande och en smula skrämmande att så pass många av Länsstyrelsens ledamöter med långvarig politisk erfarenhet ställer upp på en sådan hantering. Den eftergivenhet för Vägverket som på så sätt uppvisas i denna fråga är synnerligen märklig."

"Som ett av motiven att ta det aktuella beslutet har framförts att skyndsamhet är av nöden för att statliga vägbyggnadspengar inte skall "gå Uppsala län förbi". Vi tycker att detta är ett dåligt skäl och vänder oss mot att nuvarande beslut har "hetsats fram" och att Vägverket på detta sätt ges möjlighet att driva Länsstyrelsens styrelse till att ändra sitt ställningstagande.".....

"Vi (mp) skulle helst se en rent östlig dragning";
och
3. En tilläggsskrivelse från Miljöpartiet till skrivelsen 1993-12-13 där de vidhåller att regeringen bör pröva dragningen av E4 ÅV enligt NRL. Citat ur denna skrivelse:
"När det gäller den demokratiska hanteringen av ärendet har denna varit synnerligen otillfredsställande, framför allt i det sista skedet. Den nya sträckning som nu plötsligt föreslås verkar otillfredsställande utredd. Den har inte passerat Länsstyrelsens styrelse för beslut utan beslutats enbart av Landshövdingen själv i samråd med tjänstemän från Vägverket och Länsstyrelsen".
"Frågan om E4-dragningen kan inte betraktas som en ensak för Landshövdingen och några tjänstemän utan bör främst behandlas av väljarnas företrädare"....
"Det nya ställningstagandet drevs igenom i strid med 4 av de viktigaste avdelningarna på Länsstyrelsen, vilket framgår av separata yttranden från avdelningarnas chefstjänstemän." .... "Vi känner inte som representanter för Miljöpartiet tillit till Landshövdingen och Länsstyrelsens majoritet vad gäller vare sig hänsyn till miljön eller kulturen. När det t ex gäller frågan om Vendelsjön såsom skyddsvärd biotop förekom en diskussion i styrelsen i början av -94. Diskussionen lämnade mycket övrigt att önska vad gäller skyddet av fladdermössen. Efter att Landshövdingen räknat upp flera biotoper med sällsynta fladdemusarter konstaterades att en sådan biotop mer eller mindre inte kunde anses ha så stor betydelse att frågan över huvud taget var värd att utreda vidare";
och
4. "Kära Görel-brevet" Brev daterat 1993-12-23 från landshövding Jan-Erik Wikström till statsrådet Görel Thurdin, se sid. 40 i denna bok;
och
5. Skrivelse från Miljöpartiet 1994-08-23 till Sveriges regering, Statsrådet Görel Thurdin, Miljö och Naturresursdepartementet. Dnr. M93/4490/7.

61. Muntliga uppgifter från kommunalrådet Lars Olof Lindell (s) till Agnetha Sällström personligen vid KF sammanträde 1999-03-01 om länsstyrelsens socialdemokraters svek och uppvaktning hos Björn Rosengren.

62. UNT Debatt 11/10 1994: "Fladdermöss eller människor" av Håkan Rudérus, (adjungerad professor i Kostvetenskap vid Uppsala Universitet): Kritiserar politiseringen av Länsstyrelsen: *"Vad är det som förmår en landshövding att med hjälp av sin utslagsröst totalt desavouera sina tjänstemän och deras utredningar och att underkänna det yttrande som han ett knappt år tidigare själv undertecknat?...Resultatet kan lätt bli frustration bland de egna tjänstemännen och ett skamfilat rykte och lågt anseende bland medborgarna."* Jfr ref. 14, 33-35 och 59.

63. UNT Debatt 15/10 1994: Sveket mot Naturresurslagen av Jon Hogdal (naturgeograf).

64. Miljökonsekvensbeskrivningar: Arbetsplan för ny E4 Uppsala-Mehedeby, 2 delar: Delen Uppsala-Läby och Delen Läby-Mehedeby, Vägverket juni 1996.
"I Vägverkets policy angående konsekvensbeskrivningar anges bl a att dessa skall behandla: ekologiska, sociala och samhällsekonomiska effekter av vägåtgärder som kan bedömas på systemnivå. En konsekvensbeskrivning på systemnivå ska även innefatta en miljökonsekvensbeskrivning."

65. Brev 1994-08-09 från Landshövding Jan-Erik Wikström till statsrådet Görel Thurdin vid Miljö- och naturresursdepartementet, Dnr. 200-826-94: Fråga om prövning enligt 4 kap 2§ lagen om hushållning av naturresurser mm av planerad ny sträckning av E4 genom Uppsala län: *"<u>De fortsatta studierna har visat att grundförhållandena norr om sjön är alltför dåliga för att en dragning intill väg 292 skall vara möjlig.</u>" ..."Länsstyrelsen har i detta läge bedömt att det inte är lämpligt att arbeta vidare med olika dragningar över Vendelsjön enligt Mitt-alternativ."... "Vägverket har därför i samråd med Länsstyrelsen istället studerat ytterligare västliga alternativ - ÅVV väster om Uppsalaåsen"...."En dragning väster om Uppsalaåsen innebär en några km längre vägsträcka jämfört med ÅV-alternativet. <u>Däremot kan man undgå de problem med artesiskt vatten och dålig bärighet som är förknippade med ÅV-alternativet</u>"... "<u>En dragning av E4 över Vendelsjön är således inte längre aktuell. Enligt Länsstyrelsens uppfattning är det därför inte motiverat med en särskild regeringsprövning enligt 4 kap NRL av E4-ans</u>*

lokalisering. Länsstyrelsen hemställer därför att regeringen lämnar ärendet utan åtgärd. Denna skrivelse har utformats i samråd med Vägverket." Undertecknat Jan-Erik Wikström. (Slutsats blir att Länsstyrelsens styrelse inte varit med om att ta de ovan nämnda besluten; våra understrykningar)

66. Friluftsintendent Gösta Axelsons reservation till det slutliga yttrandet från samrådsgruppen "Trafik och transporter" inom Agenda 21 kommittén;
och
Gösta Axelson, Naturvårdsförvaltningen 1994 Råby/Trälösa Backar och Jälla Storskog. PM angående utveckling och bevarande av grönområdena nordost om Uppsala för friluftsliv och naturvårdsändamål;
och
UNT Uppland 19/7 2002: Friluftsområde hotas av E4. Klassiska Ottarsloppets framtid i fara. Motorvägen kommer att skära rakt igenom det stora spårområdet där Ottarsloppet avgörs varje år. *"Vi är djupt bekymrade,"* säger arrangörsklubben IK Rex.

67. UNT 9/6 1995: Utred JÖB-alternativet! av Anton Andersson: *"apropå länsrådet, så lovade denne tillsammans med landshövdingen och med kommunikationsdirektör Margaretha Rönnblom närvarande 16 maj 1995 att man inga invändningar har mot en E4-dragning norr om Vendelsjön, om Vägverket kan förmås ändra sig. Samma sak sade Bengt-OLov Eriksson, majoritetskommunalråd i Tierp 1 juni 1995";*
och
ARVs möte med landshövdingen. Han har inget emot östlig E4 om vi kan övertyga Vägverket: "E4 ÅV, landshövdingen och övriga beslutsfattare." Manuskript till Upsala Nya Tidning 1996-11-28 av Anton Andersson.*"Vi skall heller inte glömma att såväl landshövding Jan-Erik Wikström som länsrådet Ulf Henricsson med en artigt tyst Margareta Rönnblom vid möte på Länsstyrelsen -16 maj 1995 sade sig inte ha några invändningar mot att vägen drogs norr om Vendelsjön, om bara Vägverket kunde förmås utreda en sådan lösning. I klartext betyder detta att egentligen är Vägverket det enda som skall ses som motpart och då personifierat av Roland Forsberg, vägdirektör. På direkt fråga svarade Forsberg:"* "Det är jag som fattat beslutet att projektera E4ÅV."....*"Vägverket säger att det finns inga tekniska problem att runda Vendelsjön, fladdermusexperterna anser egentligen att det möjligen är olämpligt att lägga vägen på udden av näset mitt på Vendelsjön, men att det mer är skogen i omgivningen som inte bör avverkas. Att låta vägen stryka i kanten, säger experterna, påverkar inte fladdermössen. Det vi vill ha sagt är alltså att ingen av de* "sanningar" *ni hört av diverse potentater egentligen är sanna."*

68. Brev från Urban Sjelin till Vägverket och Justitieombudsmannen om Vägverkets felaktiga karta med riksintressemärkta områden som inte fanns;
och
Brev från Roland Forsberg, Vägverket 1996-02-07 VMN PP20 95:198, där han svarar bl. a:
"Jag har 96-01-26 informerat Jeanette Jarmlinger på Kommunikationsdepartementet att uppgiften på sid. 119 i lokaliseringsplanen är felaktig och att intresseområdena för friluftsliv inte har riksintressestatus."
(Kommentar: Lokaliseringsplanen är från 1992 och det betyder att under hela beslutsgången om vägen har felet varit okorrigerat!)

69. Kommentar till detta påstående: Redan i denna formulering ser man att Länsstyrelsen inte vet och förstår skillnaden mellan ett redan etablerat riksintresseområde kring ett fast fornminne och riksintresset för en väg, vars placering har flera tänkbara alternativ. Detta är elementär kunskap vilket framgår av uttalande av dåvarande vice ordföranden i Uppsala Naturskyddsförening Jonas Christensen som är miljöjurist.
I ett brev 1993-12-02 till UNT med rubriken Kjell Hedlund eller BOJ ANGELÄGET. "Apropå E4 över Vendelsjön" säger han: *"Med anledning av artikeln i torsdagens UNT av Kjell Hedlund vill jag kommentera följande. Slutsatsen är att det är i princip olagligt att dra en E4 över Vendelsjön, dito genom Gamla Uppsala, under förutsättning att dessa områden verkligen är klassificerade som riksintressen för kulturmiljövården enligt naturresurslagen. Länsrådet Ulf Henricsson sade i torsdagens UNT att det är ett riksintresse att dra en E4 genom gamla Uppsala, d.v.s. att E4 skulle vara ett riksintresse oavsett var den går. Detta är juridiskt sett helt omöjligt, totalt fel!! Lagen är konstruerad så att det är ett visst utpekat geografiskt område som skall vara av riksintresse för något, ex kommunikationer eller miljövård*

eller kulturmiljövård etc. Skulle någon av mina studenter svara som Ulf Henricsson på en tenta, då skulle han få underkänt, direkt. Det är elementärt min käre Watson!!! Det är ytterst förvånande att han kan svara som han gjorde. Det andra är att Vendelsjöområdet är av riksintresse för kulturmiljövården, inget annat intresse (kommunikationer ex) har klassificerat området som sitt riksintresse. Enligt Nrl 2:6, 2st skall detta område då skyddas: "Område som är av riksintresse för naturvården, kulturmiljövården eller friluftslivet skall skyddas mot åtgärder som nämns i första stycket. "Första stycket säger att sådana områden skall skyddas från åtgärder som kan påtagligt skada områdenas kultur-, eller naturvärden." Observera ordet ***skall****. Det torde vara omöjligt att påstå att detta inte påtagligt skulle förstöra områdets karaktär.*
Med andra ord är det i princip förbjudet att då dra en väg genom detta område.
Detta medför också att det för Gamla Uppsalas räkning inte alls kommer att vara två riksintressen som står mot varandra, eftersom enligt mina kunskaper Gamlis inte alls är klassat som riksintresse för kommunikationer. Det är således stopp överallt.
Vore jag politiker, som ex Gunnar Hofring, eller länsråd som Ulf H. skulle jag nog läsa på lagen lite mer innan jag fattar beslut. Att stå med denna nesa efter skulle inte vara roligt." Jonas Christensen;
och
Ett exempel på Vägverkets missförstånd:
UNT Debatt 13/6 1995. E4 genom Uppland ett riksintresse av Dan Nordberg på Vägverket Region Mälardalen. I detta debattinlägg sägs helt felaktigt: *"JÖB-förslaget är i stort sett identiskt med ett förslag vi presenterade i lokaliseringsplanen 1992, ett förslag kallat JÖM. Vi har alltså redan tidigare utrett detta alternativ och kan därför konstatera att JÖB-förslaget är orealistiskt."* Kommentar: Detta påstående är lögn. JÖM har aldrig utretts som EG-direktivet 1985 föreskriver. JÖB skiljer sig dessutom i viktig avseenden från JÖM: JÖB går inte över Vendelsjön och drabbar därför inte fladdermusbiotopen.

70. Hagson, A., Mossfeldt, L., Karlsson,B. & Elmquist, M. Förändringar av stadens markanvändning till följd av förbifarter. Rapport från Inst. för Arkitektur, Chalmers högskola, 2001. www. research.chalmers.se

71. Handlingar rörande G/C väg i Jälla, som påvisar Pernlers beslutsposition vid Vägverket. Jfr ref. 146.

72. Anders Carlstedts uppdrag som hydrogeolog i vägutredningen 9 poster:

Ur SGU Registerdokument: Anders Carlstedt medverkade i: **Hydrogeologisk konsekvensbedömning av olika linjealternativ för E4 mellan Läby och Månkarbo, Uppsala län, SGU feb 1995 Dnr 08-1092/94;**
och
Hydrogeologisk utredning för ny E4-dragning; delobjekt Danmark-Fullerö samt Bärbyled etapp 3. ID-kod: SGU-H:03-349; 1995-10-17; Bifogad Rapport med dnr 08-1093/94. Omfattande skyddsåtgärder föreslås framför allt för passagen av Röboåsen för att undvika kontamination av grundvatten. *"Längs de vägsträckor där konsekvenserna bedöms som stora vid ett föroreningsutsläpp föreslås kvalificerade grundvattenskydd i form av tät vägbeläggning och tätskikt under både vägkropp, diken och dikesslänter. Denna typ av tätskikt har föreslagits vid passagen genom Uppsalaåsen vid Röbo och Vattholmaåsen vid Fullerö. Med kvalificerat tätskikt menas här ett skydd bestående av dubbla tätskikt med bentonitmatta och plastmembran, kombinationer av dessa i form av olika kompositmembraner eller anda lösningar med likvärdig funktion";*
och
Hydrogeologisk konsekvensbeskrivning för Ostkustbanan dubbelspår Uppsala, delen Gamla Uppsala. ID-kod: SGU-H:03-358,1996-05-06;
och
Hydrogeologisk konsekvensbeskrivning avseende omläggning och förbättring av länsväg 709 mellan Läby och Örbyhus. ID-kod: SGU-H:03-359, 1996-05-22;
och
Står som konsult för Hydrogeologi i Arbetsplan för ny E4 Uppsala-Mehedeby, Miljökonsekvensbeskrivning delen Läby-Mehedeby, juni 1996;
och

Anges som konsult för Grundvatten i rapporten *"Kompletterande utredningar av östliga sträckningar vid Uppsala,"* Dec 1999: Arbetsplan för E4-delen Uppsala Mehedeby 1999-11-12 hydrogeologi, grundvatten; grundvattenskydd; MKB ID-kod: SGU-H:03-385; Se ref. 168 och 181;

och

11/06 2001 Yttrande 08-73/2001 från SGU Anders Carlstedt: Ny E4 Uppsala-Mehedeby. Påverkan på grundvattenförhållandena av broar över Samnan och Fyrisån N Fullerö. (Stockholms Tingsrätt, avd.9:3, har i ett förläggande daterat 2001-05-23, begärt kompletterande uppgifter från Vägverket avseende bl.a. påverkan på grundvattenförhållandena av två stycken broar över åarna Samnan (mål M 187-01) och Fyrisån (mål 193-01) på delsträckan Danmark-Fullerö av ny väg E4. Lennart Carlsson på Vägverket har då gett Carlstedt uppdraget);

och

UNT 27/2 2002: Vägverket tvingas ändra plan. Rondell avslutar Bärbyleden. Dyrt att bygga planskild korsning. *"Förnyade mätningar har visat att marken vid halkbanan norr om Brillinge har högre grundvattennivåer än man tidigare trott."* Jfr Roland Forsbergs uttalande i sin debattartikel emot JÖB där han framhåller att med JÖB kommer boende i östra delarna av Nyby att störas mer av JÖB än av ÅV för att *"den s k fördelningsvägen från väg 288 in till Råbyvägen kommer i alternativ JÖB att förläggas i markplanet med en cirkulationsplats vid Österleden vid Nyby. Detta ska jämföras med en nergrävd Bärbyled med planskilda korsningar"*[118]. (Genom att Carlstedts utlåtande om markförhållandena var fel så blev det alltså rondeller i alla fall även med ÅV-förslaget);

och

UNT 19/3 2004: Bärbyledens etapp 3 godkänd. Av planen framgår att det blir en cirkulationsplats i korsningen mellan Bärbyleden och Österleden. ..*"det vore önskvärt med en planskild korsning i stället för en cirkulationsplats som nu blir fallet. Men av tekniska och ekonomiska skäl blir det inte så. Problemet är att grundvattennivån är hög i området. En försänkning av vägen skulle kräva en allt för dyr teknisk lösning för att komma undan grundvattenproblemet."*

Se också referenserna 41 och 198

73. Carlstedt medverkade som hydrogeolog och expert i Erstorp-målet, Sveriges största miljörättegång varvid Carlstedt bluffade: Ref. Miljö och framtid ISSN 0345-7958, nr. 3, 1982, sid. 4-5 Statsagronom Nils Brink vid Sveriges Lantbruksuniversitet visar att SGU har gjort en dundertabbe; nr. 1-2 1983 sid. 9-11; nr. 7, 8, 9 1983 sid. 10-13; nr. 7-9, 1984, sid. 19-21 **(finns i referenssamlingen till boken). REKOMMENDERAD LÄSNING!**

och

Brev 2001-01-27 från Agnetha Sällström till Linköpings Tingsrätt med förfrågan om kopior på vittnesförhören med konsulten statsgeolog Anders Carlstedt;

och

Brev 2001-02-16, Dnr 37/01 Doss 1.9.3, från Linköpings Tingsrätt till Agnetha Sällström som begärt kopior av delar av protokollet från Erstorp Finspångsmålet med målnummer F 39-78 och F 41-78 med vittnesförhören med konsulten Anders Carlstedt. *"Det mål Ni begärt kopior ur är synnerligen omfattande. Tingsrätten har, dels i samband med att Ni hösten 2000 muntligen begärde ut handlingarna dels i samband med att Er skrivelse inkom gjort relativt grundliga efterforskningar för att hitta vittnesförhören med Anders Carlstedt. Tingsrätten har dock tyvärr inte funnit de efterfrågade uppgifterna. ..."Jag vill i sammanhanget upplysa om att det inte är säkert att uppgifter Ni söker finns bevarade i målet."* Undertecknat Erik Ullenhag (fpl).

74. Angående prövning av vägdragningen enligt NRL 6 poster:

1994-03-11 "Överklagande" till Miljö- och Naturresursdepartementet. Dnr M94/1015/7, 1994-03-14. Ärende från Jan och Agnetha Sällström Uppsala: Begäran om prövning enligt 4:e kapitlet NRL för en planerad vägsträckning i Uppsala;

och

Svaret från Miljö och Naturresursdepartementet på Miljöpartiets begäran 1993-12-13 och vår begäran om prövning enligt 4 kap. 2§: Regeringsbeslut 58 1994-09-01 M94/1015/7 m.fl. Fråga om prövning enligt 4 kap. 2§ lagen om hushållning med naturresurser m.m. av planerad ny motorväg E4 mellan Uppsala och Mehedeby i Uppsala och Tierps kommuner. *"Regeringen vidtar ingen åtgärd med anled-*

ning av skrivelserna med begäran om prövning enl 4 kap NRL av planerad ny motorväg E4 mellan Uppsala och Mehedeby" Görel Thurdin;
och
UNT 18/2 1995: Klarläggande om E4. Insändare av landshövding Jan-Erik Wikström, där han förklarar att prövning har ägt rum;
och
1995-06-22 Ny skrivelse: Begäran om prövning enligt Naturresurslagens 4 kap 2§, lagen (1987:12) om hushållning med naturresurser mm av planerad motorväg mellan Uppsala och Tierp (alternativet E4ÅV). Innan Vägverket förklarat att de inte kan uppfylla villkoren har vi genomskådat det och skriver: *"De preciserade villkoren för förbipassagen av Gamla Uppsala kommer inte kunna uppfyllas. Grundförhållanden, markbeskaffenhet och grund- och ytvattenflödena (Samnabäcken, dikningarna från Tvärmyran och Sjödyn m fl) gör att vägen inte kan grävas ner så djupt och tunneln sannolikt inte kan byggas";*
och
1997-12-18 Regeringsbeslut Fråga om prövning enligt 4 kap. 2§ lagen om hushållning med naturresurser m.m. beträffande planerad ny motorväg E4 mellan Uppsala och Mehedeby i Uppsala och Tierps kommuner, Uppsala län: *"Regeringen vidtar ingen åtgärd med anledning av Enfrågepartiet Stoppa E4 Väst väckt fråga om prövning... "* undertecknat Anna Lindh. Detta är svaret på skrivelsen 1995-06-22;
och
Information Rosenbad 1997-03-21: I regeringsförklaringen den 17 september 1996 underströk statsministern att "Sverige skall vara en pådrivande internationell kraft och ett föregångsland i strävan att skapa en ekologiskt hållbar utveckling." Regeringen beslöt den 21 januari 1997 att tillsätta en delegation för en ekologiskt hållbar utveckling. Ordförande i denna delegation var statsrådet Anna Lindh.

75. UNT 9/4 1994: "E4:ans nya dragning skadar miljön" av Pehr Mikael, Jan och Agnetha Sällström.

76. Vita Fläcken. Kulturföreningen Vita Fläcken bildades våren 1990 med anledning av E4-planerna. Det var en teatergrupp under ledning av Eva och Stefan Wårdsäter från Duvboda i Uppsala. Teaterföreställningen *"Vart tar vägen vägen, är den ute på åkern och åker?"* - var ett stort teaterprojekt med 30 medverkande amatörer på scen. Samtliga spelande amatörer var boende i Gamla Upsala-området. Pjäsen spelades 5 gånger för utsålda hus i oktober 1990. Den uppmärksammades av Riks TV såväl som Lokal TV och Dagens Nyheter. Eva och Stefan Wårdsäter var professionella skådespelare. De var initiativtagare till Gamla Uppsala Hembygdsförenings E4-grupp. Se också ref 45 och 48. Kulturföreningen ordnade också en guidad tur genom området Vita Fläcken, d.v.s kulturlandskapet runt Gamla Uppsala. Inbjudna och närvarande var berörda tjänstemän på kommun, landsting, Länsstyrelsen och Vägverket. (Information från ref 48.)

77. Anders Gillberg: Enfrågepartiet Stoppa E4 Väst. "En kulturbygd kan inte flyttas. Det kan dragningen av E4:an." Miljö och Framtid nr 6 1994, årg.23, sid. 17-19.

78. Notiser om nya partiet Stoppa E4 Väst (7 poster)
Pressmeddelande från SE4V 1994-04-27: Nytt parti startar i Uppsala. Med inbjudan till presskonferens 28/4 i Storgården i Gamla Uppsala;
och
UNT 27/4 1994: Protester födde nytt parti;
UNT 29/4 1994: Nytt Parti i Uppsala vill stoppa E4-dragning;
UNT 9/6 1994: Motståndsrörelse vill stoppa E4 Väst;
UNT 7/9 1994: "Bondeuppror " sprider sig längs nya E4-dragningen, av Bengt Bylund. ...*"det nybildade enfrågepartiet Stoppa E4 Västs debattkväll i Viksta bygdegård på tisdagen drog fullt hus, mest bönder";*
UNT augusti 1994 Nytt Uppsalaparti vill stoppa E4 Väst;
och
Uppsala Demokraten 11/8 1994: E4-dragning upphov till nya partier.

79. Flygblad i valet 1994 från Vaksala-Årsta Socialdemokratiska Förening. Stoppa E4 i Årsta. *"Kasta inte bort Din röst på E4 partiet! Rösta på socialdemokraterna 18 september";*
och
Flygblad från Vaksala-Årsta Socialdemokratiska Förening. *"Kampen mot Årsta-dragningen av E4 fortsätter!"* (tillsammans med Aktionsgruppen i Årsta mot E4 Väst).

80. UNT 20/7 2019: Dumpad bil i Trollsjön bärgad.

81. UNT 20/9 1994: Uppsalas röster i kommunalvalet;
och
Häftet Aktuell statistik utgiven av Uppsala kommun i mars 1995 om "Kommunalvalet 1994 i Uppsala, Slutliga resultatet" innehåller en uppenbar felaktighet. Man skriver: *"Majoritetsblocket, Socialdemokraterna, Vänsterpartiet, Miljöpartiet och Stoppa E4 väst, som bildades efter valet fick sammanlagt 55% av rösterna, och det borgerliga blocket, bestående av Moderaterna, Folkpartiet, Centerpartiet och KDS fick 41,1%. Majoritetsblocket har tillsammans 48 och det borgerliga blocket 32 av kommunfullmäktiges 81 mandat."* Felet var att vi med våra 2,9% var helt fristående och inte ingick i något av blocken.

82. Kommunstyrelsen KS 1998-11-03 Politiska sekreterare för nästa mandatperiod. KS förslag till KF att besluta. Totala resursen för politiska sekreterare ska vara 6 årstjänster och varje parti ska få en grundresurs på 0,425 årstjänst;
och
Uppsala stadsjurist Mats Sandmark: PM angående partistöd m.m. 2006-10-03. Regler för politisk sekreterare och partier.

83.
UNT 17/9 1994: Småpartier kämpar för plats i fullmäktige;
UNT 19/9 1994: Stoppa E4 Väst tar plats i fullmäktige. C i Viksta skakades om ordentligt 227 röster fick SE4V och C bara 24 av förra valets 228 röster;
UNT 20/9 1994: Stoppa E4 Väst i fullmäktige. Håller tungan borta från vågen;
UNT 15/10 1994: Fler kvinnor i politiken. Hög andel kvinnor i Uppsala fullmäktige.

84. Vanligt att politiker mobbas, referat i Uppsalatidningen (av Inger Nilsson) nr 35 4-10 sept 2005;
och
Agneta Blom "PTU, politikernas trygghetsundersökning", BRÅ Rapport 2015:13;
och
Anna Frenzel, Politikernas trygghetsundersökning 2017. Förtroendevaldas utsatthet och oro för trakasserier, hot och våld 2016. ISBN 978-91-87335-89-1.

85. UNT 5/10 1994: Stoppa E4 Väst i kartell med vänstern;
och
UNT 29/11 1994: Stoppa E4 väst utan verkligt inflytande;
och
UNT 7/12 1994: Ny uppgörelse för Stoppa E4 väst;
och
UNT 13/12 1995: Nyvalda Uppsalanämnder.

86. I sista stund i oktober 1994 innan stafettpinnen efter valet skulle lämnas över från borgarna till s-majoritetsstyret med start i november 1994, fattade Kommunstyrelsens borgerliga majoritet beslut om att beställa detaljplaner för genomförandet av E4 förbi staden i enlighet med Vägverkets önskemål om Årsta-Väst: Detaljplaneuppdrag för ny E4-sträckning KS 3100 5 OKT 1994;
och
UNT 6/10 1994: Uppsala kommun Västlig E4 förbereds. *"Socialdemokraterna, vänsterpartiet och miljöpartiet som snart kommer att bilda en egen politisk majoritet är emot beslutet, men kan för tillfället inte göra så mycket mera.*

87. Socialdemokraterna försöker ändra på beslutet om E4 ÅV, 5 poster
Uppsala Demokraten (UD) n22/9 1994: S har inte gett upp hoppet om E4-dragning vid Jälla
och
UD nr.1, 5/1 1995: E4-dragning ligger fast. Ännu ingen framstöt från socialdemokraterna;
och
UNT 30/3 1995: Socialdemokratiskt utspel om E4 Vill utreda Jälla-alternativ och Bärbyled etapp tre. -*"Det här är ett spel för gallerierna av sossarna för att tillmötesgå Stoppa E4 Väst -partiet. Vi går inte med på Jälla,"* säger Jan Wikström (mp). Mp har tidigare sagt att tvingas man att välja mellan Årsta och Jälla, föredrar man en tvåfilig motortrafikled vid Årsta i stället för planerad fyrfilig motorväg;
och
Kommunstyrelsen 1995-04-18 Nya förutsättningar för lokalisering av en ny E4 förbi Uppsala, av Lars-Olof Lindell (s). PM undertecknat av samtliga 29 socialdemokrater i fullmäktige. (En mycket initierad genomgång av turerna kring ny E4 och en klart faktabaserad argumentation för att återgå till Jälla-alternativet);
och
Hemställan om att hänskjuta ärendet om nya förutsättningar för lokalisering av en ny E4 förbi Uppsala till kommunfullmäktige för prövning. KF 1995-05-22, undertecknat av samtliga s-ledamöter i KF;
och
Reservation, KF ärende 94, 12 juni 1995. Fp liberalerna reserverar sig mot bordläggning av ärendet om att återgå till E4 över Jälla, undertecknad Harald Nordlund.

88. Reservation från centerpartiet genom Lars-Gunnar Eriksson till Skrivelse från Kommunstyrelsen till Regeringen, kommunikationsdepartementet 1997-10-07 Fastställelse av arbetsplan för väg E4, delen Uppsala-Läby, Uppsala och Tierps kommuner, Uppsala län.

89. KomKom "Ny kurs i trafikpolitiken" Delbetänkande av Kommunikationskommittén, SOU 1996:26. ISBN91-38-20186-0, Stockholm 1996;
och
Statens Kommunikationskommitté slutbetänkande, SOU 1997:35, "Ny kurs i trafikpolitiken" ISBN91-38-20537-8, Stockholm 1997.

"Det är dags att sätta miljömålet främst i den svenska trafikpolitiken," deklarerade kommunikationsminister Ines Uusmann på en konferens januari 1995 inför tillsättandet av en Kommunikationskommitté (KomKom) med uppdrag att utarbeta en nationell plan för kommunikationerna i Sverige för perioden 1998-2007. Ett av huvudförslagen i KomKom är en satsning på underhåll på bekostnad av investeringar, vilket betyder att ett svenskt motorvägsnät inte har högsta prioritet. En av de viktigaste aspekterna som KomKom-beredningen för fram är att samtidigt som transportsektorn ska sträva mot att bli miljömässigt hållbar, ska infrastrukturplanen åstadkomma en samhällsekonomiskt effektiv transportförsörjning. KomKom föreslog av miljöskäl en höjning av dieselskatten. Detta väckte ett enormt motstånd hos ett enat Transportsverige, som avgick med seger i och med att planerna på höjd skatt skrinlades[90].

Den största svårigheten när man arbetar i monetära ekonomiska termer är att ett antal parametrar inte går att uttrycka i kronor och ören. Hur värderar man en god livsmiljö, ofrörenad luft, kulturvärden och olika typer av intrång i bostadsmiljöer, natur och kulturområden samt barriäreffekter plus immateriella värden som tillhör kategorin känslomässiga upplevelser? Det är väldigt svårt, eftersom kostnader för ohälsa p.g.a. trafik kan komma lång tid efter att vägen etablerats och sambandet ska bevisas. Värdeminskningar på fastigheter kan ge en fingervisning om kostnader för förstörd boendemiljö, eller minskad verksamhetsmöjlighet.

Landsarkivarie Karin Schibbye, RAÄ har i ett särskilt yttrande till Delbetänkandet Ny Kurs i Trafikpolitiken, Sou 1996:26[89] framfört följande åsikt:
"Kommittén har i sitt arbete valt att utgå från ett beslutsunderlag baserat på samhällsekonomiska kalkyler - som är utvecklat utifrån trafiksektoriella utgångspunkter. ***Samhällsekonomiska kostnader knutna till intrång och försämrad livsmiljö, har inte åsatts något pris varför projektets samhällsekonomiska 'lönsamhet' konsekvent överskattas*** (vår fetstil). *I praktiken leder synsättet till att mätbara*

parametrar som luftutsläpp och buller ägnas stor uppmärksamhet medan analyser saknas av hur en i övrigt god livsmiljö påverkas och kan säkerställas.
Att detta perspektiv blir för snävt visas i delbetänkandet när kulturmiljöns värden begränsas till en fråga om intrång och skadeförebyggande åtgärder. Därmed har man också missat att frågor som rör kulturmiljön även hör hemma inom den strategiska planeringen. I stället hamnar kostnader för skadebegränsning och intrång i senare planeringsskeden, vilket förenklar hanteringen men ökar riskerna för misstag och felaktiga beslut......"
"Nya väg- och banmiljöer hör till de mest förfulande och markkrävande inslagen i vår miljö ... ***De marginella tidsvinster (2%) som finns att hämta in via ytterligare vägbyggnader hotar oersättliga kulturvärden."***(vår fetstil)——

Reservationer till beredningsbetänkandet framhåller att det varit *"för kort tidsram för att ge rum för ordentlig eftertanke."*

När man studerar SOU 1997:35 Reservation av ledamot Karin Svensson Smith (v) och hennes oerhört kunniga, klara och sakliga framställning av vad "hållbar utveckling" innebär, inser man Vänsterpartiet **inte** är ute och cyklar vad gäller miljötänkande.

90. Lastbilen Svensk Åkeritidning Nr. 4/98 31/3 1998: Skattehöjningen som inte blev av. Enat Transportsverige gav resultat;
och
Melin, C. Makten över trafikpolitiken. Korporation, lobbying och opinionsbildning inför 1998 års transportpolitiska beslut. Acta Universitatis Upsaliensis, Uppsala 2000. ISBN 91-54-4768-6.

91. Referenser om Björklinge-Långsjön **4 poster**:
Björklinge Långsjöns avrinningsområde Skydd enligt 8§ Miljöskyddslagen mot utsläppande av avloppsvatten mm inom (Björklinge-) Långsjöns avrinningsområde. Länsstyrelsens skrivelse 1991-05-14 till regeringen med begäran om skydd, dnr 240-0647-91;
och
Regeringsbeslut 92.04.16, dnr 240-0647-91 undertecknat Olof Johansson och Ingvar Svensson på regeringens vägnar. *"Förbud mot utsläpp av avloppsvatten m.m. inom (Björklinge-) Långsjöns avrinningsområde."* (Anmärkningsvärt är att på beslutsmeddelandet från Miljö- och Naturresursdepartementet står överst skrivet *"Drabbas av dragningarna ÅV och JV"* (d.v.s. man var då från regeringens sida angelägen påtala att dessa vägförslag var olämpliga, enligt vår tolkning);
och
Uppsala kommunfullmäktiges protokoll 12 juni 1995, §138 ärende SerA nr 94, Vägutredning för E4, delen Läby-Månkarbo;
och
Agnethas reservation om Långsjön KF 1995-06-12. Ärende Ser A nr 94, Vägutredning för E4, delen Läby-Månkarbo med eget förslag till yttrande, med bilaga artikeln i UNT 17/6 1995[92].

92. UNT Debatt 17/6 1995: E4 väst en omöjlig vägdragning av Agnetha och Jan Sällström.

93. Från Partistyrelsen Stoppa E4 Väst, 1996-09-13 till Vägverket Region Mälardalen: "Yttrande och nej till godkännande av arbetsplan med MKB för ny E4 genom Uppland, sträckan Uppsala Mehedeby, delen Danmark-Läby."

94. Referenser om Detaljplan för Tingssätten i Gamla Uppsala, 8 poster:
Uppsala kommunfullmäktige protokoll 1994-11-28 Ser A nr 204, Förslag till detaljplan för Tingsslätten. Program för utveckling av kulturmiljön i Gamla Uppsala samt detaljplan för Tingsslätten, Uppsala kommun, (Dp 100T 1994-07-07);
med
Bilaga sid. 638 i protokollet: Vårt yttrande om museum i Gamla Uppsala 1994 odaterat resonemang av Jan Sällström om muséet i Gamla Uppsala;
och

1994-06-13 Remissyttrande över lokalisering av museum i Gamla Uppsala till Stadsbyggnadskontoret från SE4V;

och

1994-10-25 Skrivelse angående ärende SBK 94/590-2 Detaljplan för Tingsslätten, Gamla Uppsala, Dp 100T Uppsala kommun, undertecknad av Rolf Åkerman och Agnetha Sällström;

och

1994-11-16 Agnetha Sällström Stoppa E4Väst om "Detaljplan för Tingsslätten, G:a Uppsala Dp100T";

och

1994-12-05 Till KF i Uppsala kommun. Reservation angående beslut 1994-11-29 om detaljplan för Tingsslätten, G:a: U-a, Dp 100T;

och

1994-12-30 Till Länsstyrelsen i Uppsala Län: Överklagande av Uppsala kommunfullmäktiges beslut 1994-11-29 att anta detaljplan för Tingssätten, G:a Uppsala Dp 100T;

och

UNT 2/1 1997: Riv inte Mattsgården. *"Bygglov har beviljats för ett nytt museum i Gamla Uppsala och samtidigt rivningslov för den folkkära Mattsgården. Beslutsfattarnas förakt för folkviljan har således som vanligt gett utslag,"* av Jan och Agnetha Sällström Stoppa E4 Väst.

95. Referenser till diskussionen om muséet i Gamla Uppsala 8 poster:
Alternativ arkitektritning till ett museum i Gamla Uppsala utförd av Illes arkitektbyrå;

och

UNT 17/4 1996: Centern uppmanar - Folkstorm kan rädda Mattsgården. "Mötesdeltagarna uppmanades att ringa ned byggnadsnämndens ledamöter och förmå dem att ompröva rivningslovet";

och

1996-04-02 Brev från Gamla Uppsala Hembygdsförening till Gamla Uppsala Kommundelsnämnds ordf., Erik Melinder (s). "Inför pågående försäljning av fastigheten Stora Myrby. Ett unikt tillfälle";

och

1996-04-25 Interpellation 96/320 av Agnetha Sällström (sE4v) om kommunalt bidrag till finansieringen av ett vikingamuseum i Gamla Uppsala;

och

UNT 3/5 1996: Förstör inte i Gamla Uppsala. Sonja Franzén Åkerman och Rolf Åkerman. *"Riv upp rivningsbeslutet om Mattsgården";*

och

1997-05-07 Brev från Agnetha Sällström (Stoppa E4 Väst) till Knut och Alice Wallenbergs Stiftelse, rörande sponsring av Museet i Gamla Uppsala;

och

1997-10-08 Reservation mot beslut i KF 1997-09-29 i ärende Ser A 106 Museum i G:a Uppsala;

och

1999-11-02 Rapport från Kommunstyrelsens kontor: Ekonomiskt stöd till museum i Gamla Uppsala, dnr199-0269. Av RAÄ:s krav på regionalt stöd på 10,5 miljoner saknades 4,3 miljoner, vilket togs i anspråk av garanterat stöd från kommunens budget.

96. Centerpartiet: Motion i KF 2001-05-16 "Kulturpolitik för förståelse och gemenskap människor emellan." (KS-2001-0439).

97. RAÄ Kulturmiljöavdelningen 2001-05-16 skrivelse 311-392-2001 om Drottning Kristinas Kungsväg till arkitekt Ingvar Ekemark.

98. Skrivelse från Uppsala Kommunstyrelse (Lindell) Dnr 689/97; 703/97; 724/97) daterad 1998-01-07 till Länsstyrelsen angående infrastrukturplaneringen 1998-2007.

99. 1995-03-12 Motion 1995/187 om *"Ett kommunalt nej av Agnetha Sällström (sE4v) till motorvägen i västligt alternativ."* **Besvarades med ett KF beslut om nej till arbetsplanen för E4 ÅV 28/10 1996[113].**

100. 1995-04-20 Motion 1995/288 i KF av Agnetha Sällström (sE4v) *om"ett kommunalt nej till Bärbyledens tredje etapp."* **Besvarades i samband med KF beslut om nej till arbetsplanen för E4 ÅV**[113].

101. Projekt Årike Fyris Norr sid. 88
© P-M Sällström och Stoppa E4 Väst Uppsala 1996 Årike Fyris Norr.
"E4 väst vore en kulturkatastrof utan like för hela Sverige och Europa. E4-bygget slår fullständigt sönder ett enhetligt och faktiskt väl bevarat kulturlandskap som har mycket få motsvarigheter i Skandinavien," säger arkeologen Wladyslaw Duczko, citerad i Upsala Nya Tidning 27 mars 1995[18].
I sammanställningen av kartor över kommunens analyser av Gamla Uppsala och området närmast norr och öster därom, friluftsvärden, jordbruksvärden, vattentäktsvärden och landskapsbildsvärden framgår dels områdets utvecklingsmöjligheter, dels hur kraftfullt den beslutade dragningen av E4 genom Samnans dalgång upp genom Hämringe står i konflikt med dessa. Inte minst det dokumenterade behovet av ökad kontakt med naturmarkerna kring Råby som föranleds av norra Uppsalas, av kommunen konstaterade, brist på grönområden, kan knappast vara förenligt med den buller- och avgasridå som en motorväg skulle innebära i området, för att inte tala om den brist på flexibilitet för framtida utvecklande av stigar och leder i området som det skulle medföra.
Dessa fakta har legat till grund för ställningstagandet i Stoppa E4 Väst att utreda en ekopark i Gamla Uppsala, som vi gett arbetsnamnet Årike Fyris Norr (ÅFN). Ett så unikt område med så stora bevarandevärden måste få någon eller flera former av skydd mot exploatering. En typ av skydd skulle ÅFN få om det inkluderades i den tillkommande Nationalstadsparken i Uppsala.
Presentationen av utredningen kring ÅFN har gjorts i form av fem utställningsskärmar, vilka har brutits upp i följande skriftliga presentation "Årike Fyris Norr". P-M Sällström 1996-03-26;
och
UNT 27/3 1995: Utgrävningarna i Gamla Uppsala. Nya fynd skriver om historien. *"Gamla Uppsala är det rikaste, största och märkligaste fornlämningsområdet i Skandinavien";*
och
1996-08-13 Stoppa E4 Väst:s Yttrande (med bilaga Årike Fyris Norr) till Kommunstyrelsen i Uppsala över "Nationalstadsparker, SOU 1996:38. Slutbetänkande av utredning om Nationalstadsparker." Behandlades i KF 1996-09-30;
och
Uppsala kommunfullmäktiges protokoll 30 nov-1dec. 1998 behandlar ärende Ser A nr 129, motion av Christina Bergman (c) om förverkligandet av Gamla Uppsala Rikspark samt motion av Agnetha Sällström (sE4vk) om inrättandet av ett skyddsområde i anslutning till Fyrisån norr om Uppsala - ett Årike Fyris Norr. *"KF beslutar att med hänvisning till att synpunkterna kommer att beaktas i samband med kommande översiktsplan för staden besvara motionerna."* Motionen om Uppsala rikspark av Christina Bergman rörde i stor utsträckning Röboås-Gamla Uppsla-stråket och Eriksspåret som verkar att ha fått skydd idag, åtminstone de delar som ägs av kyrkan.
och
Uppsalaåsen - Fyrisån. En föreslagen Nationalstadspark i Uppsala. Remisshandling april 1997. Tjänstemannaförslaget, undertecknat planeringsdirektör Carl-Johan Engström;
och
Reservation i TBN 1997-06-17, Ärende GN6: Den föreslagna nationalstadsparken i Uppsala. Remiss från kommunstyrelsen dnr 96:338.

102. Tankar från roten:
"För den trötta samhällskroppen
Vore kanske bästa boten
I fall tankarna från toppen
Kom från roten." Tage Danielsson "Tankarna från roten"

103. Exempel på modifierade eller refuserade insändare: Svar till Peter Wigrens debattinlägg 15/9 1999 om köerna vid järnvägsövergången i Gamla Uppsala UNT sid. 2, 23/9 1999 innehåller strykningar av betydelsefulla avsnitt. Den upplevdes förmodligen av redaktören som för lång;
och

2000-06-02 ”Grattis hela svenska folket.” Insändare skickad till UNT Läsarnas forum, men aldrig införd. ***med*** Följebrev från Kersti Kollberg som förklarar varför det inte kan tas in;
och
Kommentar på hemsidan om pressens förvanskningar av våra inlägg.

104. Uppsala kommun, arbetsgruppen för översyn av ersättningar för förtroendevalda, ERS 03. Minnesanteckningar från sammanträde 2001-11-26. Punkt 1. Avsägelse från Agnetha Sällström (sE4vk): punkt 2. ”klargjorde Agnetha Sällström att man från partiets sida inte kunde tänka sig att höja de förtroendevaldas ersättningar”;
och
Kommunfullmäktige 2002-06-17 ärende SerAnr 194. Bestämmelser om ekonomisk ersättning till kommunala förtroendevalda i Uppsala kommun (ERS 03) m. fl. Anförande hålls av Agnetha Sällström (sE4vk) för att motivera att hon avsade sig ledamotskap i gruppen för ERS 03.

105. Bergtäkt Framskogen Ansökan om tillstånd enligt 9 kap. Miljöbalken (MB) till miljöfarlig verksamhet på fastigheterna Fullerö 17:1, 17:3, 17:8 och 21:11 i Uppsala kommun; nu fråga om kommunicering enligt 19 kap 4§ pkt 4 miljöbalken. Fullerö deponi och återvinning. Exploatör: Rosendal Fastigheter Uppsala.

106. Årstaprotester och Fålhagspåfarten (15 olika dokument)

106:1. 1996-04-15 Flygblad om Vägverkets markägaresammanträde i Ultuna.
I Vägverkets inbjudan till mötet står *”För markägare och övriga berörda.”* Partiet informerade berörda markägare så att de lättare skulle kunna stå på sig. Informationen om mötet i Årsta resulterade i kraftiga protester från årstaborna bl.a. mot Fålhagsmotet. Deras synpunkter togs aldrig med vid den efterföljande utställelsen av arbetsplanen och MKB, för de ansågs av Vägverket som inte berörda och Vägverket hade skippat Fålhagspåfarten. På det sättet trollade Vägverket bort 180 skrivelser från personer som ansåg sig i allra högsta grad berörda av nya E4;
och
106:2. Aktionsgruppen i Årsta mot E4Väst. Flygblad:»Trafikkatastrof utanför din husknut«;
och
106:3 . 1996-04-27 Brev från Berglund till Ow Ekman. Kommentarer angående förslag till arbetsplan för ny E4 sträckning Danmark till Fullerö presenterad vid markägarsammanträde 96-04-15;
och
106:4 1996-09-01 Brev från Berglunds i Årsta till Owe Ekman, Vägverket. ”Klagomål på hur vägverket hanterat vår skrift med kommentarer till markägarsammanträde i Ultuna den 960415 angående dragningen av E4 Väst”;
och
106:5. 1996-04-25 Interpellation 96/321 av Agnetha Sällström (sE4v) om beräkning av trafikflödena på ny E4 med tillfarter. Inkluderar Svar på interpellationen av Lars-Olof Lindell;
och
106:6. 1996-07-01 Emma-resultat från fortsatta E4-trafikberäkningar. Svar från Rolf Sundborn på Tekniska kontoret, på brev från Agnetha Sällström med förfrågan om trafikintensiteter. *”När det gäller önskemålet om ett scenario Jälla Öst med koppling till Bärbyleden osv behöver alternativet specificeras lite närmare.”*
Den meningen i svaret tolkar vi som att **några modellmätningar över östligt E4 förslag inte har utförts, och ändå påstår man att det förslaget inte är lönsamt;**
och
106:7 Kommentar till interpellationssvar, interpellation 96/322 av SE4V; ”Upprinnelsen till den här interpellationen var att på markägarmötet med Vägverket 960415 angav konsulten Kessler och Mannerstråle siffran c:a 6.000 bilar på Fålhagsledens anslutning till E4 medan det i lokaliseringsplanen för ny E4 från 1992, där samverkansanalyser utförda av kommunens Gatukotor (Lennart Nilsson) redovisas, anges trafiken år 2010 till 19.300 bilar per årsmedeldygn för samma påfart. En liknande brist på överensstämmelse finns beträffande Österleden vid Gränby där lokaliseringsplanen enligt kommunens EMMA-körningar ger 22.000 bilar medan Kessler och Mannerstråle endast anger 6.000 (det går 11.000

där redan idag (april 1996) med Gränby Centrums utbyggnad.) Hur kan siffrorna skilja på detta vis? Har man tagit fram de låga trafikvärdena för att använda då man ska beräkna bullerstörning, ersättningar till de boende etc och de höga siffrorna då man ska plädera för nödvändigheten av en väg?"

och

106:8. 1996-04-25 Interpellation 96/322 av Agnetha Sällström (sE4v) om Fålhagsledens anslutning till ny E4;

och

106:9 Svar från Lars-Olof Lindell på interpellation 96/322 av Agnetha Sällström (sE4v) angående Fålhagsledens anslutning till nya E4;

och

106:10. *Fålhagspåfarten: S*E4V:s kommentar till interpellationssvar Interpellation 96/322;

och

106:11. Upprop i Årsta om Fålhagsleden: *"Stoppa trafikplats Fålhagsleden!"* Skriven av Lars-Erik Nyström;

och

106:12. UNT 13/9 1996: Boende kan slippa trafikplats. Ökad trafik i Årsta ändå. Ur texten: *"Hon* (Annika Lindh s) *är också kritisk till tidspressen Vägverket satt på remissyttrandena för arbetsplanen. - Det är inte bra att utredningsmaterial kommer bara någon dag innan remisstiden för allmänheten går ut. ....Enligt konsulterna som gjort utredningarna åt Vägverket är det också tidsbrist som är anledningen till att de inte hunnit analysera trafikströmmarna till och från city med de olika alternativen, säger Annika Lindh";*

och

106:13. 1997-03-04 Till Vägverket *Yttrande och anmärkningar mot arbetsplan för väg E4 Uppsala-Mehedeby, med sammanfattande synpunkter på den felaktiga lokaliseringen utanför bostadsbebyggelsen i Årsta,* skrivet av Rolf och Tuulikki Berglund, boende i Årsta;

och

106:14. Till Regeringen Överklagande 2001-12-22 av Länsstyrelsens, Uppsala Län beslut i ärende Dnr: 2024-3005-00, daterat 2000-12-01 av Rolf och Tuulikki Berglund;

och

106:15. Fålhagsledens förlängning och anslutning till E4 genom en trafikplats öster om Årsta. Kommunstyrelsens kontor 1996-06-03, Dnr 1995:160. Olika yttranden från de olika partierna;

107. Överklagande av utställelsen 1996-09-03 och begäran om inhibition av utställning av arbetsplan för väg E4 Uppsala-Mehedeby. 180 skrivelser saknades vid utställelsen;

och

Brev från Vägverket 1996-09-11 VMN PP 30 96:571 som svar på överklagande av utställelse. Undertecknat Roland Forsberg.

108. Roos' agerande och namninsamling;

och

Gun och Maria Mases brev 97-10-10 angående namninsamling för E4 av personer i Gamla Uppsala Hembygdsförening;

och

ABC-nytts agerande 11/12 1999, Nyhetsinslag om ny E4.

109. Jälla-Öst-Bruksvägen. Uppsala-Mehedeby. Föreningen ARV, aktion Rädda Vendel. Augusti 1996. Beskrivning av E4 JÖB-förslaget En jämförelse med E4 ÅV. Med samhällsekonomisk bedömning av Johan Johanson, 12 juli 1996, kompletterad 12 sept 1996;

och

Följebrev 1996-09-16 från ARV till berörda myndigheter, organisationer, företag, politiker m. fl;

och

Johansson, Johan: Ny motorväg genom Uppsala län. En samhällsekonomisk granskning av lokaliseringsplanen för projektet ny E4 genom Uppsala län. Arbetsrapport från Kungl. Tekniska Högskolan, Institutionen för Infrastruktur och Samhällsplanering, Avd. Trafik- och transportplanering, okt 1995. TRITA-IP AR 95-33, ISSN 1104-7437. *"Slutsatsen blir att JÖB är det alternativ som har högst sam-*

hällsekonomisk lönsamhet. Detta PM visar på behovet av att vidare utreda alternativet JÖB. Till dess att så är gjort bör alternativet ÅV läggas på hyllan."

110. Affisch **"Se hur hela Uppland står i lågor".** (Initiativ från Gamla Uppsala Hembygdsförenings E4-grupp).
UNT 22/3 1995: Hembygdsföreningar vill tända vårdkasar mot E4;
UNT 3/4 1995: Kasar tändes i protest mot E4;
UNT 3/4 1995 Tierps kommun: Eldar från Vendel till Svanby;
UNT 3/4 1995: Flammande protest mot E4. En fyra mil lång rad av eldar genomkorsade på söndagskvällen Uppland längs hela den planerade sträckningen av E4.

111. UNT 14/12 1992: E4 och Gamla Uppsala av Stefan Wårdsäter, Gamla Uppsala hembygdsförenings E4-grupp: *"Redan i dag vet vi att högarna är en del av ett större sammanhang där bl.a. gravfälten i Vittulsberg, Råby park, Hemringe, Valsgärde, Fullerö också ingår. Inte bara Fyrisån utan också den i dag obetydliga Samnaån har varit en mycket betydelsefull faktor för uppkomsten av Gamla Uppsala ... Till Gamla Uppsala kommer hundratusentals personer för att söka kontakt med forntiden";*
och
UNT 13/12 1996: Embla fick liv med hjälp av datorn.

112. Uppsala rikspark. Området kring Uppsalaåsen och Fyrisån. Uppsala kommun 1997;
och
Gamla Uppsala Rikspark af Rutger Sernander, Sveriges Natur. Svenska Naturskyddsföreningens årsskrift / 1911, sid. 31-40;
och
UNT 4/1 1996: Brusewitz funderar kring en Liljeforstavla;
och
Motion 2000-04-27 dnr KS 2000-0375 Förverkliga Uppsala Rikspark av Niclas Malmberg (mp) och Zahrah Lifvendahl (mp).

113.
Uppsala kommunfullmäktige avstyrkan av arbetsplanen 1996-10-28 (17 poster):
Uppsala Kommunfullmäktiges fullständiga protokoll 28 okt 1996. §§246 ärende SerA nr 153; §247 ärende serA nr 154 och §245 SerA nr 149 *arbetsplan för ny väg E4 Uppsala-Mehedeby, delen Uppsala-Läby samt utredningsmaterial avseende Bärbyled etapp 3 och trafikplats vid Årsta.* Här finns uppgifter om hur ledamöterna röstade och reservationer från vissa partier:
•G:a Ua KDN 960925 avstyrker arbetsplanen 961007 och vill ha östligt alternativ.
•Vaksala KDN 96-09-25 godkänner inte planens sträckning av E4; undermålig miljökonsekvensbeskrivning och att den kulturella miljön kring kyrkan går förlorad. Kraftig barriäreffekt. Accepterar ej Fålhagspåfarten eller Stålgatan som påfart. Hemställer om ny utredning av annat E4-alternativ. (Som kontrast till detta står särintresse-föreningen Bevara Vaksala:s prisande av Arbetsplanen 96-09-11).
•Vattholma KDN Inget påtagligt ställningstagande.
•Centrala staden KDN kritisk men avfärdar inte ÅV helt. För kort remisstid.
•Tekniska beställarnämnden, Bo Björkman & Irene Zetterberg. Avfärdar arbetsplanen och förordar JÖB. (Borgarnas reservationer från såväl KS-mötet som KF-mötet finns bilagda. Borgarnas skrivelse innehåller ett hot om framtida samarbeten: *"skulle den nya koalitionen 'Socialdemokraterna - Stoppa E4 Väst' genomdriva ett helt nytt förslag kommer detta att slå undan grunden för varje försök till breda samförståndslösningar och omöjliggöra allt konstruktivt samarbete också i andra frågor om kommunens framtid.")*
•Kulturnämnden avfärdar arbetsplanen och Bärbyled 3.
•Byggnadsnämnden Ingvar Blomster, Monica Östman (s) och Liv Hahne (m) avfärdar ej MKB.
•Miljökontoret avstyrker.
•Miljö- och Hälsoskyddsnämnden avstyrker MKB för E4ÅV 960925.
•Mp avslår. "mycket allvarliga brister i såväl materialet som sådant, underlaget för framtagande av prognoser etc."

•Föreningen Vårda Uppsala vidhåller Jälla-alternativet 1996-09-10 genom Mats Wahlberg och Anna Nilsén.
•Gamla Upsala Hembygdsförening anser att hanteringen är och har varit oacceptabel.
(Kommentar: jämför den ovan refererade omfattande kritiken från olika instanser om MKB och miljöaspekterna med Miljö och Naturresursdepartementets oförmåga att initiera en prövning enligt NRL 4kap§2[74]);
och
UNT 5/11 1996: S föll på eget grepp i E4-frågan. Insändare av Gunnar Hedberg (m);
och
UNT 9/11 1996: Så här gick E4-omröstningen till. Ordf. Erik Nilsson (s) redogör för propositionsordningen;
och
UNT 20/11 1996: Läsarnas forum: Moderaterna och E4-frågan. Replik av Agnetha Sällström på inlägg av Gunnar Hedberg.

114. Länsstyrelsens yttrande 1996-10-30 dnr 121-6565-96, med godkännande av arbetsplanen för E4ÅV, utan att kraven var uppfyllda (två dagar efter det Uppsala kommun sagt nej.) Undertecknat av Jan-Erik Wikström och Margareta Rönnblom. Reservationer till beslutet bifogade;
och
UNT 25/10 1996: Åke Ripenbergs intervju av Landshövdingen om dragningen av E4. Trafikproblemen viktiga i vägvalet. För landshövdingen har vägens avlastning för Uppsalas inre trafik och tidspressen varit tunga argument plus att en järnvägstunnel inte gått att få om man valt östligt alternativ. Även friluftsintressena har styrt honom. Om sina underhandskontakter som lett till "helhetslösningen" säger han *"Statsförvaltningen skulle inte fungera om den enbart vore hänvisad till formella beslut";*
och
UNT 25/10 1996: Uppfylls länsstyrelsens krav?

115. Elsie Johansson, i dikten "Åsen" ur Brorsan hade en vevgrammofon. LT, 1979. ISBN: 9136013080;
och
UNT 25/2 1995: Bakvägstankar kring en väg. Vardagstankar av Elsie Johansson om vägen som bryter sönder hennes barndomslandskap med dess rika flora och fauna. *"Varje människa har både rätt och skyldighet att för sin egen och sina efterkommandes skull värna om det som hon eller han finner värdefullt. I det här fallet ett gammalt, lågmält men rikt varierat kulturlandskap."*

116. UNT 18/10 1995: Röd-gröna koalitionen spricker. Vänstern hoppar av budgetsamarbetet. Vänstern kan inte acceptera principbeslutet att sälja ut Uppsalahem och Uppsala Energi.
UNT 27/10 1995. Vänsterpartiet hoppar av Kommunledningen spricker i Uppsala. Oenigheten om försäljningen av en del av Uppsalahems bostäder är orsaken. (I texten finns en kommentar från Gunnar Hedberg (m) där han skriver att *"risken är stor att de* (miljöpartiet, reds anm.) *hamnar på ytterligare undantag och bara blir en liten jolle som följer efter socialdemokraterna*."

117. Försäljningen av Uppsala Energi för att minska låneskulden (5 poster).
Reservation: Särskilt yttrande av Britt Löfgren (v) om Uppsala kommuns bokslut för 1999. KF 2000-05-22 Nr 91;
och
Interpellation av Jan Wikström (mp) om konsekvenserna av den planerade försäljningen av Uppsala Energi 2000-03-21 (KS-2000-0255 med svar);

och
UNT 9/6 2000: Fler borde känna glädje över Uppsalas framgångar, av Gunnar Hedberg (m).
UNT A7 21/2 2005: Dålig affär att sälja energibolag. Uppsala Energi blev en vinstgenerator. "Två år efter köpet av Uppsala kommuns energibolag redovisade den nya ägaren Vattenfall en vinst på 200 miljoner kronor. Kommunen gjorde sig av med en vinstgenerator, anser civilekonomen Christina Spens, som skrivit en forskningsrapport om affären. ...kommunen har fortsatt att ta nya lån;
och

UNT A7 21/2 2005: Britt Löfgren (v) ”En miss att sälja energibolaget.” - *”Som kommunalråd såg Annika Lindh till att Vattenfall fick köpa kommunens energibolag. Som ordförande i Uppsalahem har hon sedan gått till skiljenämnd i protest mot Vattenfalls avgifter”.... ”Vid försäljningen av Uppsala Energi AB fanns en spekulant som erbjöd sig att betala mer än Vattenfall. Men budet gick till Vattenfall eftersom företaget ansågs vara den bästa köparen”;*
och
UNT 21/12 2006: FE4 - prov på handlingskraft, av Gunnar Hedberg (m).

118. Diskussion om JÖB (4 poster).
UNT Debatt 26/10 1996: JÖB - inget alternativ. Av Roland Forsberg Regionchef Mälardalen Vägverket. (Artikel full av felaktigheter något som han för sin del påstår att JÖB-förslaget har);
och
Informationsblad från ARV: Några synpunkter från ARV på Roland Forsbergs debattartikel i UNT 1996-10-26;
och
Synpunkter på Roland Forsbergs debattartikel från Johan Johansson vid avdelningen För trafik och transportplanering, KTH. E-mail till Cajsa Ekstav i ARV;
och
1996-10-28 Fax-information från Vägverket Ang. *”E4 och lönsamhetsberäkningen för JÖB”* skriven 1996-10-16 av Karin Renström på Vägverket Konsult, skickad på morgonen till Kommunstyrelsens Kontor och sedan distribuerad vidare till Kommunstyrelsens arbetsutskott samt övriga gruppledare inför dagens fullmäktigemöte, då beslut om Arbetsplanen för E4 ÅV skulle tas. (Rätt eller fel har man ej hunnit granska.) Allt var tajmat för att påverka beslutet utan att beslutsfattarna skulle hinna sätta sig in ordentligt i frågan.

119. 1995-05-29 *”Uppsalas 'Dennispaket' hotar värden som är av nationellt intresse.”* Debattartikel skickad till debattredaktör Mats Bergstrand på Dagens Nyheter med följebrev. Samt svarsbrev 2 juni 1995 från redaktionen på DN, som ej har utrymme för artikeln;
och
SvD 19/6 1995, sid. 12: Vägverket vill asfaltera gammal kulturbygd av Nils Erik Landell;
och
1998-07-07 *”Regeringen måste säga nej till motorvägen genom Sveriges främsta fornminnesområde.”* Debattartikel skickad till Svenska Dagbladets Kulturredaktion med följebrev. Svarsbrev 1998-09-15 med tyvärr-svar från tidningen;
och
1998-07-07 *”Regeringen måste säga nej till motorvägen genom Sveriges främsta fornminnesområde.”* Debattartikel skickad till DN:s Kulturredaktion med följebrev. Negativt svarsbrev 1998-06-25.

120. Ingvar Ekemarks (Arkitekt, SAR) skrivelser: Olika yttranden till olika myndigheter, daterade 2000-02-19 ”Inte särintresse utan Riksintresse”; 2000-12-21 ”Begäran om byggnadsminnes-förklaring av Drottning Kristinas Kungsväg inom Uppsala och Tierps kommuner”; 2001-01-25; 2001-03-01 ”Drottning Kristinas Kungsväg i Uppsala”; 2001-05-16; 2001-05-21 ”Väckt fråga om byggnadsminnes-förklaring av Drottning Kristinas Kungsväg inom Uppsala och Tierps kommuner”; 2001-09-16 ”Om tillbörlig hänsyn till Väg- och kulturminneslagarna”; 2001-09-19; 2001-09-25 ”1988 års Kulturminneslag och tillbörlig hänsyn”; 2002-02-02; 2002-04-10 ”En riksskandal hotar kulturlandskapet med Drottning Kristinas Kungsväg norr om Uppsala”; 2002-09-20 Högsta domstolen ang. Mål nr M7437-02;
och
UNT 4/1 2001 Arkitekt vill värna kungsväg. Unik vägsträcka bör förklaras som byggnadsminne.

121. UNT 12/9 2002: Rättelse av Jan Sällström till UNT:s artikelserie av Roger Berglund om historieskrivningen kring E4-beslutet;
och
e-mail från UNT-journalisten Johannes Nesser som ger en förklaring till den ”dåliga rapporteringen” som orsakats av *”att kommunfullmäktigebeslutet inte stod i särskilt hög kurs” (på UNT?)*

122. E4-planeringen för den del som berör Uppsala kommun. Brev 1995-10-25 från Kommunstyrelsen till Vägverket, undertecknat Annika Lindh (s) ordf. (ärendet som tagits av KS hade förberetts av Stefan Nilsson 1995-10-17.) Bifogade reservationer till beslutet att kommunen efterfrågar E4-planeringen;
och
Vägverkets brev 1995-12-15 till Uppsala Kommunstyrelse "E4 Uppsala-Mehedeby, delen Uppsala-Läby, PP 30-95:4894, där de svarar på kommunens 10 frågor angående planering av vägens närområde, undertecknat Roland Forsberg.

123. Ser. A Nr. 80, 2001-03-26 Besvarande av interpellation av Niclas Malmberg (mp) om enkla planer (KS2001-0135);
och
Båthamnen i Knivsta. Liv Hahnes (m) misskötsel av ärendet i byggnadsnämnden: Förslag till detaljplan för Pepparkaksudden, Knivsta DP 206A (1999:387), småbåtshamn, KF-ärende 1999-06-14 Ser A Nr. 85.

124. KPMG, rapport Uppsala, vanstyret när vissa ärenden kommer upp i KF, 27/1 2000;
och
UNT 15/11 2001: Skattetvister dyr affär för Uppsala kommun (44 miljoner i straffskatt);
UNT 15/11 2001: Uppsalahem krävs på 182 miljoner. Tvist med Skatteverket. (Konsulterna som skulle jobba för kommunen tog 1000:- kronor/tim);
och
UNT 17/11 2001: Skatteplanering trots miljonkrav. Musikens Hus AB blir nästa fall. Omstridd skattemodell prövas igen. Uppsala kommun planerar att använda kritiserat skatteupplägg för Musikens hus: *"Fyrishov AB, AB Uppsalabuss och kommunens båda teaterbolag har år efter år förlorat sammanlagt 14 sådana mål i länsrätten och krävs därför på totalt cirka 100 miljoner kronor i skatt."*

125. Yttrande över Program för förnyelse av Kungsängen från SE4VK, Agnetha Sällström till Byggnadsnämnden 2001-03-08. *"När man nu planerar en ny stadsdel vore det en tanke att man placerar Uppsalas Musikens Hus i entrén norrifrån till den nya stadsdelen vid Strandbodgatan, som har esplanadutförande."*

126. Musikens hus (4 poster)
UNT 21/4 1997 Uppsala: Anlagd brand nära ödelägga 1800-talshus. En anlagd brand natten till söndagen (20/4) kunde ha ödelagt de gamla trähusen i kvarteret Gerd i Uppsala;
och
UNT 30/5 1997: Gerds förfall - politikers ansvar. Det har brunnit i kvarteret Gerd, av Per Ström;
och
UNT 10/5 2004: Husen rivs tidigare än planerat: Branden i kvarteret Gerd…;
och
UNT 30/10 2001 Ny tävling om Musikens hus i Gerd. Arkitekter får lämna förslag. Fyrpratiklöver drev igenom beslutet.

127. Vägverkets fastställelse 1997-08-22 av arbetsplan för väg E4 Uppsala-Mehedeby, delen Läby-Mehedeby;
och
ARV:s överklagan till Kommunikationsdepartementet, Dnr K97/4450/3, av Vägverkets beslut den 22 augusti 1997 angående fastställelse av arbetsplan för E4 delen Läby-Mehedeby och Vägverkets svarsyttrande 1997-12-09. (I klagan har 11 föreningar, 2 företag och 89 personer deltagit med sina respektive klagomål.) I svaret undertecknat av GD Jan Brandborn PP 30 A 96:10283 sågas ARV:s JÖB;
och
Vägverkets brev till Regeringen där det "hemställer att regeringen avslår fastighetsägarnas klagomål."

128. Öppet brev 2002-09-09 "it is time to close the gap between words and deeds" till Sveriges statsminister Göran Perssons inför Agenda 21 konferensen i Johannesburg 2002 från SE4VK.

129. Vägverkets PM 1996-11-22 för att bemöta markägare. »PM över inkomna erinringar i samband med utställelse av arbetsplanen för E4 Uppsala-Mehedeby, delen Uppsala-Läby«;
och
Kopia på påstående/svar som tjänstemän från Vägverket visade med OH-bilder vid stormötet, Vendels bygdegård, 950406;
och
UNT 7/4 1995: Vägverket dömer ut det östliga E4-alternativet. Reportage Göran Karlsson;
och
UNT 3/6 1995: Ny E4-dragning. Vägverket förkastar företagarnas förslag. Reportage Sonja Zetterström;
och
UNT 10/7 1995 JÖB ett aktuellt alternativ. Debattsvar av Thomas Wallby;
och
UNT 23/8 1995: Vägverket manipulerar. Utred JÖB-alternativet, skriver Hans Eklund.

130. UNT 20/6 1996: Var finns kulturvännerna? De antikvariskt ansvariga måste delta i E4-debatten skriver Stefan och Eva Wårdsäter.

131. VBB Vattenbyggnadsbyrån: 23/6 1965. PM angående ny infartsled till Uppsala från trafikplats vid Råby på framtida motorväg Stockholm-Gävle.... Tidpunkt för utbyggnad *"Den föreslagna infartsleden förutsätts komma till stånd samtidigt med att motorvägen E4 byggs ut från Uppsala till Läby. Detta beräknas av vägförvaltningen i Uppsala län komma att ske cirka 1990-1995";*
och
Statens Vägverk: Förlängning av giltighetstiden för vissa beslut om fastställelse av arbetsplan för vägföretag 1973-12-13 D340 73:1115;

132. UNT 9/9 2002: Arne Persson stakade ut nya E4 - 1958. Det är ganska precis 44 år sedan vi satte ut första mätpunkterna utanför Uppsala. (Man satte spaden i marken 2002.)

133. UNT 3/11 1999: Rigmor Ahlstedts ringinsändare: "Nu har det hänt igen! En oacceptabel olycka..";
och
UNT Läsarnas Forum 5/11 1999: Vet inte c var Stoppa E4 väst står? Av Urban Sjelin;
Svar av Rigmor Ahlstedt (c) där hon ber om ursäkt för fel uttalande om SE4VK.

134. Uppsala Kommunfullmäktiges Protokoll 2000-06-19.

135. Låneskuld 1998 års bokslut: 3.021 miljoner; KF tryck 1999 SerA nr 59;
och
UNT 24/8 2007: Uppsala kommun på god väg bli miljardär - i skulder. *"Uppsalas låneskuld mer än fördubblas i år. Vid årsskiftet beräknas den ha passerat en miljard. Uppsala Konsert & Kongress är en starkt bidragande orsak."* (Vår kommentar: Ändå hade man för mindre än 10 år sedan blivit kvitt tidigare miljardskulder!)

136. Bostadsdepartementet Beslut 1975-09-10 i frågan "Besvär i fråga om stadsplan för Gränbyparken i Uppsala kommun. 1974-09-09 st 698/1973." *Regeringen fastställer Gränbyparkens plan (undertecknat Ingvar Carlsson).*

137. TBN 1994-12-28: ärende ÄN 1993:350 312 Anmälan av delegationsbeslut avseende överenskommelse om ersättningar för nyttjanderätt, intrång och skördeskador för Bärbyleden vid Berthåga trafikplats. (KFAST R 3, 23 januari 1995). När det gäller ersättningsnivåer har vi undrat över hur 15 månaders bortfall (1 säsong) för en bonde som dels ägde dels arrenderade mark vid Berthåga trafikplats nyttjanderätt, intrång och, skördeskador värderades till 62.000 för 3100 kvadratmeter tillfälligt ianspråkstagen mark, för provisoriska förbifarter under byggnation av trafikplatsen.

138. 1995-02-23 Interpellation från SE4V angående utbyggnaden av Gränby Centrum utan samtidig planering av Österledens sträckning i samband med E4-dragning. Frågor i skrivelsen: *"Hur kan man tillämpa enkelt planförfarande när den planerade utbyggnaden leder till omfattande trafikökning.."*; *"Hur ser planerna ut för E4:s Brillinge-rondell och dess samband med Österleden om Bärbyled etapp 3 inte byggs vilket beslutats av KF"*; *"Hur ser kommunens planer ut för Österleden vid Gränby?"* + Svar av Irene Zetterberg 1995-03-06.

139. 1994-09-28 Stadsbyggnadskontoret SBK 94/1059-2 Detaljplan för del av kvarteret Krämaren, Gränby 21:1 Uppsala Kommun, Dp 70 AX;
och
Överklagande av Länsstyrelsens Uppsala län beslut 1994-12-30 ärende 2024-8070-94 om bygglov för kvarteret Krämaren, Gränby 21:1 Dp 70 AX par 435 ärende 94/1059-2, ingivet av Gränby Invest AB genom Gustaf Nyström till Regeringen, Miljö- och naturresursdepartementet 1995-02-03;
och
UNT 12/4 1995: *Gränby stormarknads utbyggnad* Regeringen sätter stopp. Regeringen ger Uppsalas byggnadsnämnd backning på användandet av enkelt planförfarande för ändringen av detaljplanen för området.

140. Kommunstyrelsen beslutade 27/9 2000 § 425 avseende E4-planeringen. 8 punkter med olika saker för att förbereda för E4 i västlig dragning. Bevis och justerat protokoll anslogs på kommunens anslagstavla den 12/10 2000; Mp reserverade sig genom Ylva Lindahl;
och
Mats Bergfors (mp) överklagar detta till Länsrätten 2/11 2000. Han anser att 1, 2, 4, 6, 8 att-satserna strider mot kommunens tidigare fattade beslut mot E4 och begär inhibition.

141. Miljöpartiets reservation av Mats Bergfors 2001-03-06 angående Miljövårdsrådets beslut vid sammanträde 2001-03-01, punkt 7; Miljövårdsrådets yttrande daterat 2001-03-02, yttrande över vägverkets förstudie "Anslutning av väg 55 till ny E4";
och
Miljöpartiets reservation av Siw Björkgren angående Gamla Uppsala KDN:s beslut vid sammanträde 2001-03-05, angående yttrande till kommunstyrelsen dnr KS-1999-0214 över "Förstudie anslutning av väg 55 till ny E4" - januari 2001, VMN 101265, (Vägverket 2001-02-02 bet PP 30 2000:4856).

142. 7 poster om demokrati och KF:s arbete
1. Max fyra minuter, hösten 2000 brev 28/3 2002 i KF;
och
2. UNT 27/11 2001 Tidsbrist stopp för tidsdebatt. "Vissa borde helt avstå" - Landshövdingens yttrande;
och
3. "Motion om åtgärder för att stärka den demokratiska beslutsprocessen i Uppsala kommun," skriven av Elisabet Andersson (kd) 26/3 2002;
och

4. Den 26 oktober 1998 slutade Erik Nilsson (s) efter 40 år som politiker. Han hade då suttit som KF-ordförande under mandatperioden 1994-1998 och höll ett tal då han lade ner klubban. *"Så har sista ärendet avgjorts för den period som började 1994 och som avslutades i och med dagens sammanträde. Under dessa fyra år har fullmäktige varit samlade till 46 sammanträdesdagar och sammanträdena har pågått i totalt 288 timmar. Mångfalden ärenden har naturligtvis varit av olika karaktär och omfattning. Sammantaget har de dock haft största betydelse för vår kommun och dess invånare. .... Låt vara att det markerats åsiktsskillnader om lösningarna. Men så skall det vara i en demokrati. Åsikter skall brytas mot varandra, det tillhör demokratins väsen...... Jag vill inte göra någon jämförelse mellan då och nu. Men jag vill ändå säga att vi på den gamla tiden levde mera i symbios med väljarna. Innehållet i den kommunala verksamheten var mer gripbart än det är i dag. Takten var lugnare, vi hade tid att informera och förklara. ...Tack för mig och lycka till i framtiden"*;
och

5. Överläggning den 18 augusti 1997 kl. 13.00 mellan kommunfullmäktiges presidium och gruppledarna i Uppsala kommunfullmäktige angående fullmäktiges arbetsformer, debattordning, mötesordning och möjliga förbättringar. Undertecknat Erik Nilsson (s, ordf. KF). "Vitalisering av fullmäktige", brev från Mattias Goldman (mp) till denna debatt;
och
6. UNT 19/9 1995 insändare: Tack för insynen. Tack TV Uppsala och UNT för era sändningar från Uppsalas KF-möten. *"Det kan inte vara meningen att ordföranden ska sitta som en lärare i en dålig komedi av en högskoleklass och gång på gång be ledamöterna hålla sig på sina platser och göra rätt för sina arvoden (våra pengar)... "* Ingmari Wallberg;
och
7. UNT 26/6 1997 insändare: Stökiga möten med fullmäktige..*"Något som förvånat mig varje gång är den oordning som råder på mötena."* Ingegerd Andersson (gräsrot)

143. Ur AnnBritt Grünewald Tantvarning! Sid. 80. Bias Bok, Spånga 2003 ISBN 91-974848-0-6.

144. UNT 19/12 2006: Nya E4. Nu öppnar vägen till förändring. Företag flockas runt nya E4. **...***"kommunen strävar efter en viss stil på de byggnader som hamnar närmast intill. Stora lagerlokaler är mindre önskvärda vid vägkanten... Planerna på ny E4 förbi Uppsala har funnits sedan mitten av 50-talet, i huvudsak längs den sträcka som blir verklighet nu efter 50 år. Frågan är hur länge det dröjer innan den nya motorvägen anses ligga för nära staden.."* Ola Lindqvist

145. UNT Debatt 6/3 2008: Stadens tyranni mot det gröna, av Marcus Hedblom, Bo Söderström, Jan Bengtsson och Karin Ahrné. "Öster om Fyris finns bara 1 procent grönyta - sämst i Europa.

146. Yttrande 1995-11-28, PP30-95:10710 från Vägverkets chefsjurist Karl Aulin om Pernlers oförvitlighet och ojävighet i brev till ARV: PM över skrivelse från Thomas Wallby med rubriken "Vägverkets handläggning av ny motorväg norr om Uppsala" daterad 1995-10-16;
och
Förvaltningslagen §4.3.

147. Ärende i Stadsbyggnadskontoret upp till behandling: Program för Vaksala-Lunda: "Underlag för detaljplaneuppdrag, planområde Vaksala-Lunda (Dnr 2001/20070-1);
och
Programsamråd för Vaksala-Lunda 1:13, 1:14, 23:1. Byggnadsnämndens arbetsutskott har den 14 augusti 2001 givit stadsbyggnadskontoret i uppdrag att upprätta program för småhusbebyggelse i området (blivande Lindbacken).

148. Kulturnämnden 2001 samrådsyttrande om vattenverkets placering, sammanfattat 4/10 till 25/10 2002.

149. Waern, K. & Westerlind, A.M: E4 Uppsala-Mehedeby delen Uppsala-Läby. Påverkan på kulturmiljön i olika vägalternativ. Rapport från Vägverket Konsult och Riksantikvarieämbetet, Januari 2000:
Sammanfattande bedömning av västlig och östlig sträckning

"Sammantaget ger en västlig dragning över Fyrisåns dalgång vid Fullerö och vidare upp genom bygderna vid Sätuna-Viksta-Vendel störst negativ påverkan på det kulturlandskap som utgjorde kärnområdet i folklandet Tiundaland. Den påverkar ett sammanhängande område med en rik och sammansatt kulturmiljö, som illustrerar denna bygds betydelse regionalt och nationellt, från yngre järnålder och fram till idag."

"En östlig sträckning i skogsområdena öster om Fyrisån och Vendelsjön och genom bygderna vid Tegelsmora och Tolfta är det ur kulturmiljösynpunkt bästa alternativet. Det påverkar huvudsakligen utmarksområden till de rika odlingsbygderna och kan dessutom medföra en positiv utveckling i de kulturhistoriskt värdefulla bruksmiljöerna i nordost."

150. Harald Nordlund 2 insändare om "kultur":
UNT 14/12 95: Kulturstaden Uppsala (Harald Nordlund gör reklam för Liberalerna som kulturparti. Kultur är enligt honom en gemensam uppgift);
och
UNT 20/2 1997: Se inte bara till trafiken!

151. "Särintressen" 5 inlägg
UNT 7/11 1996: Brev till ledarsidan. Skall särintressena få vinna? (av kommunalråden Gunnar Hedberg (m) och Harald Nordlund (fpl) om avslag av arbetsplanen för E4 i KF);
och
UNT 22/11 1996: Vad är särintressen? (Sällströms svar på insändaren 7/11);
och
UNT 3/12 1996: "Sällströms särintressen" Paret Sällström vet inte vad särintressen är skriver Gunnar Hedberg och Harald Nordlund;
och
Svar på Gunnar Hedbergs och Harald Nordlunds inlägg 96-12-03 om "Sällströms särintressen." Ej publicerad av UNT, men införd på partiets hemsida;
och
UNT 12/12 1996: Läsarnas Forum *"Det politiska modet saknas"* av Rolf Åkerman som klargör Hedbergs och Nordlunds svårigheter att förstå.

152. UNT 18/3 1995: Uppsalapolitikernas arvoden 1994. Gunnar Hedberg tjänade mest. (Som Kommunalråd och heltidspolitiker tjänade han 372.100:- kronor, motsvarar i dagens penningvärde c:a 500.000. Rådens arvoden från skattebetalarna höjdes 17% i januari 1995.)

153. Av miljökonsekvensbeskrivningarna för de båda E4-avsnitten[64] framgår att Thomas Hedman varit samrådsansvarig för avsnitten Uppsala-Läby (se sid. 136) och Läby-Mehedeby (sid. 110.)

154. Om ändrade regler 2006 för finansiering av politisk sekreterare, 7 poster.
Skrivelse från den borgerliga alliansen till Kommunstyrelsen 19 sept 2006 *"nu, att innan nästa mandatperiod börjar i november 2006 så bör reglerna ändras"* Förslag till ändring av Kommunfullmäktige beslut rörande parti07 (KF 30 okt 2006 §211). (Stadsjuristen Mats Sandmark har i PM[82] den 3 oktober 2006 belyst de rättsliga förutsättningarna, som Hedberg hänvisar till);
och
Den 9 oktober skriver kommunalrådet Hedberg (m) ånyo en skrivelse till Kommunstyrelsen: Förslag till ändring av kommunfullmäktiges beslut rörande Parti 07;
och
Det beslut från 12-13 juni 2006[82] man ville ändra på var Ärende Ser A Parti 07;
och
Borgerlig gruppens motion om bortaget stöd för sekreterare. KF 2006-10-30 nr 195 Förslaget tas av fullmäktige;
och
Uppsalatidningen 10-16 nov 2006: Sverigedemokraterna känner sig missgynnade - överväger att överklaga beslutet om partistöd;
och
UNT 21/9 2006: Sverigedemokraterna nekas ekonomiskt stöd. De övriga partierna vill ta bort stödet för partisekreterare;

155. Moderaternas anklagelse om SE4V:s höga kostnader. Skrivelse till KS, + tidningsreferens154
Uppsala lönekontors siffror: Under första mandatperioden c:a 250.000 för fyra år; Under andra mandatperioden c:a 360.000 för fyra år. Alltså totalt drygt 600.000:- för sekreterare under vår tid i KF.

156. UNT 22/12 1995: Hån mot Agenda 21. Gunnel Janssons svar på Lars Bäcklunds insändare i UNT 16 december. Här citerar hon Gustaf von Essen som själv uttalat: *"Partipiskan viner."*

157. Miljöbalken En sammanfattning av regeringens proposition om miljöbalk (1997/98:45) och dess följdlagstiftning (1997/98:90). Regeringskansliet, Miljödepartementet 1999;
och
Miljödepartementet Pressmeddelande 1998-03-12. Miljöbalkens regler in i över 50 nya lagar.

158. Hemringe Fårgård, Minnesanteckningar från rådgivning 23/9 1996, Markernas Mångfald;
och
UNT Miljö 23/5 1997 UNT Miljö: Lerhus i Hämringe rustas. Av riksintresse för kulturmiljövården;
och
UNT 3/10 2017: Lerhuset i Hemringe putsas upp.

159. Ekologigruppens påtalande av skyddsvärd biotop i ÅV-dragningen som blir förstörd 19/11 1999. Ur Ref 181;
och
Ekologigruppens påtalande av skyddsvärda fågelarter i ÅV-dragningen. Ur Ref 181;
och
Martin Tjernbergs information från ArtDatabanken om rödlistade fågelarter i den planerade ÅrstaVäst-dragningen, kornknarr, vaktel och storspov. (Tjernberg hade redan i juni 1995 i skrivelse till Vägverket påtalat att alternativet ÅV-korridorren skulle drabba det unika fågellivet i området;
och
UNT 21/6 1995: Nya E4-dragning hot mot fågelarter (om Tjernbergs rapport.)

160. Snabbprotokoll 199/2000:82, tisdagen den 21 mars 2000, Sveriges Riksdag debatt och beslut. Frågor från Harald Nordlund (fpl) och Rigmor Ahlstedt (c) till Björn Rosengren.

161. Inbjudan till Bålstamöte 8-9 okt 2001. Program och ämnen för grupparbeten och summering av grupparbetena;
och
UNT 7/8 2001: Kombinerad semester och studieresa. Han fick ut totalt 25.000 kronor. ”En kostnadseffektiv kompetensutvecklingsform.” Stefan Nilsson, förre projektledare för Glad Stad och mannen bakom ombyggnaden av Stora torget har studerat europeiska städer i sommar;
och
Trafik- och Stadsmiljö. Studieresa Holland och Frankrike Juli 2001. Rapport från resan av Stefan Nilsson till Kommunstyrelsen.

162. Motion av Gunnel Jägare (m) om belöningar av kommunens medarbetare för lång och trogen tjänst. Ärende Ser A nr 98, 23 april 2001 KF. *”Det är därför viktigt att kommunens belöningssystem ses över så att det mindre kopplas till anställningstid än till kreativa arbetsinsatser.”* Vid KF mötet konstaterades att c:a 300 belöningar delades ut varje år.

163. Uppsala Kommuns kommunrevision, KOMREV Revisionsrapport 1999-11-30 ”Ombyggnad av Stora torget” med granskning av projektet Glad Stad. *”Vi vill rekommendera att kommunstyrelsen närmare överväger kommunallagens bestämmelser om att fullmäktige skall ta ställning till principiellt viktiga ärenden, dit vi anser att ombyggnaden av Stora Torget (utformning, funktion och kostnader) borde räknas,”* citat ur brev 1999-12-03 från Kommunrevisionen till Kommunstyrelsen och Fullmäktige;
och
2000-03-27 Jan-Ove Jerrestål (fpl) Anmälningsärende i KF i ovanstående fråga.

164. SE4VK, yttrande över Översiktsplan för Uppsala Stad 2002-01-07 till Stadsbyggnadskontoret, Planeringsenheten. Kapellgärdet berörs på sidan 3 i yttrandet.

165. Rivning av Nyåker:
Ärende K3 1995-05-17 i Tekniska betällarnämnden ”Rivning av byggnader på fastigheten Löten 1:4 del av Vattholmavägen.” SE4V genom Agnetha Sällström: Yrkar 1995-05-16 att rivningslov ej beviljas;
och

UNT 23/5 1995: Riv inte Nyåkers gård, av Jan Sällström;
och
UNT 9/6 1995: Riv inte Nyåkers gård, av Mats Malmquist.

166. Yttrande 2002-05-27 till Stadsbyggnadskontoret angående program för Slavsta Etapp II.

167. Sagan om Stiftelsen A-köp (9 dokument)
Registrerades 26 mars 1996, likviderades 10 oktober 2001;
1,8 miljoner i pensionsvederlag till avgående VD.

168. Skrivelse från Regeringskansliet Näringsdepartementet 1999-09-15 N1999/201/IRT: Begäran om underlag med anledning av fråga om fastställelse av arbetsplan för väg E4 Uppsala- Mehedeby, delen Uppsala-Läby, samt indragning av väg m.m., i Uppsala och Tierps kommuner, Uppsala län.
Lämna en redovisning av alternativa östliga sträckningar av väg E4. Redovisningen bör vara av sådan art att den kan utgöra en del av ett underlag vid en eventuell tillåtlighetsprövning enligt 17 kap. miljöbalken.

169. 1998-10-25 Till Kommunikationsdepartementet: Yttrande över förslag till arbetsplan för ny E4 genom Uppland. Sträckan Danmark-Läby ärende K97/3429/3 och sträckan Läby-Mehedeby, ärende K97/4950/3. Agnetha Sällström som ombud för Christina Aronsson;
och
Till Regeringskansliet, Näringsdepartementet 1999-03-31: SE4VK Yttrande i ärende angående fastställande av arbetsplan för omläggning till motorväg av väg E4 Uppsala-Mehedeby, delen Uppsala-Läby;
och
Brev från Owe Ekman, Vägverket till Agnetha Sällström: Väg E4 Uppsala-Mehedeby, delen Uppsala-Läby 1999-11-26, PP 30 96:2540. Inget nytt alternativ (JÖB) kan man hinna med att utreda. Han påstår att direktivet var att vägen skulle gå till Läby, fastän det inte fanns sådana direktiv!

170. Sammanfattning av ”Kompletterande utredningar av östliga sträckningar vid Uppsala - underlag för fastställelseprövning av arbetsplan, dec. 1999,” referens 181. Den baserades på nytt utredningsmaterial från december1999. Kulturmiljö: Vägverket Konsult och RAÄ; Grundvatten och vattenförsörjning: SGU; Biologisk mångfald och naturmiljö: Ekologigruppen AB; Rekreation och friluftsliv: Anders Eriksson; Areella näringar - jord- och skogsbruk: Länsstyrelsen och Skogsvårdsstyrelsen, Strukturpolitik: Inregia AB; Trafik & Kostnader och genomförande: Vägverket Konsult.

171. Ekologigruppens rapport ur referens 181;
och
Brev från Owe Ekman till Ekologigruppen (Då projektledare Owe Ekman skriver till Ekologigruppen AB för att beställa inventering av östliga vägalternativ är brevet så märkligt felstavat, att man måste undra om Ekman gått in i väggen av allt jobb och kritik mot projektet eller var asberusad. Vad än orsaken var så är det inget vi glädjer oss åt. Vi var inte ute efter att djävlas med någon. Vi vet att den duktige vägbyggaren Owe Ekman hade det jobbigt och att han emellanåt såg ledsen ut, och han har skildrat den tunga uppgiften att ha ansvar för projektet[172].)

172. Tidningen Relation Uppsala #07 2005;
och
UNT 29/3 2005: E4 är Owes väg till pensionen. E4-bygget har passerat halvtid. ”Uppsalabon Owe Ekman är mannen som under 1992-93 projekterade den kommande motorvägen efter beslutet i 50 års långbänk att E4 genom Uppland skulle förvandlas från en helvetisk bromskloss till en flytande pulsåder för rikstrafiken,” skriver Bengt Bylund. (Vår kommentar: Det var ingen 50 års långbänk. Vägverkets utredare hade redan bestämt att den skulle starta 1990-95, vilket den gjorde); Det blev inte ens en 5 månaders ”långbänk” från 9 februari 2000 till 25 maj 2000 före godkännande av projektet av Regeringen, för projekteringen av E4 ÅV fortgick oförtrutet;

och
Intervju www.unt.se/start/e4-ar-owes-vag-till-pensionen-666650.aspx- I början på 90-talet hade han kanske sin jobbigaste tid, att vara Vägverkets man på alla opinionsmöten längs sträckan. Det var grupper som Örbyhus företagare, Aktionsgruppen Rädda Vendel och så Stoppa E4 Väst. Debatterna var hetsiga. —Jo, det var en jobbig tid. Inte minst för familjen. För ibland ...
Owe Ekman uttryckte i olika intervjuer att det varit oerhört tungt med motståndet mot Vägverkets val av alternativ. Han har förståelse för att vissa markägare protesterade och slogs för sin gård, sitt livsverk, men han tycker att SE4V inte var ett parti som utgick ifrån enbart miljöintressen utan drevs av markägare som gömde sina egenintressen bakom en politisk fasad. Ett egendomligt resonemang. Det är ju självklart att partiet attraherade väljare bland alla de människor som fick sin närmiljö förstörd, på samma sätt som vägverksfolk i den tänkta öst-dragningen arbetade med sina förbindelser, som skulle kunna stoppa vägen i öst, för att skydda sina närområden. Men huvudargumentet, det tyngsta argumentet i SE4V:s politik var att RAÄ inte accepterade vägen.
"Owe påpekar att fladdermössen försvunnit. Fladdermössen stoppade kompromissen, dragningen över Vendelsjön. - "Men fladdermössen är borta därifrån nu då skogen fällts där. Så kan det gå" säger Owe Ekman med tydligt besviken min."

173. Kommunikationsdepartementets Pressmeddelande 1995-12-14. Ines Uusman "smal motorväg".

174. RRV kritik mot Vägverket: Riksrevisionsverket: Infrastrukturinvesteringar - en kostnadsjämförelse mellan plan och utfall i 15 större projekt inom Vägverket och Banverket. RRV 1994:23, Stockholm;
och
Svarsbrev från RRV till Urban Sjelin 1995-03-20 dnr 32-95-0393 Ang hemställan om stopp för fortsatt planering och projektering av E4 Uppsala-Mehedeby. *Signerad* Lars Eriksson.

175. Ärende 1999/149 i KF. 1999-10-18 SE4VK Interpellation angående arbetsplanen för ny E4 (om Vägverkets dribblande: Då regeringen begärt utredning av östliga alternativ tittar de i stället på fem alternativ som övergår i västligt läge.)

176. Lennart Bäck: 2000-07-12 Prof. Lennart Bäck: Synpunkter på SGU:s rapport 99-11-09, dnr 08-1281/99 ang. Arbetsplan för E4, Delen Uppsala-Läby. Citat: *"Min slutsats blir att rapporten är undermålig som beslutsunderlag."*

177. SGU:s rapport 99-11-09, dnr 08-1281/99 ang. Arbetsplan för E4, Delen Uppsala-Läby, osignerad, (av Anders Carlstedt, som fått uppdraget av Owe Ekman).

178. Brev 2001-09-20 från Urban Sjelin till generaldirektör Lars Ljung vid SGU med förfrågan om Carlstedts märkliga utlåtanden.

179. Till KF: 2000-02-24 Enkel fråga angående samråd mellan Vägverket och Uppsala kommun om utredning av alternativa östliga dragningar av ny E4. Agnetha Sällström SE4V Kulturpartiet. (frågan gällde om samrådsrepresentanterna från kommunen och de kommunala tjänstemännen som deltar i samrådet ska följa de av KF tidigare tagna besluten i ärendet och regeringsbeslutet om Gränbyparken från 1975?);
och
Svar på enkel fråga från Agnetha Sällström, SE4VK om samråd mellan Vägverket och Uppsala kommun om alternativa dragningar av E4 2000-03-27. (Svar Ja!)

180. SE4VK Remissyttrande från 1999-11-21 Till Vägverket, RAÄ, Naturvårdsverket, Länsstyrelsen i Uppsala län, Uppsala kommun och Tierps kommun samt samtliga ledamöter i *Samrådsgruppen för utredning av östliga E4-alternativ* inför samrådsmöten 24 och 25 november 1999: Yttrande till samrådsgruppen med begäran om prövning av Jälla-Öst Bruksvägen (JÖB) tillsammans med planskildhet på Tycho Hedéns väg.

181. Rapport (svar på Regeringens begäran om utredning av östra alternativ[168]): Kompletterande utredningar av östliga sträckningar vid Uppsala - underlag för fastställelseprövning av arbetsplan" för ny E4 Uppsala- Mehedeby, delen Uppsala Läby, Vägverket, Dec 1999. För sammanfattning se referens 170.

182. 2000-03-09 SE4VK till Näringsdepartementet: Yttrande över Vägverkets "Kompletterande utredningar av östliga sträckningar vid Uppsala - underlag för fastställelse av arbetsplan" för ny E4 Uppsala-Mehedeby, delen Uppsala Läby, Dec 1999; en 40-sidig rapport med förteckning av referenserna 1-21 och bilagorna 1-15; Komplett med bilagor.

183. SE4VK:s Yttrande 2000-05-14. Skrivelse till Näringsdepartementet: I. Tilläggsyttrande till yttrandet 2000-03-09; II. Yttrande över Vägverkets rapport "ny E4 Uppsala-Mehedeby alternativa östliga sträckningar, kompletterande utredning, april 2000"; III. Sammanfattande synpunkter på val av E4-alternativ med påfarter. Detta yttrande görs även å Christina Aronssons vägnar och har använts till ärendet i Stockholms Tingsrätt. Hon har dessutom skrivit ett brev till Tingsrätten, som ligger tillsammans med vårt dokument. 5 bilagor. Minnesanteckningar från samrådsgruppen finns bilagda.

184. ARV: "Yttrande 2000-04-04 över Vägverkets sammanfattning till Regeringen "Ny E4 Uppsala - Mehedeby. Kompletterande utredningar av östliga sträckningar," december 1999, genom Hans Eklund.

185. Ny skrivelse N1999/201/IRT från Näringsdepartementet till Vägverket 2000-02-09: Begäran om komplettering av underlag med anledning av fråga om fastställelse av arbetsplan för väg E4 Uppsala-Mehedeby, delen Uppsala Läby, samt indragning av väg mm, Uppsala & Tierps kommuner, Uppsala län. *"Komplettera den tidigare redovisningen med en utredning av alternativa östliga sträckningar av väg E4 lokaliserade öster om tidigare studerade alternativ, varvid delar av lokaliseringsplanens sträckningar kan utnyttjas"* (bifogat är uppdraget från 1999-09-15[168] där det klargörs vad redovisningen skall omfatta);
och
Ny E4 Uppsala-Mehedeby alternativa östliga sträckningar kompletterande utredning april 2000. JÖÖ redovisas. Ett par tillhörande kartor visar på ett övertygande sätt att JÖB hade gått alldeles utmärkt även med angöring söder om Tierp;
och
Uppsala Tekniske direktör Bo Björkmans synpunkter på utredningen av alternativa östliga sträckningar. ... *"maken till förvanskning har sällan skådats";*
och
Svar från Owe Ekman på SE4VK:s begäran om utredning av JÖB[180].

186. Vägverkets informationsfolder med faktadetaljer om E4-bygget.

187. Miljödomstolens prövning 8 poster:
2001-10-05 Till Stockholms Tingsrätt Avd. 9 Miljödomstolen, Stockholm: Yttrande i miljömål M187-01, M193-01 och M227-01, om ansökan om tillstånd att bygga broar för ny E4 genom Uppland (med handskrivet följebrev till kopierande handläggare). I denna handling finns Christina Aronssons brev daterat 2001-10-04. Agnetha är ombud för boende vid de aktuella objekten;
och
Yttrande i mål M458-01:10 och M459-01:10 angående Vägverkets ansökan om tillstånd att bygga vägbroar över Husbybäcken, Tierps kommun, Uppsala län. *"Sammanfattningsvis anser jag att de planerade vägbroarna över Husbybäcken riskerar att utrota bäckrödingbeståndet, huvudsakligen p.g.a. de oöverskådliga grumlingarna (både i tid och omfattning). Sett ur ett nationellt perspektiv utgör kallkällsbäckarna de enda naturliga vattenområdena som i princip är oberoende av de klimatförändringar och miljöförändringar som människan åstadkommer. De kan ses som reservoirer och refugier för den hotade biologiska mångfalden."* Docent Lennart Nyman/ naturvårdsdirektör, Världsnaturfonden WWF 23 april 2002;
och

Eken, M. 1988. Bekkerøya i Overnbekken – Bestandsdynamikk og habitatbruk hos en selvreproduserende bestand i Modum. - Hovedfagsoppgave, Institutt for naturforvaltning, Norges Landbrukshøgskole;
och
Hesthagen, T. & Kleiven, E. 2013. Forekomst av reproduserende bestander av bekkerøye (Salvelinus fontinalis) i Norge pr. 2013. NINA Rapport 900. Trondheim, juli 2013. ISSN: 1504-3312, ISBN: 978-82-426-2501-1;
och
Jordprovtagning vid Husbybäcken. Rapport 2002-04-16 från provtagning, analys och bedömning av åtgärdernas konsekvens utförd av statsagronom Gösta Berglund vid Hydrotekniska avdelningen på Lantbruksuniversitetet i Uppsala. Berglund stöder sitt uttalande med ett reportage från 1982, då stor erosion inträffade vid bäcken i samband med en rensning: ”Gyttja väller upp ur Husbybäcken” av C-A. Fredriksson;
och
Länsstyrelsebeslut 2001-10-09 dnr 247-8486-01: Ej betydande miljöpåverkan av vattenverksamhet avseende byggande av bro över Husbybäcken för lokalväg i Tierps kommun;
och
Länsstyrelsebeslut 2001-10-09 dnr 247-8487-01: Ej betydande miljöpåverkan av vattenverksamhet avseende byggande av bro över Husbybäcken för ny E4 Läby-Mehedeby i Tierps kommun;
och
Tingsrättens dom: Tillstånd till byggnation i respektive mål.

188. Regeringens fastställelse 2000-05-25 av Arbetsplan för väg E4 Uppsala-Mehedeby, delen Uppsala-Läby: Regeringsbeslut I15 N1999/201/IRT m fl Underställelse i fråga om fastställelse av arbetsplan för väg E4 Uppsala-Mehedeby, delen Uppsala-Läby, samt indragning av väg m.m., Uppsala och Tierps kommuner, Uppsala Län;
och
2000-05-25 I samband med detta godkändes också Vägverkets fastställelse av arbetsplanen för väg E4 Uppsala-Mehedeby, delen Läby-Mehedeby, beslut I16 N1999/282/IRT. (Se också ref. 127);
och
UNT 31/5 2000: Klart för västlig E4-dragning. Rivstart för vägbygget om de arkeologiska utgrävningarna kan starta i år.

189. Prövning i Regeringsrätten (8 dokument):
Agnethas ansökan om rättsprövning i Regeringsrätten för ett antal av partiets väljare som drabbats av vägen 2000-08-25;
och
ARV:s ansökan om rättsprövning i Regeringsrätten genom advokat Per Björkman 2000-08-23;
och
Sätunas ansökan om rättsprövning i Regeringsrätten genom professor Staffan Westerlund 2000-07-13;
och
Urban Sjelins ansökan om rättsprövning i Regeringsrätten 2000-08-14;
och
Protokollet från den muntliga förhandlingen 2001-02-28. aktbilaga 367;
och
Regeringsrättens Dom Mål nr 5297-5298-2000, 6267-2000 meddelad i Stockholm 9 juli 2001;
och
Ref Sovande nämndeman Dagens Juridik 2018-09-03 http://www.dagensjuridik.se/2018/09/namndeman-som-beslutade-om-utvisning-sov-under-rattegangen-maste-goras-om;
och
Svenska Dagbladet 12/7 2010: Rättsröta i Regeringsrätten. Advokat Björn Rosengren anklagar regeringsrätten för rättsröta och menar att det är en skam för Sverige att enskilda sett sig tvingade att ”av rättshygieniska skäl” väcka talan mot Sverige i Europadomstolen.

190. Ref EUD Eu-domstolen. Alla handlingar i en samlingspärm.

och
UNT 7/10 2003: ”Markägare vill ha skadestånd. Miljonkrav: Europadomstolen prövar anmälan.”

191. UNT 16/1 1995: USA-forskare varnar: Brist på mat redan om några årtionden.

192. UNT 12/9 2018: Hungern i världen ökar. Sid. A16 *FN:s livsmedelsprogram WFP”.*

193. Sharma et Kumar 2010, Changes in honeybee behaviour and biology under the influence of cellphone radiations, publicerad i Current Science, vol. 98, 25 May 2010;
och
Lázaro, A. et al 2016, Electromagnetic radiation of mobile telecommunication antennas affects the abundance and composition of wild pollinators. Journal of Insect Conservation April 2016, Volume 20, Issue 2, pp 315–324;

194. Panagopoulos, DJ & Margaritis LH. The effect of exposure duration on the biological activity of mobile telephony radiation. Mutat Res. 2010 Jun 17;699(1-2):17-22.

195. Biel, A. & Bennulf. M. Svenskarnas inställning till ett antal förslag att påverka bilanvändningen. Rapport från Inst. för Psykologi, Göteborgs Universitet. 31dec. 1996. Refererad i SOU 1997:35[89].

196. UNT 21/8 2002: E4-dragningen gav demokratiunderskott. Insändare av Jarl Lundin (nye partiordförande efter 2002).

197. Referenser om fluorid, 8 poster
Livsmedelsverkets rapport nr14/2009 SLVFS 2001:30
Socialstyrelsens riktlinjer för fluor. SoS (2007). Dricksvatten från enskilda vattentäkter, ett nationellt tillsynsprojekt. Artikelnummer 2008-109-15;
och
WHO (2004). Fluoride in drinking-water. Background document for development of WHO Guidelines for Drinking-water quality. Geneva, World Health Organization (WHO/SDE/WSH/03.04/96);
och
Sällström, JF: Fluoren inom tandvården är ett cellgift. art-bin.com ;
och
Bellinger, D.C: Environmental chemical exposures and neurodevelopmental impairments in children. Tidskr: Pediatric Medicine, Dec. 2018;1:9;
och
Bashash, M. *et al.* Prenatal fluoride exposure and cognitive outcomes in children at 4 and 6-12 years of age in Mexico. Tidskr: Environ Health Perspect Sept. 2017, vol 125(9):097017;
och
Bashash, M, *et al.*: Prenatal fluoride exposure and attention deficit hyperactivity disorder (ADHD) symptoms in children at 6–12 years of age in Mexico City. Tidskr: Environ Int. Vol 121(Pt1) Dec. 2018, sid.658-666;
och
Rivka Green, MA et al.: Association Between Maternal Fluoride Exposure During Pregnancy and IQ Scores in Offspring in Canada. JAMA Pediatrics, published online August 19, 2019;
och
Malin AJ et al. Fluoride exposure and kidney and liver function among adolescents in the United States: NHANES, 2013-2016. Environment International, published August 8, 2019;
och
The **Fluoride Action Network (FAN)** www.https://fluoridealert.org/about/seeks to broaden awareness among citizens, scientists, and policymakers on the toxicity of **fluoride** compounds;
och
The National Toxicology Program (NTP) published a draft review on Oct 22, 2019of fluoride's neuro-

toxicity concluding:
"...fluoride is presumed to be a cognitive neurodevelopmental hazard to humans. This conclusion is based on a consistent pattern of findings in human studies across several different populations showing that higher fluoride exposure is associated with decreased IQ or other cognitive impairments in children."

198. Problem med grundvatten (7 poster):
UNT 4/1 2006: En miljon kronor kostnaden för nya brunnar vid nya E4. *"För Vägverket kom brunnsproblemet som en överraskning";*
och
UNT 30/10 2002: Trafikplats för nya E4 skapar oro. Markägare som berörs av den nya trafikplatsen i Svanby utanför Tierp framförde en rad yrkanden när miljödomstolen höll huvudförhandling i Tierps tingsrätt. De kräver en prövotid på 10 år samt att ersättning till berörda skjuts på framtiden. Tillströmningen av grundvatten till trafikplatsen är mycket liten, därför kommer projektet inte att påverka grundvattennivån, säger Anders Carlstedt vid SGU. En av odlarna i närheten pekar dock på att i hans egen brunn ett par hundra meter från den planerade trafikplatsen är vattenflödet 10 gånger större 50L/min (mot de 5L/min som Carlstedt pratar om). Frågan som ställdes var förstås: *"Varför skulle flödet vara mindre vid trafikplatsen?" - "Därför att det är ett annat material, som inte släpper igenom vattnet lika lätt,"* lugnade Anders Carlstedt;
och
UNT 15/8 2006: Vägverket; Brunnsborrning Vattnet sinar längs E4-bygget. ”Där vägen drar fram försvinner vattnet,” (i Svanby i Tierp);
och
UNT 9/11 1996: Problem vid västra vägporten. Tierps grundvatten pumpas bort. Nästan 80.000m^3 vatten har pumpats bort av Tierps grundvatten (under 1995 46.000m^3, under 10 månader av 1996 30.000m^3). Kommentar: Det är inte gratis att pumpa vatten! Var det inte detta man var orolig för i Tierps ledning?
och
UNT7/2 1995: Nya vägplaner i Vendel Grundvattnet ger Vägverket problem;
och
Motion 2001-10-09 till kommunstyrelsen i Tierps kommun av Urban Sjelin (sE4vk) angående långsiktiga hot mot grundvattentillgångar inom Tierps kommun;
och
Naturvårdsverkets pressmeddelande 2000-12-18: Använd miljöbalken och skydda vattentäkterna. Vattenreservoarerna kan vara värda miljardbelopp.

199. Punktering av grundvatten i bergtäkt Månkarbo
Bergtäkten i Månkarbo ligger inom fastigheterna Öster-Ekeby 3:2, 3:3, 4:3 och Fånby 1:2, 2:2, 3:2, 4:2 samt Lindmarksfors 1:1 och Vendels-Valla 1:2. Länsstyrelsens tillståndsbeslut 1996-06-14, dnr 233-8121-95. Bifogat finns ”Områdeskarta, detalj” och ”Verksamhetskarta, detalj.”
Ur tillståndstexten: *"Bergtäkten avses drivas under grundvattenytan. Sökanden anser att någon sänkning förorsakad av vattenuttag vid bergtäkten inte kommer att märkas i de närmast belägna vattentäkterna..... Bortledandet av grundvattnet är tillståndspliktigt enligt 4 kap 1§ vattenlagen. Länsstyrelsen förutsätter att saken lämnas för prövning i vattendomstolen";*
och
delar av Miljökonsekvensbeskrivning till bergtäkt Månkarbo, Tierps kommun med bilagor: Områdesbeskrivning, Projektbeskrivning, Naturbeskrivning;
och
Konsekvensanalys gällande påverkan av föreslagen bergtäkt vid Öster-Ekeby, Tierps kommun, på grundvattenförhållandena i den näraliggande Uppsalaåsen. Av doc. Åke Möller, Vatten och Miljöteknik 1995-06-12;
och
Protokoll samrådsmöte enl. Miljöskyddslagen §12a onsdagen den 8/2 -95 hos Länsstyrelsen i Uppsala län. Planerad bergtäkt Öster Ekeby 3:4, arbetsnamn U19 Tierps kommun. Ur protokolltexten: *"Täkten är tänkt bli långsiktig, 20-50 år, och ska initialt leverera ballast till det kommande E4 bygget och därefter*

kvarstå som en grusersättningstäkt......Brytning kommer att ske under omgivande marknivå, vilket ev. kommer att innebära uppumpning av grundvatten till Vendelån via ett kärr och dikessystem öster om täktområdet. Agneta Pettersson (Miljökontoret Uppsala) påtalade att Björklinge-Långsjön omfattas av särskilda krav, som måste beaktas om sjön ska bli recipient för vatten från täktområdet;
och
Kompletteringar av ansökan till bergtäkt Månkarbo inom fastigheterna Öster Ekeby 3:2 m fl, Tierps kommun 1995-12-01. Från Terraproject AB, konsult Leon Landberg. *"Vid beräkningen av ytvattenflödet har allt vatten som bedöms beröra brytområdet medtagits, d.v.s. även inflödet av grundvatten. Det angivna ytvattenflödet på 1,5-2,0 l/s är ett årsmedelvärde";*
och
Brevsvar från Tekniska kontoret, TBN-2000-1744 89 från Tommy Högström och Sven Ahlgren i Uppsala kommun till Urban Sjelin, som påtalat punkteringen av grundvattnet i Månkarbo bergtäkt. P.g.a. för stort vattenflöde av grundvatten har den blivit en "badsjö" och är obrukbar som täkt. Uppsala kommun anser inte att detta kan påverka Uppsalas vatten. (En intressant kommentar i brevsvaret är följande: *"De skyltar som nu placeras ut innebär att det villkor verkställs som anges i Länsstyrelsens beslut om att inrätta ett vattenskyddsområde för Uppsala- och Vattholmaåsarna i Uppsala kommun. Vattenskyddsområdet började gälla den 1 januari 1990.* ***Vägverket har dock inte medgivit att skyltning skett inom vägområde före 1999.*** *Skyltningen regleras i en särskild föreskrift och måste godkännas av Länsstyrelsen och Vägverket.");*
och
Minnesanteckningar 2000-11-13 från samrådsmöte vid Månkarbo bergtäkt 2000-10-24 skrivna av Inger Kindvall, Miljö och hälsoskyddsinspektör i Tierp Dnr 2000-0982. De rör anmälan om missförhållanden vid badsjön som inkommit 2000-09-11. *"Det finns tunnor med texten sprängmedel i botten på täktsjön och ingen sedimentationsdamm enligt föreskrifterna";*
och
Provsvar från fluoridanalys av 5 prover från olika platser vid dammen plus en kontroll. Vattenprovsanalys på fluorid utförd av Uppsala kommuns Vattenlaboratorium;
och

Tekniska Kontoret i Uppsala: tema vatten & avlopp. Informationsbroschyr med titeln Vatten - vårt viktigaste livsmedel. Värna vattnet!

200. Markskydd
"Långtidsegenskaper hos tätskikt innehållande Bentonit." RVF Rapport 01:12. ISSN 1103-4092; ISRN RVF-R—01/12—SE. Författare: Brundin, H. (SÖRAB), Kihl, A. (Ragn-Sells Avfallsbehandling AB), Lagerkvist, A. (Luleå Tekniska Universitet), Pusch, R. (Geodevelopment AB), Rihm, T. (RVF Service AB), Sjöblom, R. (ÅF-Energikonsult AB) & Tham, G. (Telge Återvinning AB);
och

Bentonit: SGF, Sveriges Geotekniska Förening har en rapport som handlar om att vägsalt löser Bentonit - Tätskikt i mark: vägledning för beställare, projektörer och entreprenörer. ... Serie: SGF rapport, 1103-7237; 99:1. Funktionen hos lermembran på plats i en deponi 3.5.1 Densitet och tätningsfunktion: Den viktigaste parametern som påverkar lermembrans funktion är densiteten, som bestäms av överlagringstrycket. Man finner att det spelar relativt liten roll från täthetssynpunkt om man använder natrium- eller kalciumbentonit eller om elektrolytbetingade förändringar inträffar som följd av genomströmning av avfallsvatten. Risken för permanenta förändringar som följd av cyklisk uttorkning/ bevätning och tjälning/upptining gör emellertid att natriumbentonit med sin bättre självläkningskapacitet bör användas.

Bentonits kemiska beständighet:
Det finns två hot mot bentonits kemiska stabilitet, nedbrytning som följd av lågt eller mycket högt pH-värde hos porvattnet, samt höga temperaturer speciellt i samband med högt kaliuminnehåll. För lägre pH än ca 6 går silikatmineral snabbt i lösning och detsamma gäller vid högre pH än ca 10. Här måste man dock ta hänsyn till att buffringsförmågan är hög om smektitmassan är stor, som i lager av bentonitrika blandningar av bentonit och ballastmaterial. Sådana isoleringar är därför betydligt mera

motståndskraftiga än tunna lermembran. En viktig fråga är vilket smektitmineral som bentoniten utgörs av; montmorillonit, som är relativt stabilt, eller beidellit, som snabbt omvandlas till icke svällande mineral (illit) vid kaliumupptagning t.o.m. vid rumstemperatur eller obetydlig uppvärmning. Omvandling till sådana mineral kan ge upphov till en hundrafaldig ökning av genomsläppligheten och total förlust av expanderbarheten och därmed självläkningsförmågan.

201. 24/10 2001 UNT: Lera ger för lite skydd: ”Ny dansk forskning visar att lerskiktet ovanför grundvattnet inte alls är så tätt som forskarna tidigare trott. Genomsläpplighet i lermorän är 100.000 gånger större än man trott;
och
25/8 2018 DN: Tusentals ton mikroplast sprids från svenska vägar: (reportage Torbjörn Tenfält) Trycket ökar på Trafikverket, kommunerna och andra aktörer att förbättra reningen av dagvatten som sprider mikroplaster ut i naturen. Ny forskning visar att regnvatten på vägarna för med sig föroreningar ner i marken mycket snabbt. *”Mikroplaster hör tillsammans med tungmetaller och vägsalt till de föroreningar som sprids med regnvattnet från vägarna och riskerar att hamna i omgivande vattendrag och grundvatten,”* säger Hedi Rasul, forskare vid KTH.

202. *Skrivelse 1994-03-03 från Banverket till Miljö- och Naturresursdepartementet P 94-314/95 Fråga om prövning enligt 4 kap, 2§ lagen (1987:12) om hushållning med naturresurser mm av planerad ny sträckning av väg E4 mellan Uppsala och Mehedeby.. bör inte ske.* ***Det är olämpligt att från statlig synpunkt pröva ett projekt av denna angelägenhet från rikssynpunkt enligt en lagstiftning som innebär möjlighet till kommunalt veto,*** ” undertecknat av GD Jan Brandborn.
(Våra emfasmarkeringar i citatet.)

203. Skrivelse 1994-09-01 till Kommunikationsdepartementet från Vägverkets GD ”Avtalet” och Banverkets GD Brandborn om E4 och tågtunnel i Gamla Uppsala. Vägverket ska bekosta Banverkets merkostnaden för tunneln. Vägverket Dnr PP10-94:6794; Banverket. Dnr. GD94-2031/51. *”Efter en bred samrådsremiss av lokaliseringsutredningen för E4 har ett samlat väg/och järnvägsförslag presenterats som innebär att järnvägen läggs i tunnel och* ***vägen sänks 2-5 m*** *under markytan på den sträcka som exponeras mot Gamla Uppsala.”… ”Vägverket och Banverket är beredda att åstadkomma en tidsmässig samordning vad gäller utbyggnaden samt att tillsammans lösa finansieringen inom givna resursramar* ***varvid Vägverket står för järnvägsprojektets merkostnader.*** *”* (Våra emfasmarkeringar.)

204. Brev från Banverket Östra Banregionen 1998-02-12, dnr 97-1840/91 till Vägverket Region Mälardalen: *Angående Vägverkets bidrag till utbyggnad av Ostkustbanan till dubbelspår mellan Uppsala C och Gamla Uppsala.*

Vägverket svarar inte på detta brev förrän nästan 8 månader senare i ett svarsbrev, BY 2098:517: *Angående finansiella frågor kring utbyggnaden av Ostkustbanan till dubbelspår mellan Uppsala C och Gamla Uppsala.* I detta brev 1998-10-05 förklarar Vägverket helt kallt att avtalet mellan VV och Banverket bryts: *”Var och en av infrastrukturmyndigheterna svarar för sina egna kostnader. ….Vägverket har inte mandat att finansiera baninvesteringar med anslaget Väghållning och statsbidrag.” (Vår kommentar: Vad var det vi sa! - Hur beräknande får offentliga myndighetsrepresentanter vara?)*
och
Brev 1998-10-16 från Banverket till Uppsala kommun BRÖ97-180-91. *”Banverket förutsätter att regeringens eventuella fastställelse av arbetsplanen för E4 inte på något sätt försvårar eller omöjliggör en utbyggnad av järnvägen till dubbelspår i ytläge.”*

205. Skrivelse från Kulturnämnden till Kommunstyrelsens kontor:
Yttrande 1996-09-12 om Arbetsplan för ny E4 Uppsala-Mehedeby, delen Uppsala-Läby. *”I den nu upprättade vägplanen ska vägen endast sänkas en och en halv meter, vilket strider mot den tidigare uppgörelsen.”…..*
”har kulturnämnden beslutat att avstyrka den upprättade Arbetsplanen för ny E4”;
och

UNT 13/9 1996: Kulturnämnden anmäler Vägverket. Vägen inte djupt ner nog. Vägverket följer inte den uppgörelse om trafiken vid Gamla Uppsala som har träffats med Länsstyrelsen, Uppsala kommun, Banverket och Riksantikvarieämbetet;
och
UNT 26/9 1996: Nej till arbetsplanen för E4 av Monika Fridenman (s), ordf. Kulturnämnden.

206. Sex exempel på för kort remisstid:
Miljö- och Hälsoskyddsnämnden 25/9 1996 anhåller om förlängd remisstid[39];
och
Svar på KomKom, Kommunikationskommitténs betänkande i TBN, sid. 81;
och
Miljö- och Hälsoskyddsnämnden angående Miljökontoret tjänsteutlåtande: Anslutning av väg 55 till ny E4, Remiss från kommunstyrelsen med för kort remisstid 2001-03-29 till 2001-04-09 för att åstadkomma ett formellt yttrande;
och
Kultur- och Fritidsförvaltningens brev 1995-05-11 till Kommunstyrelsens kontor angående Vägutredning för E4, delen Läby-Månkarbo: *"Kommunstyrelsens kontor har översänt rubricerade ärende till Kulturnämnden för yttrande. Med anledning av den korta remisstiden hinner inte förvaltningen bereda ärendet, varför kulturnämnden inte kan avge något yttrande."* Undertecknat av Kulturchefen;
och
Ref 106:12;
och
Remisstid för yttrande om Arbetsplan för nya E4 delen Uppsala-Läby samt utredningsmaterial avseende Bärbyled etapp 3 och trafikplats Årsta, Referens 113.
"Uppsala kommun vill inledningsvis djupt beklaga att Vägverket valt en så begränsad remisstid för allmänheten, som till den 13 september. Detta i synnerhet som väsentligt utredningsmaterial inte förelåg vid utställningens början utan färdigställts efter hand.."

207. Penningbesparande åtgärder 3 poster
UNT 5/4 2006: Betong i stället för asfalt på nya E4. Beläggning spar miljoner;
och
UNT Ekonomi 7/10 2003, sid. 8: Smalare väg sparar 100 miljoner. Smalare körfält pressar priset på nya E4 med 100 miljoner kronor. Samtidigt ska slitstark betong ersätta asfalt från Uppsala till Björklinge. *"Mellan Uppsala och Björklinge gör Vägverket en långsiktig besparing genom att bygga vägen i betong. I byggskedet ökar kostnaden med 30 miljoner..."*;
och
SvD Näringsliv 6/10 2007: Sverige blir snabbare. "Filerna har krympt från 3,75 till 3,5 m, vägrenen har också blivit smalare. - Vi skulle spara 150 miljoner konstaterar Vägverkets projektledare Lars Pernler."

208. UNT 31/8 1995: "Meter efter meter av lera ska bära nya motorvägen." Reportage om provborrningar. "*Tusentals borrhål avgör vägsträckning.*" Upplandslera försvårar E4-bygge. Som mest har lerdjup på 22-23 m uppmätts vid Vaksala och Gamla Uppsala. På vissa platser är leran av en typ som "glider" (det vi kallar 'kvicklera'). Var 40:e meter togs prover på djup, tryck, friktion och porvattentryck. I artikeln nämns att vid bygget av väg 292 från Gimo till Hargshamn, som invigdes 1994, fick man behövliga fyllnadsmassor från marken där man gick fram, ja, man fick t.o.m. bergmassor över. Och ändå så råkade man där ut för att vägen satte sig på ett ställe där det var låglänt och leran var för lös. *"Det var ganska besvärlig mark att bedöma."* (Kommer man att lära sig något av detta??)

209. Ny Teknik 2012-08-08: "Nya E4:an har redan spruckit";
och
UNT sid. A6 29/4 2017: Transport - Betong ersätts med asfalt när E4 renoveras. Betongvägen på E4 mellan Uppsala och Björklinge blev inte så underhållsfri som det var tänkt. I början av juli byts utsliten betong ut mot asfalt. *"Djupa hjulspår i betongen i det högra körfältet mellan Uppsala och Björklinge orsakar stora problem för bilisterna. Spårbildningen i bägge färdriktningar är två centimeter djupa och*

kan vara en trafikfara vid nederbörd om rinnande eller fryst vatten ligger kvar i fördjupningarna ... Även gummifogarna mellan betongplattorna behöver bytas ut. Fogarna håller inte tätt längre."... kostnad c:a 30 miljoner.

210. UNT 20/9 2007 Musikens hus: G. Vikholm, projektledare på fastighetskontoret uttalande till, sid. A10. Det nya golvet spricker. Sprickorna går inte att åtgärda men ska vara ofarliga."

211. UNT 1/9 2007: Lena Hartwig kom att personifiera beslutet att bygga huset, i egenskap av Uppsalas dåvarande finanskommunalråd. Men politikerna borde ha informerat bättre om verksamheten och kostnaderna. Och kanske skulle de inte hållit benhårt i budgeten utan låtit huset bli så stort som det var tänkt från början.
- *"När vi ändå fick så mycket skäll så skulle vi väl kunnat få skäll för 150 miljoner kronor till, och låtit hela huset bli lite större, säger Lena Hartwig när hon blickar tillbaka på den hetsigaste och längsta politiska debatt som någonsin rasat i Uppsala."* När stämningen var som mest hätsk fick hon en egen kontaktperson hos polisen. Särskilda säkerhetsarrangemang sattes in.
Då hade kostnadskalkylen stigit till 680 miljoner kronor ....Alla experter säger att storleken är lagom för verksamheten. 1147 röda stolar i salongen.

Motståndet fanns ju inom hennes eget parti och kritiken riktades mot socialdemokratins hjärtpunkt, att vård, skola och omsorg måste gå först....Hård kritik var hon beredd på, men den skummande vreden överraskade henne.

- *"Nej, jag tillhör dem som tycker att socialdemokratisk politik även ska skapa goda förutsättningar för kultur. Och det fanns mycket starkt stöd från handeln, näringslivet och turistnäringarna."*
- *"Vi hade 134 bidrag i arkitekttävlingen att välja bland."*
- *"Jag vet inte om fint är rätt ord, men det är annorlunda, snyggt, det syns från alla håll. När jag kommer cyklande Hjalmar Brantingsgatan och solen går upp, då sprakar det om huset. Ändå trodde jag att det skulle vara ännu mer skimmer i fasadmaterialet. Bäst gillar Lena Hartwig färden upp med rulltrappan, när man närmar sig översta våningen och stora delar av Uppsala öppnar sig utanför glasrutorna... Häftigt!"*

(Klipp från intervju gjord av reportern Ola Lindqvist före invigningen.)
(Jämför ref.135. Det hade nog inte varit så välbetänkt att lägga ut 150 miljoner till på bygget!)

212. UNT 7/4 2010: Bulleruppropet »Räfflor stör mer än trafiken«;
och
Flygblad "Bulleruppropet i Vendel" Om du vill påverka vägverket så att de vidtar åtgärder för att sänka bullernivåerna från motorvägen igenom vår hembygd gör så här:
.......etc, undertecknat Urban Sjelin.

213. UNT 10/11 2000: F16 - Halv Jas-division bullerprövas för F16.

214. UNT 23/10 2007: Markägare måste skatta för E4.

215. Lennart Ehn, boende i Brillinge har skrivit följande (renskrift av en kopia som håller på att bli oläsbar):
"Till Länspolismästaren i Uppsala
Anmälan om grov vårdslös myndighetsutövning av Uppsala kommun och Länsstyrelsen beträffande länsväg 290 Österleden mellan Vaksalagatan och halkbanan med över 10.000 fordon per dygn. Andelen tung och miljöfarlig trafik på oacceptabel nivå med upp till 80 km/tim vid 50- och 70 km begränsning har ökat betydligt bl a till följd av undermålig trafikreglering och bristande kontroll.

Österleden anlades 1965 trots Brillingebors protester och överenskommelse om sänkning och utflyttning enl. sammanträdesprotokoll 1965-11-02 med kommun och Vägförvaltning, vilka sedan underlåtit att följa avtalet. Länsvägen byggdes därför olagliga 0-7 m från bostädernas tomtgränser 1,8 m över befintlig marknivå vid korsningen Marknadsgatan och Österleden, 1,2 m över och 13 m närmare än 1962 fastställda ritningar.

Mellan Brillinge och halkbanan finns 3 kraftledningsmaster endast några meter från den höga smala Österleden utan vägrenar, där avståndet skall vara 10 till kraftledningsmaster vid den typ av trafik som är tillåten.

KF:s Gränby Centrum byggdes 1971 med 15.000 kvm och anslöts till Österleden med Marknadsgatan. Fyra utbyggnader har skett sedan dess till 24.000 kvm. Nu pågår ombyggnad med nytt våningsplan invändigt samt omfattande utbyggnad för uppgiven miljardomsättning med 35 storsäljande företag med 1.400 p-platser samt eventuellt ytterligare 300."

216. Lennart Ehn: Överklagan av kommunfullmäktiges beslut 1995-08-28, Dnr Ä A 106§160 till Länsrätten i Uppsala län 1995-09-21. Mål nr 2147-95;
och
UNT 30/11 1995. Länsrätten ändrar inte överklagat E4-beslut.

217. Natur och Miljö i ett liberalt Uppsala. Valinformation Folkpartiet Liberalerna 1994-98. Uppsala »Slättens konung«.

218. UNT 16/5 2013: Här byggs en ny stadsdel på landet. Ute på landet i ett naturskönt område rullar lastbilar på nybyggda vägar. Lindbacken ska få över 700 bostäder: ..kostar merparten av husen 4,5-5,2 miljoner kronor. Uppsala kommun…. kallar området »ny stadsdel«…..Kommunen är del i projektet, bygger huvudgatan och ska sälja tomter…(Roger Lindqvist);
och
UNT 5/10 2014 Ny stadsdel på gång utanför Uppsala. Ytterligare runt 500 bostäder planeras närmare Jälla gård.

219. UNT 30/10 2004 Uppland: Bergtäkt vid nya E4 blir badsjö. Välkommet tillskott för Tierpsborna . Vägbygget självförsörjande på bergmassor;
och
UNT 25/8 2007: Tack vare motorvägen får Tierp en ny badsjö. Klart för premiärdopp nästa sommar, av Peo Österholm;
och
UNT 20/7 2019: Dumpad bil i Trollsjön bärgad.

220. Stadsbyggnadskontoret: Programsamråd för bostadsområdet Gränby Backar Dnr 2001/20021-1.

221. UNT A10 27/3 2007: Kritik mot utbyggnad i Skölsta;
och
Plan - och Byggnadsnämnden, Sammanträdesprotokoll 2013-12-12, Dnr:2012-020025. Detaljplan för Skölsta (ny bebyggelse). Till Uppsala Kommunstyrelse, ink. 2013-12-19 från Plan- och Byggnadsnämnden angående Detaljplan för Skölsta (ny bebyggelse), Uppsala kommun, Dnr PLA 2012-020025. Normalt planförfarande. (Här framgår att marken Svia 9:1 som tillhörde Sandbergs fastighet ingår i planen);
och
Ärendet: Plan- och byggnadsnämnden har 12 december 2013 (bilaga) med hänvisning till planhandlingarna samt samrådsredogörelsen och utlåtande överlämnat detaljplan för Skölsta till kommunfullmäktige för antagande. Planen syftar till att möjliggöra uppförandet av ny bostadsbebyggelse ca 350 tomter i varierande storlekar. I planen ingår även planering för skola/förskola, plats för närbutik, elnäts- och pumpstationer för VA-anläggningar samt utjämningsmagasin för dagvatten;
och
2014 2014-01-14 KSN-2010-0486 Detaljplan för Skölsta. Förslag till beslut: KS föreslår kommunfullmäktige besluta att anta detaljplan för Skölsta.

222. Slutversion av 'Uppsala Vision 2020', förslag 2000-08-08 att antas av KF vid septembermötet. Förord av Annika Lindh (s).
Samma som poängterades i Översiktsplan för Uppsala Stad 2002 Samrådsversion 2001-10-01 del 3 där det sägs: »*Utåt är det av speciell betydelse att skogsranden fortsättningsvis har karaktären av skog med enstaka grupper av hus och att ingen randbebyggelse tillåts utmed skogskanten. E4:ans trafikplatser kommer att utgöra attraktiva lägen för verksamheter som riktar sig till bilister. Framtida etableringar av verksamheter vid E4:an bör ske samlat och i ett helhetsgrepp. Den östra sidan av E4:an ska hållas fri från byggnader och etableringar,«* - vidare: »*Omlandet ska hållas fritt från bebyggelse eller annat som kan förvanska upplevelsen av landsbygd... Strategiska områden föreslås för att en samlad bebyggelse ska vara möjlig på längre sikt, «* uttrycks även i Visionen. (Lindbacken och Fullerö nämns ändå inte som strategiskt område, men väl Skölsta);
och
2000-03-27 Sammanställning av remissyttranden på 'Förslag till Vision och strategi för Uppsala stad';
och
Uppsala 2020 -Vision och strategi för staden. En sammanfattning i bokform (64 sidor) från Kommuninformation, tryckt 2000.

223. Hagai Levine, H. *et. a*l: Temporal trends in sperm count: a systematic review and meta-regression analysis. *Human Reproduction Update*, Volume 23(6), 1 November 2017, Pages 646–659, https://doi.org/10.1093/humupd/dmx022;
och
Horan, T.S. *et al.* Replacement Bisphenols Adversely Affect Mouse Gametogenesis with Consequences for Subsequent Generations. Curr Biol. 2018 Sep 24;28(18):2948-2954;
och
Swan, SH *et al.* the TIDES Study Team: First trimester phthalate exposure and anogenital distance in newborns. *Human Reproduction*, Volume 30, Issue 4, 1 April 2015, Pages 963–972;
och
UNT 24/3 2019: Ett binärt könsbegrepp som man och kvinna gör att alla inte kan känna igen sig.

224. UNT 18/11 1994: Rapport från Boverket visar: Grönområden viktiga för människan (ur kulturella, sociala, ekologiska synpunkter mm). »*Förtätning var 80-talets stadsbyggnadsideal. Mellan 1980 och 1990.«*

225. Uppsalatidningen 25/5 2007: Storslagna planer för Fullerömotet. Kan bli 75-100 nya butiker: »*Butiksytan i Fullerö kan bli totalt 50.000 m² och inrymma uppemot 100 butiker. Det är nästan dubbelt så stort som nuvarande Gränby köpcentrum,«* säger uppsalaföretagaren, entreprenören Vahik Abrami, som äger marken. Dessutom planeras byggande av nya bostäder;
och
UNT A4 Debatt 23/8 2007: Stopp för mer externhandel: »*Köpcentret vid Fullerömotet strider mot översiktsplanen och motverkar svenska miljömål,«* skriver miljöpartiets representanter Niclas Malmberg och Caroline Loohufvud;
och
Publicerad 2017-09-14 Vahik Abrami är armenier, född och uppvuxen i Iran. Han kom tillsammans med fru och två små barn till Sverige för 32 år sedan. Han ville inte delta i det meningslösa krig som då pågick mellan Iran och Irak (och som kom att ta c:a 1 miljon människors liv!). Familjen kom som flyktingar och hamnade efter några månader i Uppsala.
– »Med språket lär man känna kulturen och blir en del av den. Jag är en öppen och glad människa och har aldrig känt mig utanför. Uppsala, det är min stad, mitt vardagsrum, det är här jag har mitt hjärta. I Uppsala köpte jag och drev Svista Värdhus. Ett par år senare insåg jag att verksamheten skulle minska drastiskt med nya dragningen av E4, så jag köpte mark utefter nya vägen. Jag ville ju inte bli arbetslös,« säger Vahik och skrattar. Är man entreprenör så är man. – Det blev ett nej, planerna på upplevelseparken i Fullerö gick i stöpet 2015. Okej då gör vi något annat. Det blev i stället bostadsområdet Fullerö Hage.

226. *'Dags att handla: Stormarknad eller stadskärna?'* Rapport från Kommunförbundets konferens i Växjö 12-13 november 1998, av Örjan Nilsson (m) och Jan Sällström (sE4vk).

227. Lynch, Kevin: The image of the city The site planning.
Cambridge [Mass.] : M.I.T. Press & Harvard Univ. Press, 1960;
och
Cullen, Gordon: The concise townscape
ISBN 0750620188 Serie: Publications of the Joint Center for Urban Studies
Oxford; Butterworth-Heinemann, 1996;
och
Stormarknader - hot eller möjlighet? Överetablering av stormarknader Planera Bygga Bo 1/1998 s.2. (Boverkets tidskrift).

228. UNT Reportage 3/10 2015: Miljardsatsning i Gränby. »Arbetet har börjat med att skapa Uppsalas andra stadskärna, Gränbystaden. Atrium Ljungberg, som investerar tre miljarder i Uppsala de närmaste tio åren, räknar med att området omsätter omkring två miljarder i år«. Se också Atrium Ljungberg:s website.

229. 01-10-29 Motion av Lars O. Ericsson (c) i Uppsala kommunfullmäktige: angående nytt fängelse och nya arbetstillfällen i Uppsala. *»Det nya fängelset kan med fördel förläggas till Uppsala kommun«;*
och
UNT 10/2 1995: *"Regeringen fäller avgörandet"* Uppsala får nytt fängelse: "En ny anstalt i Uppsala har hög prioritet. Med lite tur i beslutsordningen kan ett nytt Jällafängelse stå klart redan 1997-98" (reportage Bengt Bylund).

230. Motion 201-04-18 dnr. KS-2000-0867 40 av J. Ericson (v), A. Sällström (sE4vk) M. Bergfors (mp) om inrättande av lokal för information om mejerihistoria och kvinnors lönearbetshistoria.

231. Wendell Berry, Konsten att vara här. Texter från ett annat Amerika 1969-2012 i översättning av Per Helge. Ariel förlag 2017. ISBN 978-91-87605-32-1.

232. UNT 28/1 1997: Östra station. Majoritet antog plan. I samma reportage från fullmäktigemöte nämns att en protestlista med 1.500 namn mot nedläggningen av Tunåsen lämnats till Erik Nilsson;
och
Sveriges Radio P4 Uppland 3/1 2003: Tunåsen - från sjukhem till bostadsrätter. *»Det omstridda sjukhemmet Tunåsen i Uppsala är sedan en tid tillbaka under byggnation - för flera år sedan skrev 16.000 personer på protestlistor för att bevara sjukhemmet.«*

233:1 Uppsala-traktens naturminnesinventering 1937-1944 utförd av Naturvetenskapliga Studentsällskapet i Uppsala. Utgiven 1993 av Naturvårdsförvaltningen i Uppsala kommun. ISBN 91-630-1657-5;
och
233:2Översiktlig naturvårdsinventering av Uppsalatrakten av Tord Ingmar, Aron Bergmark och Gustaf Sandberg. Almqvist & Wiksells Boktryckeri AB, Uppsala 1968.

234. "Förslag till områden som skall ingå i EU:s nätverk av skyddade områden Natura 2000 (slutredovisning av regeringsuppdrag 1998-03-19, 1498/1029/4)";
och
Förslag till Natura 2000-områden. Uppsala kommun KS 3021 5/3.2000. "att inte godkänna att Storskogen anmäls till Natura 2000 närverket förrän det är klart att det inte står i konflikt med en ny dragning av E4:n öster om Uppsala."

235. Nationalstadsparker, SOU 1996:38. Fritzes. ISBN 91-38-20207-7.

236. Erik Hagströmer (m) Interpellation 1996-01-29 om s.k. fallskärmsavtal i Uppsala kommun. Besvarades 1996-02-26 Ser. A nr. 28.

237. Uppsala Kommunfullmäktige Ser. A Nr 8, 99-03-01 Motion av Leif Åberg (kd) om åtgärder mot politikerförakt. (1997:862). (På kallelsens baksida har Agnetha antecknat vad Lars Olof Lindell berättat för henne om Länsstyrelsens socialdemokraters svekfulla agerande.)

238. UNT 6/4 1990: *Tjänstemannaförslag:* Uppsala får stadsring. (Beräknad kostnad 400 miljoner och syfte att förbättra miljön i Uppsala innerstad;
och
Gatunämnden GN dnr. 154/94 Stadsringen i Uppsala - Konsekvensutredning April 1994, Uppsala Gatukontor. VBB VIAK
"Stadsringen i Uppsala har diskuterats flitigt de senaste åren. Kommunfullmäktige har också i januari 1993 beslutat att Stadsringen ska var en ingående förutsättning för den fördjupade översiktsplanen för staden och att ett vägreservat för att ge handlingsfrihet att förverkliga Västerleden ska läggas ut..... Med Stadsringen följer att trafikarbetet innanför ringen minskar avsevärt. Därmed minskar också trafikens negativa effekter på omgivningen i form av buller och barriäreffekter samt dess påfrestning på miljön. Trafiksäkerheten ökar. De oskyddade trafikanterna får en bättre situation och trygghet. Kvantitet i trafikarbete ersätts således av kvalitet i vistelserummet" etc. (Vår kommentar: Samma lovprisande argument som vanligt i denna typ av vägprojektbeskrivningar.)

239. SE4V Remissyttrande 1995-03-21 över konsekvensutredningen april 1994 'Stadsringen i Uppsala', Agnetha Sällström.

240. Uppsala Stadsbyggnadskontor, SBK 95/899-1, 95-05-18.

241. Minnesanteckningar förda vid Miljörådets möte 1995-09-01, Borlänge. Vägverkets Miljövårdsråd med GD Jan Brandborn som ordförande diskuterade bl.a. E4 Uppsala. För- och nackdelar med alternativen förbi Uppsala: Avsnittet 'historik' är avslöjande genom sina missledande informationer som presenteras: *»Avlastning och riskminskningar blir störst om ny väg ligger relativt nära tätorten (Årsta), samtidigt är konflikten mellan riksintresset väg och riksintresset kulturmiljö störst i detta alternativ.«* — *»Skulle man välja alternativ Jälla är Vägverket inte längre bundet till att bekosta tunnellösningen.«* — Gillberg framhöll att tillåtlighetsprövning i tidiga skeden ska ske enligt Miljöskyddslagen. — Landell påpekade att MKB har bara jämförts med 0-alternativ men inte för övriga alternativ.
»Även Jälla alternativet ger dock motsvarande konflikter då det krävs anslutande lokalvägar i samma korridor där Årstaalternativet skulle ligga. Jälla ger mer konflikt med natur- och friluftsliv.«

242. Upplandsmuseet, Länsmuseum för Uppsala län förordade i yttrande 1995-03-23 vid Samråd om Stadsringen, 0-alternativet för E4 (nedgrävt och planskilt) Bärbyleden (redan pågående byggnation) för öst/nord trafiken, Västerleden byggd och ingen E4 utanför Uppsala *"för att spara mycket stora miljövärden öster och norr om staden"* Olof Stroh;
och
UNT 15/10 2005: S, M och Kd vill ha tunnel under Stadsskogen;
och
UNT Trafik 12/6 2006: Framtiden »Trafikplanen antas trots oenigheten«.

243. Ultunalänken om Tåg över ån till Gottsunda Nytt tänkande om Västerleden.
UNT 12/9 2018: En chans för Gottsunda. Regeringens satsning på fyrspår till Stockholm. I den ingår även Ultunalänken och sen nya stationen i Bergsbrunna.
https://www.regeringen.se/.../2018/06/historisk-satsning-pa-spartrafik-i-uppsala/Avtal avseende bostadsbyggande i Bergsbrunna med omgivningar, Södra staden och 'Nysala' i Uppsala kommun.

244. Vägutredning E4 delen Läby-Månkarbo 1995-05-30. KS dnr 1995:160. Uppsala Byggnadsnämnd kritiserar utredningens *Konsekvensbeskrivningen för korridor VÄST;*

och
Olika remissyttrande över Vägutredning Läby-Månkarbo 1995, bl. a. skrivelse från Stoppa E4 Väst till Vägverket 1995-05-12.

245. Storbjörk, Sofie: Vägskäl. Miljöfrågan. Subpolitiken och planeringsidealets praktik i fallet riksväg 50. Doktorsavhandling, Linköpings Universitet 2001.

246. »Hjälp mig slippa bli medskyldig till 'Det perfekta brottet'!« Brev 16/1 2002 från t.f. (juni-dec 2001) planarkitekt Bengt Löfberg till Uppsalas beslutsfattare beträffande Bärbyleden 3. Framhåller att den skall inte anslutas direkt till Österleden för man kan inte av trafiksäkerhetsskäl blanda fjärrtrafik och lokaltrafik. De olyckor man då kan åstadkomma är trafikplanerarna skyldiga till, men bilisterna får skulden.«

247. Gamla Uppsala - centralplats och omland 1998. Arkeologisk förundersökning på Ostkustbanan 1996-97. RAÄ. Arkeologiska Undersökningar UV Uppsala, Rapport 1997:26, ISSN 1104-8670.

248. Buller från E4 oroar boende i Årsta. Sänt och publicerat 19 juli 2019 av SVT Uppsala.

249. Hagerman, M. Försvunnen Värld. Om den största arkeologiska utgrävningen någonsin i Sverige. Norstedts, Stockholm 2011. ISBN 978 -91-1-302436-3.

250. Ekero Eriksson, K. Gamla Uppsala. Människor och makter i högarnas skugga. •Vendeltid •Vikingatid •Medeltid. Norstedts, Stockholm 2018. ISBN 978-91-1-308066-6.

251. Q2000, ett ungdomsnätverk för debatt om miljöfrågorna bildat under förberedelserna inför mötet i Rio de Janeiro 1992 och som sedan började arbeta med uppföljningen och förverkligandet av Agenda 21 i Sverige. *»Ungdomsnätverket kom in som en frisk fläkt i många kommuner och fick ofta möjlighet att föra fram sina åsikter för församlade kommunpolitiker och tjänstemän«.*[8]
Kommentar: För att på Google hitta information om denna miljörelaterade Q2000 behöver man gå många sidor framåt innan reklamen för produkter med namnet Q2000 slutar - ett exempel på hur kommersen dränker miljöinformation, men ger samtidigt en tankeställare: att det är kommersen som betalar nätet.

252. Björn Rosengren Mitt i steget Bonniers, Stockholm 2016. ISBN 978-91-0-013403-7.
Ibid. sid. 357-358.

253. UNT 23/4 2019: »Planer på deponi väcker stor oro….Planerna på en deponi i Duvboda söder om Fullerö väcker oro… Men Börje Holmgrens åkeri som vill anlägga deponin tillbakavisar alla farhågor.«

254. Larsson, Malin. Vägprojekt: Nya E4:an, delsträckan mellan Uppsala-Läby – Så gick besluts- och samrådsprocessen till. C- uppsats 2007, Södertörns Högskola. Handledare Per Wramner.

255. Anna Halling: Längtans Fågel, ÅSAK 1984 ISBN 91-7830-001-0;
och
JFS Anna Halling: Längtans Fågel, 1913 ISBN 978-91-637-2024-6, ISMN 979-0-66150-108-4.

Författarna Agnetha och Jan Sällström

har arbetat inom laboratoriemedicin och forskning samt varit engagerade i Miljöcentrum Uppsala

Agnetha.sallstrom@telia.com

www.sallstrompublish.se

Tidigare utgivna böcker:

Anna Halling: Längtans Fågel, bearb. Jan Sällström, JFS 1913 ISBN 978-91-637-2024-6, ISMN 979-0-66150-108-4.

Sällström, Gunvor och Sällström, Jan: Människorösten - Så underfull - Så full av liv. Edition Reimers, Bromma 1988, ISBN 91-7370-0851

Kristdemokraterna
LÖVKOJEVÄGEN
270–304
283
Stoppa E4 Väst
Rösta på Stoppa E4 Väst
i kommunalvalet 18 september